21世纪高等学校计算机专业实用规划教材

计算机网络技术

王 群 主编

清华大学出版社
北京

内 容 简 介

为进一步适应高等院校对提高人才培养质量的需要,参照《中国计算机科学与技术学科教程2002》中拟定的"网络及其计算(NC)"的知识要点,以及教育部考试中心和中国学位与研究生教育学会工科工作委员会制订的《2009年全国硕士研究生入学统一考试计算机科学与技术学科联考计算机学科专业基础综合考试大纲》中"计算机网络"部分的规定,同时借鉴近年来国外计算机科学技术领域的教育成果,结合计算机网络技术的应用现状和发展趋势,精心编写了本书。

本书仍然坚持作者以往的写作风格,采用大量的图表和实例,通过简洁、明快的语言描述,较为全面系统地介绍了计算机网络的基本概念、原理及应用。主要内容包括计算机网络基础知识、物理层、数据链路层、介质访问控制子层、网络层、传输层、应用层、无线网络、IPv6和网络安全。

本书在内容安排上力求体现计算机网络的自身特性,强调对体系结构和协议的理解与应用,并符合教学要求;在写作中力求概念讲解清晰、明了,原理阐述清楚、简洁,应用实例设计新颖、实用,以增强本书的实用性和可读性。

本书可以作为普通高校计算机专业、通信专业及电子信息类专业本科生核心课程的教材,同时可以作为通信专业和电子信息类专业研究生的教材,也可供从事计算机网络设计、建设、管理和应用的技术人员参考。

本书封面贴有清华大学出版社防伪标签,无标签者不得销售。
版权所有,侵权必究。举报: 010-62782989, beiqinquan@tup.tsinghua.edu.cn。

图书在版编目(CIP)数据

计算机网络技术/王群主编. —北京:清华大学出版社,2012.1(2023.1重印)
(21世纪高等学校计算机专业实用规划教材)
ISBN 978-7-302-26061-5

Ⅰ. ①计… Ⅱ. ①王… Ⅲ. ①计算机网络—高等学校—教材 Ⅳ. ①TP393

中国版本图书馆CIP数据核字(2011)第131793号

责任编辑:魏江江　薛　阳
责任校对:李建庄
责任印制:刘海龙

出版发行:	清华大学出版社	地　　址:	北京清华大学学研大厦A座
	http://www.tup.com.cn	邮　　编:	100084
社　总　机:	010-83470000	邮　　购:	010-62786544
投稿与读者服务:	010-62795954, jsjjc@tup.tsinghua.edu.cn		
质　量　反　馈:	010-62772015, zhiliang@tup.tsinghua.edu.cn		
印 装 者:	三河市科茂嘉荣印务有限公司		
经　　销:	全国新华书店		
开　　本:	185×260	印　张:24.75	字　数:619千字
版　　次:	2012年1月第1版	印　　次:	2023年1月第11次印刷
印　　数:	9801～10400		
定　　价:	39.00元		

产品编号:036527-01

编审委员会成员

(按地区排序)

清华大学	周立柱 教授
	覃 征 教授
	王建民 教授
	冯建华 教授
	刘 强 副教授
北京大学	杨冬青 教授
	陈 钟 教授
	陈立军 副教授
北京航空航天大学	马殿富 教授
	吴超英 副教授
	姚淑珍 教授
中国人民大学	王 珊 教授
	孟小峰 教授
	陈 红 教授
北京师范大学	周明全 教授
北京交通大学	阮秋琦 教授
	赵 宏 副教授
北京信息工程学院	孟庆昌 教授
北京科技大学	杨炳儒 教授
石油大学	陈 明 教授
天津大学	艾德才 教授
复旦大学	吴立德 教授
	吴百锋 教授
	杨卫东 副教授
同济大学	苗夺谦 教授
	徐 安 教授
华东理工大学	邵志清 教授
华东师范大学	杨宗源 教授
	应吉康 教授
上海大学	陆 铭 副教授
东华大学	乐嘉锦 教授

	孙 莉	副教授
浙江大学	吴朝晖	教授
	李善平	教授
扬州大学	李 云	教授
南京大学	骆 斌	教授
	黄 强	副教授
南京航空航天大学	黄志球	教授
	秦小麟	教授
南京理工大学	张功萱	教授
南京邮电学院	朱秀昌	教授
苏州大学	王宜怀	教授
	陈建明	副教授
江苏大学	鲍可进	教授
武汉大学	何炎祥	教授
华中科技大学	刘乐善	教授
中南财经政法大学	刘腾红	教授
华中师范大学	叶俊民	教授
	郑世珏	教授
	陈 利	教授
江汉大学	颜 彬	教授
国防科技大学	赵克佳	教授
	邹北骥	教授
中南大学	刘卫国	教授
湖南大学	林亚平	教授
西安交通大学	沈钧毅	教授
	齐 勇	教授
长安大学	巨永锋	教授
哈尔滨工业大学	郭茂祖	教授
吉林大学	徐一平	教授
	毕 强	教授
山东大学	孟祥旭	教授
	郝兴伟	教授
中山大学	潘小轰	教授
厦门大学	冯少荣	教授
厦门大学嘉庚学院	张思民	教授
云南大学	刘惟一	教授
电子科技大学	刘乃琦	教授
	罗 蕾	教授
成都理工大学	蔡 淮	教授
	于 春	副教授
西南交通大学	曾华燊	教授

出版说明

随着我国改革开放的进一步深化,高等教育也得到了快速发展,各地高校紧密结合地方经济建设发展需要,科学运用市场调节机制,加大了使用信息科学等现代科学技术提升、改造传统学科专业的投入力度,通过教育改革合理调整和配置了教育资源,优化了传统学科专业,积极为地方经济建设输送人才,为我国经济社会的快速、健康和可持续发展以及高等教育自身的改革发展做出了巨大贡献。但是,高等教育质量还需要进一步提高以适应经济社会发展的需要,不少高校的专业设置和结构不尽合理,教师队伍整体素质亟待提高,人才培养模式、教学内容和方法需要进一步转变,学生的实践能力和创新精神亟待加强。

教育部一直十分重视高等教育质量工作。2007年1月,教育部下发了《关于实施高等学校本科教学质量与教学改革工程的意见》,计划实施"高等学校本科教学质量与教学改革工程(简称'质量工程')",通过专业结构调整、课程教材建设、实践教学改革、教学团队建设等多项内容,进一步深化高等学校教学改革,提高人才培养的能力和水平,更好地满足经济社会发展对高素质人才的需要。在贯彻和落实教育部"质量工程"的过程中,各地高校发挥师资力量强、办学经验丰富、教学资源充裕等优势,对其特色专业及特色课程(群)加以规划、整理和总结,更新教学内容、改革课程体系,建设了一大批内容新、体系新、方法新、手段新的特色课程。在此基础上,经教育部相关教学指导委员会专家的指导和建议,清华大学出版社在多个领域精选各高校的特色课程,分别规划出版系列教材,以配合"质量工程"的实施,满足各高校教学质量和教学改革的需要。

本系列教材立足于计算机专业课程领域,以专业基础课为主、专业课为辅,横向满足高校多层次教学的需要。在规划过程中体现了如下一些基本原则和特点。

(1) 反映计算机学科的最新发展,总结近年来计算机专业教学的最新成果。内容先进,充分吸收国外先进成果和理念。

(2) 反映教学需要,促进教学发展。教材要适应多样化的教学需要,正确把握教学内容和课程体系的改革方向,融合先进的教学思想、方法和手段,体现科学性、先进性和系统性,强调对学生实践能力的培养,为学生知识、能力、素质协调发展创造条件。

(3) 实施精品战略,突出重点,保证质量。规划教材把重点放在公共基础课和专业基础课的教材建设上;特别注意选择并安排一部分原来基础比较好的优秀教材或讲义修订再版,逐步形成精品教材;提倡并鼓励编写体现教学质量和教学改革成果的教材。

(4) 主张一纲多本,合理配套。专业基础课和专业课教材配套,同一门课程有针对不同层次、面向不同应用的多本具有各自内容特点的教材。处理好教材统一性与多样化,基本教材与辅助教材、教学参考书,文字教材与软件教材的关系,实现教材系列资源配套。

(5) 依靠专家,择优选用。在制定教材规划时要依靠各课程专家在调查研究本课程教材建设现状的基础上提出规划选题。在落实主编人选时,要引入竞争机制,通过申报、评审确定主题。书稿完成后要认真实行审稿程序,确保出书质量。

　　繁荣教材出版事业,提高教材质量的关键是教师。建立一支高水平教材编写梯队才能保证教材的编写质量和建设力度,希望有志于教材建设的教师能够加入到我们的编写队伍中来。

21世纪高等学校计算机专业实用规划教材

联系人:魏江江 weijj@tup.tsinghua.edu.cn

前 言

20世纪末,Internet(因特网)因为Web技术的应用而取得了极大的成功,迅速成长为一个遍及全球的数据通信网络,并逐步向语音、视频等应用领域延伸,给传统的电信等业务带来了冲击。一方面,无论从功能设计、容量、组网方式,还是信息交换与管理方式等方面,以语音、视频为主的传统的信息交换和传输技术都已经无法适应以突发性和非对称性为主要特点的新型数据业务发展的需要,建立以数据业务为主导的新型网络基础设施成为历史的必然。另一方面,传统的数据、语音、视频等每一种应用都是由一个相互隔离的基础网络来承载,这种应用局面无论是对普通用户还是运营商,都增加了应用和建设与管理的成本,而且造成大量公共资源的浪费。随着技术条件的成熟和应用矛盾的加深,网络基础设施的整合和应用方式的融合已是大势所趋,建立一个以IP技术为核心的多业务智能网络是技术和产业发展的必然结果。

正是基于当前网络的应用现状和发展趋势,本书内容以TCP/IP体系为基础,重点对网络体系结构和应用协议进行介绍,使读者较为全面地学习和掌握IP技术的基础知识、基本原理和主要应用。同时,参照了《中国计算机科学与技术学科教程2002》中拟定的"网络及其计算(NC)"的知识要点,以及教育部考试中心和中国学位与研究生教育学会工科工作委员会制订的《2009年全国硕士研究生入学统一考试计算机科学与技术学科联考计算机学科专业基础综合考试大纲》中"计算机网络"部分的规定,并借鉴了ACM(Association of Computing Machinery,美国计算机协会)、IEEE/CS(Institute of Electrical and Electronics Engineers-Computer Society,国际电子与电气工程师学会-计算机协会)等国际教育机构在计算机科学和教育中取得的成果。

本书的主要内容包括计算机网络基础知识、物理层、数据链路层、介质访问控制子层、网络层、传输层、应用层、无线网络、IPv6和网络安全。其中,本书开头通过一章的内容介绍了计算机网络的基本概念,尤其对计算机网络的分层原理进行了分析,重点对TCP/IP体系结构组成进行了介绍。随后,以TCP/IP体系结构为基础,分别对各层的功能和主要协议进行了较为全面的详细介绍,通过对这部分内容的学习,强化读者的理论基础。在此基础上,考虑到目前计算机网络技术的应用特点,本书通过两章的内容分别对无线网络和IPv6进行了较为全面的介绍,同时在各章节中加入了大量对新技术的介绍,如QinQ、MAC in MAC等以提高读者的计算机网络应用技能。最后,用一章的内容,介绍了网络安全的一些基础知识和基本应用。

本书的写作过程经历了较长的时间，期间得到了作者家人及很多同事的支持和帮助，我的学生杜玮珂、鲍媛媛、李立吾、卢伟奇、曾宪楠等承担了本书PPT文档及文字的校对工作，借此机会向他们表示衷心的感谢！由于作者水平所限，书中难免还存在一些缺点和错误，殷切希望广大读者批评指正，作者的E-mail为wqga@yeah.net。

王 群
2011年11月于南京

目 录

第 1 章 计算机网络技术概述 ··· 1

1.1 计算机网络是信息社会的基石 ·· 1
1.1.1 信息化与信息社会 ··· 1
1.1.2 计算机网络在全球信息化中的作用 ··································· 2

1.2 计算机网络的概念 ·· 3
1.2.1 计算机网络的定义 ··· 3
1.2.2 计算机网络的分类 ··· 4
1.2.3 计算机网络的拓扑结构 ··· 5

1.3 计算机网络的数据交换方式 ·· 7
1.3.1 电路交换 ·· 7
1.3.2 报文交换 ·· 8
1.3.3 分组交换 ·· 9
1.3.4 电路交换、报文交换及分组交换的比较 ························· 10

1.4 计算机网络体系结构 ·· 12
1.4.1 计算机网络体系结构与层次模型的定义 ························· 12
1.4.2 协议、实体、接口与服务的概念 ··································· 13
1.4.3 常见计算机网络体系结构及比较 ··································· 15
1.4.4 TCP/IP 体系结构 ··· 17

1.5 Internet ·· 20
1.5.1 Internet 的概念 ·· 20
1.5.2 Internet 的产生和发展 ·· 21
1.5.3 Internet 的组织与管理 ·· 22
1.5.4 Internet 2 ·· 23

习题 ··· 24

第 2 章 物理层 ·· 26

2.1 物理层概述 ··· 26
2.1.1 物理层的概念 ·· 26
2.1.2 物理层的特性 ·· 27

2.2 数据通信基础 ·· 28

计算机网络技术

- 2.2.1 数据通信模型 … 28
- 2.2.2 信息、数据、信号和信道 … 29
- 2.2.3 数据电路与数据链路 … 30
- 2.3 信道特性 … 31
  - 2.3.1 带宽与速率 … 31
  - 2.3.2 误码率 … 33
  - 2.3.3 信道延迟 … 33
  - 2.3.4 失真 … 33
- 2.4 传输介质 … 34
  - 2.4.1 电磁波的频谱及在通信系统中的应用 … 34
  - 2.4.2 有导向传输介质 … 35
  - 2.4.3 无导向传输介质 … 39
- 2.5 数据传输方式 … 41
  - 2.5.1 并行传输与串行传输 … 41
  - 2.5.2 同步传输与异步传输 … 42
  - 2.5.3 单工、半双工和全双工通信 … 43
- 2.6 信道复用技术 … 44
  - 2.6.1 频分复用 … 44
  - 2.6.2 时分复用 … 45
  - 2.6.3 波分复用 … 46
- 2.7 远程数字传输技术 … 47
  - 2.7.1 脉码调制(PCM) … 47
  - 2.7.2 同步数字体系/同步光纤网络(SDH/SONET) … 49
- 2.8 接入网技术 … 52
  - 2.8.1 ADSL 接入技术 … 52
  - 2.8.2 光纤同轴电缆混合网(HFC)接入技术 … 54
  - 2.8.3 光纤接入技术 … 57
- 习题 … 60

第 3 章 数据链路层 … 62

- 3.1 数据链路层概述 … 62
  - 3.1.1 成帧 … 62
  - 3.1.2 数据链路层的主要功能 … 63
- 3.2 差错控制技术 … 64
  - 3.2.1 差错产生的主要原因 … 64
  - 3.2.2 差错控制机制 … 65
  - 3.2.3 循环冗余校验码(CRC) … 65
- 3.3 流量控制技术 … 68
  - 3.3.1 停止等待协议 … 69

3.3.2　连续 ARQ 协议和滑动窗口 ······ 71
　　　3.3.3　选择重传 ARQ 协议 ······ 74
　3.4　面向字符型的数据链路层协议 BSC ······ 74
　　　3.4.1　BSC 的帧格式 ······ 74
　　　3.4.2　BSC 协议的工作过程 ······ 75
　3.5　面向比特型的数据链路层协议 HDLC ······ 76
　　　3.5.1　HDLC 概述 ······ 76
　　　3.5.2　HDLC 的帧格式 ······ 78
　　　3.5.3　HDLC 的帧类型 ······ 79
　3.6　Internet 中的数据链路层协议 PPP ······ 80
　　　3.6.1　PPP 概述 ······ 80
　　　3.6.2　PPP 的工作过程 ······ 82
　　　3.6.3　PPP 的帧格式 ······ 83
　　　3.6.4　PPPoE ······ 84
　习题 ······ 86

第 4 章　介质访问控制子层 ······ 87

　4.1　介质访问控制子层概述 ······ 87
　　　4.1.1　将数据链路层分为 MAC 子层和 LLC 子层的原因 ······ 87
　　　4.1.2　LLC 子层的功能被弱化 ······ 89
　4.2　局域网的介质访问控制（MAC）子层 ······ 90
　　　4.2.1　影响局域网性能的主要因素 ······ 90
　　　4.2.2　局域网网卡 ······ 91
　　　4.2.3　曼彻斯特编码和差分曼彻斯特编码 ······ 92
　　　4.2.4　CSMA/CD 协议 ······ 94
　　　4.2.5　局域网 MAC 子层的物理地址 ······ 96
　4.3　以太网技术 ······ 99
　　　4.3.1　以太网的 MAC 帧结构 ······ 99
　　　4.3.2　以太网 ······ 101
　　　4.3.3　快速以太网 ······ 102
　　　4.3.4　千兆以太网 ······ 104
　　　4.3.5　万兆以太网 ······ 105
　4.4　交换式以太网 ······ 105
　　　4.4.1　共享式以太网与交换式以太网的比较 ······ 106
　　　4.4.2　以太网网桥 ······ 107
　　　4.4.3　以太网交换机 ······ 110
　4.5　以太网中的标签技术及应用 ······ 112
　　　4.5.1　VLAN 技术 ······ 113
　　　4.5.2　QinQ 技术 ······ 120

        4.5.3　MAC in MAC 技术 ·· 125
    习题 ··· 126

第5章　网络层 ··· 128

    5.1　网络层概述 ··· 128
        5.1.1　网络层的概念 ··· 128
        5.1.2　网络层提供的服务 ·· 129
        5.1.3　网络互联及互联网络的概念 ······································· 130
    5.2　IP 地址及管理 ··· 132
        5.2.1　IP 地址与 MAC 地址之间的关系 ································· 132
        5.2.2　IP 地址的组成 ··· 133
        5.2.3　标准 IP 地址的分类 ·· 134
        5.2.4　掩码的概念和确定方法 ··· 136
        5.2.5　几种特殊的 IP 地址 ·· 138
        5.2.6　子网划分实例介绍 ·· 139
        5.2.7　可变长子网掩码(VLSM) ··· 141
        5.2.8　无类别域间路由(CIDR) ··· 142
    5.3　IP 数据报的格式 ·· 143
        5.3.1　IP 数据报的头部格式 ·· 143
        5.3.2　IP 数据报的大小与网络 MTU ···································· 145
        5.3.3　互联网中分组的转发过程 ·· 147
    5.4　地址解析协议(ARP)和反向地址解析协议(RARP) ·············· 149
        5.4.1　地址解析协议(ARP) ··· 149
        5.4.2　反向地址解析协议(RARP) ······································ 151
    5.5　网际控制报文协议(ICMP) ··· 152
        5.5.1　ICMP 的工作原理 ·· 152
        5.5.2　ICMP 的差错控制功能及应用 ···································· 153
    5.6　路由选择协议 ·· 156
        5.6.1　路由选择协议概述 ·· 156
        5.6.2　路由信息协议(RIP) ·· 158
        5.6.3　开放最短路径优先(OSPF)协议 ································ 161
        5.6.4　边界网关协议(BGP) ··· 165
    5.7　IP 组播与网际组管理协议(IGMP) ··································· 168
        5.7.1　IP 组播的基本概念 ··· 168
        5.7.2　D 类 IP 地址与以太网组播地址之间的映射关系 ············· 170
        5.7.3　网际组管理协议(IGMP) ·· 171
        5.7.4　组播路由选择协议 ·· 172
    5.8　网络地址转换(NAT) ·· 173
        5.8.1　NAT 的概念 ··· 173

		5.8.2 NAT 的地址翻译类型	174
		5.8.3 NAT 技术的特点	177
	5.9	路由器和三层交换机	178
		5.9.1 路由器的结构	178
		5.9.2 三层交换技术	180
	习题		182

第 6 章 传输层 184

6.1	传输层概述		184
	6.1.1	进程之间的通信	184
	6.1.2	传输层的协议	185
	6.1.3	进程命名与寻址	186
	6.1.4	多重协议识别	189
	6.1.5	端到端通信	190
6.2	用户数据报协议(UDP)		191
	6.2.1	UDP 概述	191
	6.2.2	UDP 队列	192
	6.2.3	UDP 用户数据报结构	193
6.3	传输控制协议(TCP)		195
	6.3.1	TCP 概述	195
	6.3.2	TCP 报文段的格式	196
	6.3.3	TCP 的传输连接管理	198
	6.3.4	TCP 可靠传输的实现方法	202
	6.3.5	TCP 流量控制	207
	6.3.6	TCP 拥塞控制	208
	6.3.7	TCP 差错控制	211
习题			212

第 7 章 应用层 214

7.1	应用层概述		214
	7.1.1	应用进程之间的相互作用模式	214
	7.1.2	系统调用	215
7.2	域名系统(DNS)		218
	7.2.1	主机名与 IP 地址之间的映射关系	218
	7.2.2	DNS 的组成	219
	7.2.3	DNS 服务器	221
	7.2.4	DNS 的解析过程	222
	7.2.5	地址转换	223
7.3	文件传输协议(FTP)		225

7.3.1 FTP 概述 ⋯⋯⋯⋯⋯⋯⋯⋯⋯⋯⋯⋯⋯⋯⋯⋯⋯⋯⋯⋯⋯⋯⋯⋯⋯⋯⋯⋯⋯⋯⋯⋯ 225

7.3.2 FTP 的工作原理 ⋯⋯⋯⋯⋯⋯⋯⋯⋯⋯⋯⋯⋯⋯⋯⋯⋯⋯⋯⋯⋯⋯⋯⋯⋯⋯⋯ 226

7.3.3 简单文件传输协议(TFTP) ⋯⋯⋯⋯⋯⋯⋯⋯⋯⋯⋯⋯⋯⋯⋯⋯⋯⋯⋯⋯⋯ 228

7.4 远程登录(Telnet) ⋯⋯⋯⋯⋯⋯⋯⋯⋯⋯⋯⋯⋯⋯⋯⋯⋯⋯⋯⋯⋯⋯⋯⋯⋯⋯⋯⋯⋯⋯ 228

7.4.1 Telnet 概述 ⋯⋯⋯⋯⋯⋯⋯⋯⋯⋯⋯⋯⋯⋯⋯⋯⋯⋯⋯⋯⋯⋯⋯⋯⋯⋯⋯⋯⋯ 228

7.4.2 Telnet 的工作原理 ⋯⋯⋯⋯⋯⋯⋯⋯⋯⋯⋯⋯⋯⋯⋯⋯⋯⋯⋯⋯⋯⋯⋯⋯⋯ 229

7.5 动态主机配置协议(DHCP) ⋯⋯⋯⋯⋯⋯⋯⋯⋯⋯⋯⋯⋯⋯⋯⋯⋯⋯⋯⋯⋯⋯⋯⋯⋯⋯ 231

7.5.1 DHCP 概述 ⋯⋯⋯⋯⋯⋯⋯⋯⋯⋯⋯⋯⋯⋯⋯⋯⋯⋯⋯⋯⋯⋯⋯⋯⋯⋯⋯⋯⋯ 231

7.5.2 DHCP 的工作原理 ⋯⋯⋯⋯⋯⋯⋯⋯⋯⋯⋯⋯⋯⋯⋯⋯⋯⋯⋯⋯⋯⋯⋯⋯⋯ 231

7.5.3 DHCP 中继代理 ⋯⋯⋯⋯⋯⋯⋯⋯⋯⋯⋯⋯⋯⋯⋯⋯⋯⋯⋯⋯⋯⋯⋯⋯⋯⋯⋯ 233

7.5.4 DHCP 地址的分配类型 ⋯⋯⋯⋯⋯⋯⋯⋯⋯⋯⋯⋯⋯⋯⋯⋯⋯⋯⋯⋯⋯⋯⋯ 234

7.6 万维网(WWW) ⋯⋯⋯⋯⋯⋯⋯⋯⋯⋯⋯⋯⋯⋯⋯⋯⋯⋯⋯⋯⋯⋯⋯⋯⋯⋯⋯⋯⋯⋯⋯ 234

7.6.1 WWW 概述 ⋯⋯⋯⋯⋯⋯⋯⋯⋯⋯⋯⋯⋯⋯⋯⋯⋯⋯⋯⋯⋯⋯⋯⋯⋯⋯⋯⋯⋯ 234

7.6.2 统一资源定位符(URL) ⋯⋯⋯⋯⋯⋯⋯⋯⋯⋯⋯⋯⋯⋯⋯⋯⋯⋯⋯⋯⋯⋯⋯ 236

7.6.3 超文本传输协议(HTTP) ⋯⋯⋯⋯⋯⋯⋯⋯⋯⋯⋯⋯⋯⋯⋯⋯⋯⋯⋯⋯⋯⋯ 236

7.6.4 Cookies ⋯⋯⋯⋯⋯⋯⋯⋯⋯⋯⋯⋯⋯⋯⋯⋯⋯⋯⋯⋯⋯⋯⋯⋯⋯⋯⋯⋯⋯⋯ 242

7.6.5 WWW 页面 ⋯⋯⋯⋯⋯⋯⋯⋯⋯⋯⋯⋯⋯⋯⋯⋯⋯⋯⋯⋯⋯⋯⋯⋯⋯⋯⋯⋯⋯ 244

7.6.6 WWW 浏览器 ⋯⋯⋯⋯⋯⋯⋯⋯⋯⋯⋯⋯⋯⋯⋯⋯⋯⋯⋯⋯⋯⋯⋯⋯⋯⋯⋯ 247

7.6.7 WWW 搜索引擎 ⋯⋯⋯⋯⋯⋯⋯⋯⋯⋯⋯⋯⋯⋯⋯⋯⋯⋯⋯⋯⋯⋯⋯⋯⋯⋯ 249

7.7 电子邮件 ⋯⋯⋯⋯⋯⋯⋯⋯⋯⋯⋯⋯⋯⋯⋯⋯⋯⋯⋯⋯⋯⋯⋯⋯⋯⋯⋯⋯⋯⋯⋯⋯⋯⋯ 252

7.7.1 电子邮件系统概述 ⋯⋯⋯⋯⋯⋯⋯⋯⋯⋯⋯⋯⋯⋯⋯⋯⋯⋯⋯⋯⋯⋯⋯⋯⋯ 252

7.7.2 发送电子邮件的协议——SMTP ⋯⋯⋯⋯⋯⋯⋯⋯⋯⋯⋯⋯⋯⋯⋯⋯⋯⋯ 254

7.7.3 接收电子邮件的协议——POP3 和 IMAP ⋯⋯⋯⋯⋯⋯⋯⋯⋯⋯⋯⋯⋯ 255

7.7.4 多用途因特网邮件扩充(MIME) ⋯⋯⋯⋯⋯⋯⋯⋯⋯⋯⋯⋯⋯⋯⋯⋯⋯⋯ 257

7.7.5 基于 Web 的电子邮件——WebMail ⋯⋯⋯⋯⋯⋯⋯⋯⋯⋯⋯⋯⋯⋯⋯⋯ 260

7.8 简单网络管理协议(SNMP) ⋯⋯⋯⋯⋯⋯⋯⋯⋯⋯⋯⋯⋯⋯⋯⋯⋯⋯⋯⋯⋯⋯⋯⋯⋯ 261

7.8.1 SNMP 概述 ⋯⋯⋯⋯⋯⋯⋯⋯⋯⋯⋯⋯⋯⋯⋯⋯⋯⋯⋯⋯⋯⋯⋯⋯⋯⋯⋯⋯ 261

7.8.2 管理信息库(MIB) ⋯⋯⋯⋯⋯⋯⋯⋯⋯⋯⋯⋯⋯⋯⋯⋯⋯⋯⋯⋯⋯⋯⋯⋯⋯ 263

7.8.3 管理信息结构(SMI) ⋯⋯⋯⋯⋯⋯⋯⋯⋯⋯⋯⋯⋯⋯⋯⋯⋯⋯⋯⋯⋯⋯⋯⋯ 265

7.8.4 简单网络管理协议(SNMP) ⋯⋯⋯⋯⋯⋯⋯⋯⋯⋯⋯⋯⋯⋯⋯⋯⋯⋯⋯⋯ 266

7.8.5 SNMP 的工作机制 ⋯⋯⋯⋯⋯⋯⋯⋯⋯⋯⋯⋯⋯⋯⋯⋯⋯⋯⋯⋯⋯⋯⋯⋯⋯ 267

7.8.6 SNMP 的报文格式 ⋯⋯⋯⋯⋯⋯⋯⋯⋯⋯⋯⋯⋯⋯⋯⋯⋯⋯⋯⋯⋯⋯⋯⋯⋯ 268

习题 ⋯⋯⋯⋯⋯⋯⋯⋯⋯⋯⋯⋯⋯⋯⋯⋯⋯⋯⋯⋯⋯⋯⋯⋯⋯⋯⋯⋯⋯⋯⋯⋯⋯⋯⋯⋯⋯⋯⋯ 270

第 8 章 无线网络 ⋯⋯⋯⋯⋯⋯⋯⋯⋯⋯⋯⋯⋯⋯⋯⋯⋯⋯⋯⋯⋯⋯⋯⋯⋯⋯⋯⋯⋯⋯⋯ 272

8.1 无线通信基本原理 ⋯⋯⋯⋯⋯⋯⋯⋯⋯⋯⋯⋯⋯⋯⋯⋯⋯⋯⋯⋯⋯⋯⋯⋯⋯⋯⋯⋯⋯⋯ 272

8.1.1 电磁波的产生与传输 ⋯⋯⋯⋯⋯⋯⋯⋯⋯⋯⋯⋯⋯⋯⋯⋯⋯⋯⋯⋯⋯⋯⋯ 272

8.1.2 无线通信 ⋯⋯⋯⋯⋯⋯⋯⋯⋯⋯⋯⋯⋯⋯⋯⋯⋯⋯⋯⋯⋯⋯⋯⋯⋯⋯⋯⋯⋯ 273

8.1.3 用电磁波传输数据 ⋯⋯⋯⋯⋯⋯⋯⋯⋯⋯⋯⋯⋯⋯⋯⋯⋯⋯⋯⋯⋯⋯⋯⋯⋯ 274

8.2 无线通信技术概述 ·· 275
    8.2.1 无线蜂窝系统 ·· 275
    8.2.2 无线数据通信系统 ··· 276
8.3 无线局域网 ·· 280
    8.3.1 无线局域网概述 ·· 280
    8.3.2 无线局域网的拓扑结构 ·· 281
    8.3.3 无线局域网的协议结构 ·· 283
    8.3.4 无线局域网的 MAC 子层协议 ····································· 283
    8.3.5 无线局域网的帧结构 ·· 287
    8.3.6 无线局域网的物理层 ·· 289
    8.3.7 无线局域网的关联操作 ·· 292
    8.3.8 无线局域网的信道定义 ·· 295
习题 ·· 295

第 9 章 IPv6 ·· 297

9.1 IPv6 概述 ·· 297
    9.1.1 IPv6 的产生与发展 ··· 297
    9.1.2 IPv6 的新特性 ··· 298
9.2 IPv6 基础知识 ··· 300
    9.2.1 IPv6 编址 ··· 300
    9.2.2 IPv6 的地址分类 ··· 302
    9.2.3 IPv6 数据报 ·· 307
    9.2.4 ICMPv6 ·· 312
9.3 邻居发现(ND)协议 ·· 315
    9.3.1 邻居发现协议概述 ··· 315
    9.3.2 邻居发现协议的报文格式 ······································· 315
    9.3.3 IPv6 地址解析 ··· 316
    9.3.4 无状态地址自动配置 ·· 319
    9.3.5 路由器重定向 ··· 322
9.4 DHCPv6 协议 ··· 324
    9.4.1 DHCPv6 概述 ··· 324
    9.4.2 DHCPv6 的工作过程 ··· 325
    9.4.3 DHCPv6 中继代理 ··· 326
9.5 IPv6 中的 DNS 协议 ··· 327
9.6 IPv6 路由协议 ··· 328
    9.6.1 IPv6 路由协议概述 ··· 328
    9.6.2 RIPng ·· 329
    9.6.3 OSPFv3 ·· 331
    9.6.4 BGP4+ ·· 336

9.7 IPv6 过渡技术 ··· 337
　9.7.1 IPv6 过渡技术概述 ··· 337
　9.7.2 利用 IPv4 网络互联 IPv6 网络 ··································· 339
　9.7.3 IPv6 网络与 IPv4 网络之间的互联互通 ····················· 345
习题 ··· 351

第 10 章　网络安全 ·· 353

10.1 信息与网络安全 ··· 353
　10.1.1 信息安全与网络安全的概念 ······································· 353
　10.1.2 信息安全与网络安全之间的关系 ································ 354
10.2 网络安全威胁与控制 ·· 355
　10.2.1 网络安全威胁的主要类型 ··· 355
　10.2.2 网络安全控制措施 ·· 357
10.3 防火墙技术 ··· 359
　10.3.1 包过滤防火墙 ·· 359
　10.3.2 代理防火墙 ·· 360
　10.3.3 状态检测防火墙 ·· 361
　10.3.4 分布式防火墙 ·· 362
10.4 数据加密技术及应用 ·· 363
　10.4.1 数据加密的概念 ·· 363
　10.4.2 对称加密 ··· 364
　10.4.3 非对称加密 ··· 366
　10.4.4 数字签名 ··· 367
　10.4.5 报文鉴别 ··· 368
　10.4.6 密钥的管理 ··· 370
10.5 其他网络安全技术介绍 ·· 371
　10.5.1 公开密钥基础设备(PKI)体系结构 ····························· 371
　10.5.2 授权管理基础设施(PMI)体系结构 ···························· 372
　10.5.3 安全电子交易(SET)协议 ·· 372
　10.5.4 安全套接层(SSL)协议 ·· 373
　10.5.5 网络层安全协议栈 IPSec ·· 373
　10.5.6 虚拟专用网(VPN) ··· 374
习题 ··· 376

参考文献 ·· 377

第1章 计算机网络技术概述

计算机网络的问世始于20世纪50年代,之后随着计算机技术、通信技术、微电子技术的快速发展及相互之间的融合,促使计算机网络技术的快速发展和应用领域的迅速拓宽。尤其是进入20世纪90年代后,以Internet(因特网)为代表的计算机网络几乎延伸到全球的每一个角落,其应用也从早期的教育、研究、政府等机构扩展到商业、娱乐和个人应用领域。21世纪被称为以网络为核心的信息时代,网络化、数字化和信息化成为时代特征,电信网络、有线电视网络和计算机网络走向融合(即"三网融合")成为网络发展的必然选择,计算机网络将成为"三网融合"后的主体,并发挥更加重要的功能。本章将围绕计算机网络技术的发展和应用,对其基本概念、数据交换方式、计算机网络体系结构、Internet等基础知识进行介绍。

1.1 计算机网络是信息社会的基石

当人类从工业社会步入信息社会,相应的信息化则成为反映和代表这一新型社会形态的重要特征,了解信息化的含义,对研究信息社会中的技术、经济、政治、教育等各个方面的问题具有重要和现实意义。

1.1.1 信息化与信息社会

信息社会建立在信息化基础上,而信息化既是一个过程也是一种现象,信息化过程需要信息技术作为手段和工具,而信息化现象是一种以现代信息为代表和特征的社会现象,即信息社会。

1. 信息化

信息化是建立在网络基础上的,是针对商品化、工业化等概念提出的。今天,各行各业都已打上了信息化的烙印,如教育信息化、企业信息化、政府信息化等,信息化成为一种时代潮流和标志。从信息一词提出到现在,随着技术的发展及全球经济政治格局的变化,信息化的内涵也在发展中不断完善。由于信息是客观存在的(有关信息一词的解释见第2章),自古以来人们就在使用各种信息从事各种社会活动,例如中国古代的"烽火狼烟"就是一种古老的信息传递方式。所以,如果单纯从字面上理解信息化,根本谈不上时代的特征。今天人们所讲的信息化,其实很多时候是数字化、网络化的代名词,这种理解并不全面。目前可以从以下5个方面来概括信息化的含义:

(1) 信息化是信息技术的推广与应用过程。
(2) 信息化是信息资源的开发和利用过程。

(3) 信息化是信息产业的成长和发展过程。

(4) 信息化是指信息的开发、生产、传播和利用在国家社会生活中的作用不断增强的过程。

(5) 信息化有两方面的含义：①指以计算机和通信技术为主要手段来获取、加工、处理、存储、传递和提供信息，并使其整个过程实现自动化、数字化和网络化；②指国民经济的发展从以物质和能源为基础向以知识和信息为基础的转变过程，或者说是指国民经济发展中结构框架的重心从物质性空间向知识性空间转变的过程，科学技术真正成为第一生产力。

在以上的概念中，有的只涉及技术或知识信息，有的则把两者结合起来加以分析和考察。不同的定义，虽然研究方向和出发点有所不同，但对"信息化"的描述基本上可以从技术、资源、经济三个维度进行理解：从技术上看，它是信息技术大规模的应用及对技术体系的扩散；从资源上看，是对信息资源的开发和配置；从经济上看，采用技术手段，合理利用资源，从而极大提高社会劳动生产率。然而，不管从哪个方面分析，信息化离不开计算机网络，没有计算机网络这一平台的支撑，信息化就只能是一个模糊的抽象概念。

2. 信息社会

根据生产力和技术的发展水平，可把人类社会划分为游牧社会、农业社会、工业社会和信息社会。信息社会(Information Society)是进入 20 世纪中期以来，以微电子、通信、计算机和软件技术的产业化为标志，人类社会迎来的一个新型的社会形态。

正如著名科学家钱学森所说"新的技术革命的核心是信息"。信息的获取和处理离不开信息技术(Information Technology，IT)和信息高速公路（网络），这里的"网络"一词泛指计算机网络、电信网络和有线电视网络，其中计算机网络是核心。信息技术是关于信息的挖掘、发送、传输、接收、识别和控制等应用技术的总称。信息高速公路即"国家信息基础设施"(National Information Infrastructure，NII)，是一个由通信网络、计算机、数据库以及日用电子产品组成的、能够给用户提供大量信息的完备网络。在这种意义上，可以认为信息社会是"以信息技术为支持，以信息产业为中心，使社会的经济、科技、文化、教育等事业得以极大发展的社会"。

信息社会与工业社会之间的主要区别不在于信息内容的变化，而在于信息处理方式的变化。如果说工业社会是以机器为中心的商品社会，那么信息社会则是以网络为中心的服务社会。与工业社会相比，信息社会所具有的显著特征是：它是一种以信息的利用作为社会发展的基本动力，以信息技术来实现信息社会基本特征作为重要手段，以信息经济作为维系社会存在和发展的主导经济，以信息文化来改变人类学习、生活和工作方式以及价值观和时空观的新型社会形态。

1.1.2 计算机网络在全球信息化中的作用

网络尤其是计算机网络是信息社会的基石，是实现全球信息化的保障。信息社会的发展，必然要实现全球信息化。全球信息化是指不同地区信息化这一趋势的全球化发展，是信息革命和全球化潮流共同作用的结果，它深刻地改变着世界的方方面面，对人们的生活、工作、人际关系、社会关系乃至国际关系都产生着深远的影响。

全球信息化具体表现为信息传播的全球化和信息社会全球化。所谓信息传播全球化，是指在信息技术和网络应用的推动下，信息的获取、处理和传播十分迅速，信息的传播范围空前广泛,已渗透到世界的各个角落。所谓信息社会全球化,是指信息首先在不同地区完成了社会化的使命,社会本身在这里扮演了重要的角色,这首先表现在社会生活的每一方面都为信息浪潮所冲击。而在形成信息社会的基础上,世界范围内形成了由信息社会为基本构成单位的全球化发展这一意义深远的历史浪潮。

全球信息化,不但表现为在通信、交通、金融、教育等社会生活中更加的信息化,而且表现为在国家层面上的行政管理、军事决策等方面也日益突出信息的成分,信息正在融入社会生活的各个方面。由于看到信息在现代生活中的巨大作用,衡量一个国家强弱的重要因素在于其社会信息化程度的高低,各国都在为适应这种潮流制定各自的信息化战略。进入21世纪,信息化对经济社会发展的影响更加深刻,广泛应用、高度渗透的信息技术正孕育着新的重大突破。信息资源日益成为重要生产要素、无形资产和社会财富,信息网络更加普及并日趋融合。

计算机网络技术在推动全球信息化发展的同时,实现人与人之间动态互联的"人联网"、实现对全球物品动态识别与跟踪的"物联网"、以大规模资源整合与应用为基础的"云计算"等新技术和应用模型被提出并逐渐得到了应用推广,而这些新技术的实现都建立在现有成熟的计算机网络基础上。在新技术不断出现、各种应用不断推陈出新的同时,以资源整合为基本特征的电信网络、有线电视网络和计算机网络之间的融合(即"三网融合")开始得到全球绝大多数国家和地区的重视,使原本分散于不同网络中的语音、图像和数据通信服务整合到同一个网络中进行。"三网融合"后的核心是计算机网络。

1.2 计算机网络的概念

平时所讲的网络泛指电信网络、有线电视网络和计算机网络,本书介绍的重点是计算机网络。

1.2.1 计算机网络的定义

从技术上讲,计算机网络是计算机技术和通信技术相关结合的产物,通过计算机来处理各种数据,再通过各种通信线路实现数据的传输。从组成结构来讲,计算机网络是通过外围设备和连线,将分布在相同或不同地域的多台计算机连接在一起所形成的集合。从应用的角度讲,只要将具有独立功能的多台计算机连接在一起,能够实现各计算机间信息的互相交换,并可共享计算机资源的系统便可称为网络。综合各方面的因素,本书对计算机网络的定义为:将分布在不同地理位置的多台具有独立功能的计算机(或终端)通过外围设置和通信线路互联起来、在功能完善的管理软件的支持下实现相互资源共享的自治系统。此定义强调了计算机网络应具备的三个主要特征:

(1) 建设计算机网络的主要目的是实现不同计算机(或终端)之间资源的共享。需要说明的是,在早期的计算机网络中,计算机与终端之间是有本质区别的,计算机是一个自治系统,终端只是一个仅具有输入和显示功能、而没有本地计算功能的网络接入设备。但随着技术的发展和硬件成本的下降,计算机与终端之间的区别在今天已非常模糊,今天所讲的终端一般都是智能网络设备,如计算机、PDA、智能手机、上网本等。

(2) 组建网络的计算机是分布在不同地理位置的具有独立处理能力的"自治计算机"。

(3) 同一网络中的计算机必须使用相同的通信协议。

1.2.2 计算机网络的分类

根据网络工作模式、应用功能和管理方式的不同,可从不同的角度对计算机网络进行分类。

1. 按连接范围分类

根据网络连接范围的大小,可以将计算机网络分为个域网、局域网、域城网和广域网4种。

(1) 个域网。个域网(Personal Area Network,PAN)指能够在便携式消费电器和通信设备之间进行短距离连接的网络,例如一台能够连接无线鼠标、无线键盘、无线打印机、手机、PDA等设备的计算机便是一个PAN。由于PAN中的设备之间多采用无线方式连接,所以PAN也经常被称为WPAN(Wireless Personal Area Network,无线个域网),WPAN的覆盖范围一般在10m半径以内。目前,最具代表性的WPAN标准主要有HomeRF和蓝牙(Bluetooth)。

(2) 局域网。局域网(Local Area Network,LAN)也叫局部网络,一般是将一个相对较小区域内(一般在几百米到几千米)的计算机通过高速通信线路相连(现在传输速率一般在10Mbit/s以上)后所形成的网络。随着计算机技术的发展和应用范围的拓宽,局域网的作用和地位将显得越来越突出。目前,高校、企业、政府机关等单位分别建设了大量的局域网,根据应用行业的不同,可以将这些局域网分别称为校园网、企业网、政府网等。

(3) 城域网。城域网(Metropolitan Area Network, MAN)基本上是一种大型的LAN,通常使用与LAN相同的技术。城域网的应用功能是满足几十公里范围内的大量企业、公司、学校等多个局域网的互联要求,以实现大量用户之间的数据、语音、视频等多种信息的传输。城域网也可以为普通用户提供有线或无线上网等服务。城域网既可能是公用网,也可能是专用网,既可以支持数据和语音,还可能涉及有线电视网。

(4) 广域网。广域网(Wide Area Network,WAN)也叫远程网络,指作用范围通常为几十到几千公里的网络。其实,大多数广域网都隶属于不同的公司或单位,它一般有不同的两种类型:一种是连接范围较为庞大的网络,如连接多个城域网后所形成的网络,又如遍及全球的Internet(因特网);另一种是由多个局域网互联后形成的范围更大的网络,如由多个相对较远的分公司组成的企业网或由多个相对较远的分校组成的校园网等。

需要强调的是:从技术上讲个域网是无线局域网中的一种特例,城域网和局域网的实现技术基本相同,而今天的广域网主要负责不同局域网或城域网之间的互联,广域网已成为一个与具体应用无关的数据承载网络或数据传输网络,所以本书不再对个域网、城域网和广域网进行单独介绍。

2. 按使用范围分类

根据使用范围的不同,可以将计算机网络分为公用网和专用网两类。

(1) 公用网。公用网(public network)是为公众提供各种信息服务的网络系统,如Internet,只要用户能够遵守网络服务商的使用和管理规则,都可以申请使用。我国的公用网通常由电信部门负责建设和营运,许多国家则由私营企业建设和营运。

(2) 专用网。专用网(private network)由组织、系统或部门根据实际需要自己投资建立，只对网络拥有者提供服务。例如军队、公安、铁路、电力等系统均拥有本系统的专用网。

3. 按网络传输方式分类

网络传输方式的不同，决定了网络应用、功能及管理方式的不同。根据传输方式的不同，计算机网络分为广播式网络和点对点式网络两种类型。

（1）广播式网络。广播式网络（broadcast networks）是指联网的计算机共享同一个通信信道。当一台计算机发送分组时，该分组会广播到整个网络中，网络中的所有计算机都可以接收到该分组。在实际应用中，当一台计算机接收到分组时，并不会全部接收下来，只有发给本机的才接收，否则便丢弃。为了使联网计算机在接收到分组后能够判别该分组是否是发给自己的，就必须在每一个分组中设置地址标识，计算机根据地址标识识别接收到的分组是否是属于自己的。

根据应用功能的不同，广播式网络中的地址标识可以分为单节点地址、多节点地址和广播地址三种类型。其中，单节点地址用于将分组发给指定的一个节点，多节点地址用于将分组发给指定的一组节点，而广播地址则用于将分组发给所有的节点。计算机局域网属于广播式网络。

（2）点对点式网络。点对点式网络（point-to-point network）是指在一条网络线路的两端分别连接一台计算机，如果两台计算机之间没有直连线路，则需要在两台计算机之间设置中继节点，中继节点采用"接收-存储-转发"的方式，将分组从一台计算机发送给另一台计算机。

在点对点式网络中，分组从源节点到目标节点可能会存在多个中继节点，也可能会存在多条可路由的线路。所以在存在多个中继节点或多条线路的点对点式网络中，中继节点必须提供完善的路由算法，以保证分组能够以"接收-存储-转发"方式从源节点发送到目标节点。

广播式网络与点对点式网络之间最大的区别是：点对点式网络采用了"接收-存储-转发"方式和路由选择机制，而广播式网络采用向全网广播的机制。

1.2.3 计算机网络的拓扑结构

流程图是使用图形表示算法思路的一种非常好的方法，是学习计算机编程语言的一种有效手段。而网络拓扑结构是利用不同的图标代表不同的网络设备、利用不同的连线代表设备之间的不同连接方式，从而形成的一种结构清晰、易于理解的网络工作方式图，学习和掌握网络拓扑结构的工作和制作方式，对学习计算机网络具有十分重要的意义。不管是局域网还是广域网，计算机网络的基本组成一般分为总线型、星型和环型三种方式。

1. 总线型（Bus）

如果网络上的所有计算机都通过一条电缆线相互连接起来，这种拓扑结构就称作总线型网络结构，如图1-1(a)所示。总线型网络结构是最简单的网络结构，其中不需要任何其他的连接设备。网络中的每台计算机均可以接收从某一节点传送到另一节点的数据，所以这种拓扑结构是共享介质的拓扑结构。

当总线型网络上的计算机之间进行通信时，首先将数据转换成电信号，然后再将电信号发送到电缆线上。同时电缆线上的其他计算机均在监听传送中的信号，但是只有那个地址与信号中所含的目标地址相匹配的计算机才能接收电缆上的信号，而具有其他地址的计算机均对此信号不做反应。

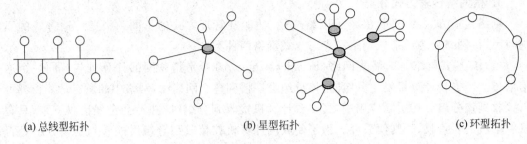

(a) 总线型拓扑　　　　　(b) 星型拓扑　　　　　(c) 环型拓扑

图 1-1　局域网中常见的三种拓扑结构

由于总线型网络中的所有计算机共享一条电缆,所以该电缆仅能支持一个信道,也就是说总线型网络中的计算机共享总线的全部容量。故而在某一时刻,只能有一台计算机发送电信号;同时网络上的其他计算机只监听和接收数据而不会转发电缆上的数据,所以这种总线型网络也是一种被动式拓扑结构。

总线型网络中只有一条电缆线,所以当网络发生故障时,无法判断出故障的具体位置;而且总线型网络的容错能力较差,一旦总线上某处产生中断或发生故障,就会使整个网络无法正常工作。虽然总线型网络的成本不高,但是它不能很好地扩展,当网络上的计算机增加时,整个网络的性能会下降。在 20 世纪 90 年代初,由于单位拥有计算机的数量较少,而且对网络通信质量的要求不高,所以在小型网络中可以采用总线型结构。但在较大型的网络中几乎没有一个单纯的总线型拓扑结构,它总是和其他类型的网络结构结合在一起构成一个混合拓扑结构的网络。同时,随着以双绞线和光纤为主的标准化布线的推行,总线型网络已基本退出了网络布线。而在视频监控、POS(Point of Sales,销售点)系统、传感网络等专用网络中还在大量使用总线型结构。

2. 星型(Star)

早期的计算机如果需要相互通信时,就要将需要通信的计算机同时连接到一台中央主机上,由主机进行转接,而不是直接进行通信,这就是星型网络拓扑结构的最初形式。在现代星型拓扑结构中,所有的计算机通过各自的一条电缆线与一台中央集线器相连,如图 1-1(b)所示。

星型拓扑结构看起来像一个由车轴和辐条所组成的车轮(中央集线器就像车轴,电缆线就像辐条),所以中央集线器也称作 Hub(意为"轮毂、中心")。如今在计算机网络中,Hub 已经成了一个标准设备。大多数的 Hub 都是有源的、主动式的,一个典型的 Hub 既接收信号,也放大和转发信号。网上需要通信的计算机把信号传送到 Hub,由它把信号转发到目标计算机。另外也有一些 Hub 是无源的、被动式的,它不对接收到的信号进行放大或重生,仅对信号进行转发。还有的 Hub 有不同类型的缆线接口,可以连接不同类型的电缆线。

使用 Hub 的网络与不使用 Hub 的网络相比有很大的优点。采用这种结构的计算机网络能够方便地移动、隔离,可以通过更多的 Hub 与更多的计算机或其他网络相连,所以这种结构能够很容易地扩展,多个星型结构集成在一起,就形成了多星型结构;一些有源的、主动式的 Hub 可以监视网络中的各种活动和网络中的通信流量,还可以对网络中的某个连接进行检测并判断该连接是否有效。所以在目前的网络中,星型拓扑结构是最流行的网络结构。其中，Hub 已由早期的集线器发展到现在的交换机及路由器。

星型拓扑结构中的所有计算机都通过电缆线集中到 Hub 上，所以需要大量的电缆线，而且一旦 Hub 出现故障，整个网络就无法工作；但是当某一条电缆线或与其相连的计算机发生故障时只会影响自身而不会影响整个网络，网络的其余部分照样能正常工作，这也是其他类型拓扑结构所不具有的优点。

3. 环型（Ring）

环型拓扑结构中的每台计算机都与相邻的两台计算机相连，构成一个封闭的环状，如图 1-1(c)所示。整个结构既没有起点，也没有终点，所以也就不需要总线型拓扑结构中必须要有的终结器。信号在环型结构中沿着固定的方向传播，轮流经过每一台计算机，网上的每台计算机都相当于一台中继器，不仅要接收上一台计算机（先行计算机）发来的信号，而且要放大信号并将它传送到下一台计算机（后继计算机），直到到达它的目标地为止。所以这种网络又称作主动式拓扑结构，在这种网络结构中，任何一台计算机出现故障都会造成环网的中断，从而对整个网络产生影响。

1.3 计算机网络的数据交换方式

由于计算机网络是由多设备（节点）组成的集合，任意两个设备之间不可能全部都是点对点连接方式，绝大多数情况下从一台设备中发出的数据要经过多个中间设备后才能达到目标设备。数据在不同节点之间的传输方式称为数据交换，常用的交换方式有电路交换、报文交换和分组交换三种。

1.3.1 电路交换

电路交换（circuit switching）就是两个需要通信的节点在开始通信前由交换机为它们建立一个专用的通信线路，电路交换属于线路交换方式。两个通信节点在开始通信后一直到通信结束之前都占用这条通信线路，数据在通信过程中始终在这条通信线中传输，只有当通信结束后才会释放该通信线路。人们最常使用的电话系统采用的就是这种电路交换方式。电路交换是一种直接交换方式，是在多个输入线和多个输出线之间直接形成传输信息的物理链路，如图 1-2 所示。

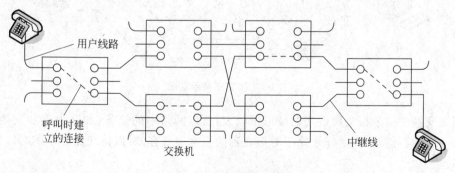

图 1-2 电路交换示意图

电路交换有多种形式，如空分交换、时分交换、波分交换等。其中空分交换是交换比特（bit）流所经过的端口号，时分交换是交换比特所在的时隙，而波分交换则是交换承载比特的波长。

电路交换过程包含三个阶段:

(1) 在网络上两个通信节点开始通信前,交换机必须为两个通信节点建立一条通信线路,而且这条线路要从通信开始保持到通信结束。

(2) 当通信线路建立后,两个通信节点通过这条线路传输数据,此时线路可以全双工方式工作(即可以同时发送和接收数据)。

(3) 当通信节点中的任何一方结束通信时释放这条通信线路。

在电路交换中,两个通信节点在保持通信联系时始终占用一条通信线路,此时即使这两个节点间没有数据传输,在没有释放线路之前,其他的通信节点,都无法使用这条线路,这种现象被称为呼损。由于电路交换网络的使用效率不高,所以电路交换方式不是一种经济的传输方式,而且在这种交换方式中不同速率和不同电码之间的用户不能进行交换。而某些应用在通信过程中不能被打断,必须实时传输,时刻占用一条线路,例如电话通信、电话会议等,在这种情况下,网络就要采用电路交换方式。电路交换方式的延时短并且固定不变(即传输路径、传输容量、传输顺序等都是不变的),适合于连续、大容量的数据传输。

由于在电路交换中,通信双方在进行通信的所有时间内始终占用了端到端两个节点的固定传输带宽,所以电路交换是一种面向连接的通信方式。

1.3.2 报文交换

报文交换(message switching)指在通信过程中不需要在信源(信息发送者)和信宿(信息接收者)之间建立一条专用线路,当信源发送数据时,将信宿的目标地址添加到原始数据(报文)上,然后这个经过处理的数据传向网络中的下一个中间节点,中间节点会储存所有的数据再转发到另一个中间节点,另一个中间节点重复这个"接收-储存-转发"的过程,直到中间节点与信宿建立联系后数据才会被传输到信宿,这种"接收-存储-转发"(receive and store and forward)的传输方式就是报文交换方式。报文交换的示意图如图1-3所示。

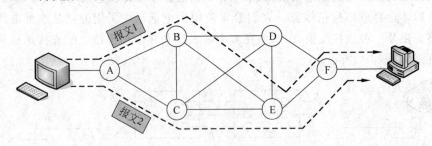

图1-3 报文交换示意图

报文交换中一个报文所占用的数据量较大,所以网络中的设备(如路由器和交换机)必须具有一定的存储空间,这样才便于对接收到的报文进行存储,以待线路有空闲时转发到下一个节点。

第一个使用报文交换的通信系统是电报。在电报系统中,报文在发送局被穿孔在纸带上,然后在通信线路上被读入并转发到下一个局。在下一局中它又被穿孔在纸带上,该局中的操作人员将纸带撕下来,将其输入到一台纸带阅读机中,并继续转发到下一个局。依次进行,直到终点局为止。在电报系统中,位于网络主干的每一个局都拥有一台纸带穿孔和阅读机。这种交换局被称为撕断纸带式交换局(torn tape office)。

报文传输是不连续的,所以不适合于传输实时信号,如电话通信、电视会议等。电子邮件系统适合采用报文交换方式。

1.3.3 分组交换

分组交换(packet switching)就是数据在发送之前被分成多个很小的有一定长度的数据段,并在每个数据段上添加相应的控制信息从而形成分组,每个分组上都有信源和信宿的地址,并且会按照数据段在原数据中的位置进行编号,之后每个分组选择不同的路径在网络中进行传输。

为了更详细地理解分组交换的特点,先来理解几个概念:报文、分组和包。报文通常是指要发送的整块数据;由于一个报文的数据量较大,不便于在计算机网络中传输,所以报文在计算机网络中发送之前首先被分成一个个更小的大小相等的数据段(例如,每个数据段为1024bits)。为了便于接收方数据的恢复,在每个数据段的前面都要加上一个首部(header),这样便构成了一个分组(packet),如图 1-4 所示;分组又称为包,分组的首部也称为包头,分组交换也称为包交换。

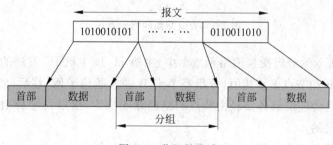

图 1-4 分组的组成

分组是分组交换网络中传输的数据单元,其中首部包含了目的地址、源地址、校验码等重要信息,每一个分组可以在分组交换网络中独立地选择路由。所以,分组交换是基于标记(label-based)的数据交换方式。另外,在分组交换网络中,通信时不必事先建立一条连接,而是随时将分组传送到网络进行传输,所以分组交换是非面向连接的。

在分组交换网络中,分组可以从信源经过各个不相同的线路传输到信宿,信宿收到这些分组后会重新组装,恢复成原始数据。在传输过程中,每个分组都会在信源和信宿之间寻找一个传输时间最快的线路。由于分组的传输线路各不相同,所以到达信宿的时间也可能不一样,这时分组的首部信息便发挥了作用,信宿根据分组首部的信息重新组装数据。如果有分组传错或丢失,信宿还需要让信源重新发送,直到能够将数据完全恢复为止。

如图 1-5 所示的是一个分组交换网络的示意图,其中节点(路由器)A,B,…,H 及连接这些节点的链路 AB,AC,… 构成了一个分组交换网络(通信子网)。主机 H_1,H_2,…,H_6 构成了分组交换网资源子网。现在假设主机 H_2 要向主机 H_6 发送数据,H_2 首先将要发送的数据分成一个个大小相等的数据段,再在每个数据段的前面加上首部信息,从而形成了分组 P_1,P_2,…,P_n。然后将每一个分组发送到与主机 H_2 直接连接的 B 节点的缓冲中,之后每个分组按照路径算法选择网络中的传输路径,不同的分组可能经不同的路径进行传输,但最终都要到达节点 F。节点 F 将所有接收到的分组依次传送给与它直接连接的主机 H_6,并由主机 H_6 对接收到的分组进行组装,还原为原始的数据。

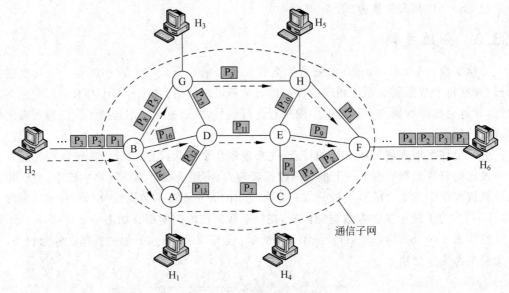

图 1-5　分组交换网络示意图

在如图 1-5 所示的分组交换网络示意图中,主机 H_2 向主机 H_6 发送的数据必须经过通信子网中的节点 B 和节点 F。其中,分组经节点 B 进入通信子网,然后经节点 F 离开通信子网。由于各分组传输的具体路径由节点的路径算法决定,所以每个分组在通信子网中的传输路径是不确定的。

分组交换与报文交换一样,不适合于传输实时数据,但是由于分组交换不占用固定线路且所有分组同时在网络沿不同线路传输,所以数据的传输延时短。此外,分组的长度很小,所以占用线路上中间节点的存储空间较小,有利于提高线路的利用率;一旦有分组传输出错时,只需重发出错的分组即可,而不必发送全部数据。分组交换网络利用率很高,非常适合文件和数据的传输,分组交换是现代计算机网络数据传输的主要方式。

报文和分组是数据的两种表现方式,如果对发送的数据没有大小限制,当在数据中添加了目的地址、源地址及控制信息后,便形成报文;如果对发送的数据有大小限制(例如限制最大长度不能超过 1500B),在发送端将数据根据限制条件划分成小的数据段,然后在数据段上添加了目的地址、源地址及控制信息后,便形成分组。分组在接收端按顺序重组后又形成发送前的报文。所以,分组也称为报文分组。

1.3.4　电路交换、报文交换及分组交换的比较

前面分别介绍了电路交换、报文交换及分组交换的特点和基本原理,在此基础上,为了让读者对这三种交换方式有一个更加全面地理解,下面对这三种交换方式进行比较,如图 1-6 所示。

(1) 与电路交换相比,报文交换的线路利用率高。

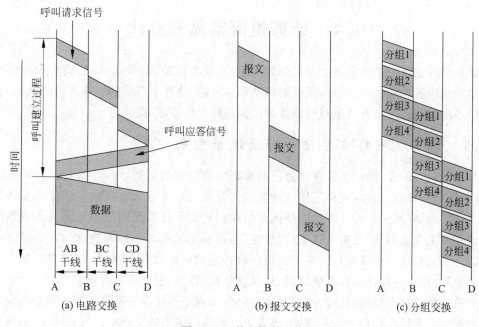

图 1-6 三种交换的比较

(2) 当网络的通信流量较大时,虽然采用分组交换方式传输的数据是不连续的,但是信宿仍然可以接收到完整的数据。

(3) 报文交换中,信源和信宿可以不必同时工作,当信宿繁忙时,可以允许数据延时接收。

(4) 报文交换还可以将一个数据传往多个信宿、实现无差错传输、建立数据的优先级别。

(5) 电路交换是静态地保留了需要的带宽,而分组交换是在需要的时候才申请带宽,在使用结束后再进行释放。在电路交换中,已分配但未被使用的带宽被浪费掉;而在分组交换中,已申请获得的带宽也可以被其他通信中的分组所利用。但由于分组交换没有专用的电路,所以当有突发流量出现时,可能会堵塞网络中的节点,从而造成分组转发的延时甚至是丢失。

(6) 在分组交换中,接收方根据收到的分组的序号对分组进行重组,以便恢复原始数据。当接收方收到错误的分组时可以要求发送方重新发送此分组。而在电路交换中,不会出现数据的重组问题。

(7) 电路交换是完全透明的,发送方和接收方可以使用符合自己需要的速率及数据格式进行通信。而在分组交换中,分组的大小、传输速率等都是事先设定好的,是不允许被用户修改的。

(8) 电路交换的计费一般需要考虑使用距离(如电话收费),而分组交换的计费一般不需要考虑距离(如上网浏览网页)。

由于以上原因,所以计算机网络采用的是分组交换,偶尔也可以采用电路交换,但绝不能够使用报文交换。

1.4 计算机网络体系结构

计算机网络是一个非常庞大和复杂的系统,不同功能的实现由具体的模块和协议来完成。如果将所有功能模块和协议无规划的堆积在一起,将会对系统的实现带来很大的困难,甚至使系统无法运作。分层是对网络体系结构具体化的基本方法。

1.4.1 计算机网络体系结构与层次模型的定义

"没有规矩,不成方圆"常常强调做任何事都要有一定的规矩、规则和做法,否则无法成功,这句俗语在计算机领域同样适用。计算机体系结构定义了计算机系统的组成及各组成部分之间的协调"规矩",而计算机网络体系结构则定义了计算机网络中不同设备或系统的组成及相互之间协调的"规矩",这里的"规矩"是指相应的技术标准和规范。在会场上谁先发言,谁后发言,这是会议规矩。对于任何一台接入网络的计算机来说,在通信时首先启用哪一个进程,然后再依次运行哪些进程,这是通信规矩。规矩必须事先规定。

计算机网络体系结构(简称为"网络体系结构")描述了计算机网络功能实体的划分原则及其相互之间协同工作的方法和规则,确定了计算机网络中的"规矩"。具体来讲,网络体系结构描述了计算机通信过程中使用的机制和协议的基本设计原则,这些原则用以确保网络中实际使用的协议和算法的一致性和连续性,并为产品的开发和使用提供统一的标准。从网络分层的特点来看,计算机网络体系结构是计算机网络的各层及其协议的集合,体系结构是抽象的,而协议的实现是具体的,需要有相应硬件和软件的支持。

1. 计算机网络体系结构的内容

一个完整的计算机网络体系结构应该包含以下的内容:
(1) 如何为网络实体或组件命名。
(2) 如何协调处理命名、寻址、路由、分配等功能之间的关系。
(3) 如何确定网络实体或组件状态变化的时间和方式。
(4) 如何维护网络实体或组件的状态、处理其状态的变化。
(5) 如何对网络功能进行合理的划分,并以模块化的方式予以实现。
(6) 网络资源的分配原则及其在实体或组件上的实现机制。
(7) 如何保证网络安全。
(8) 如何实现网络管理。
(9) 如何满足不同的应用需求。

2. 层次模型

为什么要采用分层结构呢?因为采用分层结构后,每一层完成自己的工作,每一层的工作与其他各层不重复,层次分明,既易于理解分析,又易于生产商提供相应的设备,这样每一层各司其职,经过逐层工作后,数据就可以在网络上进行传输。

现代计算机网络使用层次模型体系结构(即分层结构),该体系结构也是从计算机网络产生到现在逐渐发展完善起来的。分层体系结构的特点是采用"分而治之"的模块化方法,将复杂的网络问题简单化。采用分层结构后,将网络实现中的全部功能分配在不同的层次,每一个层次分别独立完成相应的服务并确定相应的实现方法(即协议)。其中,每一层在独立完成本层次功能的同时,需要通过上下层之间的接口规范,由下层为上层提供服务并屏蔽下层的实现细节。

使用分层的思想,可以减少网络设计的复杂性,提高系统的运行效率,便于网络的使用和维护。网络采用分层结构后,实现网络服务功能的协议也被随之分层,所以在现代计算机网络中的具体协议都会涉及体系结构的具体层次。

网络分层的依据主要是要实现的功能,分层后每一层完成一个功能集合确定的功能,并尽量做到上下层之间接口清晰。层次的数量在分层结构中是十分关键的,一方面层次的数量不能太少,如果层次数量太少,将会导致层与层之间的功能划分不明确甚至产生冲突或交叉;另一方面层次的数量也不能太多,如果层次数量太多,将会增加系统的开销,使实现过程变得过于复杂。层次划分的依据为:

(1) 抽象化。每一层的内部结构对上下层都是透明的(即不可见的)。

(2) 便于实现系统化和标准化。

(3) 层次之间的接口应清晰,应尽量减少层次之间传递的额外信息量,便于层次模块的划分和开发。

(4) 与具体实现无关。用户可以根据层次功能的定义自行开发功能模块,而不会影响上下层的功能实现。

(5) 各层之间相互独立,高层不必关心低层的实现细节。

(6) 有利于功能的实现和维护,任一层次中某一实现细节的改变不会对本层和其他层的实现细节产生影响。

目前典型的层次模型结构主要有 ISO 制定的 OSI 参考模型,该模型将网络从下向上依次分为物理层、数据链路层、网络层、传输层、会话层、表示层和应用层共 7 层,每一个层次完成一部分功能。除 OSI 七层模型之外,目前广泛使用的层次模型还有 TCP/IP 四层模型、ATM 四层模型以及 IPX/SPX 网络的五层模型等。

1.4.2 协议、实体、接口与服务的概念

在层次模型的计算机网络体系结构中,协议、接口、实体、服务等都是非常重要的概念。

1. 协议

从广义的角度来看,协议是一种通信的规则。例如,在邮政通信系统中,发信人在发信之前首先要根据邮政书信的书写规则在信封的指定位置写上收信人地址、收信人姓名、发信人地址及姓名等内容。邮政系统将根据信封上的信息来传递用户的信件。在这里,信封的书写规则相当于计算机网络体系结构。在不同的国家或地区,信封的书写格式不同,不同的格式对应不同的网络体系结构。对于某一具体的信封书写格式来说,格式的要求就是通信双方必须遵循的协议,收发信双方必须遵守相关的协定才能完成信件的交换。同样,当确定了某一个网络体系结构时,参与通信的实体就必须遵循相关的通信协议。网络体系结构不同,协议的内容和功能也不相同,但是当网络体系结构确定后就必须遵循这一体系结构中确定的通信协议。因此,协议具有归属性,必须确定所属的网络体系结构。

具体来讲,协议是指某一网络体系结构中参与通信的实体之间需要遵循的一组规则和约定,包括数据的传输采用何种编码及格式,通过什么方式标识发送者和接收者的名称和地址,如何检测数据在传输过程中是否出错,对于在传输过程中出错的数据应该如何处理,如何保持发送方和接收方速率的一致性,如何实现收发双方的同步等。计算机网络体系结构

包括了网络层次模型和各层的协议集合两部分,网络协议也是按层次模型来组织的。

网络协议由以下三个要素组成:

(1) 语法。语法是数据与控制信息的结构或格式。包括数据格式、编码、信号电平等。

(2) 语义。语义是用于协调和进行差错处理的控制信息。包括需要发生何种控制信息,完成何种操作,做出何种应答等。

(3) 同步(定时)。同步是对事件实现顺序的详细说明。包括速度匹配、排序等。

通信协议对通信软件和硬件的开发具有指导作用。通信协议描述要做什么,对于怎么做不进行限定。这一特征为软硬件开发商便提供了便利,他们只需要根据协议要求开发出产品,至于选择什么电子元件、使用何种语言开发并不受约束。

2. 实体

计算机网络中的通信是指在不同站点中的实体之间的通信。实体是指能够发送和接收信息的对象,包括终端、应用软件、通信进程等。在分层模型中,不同站点中相同层的实体称为对等实体,对等实体之间的通信称为对等通信,对等通信必须遵循相同层的协议。

3. 接口

不同站点中对等实体之间的通信实际上并不是在两个实体之间的直接通信,而是由发送方实体将数据逐层传递给它的下一层,只有到达最下层的物理层后才能够实现数据(这时为信号)的直接传输。数据到达接收端后再逐层上交,直到对等实体。在这一通信过程中,同一站点内相邻层之间都要交换信息,将同一站点内相邻层之间交换信息的连接点称为接口。

同一站点内每一层都有一个明确的功能定义集合,通过相邻层之间已定义的接口,低层就能够向高层提供服务。当低层功能的具体实现方法与技术细节发生改变时,只要接口和低层的功能不变,就不会影响到其他层的功能及实现,也不会影响整个系统的工作。

4. 服务

服务是同一站点内相邻层之间的操作,位于上层的服务使用者和位于下层的服务提供者之间通过服务访问点(Service Access Point,SAP)来联系。SAP 是指相邻两层实体之间通过接口调用服务或提供服务的联系点。在分层模型中,实体、协议、SAP 之间的关系如图 1-7 所示。

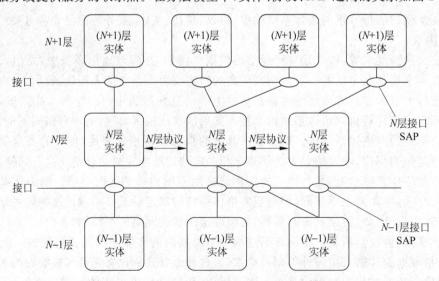

图 1-7 分层模型中实体、协议、SAP 之间的关系

由图 1-7 可以看出,当第 N 层的实体在实现自己的功能时,只使用第$(N-1)$层提供的服务。同时,第 N 层向第$(N+1)$层提供服务,该服务不仅包括第 N 层本身所具有的功能,还包括由下层服务提供的功能总和。对于一个具体的分层模型来说,最底层只提供服务,而最高层只使用服务,中间各层既是下一层的服务使用者,又是上一层服务的提供者。第$(N+1)$层通过第 N 层的 SAP 来访问第 N 层的服务,每一个 SAP 都有一个唯一的标识符,即 SAP 的地址。

1.4.3 常见计算机网络体系结构及比较

分层概念在计算机网络体系结构研究中得到应用后,相继推出了一些标准模型。1974 年美国 IBM 公司公布了 SNA(System Network Architecture,系统网络体系结构),这一网络标准只能用于 IBM 大型机之间的互联。之后,其他一些国际知名公司也纷纷推出了适合自己设备网络互联的体系结构。这一现象虽然避免了网络体系结构被一家公司垄断,但却导致不同公司生产的网络设备之间无法实现互联。

1. OSI 七层模型

为了解决早期的网络体系结构各异、缺乏统一的通信协议等问题,加快网络体系结构和协议标准的统一和国际化,促进计算机网络应用的发展,国标标准化组织(International Organization for Standardization,ISO)成立了计算机与信息处理标准化技术委员会(TC97),并专门成立了一个分委员会(SC16)从事网络体系结构与网络协议的国际标准化问题的研究和制定,其目标是提出一个各种计算机能够在世界范围内互联成网的标准框架。经过几年的努力,ISO 于 1984 年正式发布了开放系统互联(Open System Interconnect,OSI)参考模型,即 OSI/IEC 7498 国际标准,并相继为各个层制定了一系列的协议标准,形成了一个庞大的 OSI 协议集。

OSI 参考模型是目前计算机网络中众多分层结构中最具代表性的一种,从下到上共分为物理层、数据链路层、网络层、传输层、会话层、表示层和应用层 7 层,其结构如图 1-8(a)所示。OSI 将两台联网计算机之间的信息传递过程分成 7 个小的、易于管理的任务组,每个任务组对应于 OSI 中的相应一层。

OSI 参考模型的分层结构对不同的层次定义了不同的功能和所提供的不同的服务,每个层次均为网上的任意两台设备进行通信做数据准备,其中每一层都与相邻的上下层之间进行通信、协调工作,为上层提供一定的服务,将上层传来的数据和控制信息经过再处理后传递到下层,一直到最底层(物理层)通过传输介质传到网上;每两个层次之间通过接口相连,每个层次与上下层次的通信均通过接口传至对方,每个层次都建立在下一层的标准和活动上。分层结构的优点就是每一层次有各自的功能,相互之间有明确的分工,这种结构便于理解和接受;而且当网络出现传输故障时,可以通过分析,判断问题出在哪一层,然后在与该层相关的硬件或软件中确定故障点,可以方便迅速地解决问题。

在 20 世纪 90 年代初之前,OSI 的确有一统天下的架势,甚至有学者指出"OSI 模型及其协议将会统领整个世界,从而把所有其他技术和标准都排除出局"。然而,在 20 世纪 90 年代中后期,TCP/IP 和 OSI 参考模型之间的竞争以 Internet 的成功和 OSI 的失败而结束。今天,无论在工程界还是学术界,大量采用 OSI 参考模型所定义的一些术语或概念,却很少有厂商生产完全基于 OSI 标准的设备或开发完全基于 OSI 标准的软件。OSI 失败的主要原因可以归纳为以下几点：

（1）OSI 参考模型的设计者和后来的专家、学者在制定 OSI 标准时缺乏对商业应用的充分考虑，同时 OSI 标准的制定周期太长，致使标准未能及时转换成产品；

（2）OSI 参考模型的协议族（protocol suite）过于庞大，协议实现起来过于复杂，且运行效率很低；

（3）OSI 参考模型的层次划分不太合理，其中会话层和表示层的定义在大多数应用中很少用到，而有些层的功能过于集中和繁杂。同时，寻址、流量控制与差错控制等功能在多个层次中重复出现，不但增加了系统实现的复杂性，而且降低了系统的效率。

在提出 OSI 参考模型存在的问题的同时，也不能片面地认为 OSI 参考模型就一无是处。OSI 参考模型为计算机网络体系结构的理论研究和发展做出了重要贡献，包括 TCP/IP 体系结构在内的其他一些标准的制定和发展也受到 OSI 参考模型的启发，或直接借用了 OSI 参考模型的成果。其实，任何一个网络标准的出现都不可避免地会存在一些不足，这种不足只能在应用过程中不断发现和完善，只是 OSI 参考模型在竞争中丧失了机会。

2. TCP/IP 四层模型

当 OSI 参考模型在逐步完善和发展的过程中，伴随着 ARPAnet 的出现和快速发展，TCP/IP 体系结构开始引起业界的重视。

ARPAnet（Internet 的雏形）是应用最早的计算机网络类型之一，现代 Internet 的许多概念源自于 ARPAnet。ARPAnet 是由美国国防部资助的一个研究性网络，当初它通过租用的电话线将几百所大学和政府部门的计算机设备连接起来，要求通过一种灵活的网络体系结构实现不同设备、不同网络的互联和互通。后来卫星通信系统和无线电通信系统快速发展了起来并应用到 ARPAnet 中，这时 ARPAnet 最初开发的网络协议使用在通信可靠性较差的通信子网中时出现了问题，这就导致了 TCP/IP 协议的出现。

在 20 世纪 80 年代初，ARPAnet 中的主机开始转向使用 TCP/IP 协议。到 1983 年 1 月，ARPAnet 已经成为一个纯 TCP/IP 的网络。TCP/IP 协议及体系结构的成功主要归功于两个方面：一是 OSI 参考模型与相关产品迟迟没有得到广泛应用，影响了相关厂商开发相应的硬件和软件，从而使 OSI 产品在期待中渐渐缩小了应用范围；二是 Internet 的迅猛发展导致 TCP/IP 体系结构的影响逐渐扩大，不但 IBM、DEC、Oracle、Novell 等国际大公司纷纷宣布支持 TCP/IP 协议，而且后来开发的操作系统和数据库系统都使用 TCP/IP 协议。

TCP/IP 模型由应用层、传输层、网际层（也称为 Internet 层）和网络接口层共 4 层组成，其结构如图 1-8(b)所示。TCP/IP 模型与 OSI 参考模型之间的相似之处表现为：

（1）都使用分层结构。

（2）都有应用层，但服务的范围不同。

（3）都有传输层，其实现功能相似。

（4）都有网络层（在 TCP/IP 模型中为网际层），其实现功能相似。

（5）都使用的是分组（包）交换，而不是具有物理链路的电路交换技术。

OSI 参考模型与 TCP/IP 模型之间的不同之处表现为：

（1）TCP/IP 模型将 OSI 参考模型中的表示层和会话层都包括到了应用层。

（2）TCP/IP 模型将 OSI 参考模型中的数据链路层和物理层都包括到了同一层，即网络接口层。

（3）TCP/IP 模型虽然分层较少，但并不简单；而 OSI 参考模型虽然分层较多，但容易开发和排除故障。

（4）TCP/IP 模型是伴随着互联网的发展而得以发展和完善的，虽然目前 TCP/IP 模型中的协议被互联网广泛应用，但 TCP/IP 模型并不是网络设计的标准模型；虽然 OSI 参考模型是目前网络设计所遵循的标准模型，但是现实的网络系统并没有真正建立在 OSI 参考模型上。

3. 适用于学习需要的五层模型

由于 TCP/IP 模型的网络接口层没有提供具体的内容，而是直接借用了 OSI 参考模型的物理层和数据链路层，如果将两者结合就会形成如图 1-8(c)所示的五层模型。在平时的计算机网络学习、研究和工程应用中，以及在 TCP/IP 网络中一般也不直接使用网络接口层，而是将其细分为物理层和数据链路层，此思想和方法具有以下特点：

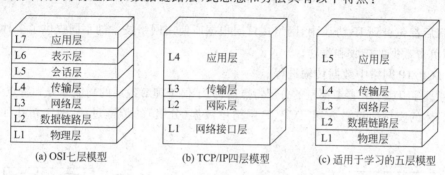

图 1-8　常见的计算机网络体系结构

（1）便于对计算机网络原理的理解和学习，使计算机网络体系结构的分层思想更加具体和有针对性。

（2）能够清晰地描述计算机网络底层的工作原理。物理层负责传输由 0 和 1 组成的比特(bit)流，所对应的是双绞线、光纤、同轴电缆等传输介质；数据链路层负责数据帧(frame)的形成，并利用数据链路层地址（称为"物理地址"）实现数据帧的交换，所对应的是二层交换机设备。

需要说明的是：如图 1-8(c)所示的五层模型只是为了便于教学和读者对计算机网络体系结构的理解提出来的，并没有用于具体的网络中。

1.4.4　TCP/IP 体系结构

随着 Internet 在全球的普遍应用，TCP/IP 体系已成为目前计算机网络中最为重要和典型的网络体系结构，TCP/IP 协议已经成为既成事实的互联网通信协议标准。鉴于 Internet 的重要性，本节单独对 TCP/IP 体系结构进行介绍。

1. TCP/IP 协议

在 Internet 中使用的 TCP/IP 协议，并不一定是指 TCP 和 IP 这两个具体的协议，而是指整个 TCP/IP 协议族，如图 1-9 列出了 TCP/IP 协议族中包括的一些主要协议以及与 TCP/IP 模型各层的对应关系。

如图 1-9 所示的是典型的上下两头大而中间小的沙漏计时器形状的 TCP/IP 协议族，位于上下两头的应用层和网络接口层都有很多协议，而中间的网际层最小，应用层的各种协

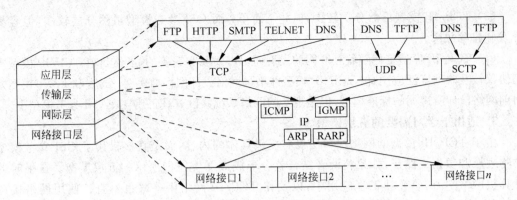

图 1-9　TCP/IP 体系中的主要协议及与各层的对应关系

议在中间后都包裹到 IP 协议中，网络接口层根据所使用网络技术的不同提供了多种网络接口通道，负责数据的接收和发送。

2. TCP/IP 网络中数据传输过程

在掌握了 TCP/IP 参考模型的分层特点后，为了便于理解各层的功能划分和特点，下面通过一个具体的实例向读者介绍 TCP/IP 网络中数据（分组）的传输过程，网络拓扑如图 1-10 所示。

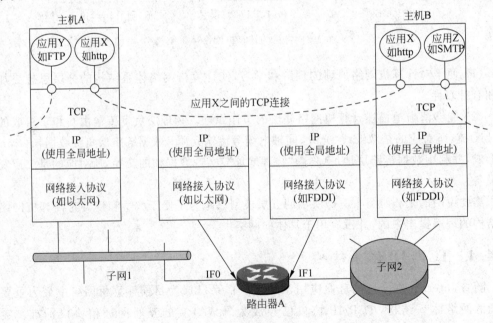

图 1-10　TCP/IP 网络中数据的传输过程

需要说明的是：本实例只是一个对 TCP/IP 网络中两台计算机通信过程细节的粗略介绍，其目的是让读者对分层概念和应用有一个整体的认识。只有在学完全书的内容后，才会清楚每一个细节的具体内容。

如图 1-10 所示，下面简要描述主机 A 与主机 B 进程之间的通信过程，即数据在主机 A 与主机 B 之间的转发过程，通信中假设使用了 TCP 协议。主要过程如下：

(1) 假设主机 A 中的某一个应用程序(进程)要向主机 B 发送数据,这时主机 A 中的这个进程将在本机中获得一个端口,之后这个进程就使用这个确定的端口进行通信,直到本次通信过程结束该端口便被释放。由于 TCP 是一个可靠的、面向连接的通信协议,所以在主机 A 与主机 B 之间正式传输数据之前,主机 B 也需要为这一次通信过程建立一个唯一的端口。

(2) 主机 A 上的进程通过端口将字节流(数据)交给 TCP 协议,TCP 协议根据网络中的约定将字节流划分成为字节段,即将大块数据划分成为小块的数据。然后给每一个字节段添加控制信息,即 TCP 首部,当在字节段上添加了 TCP 首部后称为 TCP 报文段。TCP 首部主要包括了以下的内容:

- 目的端口(destination port)。即主机 B 上对应的进程使用的端口,这个端口是在主机 A 与主机 B 正式发送数据之前双方协商建立的。主机 B 在接收到 TCP 报文段时,根据端口交付给对应的进程。因为主机 B 除了与主机 A 之间的这一进程通信之外,还有可能与主机 A 或其他主机的不同进程之间在同时进行通信。
- 序号(sequence number)。根据在字节流中位置的先后顺序给字节段进行编号。编号的目的之一是每一个字节段单独选择自己的路由在网络中传输,目的之二是当某一个字节段在传输过程中丢失或出错时,接收方可以让发送方重传该字节段,而不需要重传整个字节流。
- 检验和(checksum)。检验和是对每一个字节段(不是报文段,因为不包括 TCP 首部)利用某一函数运行产生的值。当接收端(主机 B)接收到该字节段时,也会使用相同的函数进行运算,并将运算值与检验和进行比较,如果相同,说明该字节段在传输过程中没有出错。否则,需要让对方进行重传。

(3) 主机 A 将 TCP 报文段下传给 IP,并要求它将数据发送到主机 B。这时主机 A 会添加一个 IP 首部,IP 首部包括了源主机(主机 A)的 IP 地址和目的主机(主机 B)的 IP 地址。添加了 IP 首部的数据称为 IP 数据报或 IP 分组。

(4) 当 IP 分组到达网络接口层时,网络接口层又加上自己的首部,即网络首部,这时数据进入了第一个子网(子网 1)。网络首部根据接入网络类型的不同而不同,如以太网、令牌环、FDDI 等。但在网络首部中一般要包含以下的内容:

- 目的子网地址。子网必须知道应将数据帧发送给哪一个相连设备,如路由器 A 上物理接口 IF0 的物理地址。
- 设施请求。网络接入协议可能会请求使用特定的子网设施,如优先级等。

将添加了网络首部的数据单元称为网络级分组或数据帧。

(5) 数据帧到了路由器 A 后,首先被去掉网络首部,得到 IP 数据报,并根据 IP 首部的信息知道目的主机的 IP 地址。然后在路由表中查询该 IP 地址,如果找到对应的表项,则根据表项中的信息(其中主要包括路由器上对应的物理接口,如 IF1)将该 IP 数据报转发出去。为了实现这一过程,在路由器 A 上还需要根据下一子网的类型添加网络首部。如果网络中存在多个子网,连接不同子网的路由器都要进行类似于路由器 A 的操作。

(6) 当数据达到主机 B 后,其操作过程与主机 A 的相好相反。在每一层都要去掉相应的首部,并进行相应的约定操作(如检验等),然后将数据交付给上层,直到将原始数据(字节流)交付给指定的进程。

在 OSI 参考模型中,每一层的数据称为协议数据单元(Protocol Data Unit,PDU),这一概念也已应用到 TCP/IP 网络中,例如 TCP 报文段也称为 TCP PDU。在数据发送端,在每一层添加首部信息的过程称为数据封装,如图 1-11 所示。在数据接收端,每一层去掉首部信息的过程称为数据解封。

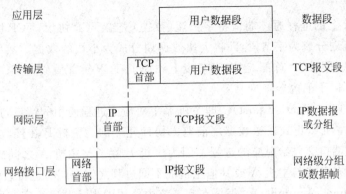

图 1-11　TCP/IP 网络中数据的封装过程

1.5　Internet

Internet 是指采用 TCP/IP 协议族,目前连接范围最大的、开放的、由众多的计算机或网络互联后形成的计算机网络,即因特网。

1.5.1　Internet 的概念

在英语中"Inter"的含义是"交互的","net"是指"网络"。简单地讲,Internet 是一个计算机交互网络,又称网间网。它是一个全球性的巨大的计算机网络体系,它把全球不同地理位置的计算机网络进行互联,蕴藏了难以计数的信息资源,向全世界提供信息服务。Internet 的出现,是人类社会由工业化走向信息化的必然和象征。

从网络通信的角度来看,Internet 是一个以 TCP/IP 通信协议连接各个国家、各个地区、各个机构的计算机网络的数据通信网。从信息资源的角度来看,Internet 是一个集各个部门、各个领域的各种信息资源为一体,供网上用户共享的信息资源网。今天的 Internet 已经远远超过了一般网络的含义,它是一个信息社会的缩影,也是一个单位、地区甚至是国家综合竞争力的重要体现。虽然至今还没有一个准确的定义来概括 Internet,但是可以从通信协议、物理连接、资源共享、相互联系、相互通信等角度来综合加以考虑。一般认为,Internet 的定义至少包含以下三个方面的内容:

(1) Internet 是一个基于 TCP/IP 协议族的国际互联网络。协议族也称为协议簇或协议栈,它由多个子协议组成。目前,TCP/IP 协议族中已包含有 200 多个常用的子协议。

(2) Internet 是一个网络用户的集合,用户使用网络资源,同时也为该网络提供各类资源,以丰富网络的内容。目前,Web 2.0 技术、博客、播客、微博及 P2P 等应用协议的使用,网络上提供资源和获取资源的方式越来越便捷。

(3) Internet 是所有可被访问和利用的信息资源的集合。

为此,可以将 Internet 概括地定义为:Internet 是一个全球信息系统,具有全球性、开放性与平等性等特点,连在 Internet 上的每一台计算机具有全球唯一的地址,与网上其他主机通信时使用 TCP/IP 协议,Internet 可以为网上用户提供各类信息服务。

Internet 从建立之日起就打破了中央控制的网络结构,网上不同的用户不存在谁控制谁的问题,这个网络是一个开放的网络,每个用户都可以加入 Internet,在从 Internet 获取信息的同时,也为 Internet 提供信息服务。

1.5.2 Internet 的产生和发展

Internet 起源于美国国防部高级研究计划局(Defense Advanced Research Projects Agency,DARPA)的前身 ARPA 建立的 ARPAnet,该网于 1969 年投入使用。当时该网络是由 4 个节点组成的包交换网络,其主要目的是为了验证远程分组交换网的可行性。ARPA 于 20 世纪 70 年代中期开始互联网技术研究,其体系结构和协议在 1977—1979 年间得到迅速发展并逐渐完善,成为现代 Internet 的雏形,使 ARPAnet 从一个实验性网络发展成为一个可运行的网络。

1968 年,ARPA 为 ARPAnet 网络项目立项,这个项目基于这样一种主导思想:网络必须能够经受住故障的考验而维持正常工作,一旦发生战争,当网络的某一部分因遭受攻击而失去工作能力时,网络的其他部分应当能够维持正常通信。最初,ARPAnet 主要用于军事研究目的,它有 5 大特点:

(1) 支持资源共享。
(2) 采用分布式控制技术。
(3) 采用分组交换技术。
(4) 使用通信控制处理机。
(5) 采用分层的网络通信协议。

1972 年,ARPAnet 在首届计算机网络通信国际会议上首次与公众见面,并验证了分组交换技术的可行性,由此 ARPAnet 成了现代计算机网络诞生的标志。

ARPAnet 在技术上的另一个重大贡献是 TCP/IP 协议族的开发和使用。1980 年,ARPA 投资在 UNIX(BSD 4.1 版本)的内核中采用了 TCP/IP 协议族,且 TCP/IP 协议在 BSD 4.2 版本以后成为 UNIX 操作系统的标准通信模块。作为 Internet 的早期骨干网,ARPAnet 试验并奠定了 Internet 存在和发展的基础,较好地解决了异构网络互联的一系列理论和技术问题。

1983 年,ARPAnet 分裂为两部分:一部分仍然采用 ARPAnet 这个名字,继续用于研究目的;另一部分则变成专用于军事通信的军用网(MILnet)。

与此同时,局域网和其他广域网的产生和蓬勃发展对 Internet 的进一步发展起了重要的作用。其中,最为引人注目的就是美国国家科学基金会(National Science Foundation,NSF)建立的美国国家科学基金网 NSFnet。1986 年,NSF 建立起了 6 大超级计算机中心,为了使全国的科学家、工程师能够共享这些超级计算机设施,NSF 建立了自己的基于 TCP/IP 协议族的计算机网络 NSFnet。NSF 在全国建立了按地区划分的计算机广域网,并将这些地区网络和超级计算机中心互联。于是,NSFnet 于 1990 年 6 月彻底取代了 ARPAnet,成为 Internet 的主干网。

NSFnet 对 Internet 的最大贡献是使 Internet 向全社会开放,而不像以前那样仅仅提供给计算机研究人员或政府职员使用。然而,随着网上通信量的迅猛增长,NSF 不得不采用更新的网络技术来适应新业务的发展需要。1990 年 9 月,由 Merit 公司、IBM 公司和 MCI 公司联合建立了一个非赢利性的组织——先进网络和科学公司(Advanced Network & Science, Inc, ANS)。ANS 的目的是建立一个全美国范围的 T3 级主干网,它能以 45Mb/s 的速率传送数据,相当于每秒传送 1400 页文本信息。到 1991 年底,NSFnet 的全部主干网都已同 ANS 提供的 T3 级主干网相连。

  回顾 Internet 的发展,早在 1969 年当 ARPAnet 最初建成时只有 4 个节点,到了 1972 年 3 月也仅仅只有 23 个节点,直到 1977 年 3 月总共有 111 个节点。到了 20 世纪 80 年代后,人类社会从工业社会向信息社会的过渡趋势明显加快,人们也越来越重视对信息资源的开发和使用。同时,随着社会科技、文化和经济的发展,特别是计算机网络技术和通信技术的结合,更加推动了 ARPAnet 和其后 NSFnet 的发展,使接入这两个网络的主机和用户数目急剧增加。1988 年,由 NSFnet 连接的计算机数已猛增到 56 000 台,此后每年更以 2~3 倍的惊人速度向前发展。1994 年,Internet 上的主机数目达到了 320 万台,连接了世界上的 35 000 个计算机网络。

  今天的 Internet 已不再是计算机专业人员和军事部门进行科研的专用领域,而成为一个信息的海洋。随着 Internet 规模和用户的不断增长,Internet 上的各种应用与服务也进一步得到了开发,Internet 不再仅仅是一种资源共享、数据通信和信息查询的工具,而且已逐渐成为人们了解世界、讨论问题、购物休闲,乃至从事跨国学术研究、商务活动、远程教育、结交朋友的重要途径。目前 Internet 上提供的信息已覆盖了社会生活的方方面面,构成了一个信息社会的缩影。

  我国早在 1987 年就由中国科学院高能物理研究所首先通过 X.25 租用线路实现了国际远程联网,并于 1988 年以邮件方式实现了与欧洲和北美地区的通信。1993 年 3 月经电信部门的大力配合,开通了由北京高能物理研究所到美国 Stanford 直线加速中心的高速计算机通信专线。1994 年 5 月高能物理研究所的计算机正式接入了 Internet。与此同时,以清华大学为网络中心的中国教育与科研网也于 1994 年 6 月正式连通 Internet,1996 年 6 月,中国最大的 Internet 互联子网 CHINAnet 也正式开通并投入营运。从此,在我国兴起了一种研究、学习和使用 Internet 的热潮。此后,中国金桥信息网、中国教育和科研计算机网、中国科学技术网、中国长城互联网、中国联合通信网、中国移动通信网等遍及全国的各类子网纷纷开通,并投入使用。

1.5.3 Internet 的组织与管理

  在 Internet 中没有一个绝对权威的管理机构,接入 Internet 的各国主干网可以独立处理内部事务,如中国教育和科研计算机网络便是如此。

  在 Internet 中,有一个管理机构——Internet 协会(Internet Society, ISOC),它是一个完全由志愿者组成的组织,任务是推动 Internet 技术的发展与促进全球化的信息交流,在 Internet 协会中有一个专门负责协调 Internet 技术管理与技术发展的分委员会——Internet 体系结构委员会(Internet Architecture Board, IAB)。1979 年,ARPA 为了协调和引导 Internet 协议及体系结构的设计,组成了一个非正式的委员会,即 Internet 控制和配置委员会(Internet Control and Configuration Board, ICCB)。1983 年 ARPA 改组 ICCB,成立

了 Internet 体系结构委员会,它的主要职责是:

(1) 制订 Internet 技术标准。
(2) 制订与发布 Internet 工作文件。
(3) 规划 Internet 的发展战略。

IAB 中设有两个具体的部门:Internet 工程任务组(Internet Engineering Task Force,IETF)与 Internet 研究任务组(Internet Research Task Force,IRTF)。Internet 工程任务组负责技术管理方面的具体工作,Internet 研究任务组负责技术发展方面的具体工作。每个任务组又由十几个更小的任务小组组成,IAB 的每个成员都是一个 Internet 任务组的主持者,分管研究某个或某几个系列的重要课题。IAB 主席被称为 Internet 设计师,负责建议技术方向和协调各任务组的活动。

Internet 的日常工作由网络运行中心(Network Operating Center,NOC)与网络信息中心(Network Information Center,NIC)负责。其中,网络运行中心负责保证 Internet 的正常运行与监督 Internet 活动,NIC 负责为 Internet 服务提供者与广大用户提供信息方面的支持。

中国互联网信息中心(CNNIC)于 1997 年 6 月 3 日在北京成立,开始管理中国的 Internet 主干网,它负责为中国 Internet 用户提供注册服务、信息服务和目录服务。CNNIC 有一个工作委员会,由中国的著名科学家与几大网络公司的代表组成,主要负责制订中国网络发展的方针、政策,开展中国的信息化建设。

1.5.4 Internet 2

ARPAnet 是计算机网络发展中的一个里程碑,互联网从此得到迅猛的发展。经过 40 年来的发展历程,作为整个社会信息基础设施的互联网体系,已经进入了新的"复杂"期。互联网的整个体系从过去 IP over everything,已经演变到今天的 everything over Web,互联网正在从以往的注重传送向如今的注重应用变化。与此同时,伴随着 Internet 的飞速发展,全球 IP 地址即将耗尽、黑客和垃圾邮件对网络的侵害永无休止、垃圾信息不堪重负、对移动设备的支持不理想等问题限制了 Internet 的可持续发展。与此同时,国际上一些科研机构和高校出现了大量基于网络的应用系统,如远程教学、数字图书馆、虚拟实验室、云计算等,这些系统在丰富了教学、研究和协作活动的内容时,要求网络系统能够提供大带宽、高可靠性和低数据丢失率等特征,而当前的 Internet 无法提供此服务能力。

1996 年 10 月,由美国 34 所院校的代表在芝加哥会议上发起了 Internet 2 这一合作项目,随后又有其他院校和一些政府部门、工业部门和非营利性机构加入到该项目中,目前已有 122 所院校和 20 多家私营公司成为 Internet 2 的成员。虽然 Internet 2 网络由企业和高校共同建设,但其推进主体是由美国主要的大学和研究机构组成的非盈利组织(University Corporation for Advanced Internet Development,UCAID)。推出 Internet 2 的背景是美国许多大学对现有 Internet 的某些方面感到不满,主要反映在以下几个方面:

(1) 现有 Internet 的上网费较高。
(2) 虽然已有实现 QoS(服务质量)所需的应用,但没有保证体系。
(3) 现有网络无法提供双向实时会议电视所需要的服务能力。

也是在 1996 年 10 月,时任美国总统克林顿提出了 NGI(Next Generation Internet,下一代互联网)计划,NGI 的设计速率比现在的 Internet 快 1000 倍。1998 年 4 月,美国副总统戈尔又为 Abilene 工程(采用 IP 协议的教育科研网,被认为是最先进的 IP 主干网)揭幕,Abilene 将成为继 vBNS(Very high speed Backbone Network Service,超高带宽网络服务)之后的又一个 Internet 2 主干网络。

Internet 2 与 NGI 虽然是两个相互独立的项目,但两者在某些领域存在着融合。例如,Internet 2 现在拥有 Abilene 和 vBNS 两个国家级主干网络。而 vBNS 的拥有者却是 NSF(国家科学基金会),NSF 又是 NGI 的主要成员。再如,参与 Internet 2 项目的院校正在院校与院校之间、院校与其他组织之间搭建 GigaPops(千兆级网络节点)。通过 GigaPops,Internet 2 院校可以与 NGI 网络互联。NGI 与 Internet 2 将共同确保先进的网络应用在不同厂商提供的网络平台(主干网、广域网、局域网)之间具有互操作性。为此,虽然 NGI 是由美国政府推进,而 Internet 2 则由各高校共同实现,但两者之间又互相促进、互相补充的。目前所提到的 Internet 2,其中包括了 NGI。

总之,Internet 2 项目研究 IPv6、多路广播、QoS 等先进技术将带来互联网应用的新局面,高速接入、VOD、远程教育、远程医疗等应用将在 Internet 2 中快捷而方便地实现,使用户普遍受益。借助政府和 UCAID 的力量,Internet 2 将会再创互联网的辉煌。

2003 年 8 月,国家发改委、教育部、科技部、原信息产业部等部门联合酝酿并启动了 CNGI(中国下一代互联网)示范工程建设,到 2008 年底已建成包括 6 个核心网络、22 个城市、59 个节点、2 个交换中心、273 个驻地网的 IPv6 示范网络。依托 CNGI,我国已开展了大规模的基于 NGI 的应用研究,并获得了创新性成果。其中,由教育系统承建的 CNGI 最大的核心网和全国性学术网 CERNET 2(第二代中国教育和科研计算机网)已开通运行,并在网格计算、高清晰度电视、点到点视频语音综合通信、组播视频会议、大规模虚拟现实环境、智能交通、环境地震监测、远程医疗、远程教育等下一代互联网的核心网络技术方面进行广泛研究和应用推广。

习　题

1-1　"三网融合"中的"三网"分别是指哪三个网络?为什么说"三网融合"后计算机网络将扮演更加重要的角色?

1-2　简述信息化与信息社会之间的关系。

1-3　结合实际,谈谈计算机网络在现代信息社会中发展的作用。

1-4　简述计算机网络的概念、分类和主要的性能指标。

1-5　结合实际应用,试分析广播式网络与点对点式网络在实现原理上的不同。

1-6　在计算机网络理论学习和工程实践中,网络拓扑结构发挥着什么作用?试分析比较总线型、星型和环型三种基本网络拓扑结构的工作模式,并比较相互之间的不同。

1-7　试分析比较电路交换、分组交换和报文交换之间的不同,并解释"在计算机网络中主要使用分组交换,也可以使用电路交换,但绝对不允许使用报文交换"这句话的含义。

1-8　计算机网络体系为什么要使用分层模型？试分析分层模型中协议、接口、实体、服务的概念。

1-9　试分析比较 OSI 七层模型与 TCP/IP 四层模型之间的关系，并说明在竞争中为什么 TCP/IP 标准会胜出，而 OSI 标准会失败。

1-10　参照图 1-10，描述 TCP/IP 网络中数据的传输过程。

1-11　结合实际，叙述 Internet 的产生、发展过程和应用现状。

1-12　结合 Internet 的应用，分析 Internet 2 的特点。

第 2 章　物　理　层

物理层(physical layer)是所有分层模型的最底层,主要实现在传输介质上透明传输由 0 和 1 组成的比特(bit)流,为数据链路层提供数据传输服务。物理层连接方式和传输介质具有多样性,物理层协议的种类也较多,同时物理层的一些内容属于数据通信的课程,部分学生在学习本课程之前未学过数据通信。为此,本章内容除重点突出计算机网络中物理层的概念和功能外,还涉及了一些数据通信的知识。本章将具体介绍物理层的概念、主要传输介质、信道复用技术、数据传输技术、远程数字传输技术、接入网技术等知识。

2.1　物理层概述

物理层的功能是在传输介质上有序地传输比特流。为此,物理层必须提供相应的接口,并制定相关的通信规程(协议)。

2.1.1　物理层的概念

物理层考虑的是在连接各个节点(计算机和网络设备)的传输介质上如何传输比特流,而不去关心连接各个节点的具体物理设备。这样做的好处是尽量屏蔽种类繁多的不同设备和传输介质之间的差异,使物理层的上层(数据链路层)感觉不到这些差异的存在。

ISO 对 OSI 模型中物理层的定义为:在物理信道实体之间合理地通过中间系统为比特传输所需的物理连接的激活、保持和去活提供机械的、电气的、功能特性和规程特性的手段。当发送端要发送一个比特时,在接收端要做好接收该比特的准备,如所需的缓冲区及其他必要的资源等,将这一过程称为激活;去活就是释放,当发送端发送完比特后,接收端要释放为接收比特而准备和占用的资源。

国际电话与电报顾问委员会(International Telephone and Telegraph Consultative Committee,CCITT)对物理层的定义为:利用物理、电气、功能和规程特性,在数据终端设备(Data Terminal Equipment,DTE)和数据电路终端设备(Data Circuit-terminating Equipment,DCE)之间实现对物理信道的建立、保持和拆除功能。

具体地说,物理层主要负责在网络上传输比特流,它与数据通信的物理和电气特性有关。例如,传输介质采用铜质电缆、光纤还是微波? 数据如何从站点 A 传送到站点 B? 等等。物理层以比特流的方式传送来自数据链路层的数据,而不去关心数据的具体含义和格式。同样,物理层在接收到数据后,也不进行任何分析,而是直接传给数据链路层。

需要说明的是:在计算机网络标准的制订过程中,CCITT 和 ISO 起到了关键作用,但两者的工作领域不同。其中，CCITT 主要从通信的角度考虑一些标准的制订，而 OSI 则关心信息处理与网络体系结构。随着技术的发展，通信与信息处理之间已逐渐融合，所以 CCITT 和 ISO 都开始关注相同的领域。物理层需要解决以下的问题：

（1）实现位操作。在物理层的实体之间，数据是以串行方式按比特传输的，系统必须通过行之有效的方法保障由 0 和 1 组成的数字比特流的发出、传送和接收，并保证发送方所发出的信号的正确性以及发送方与接收方信号的一致性。

（2）数据信号的传输。因为数据以比特的形式在实体之间以串行方式进行传输，所以采用何种传输方式，传输速率是多大，传输持续时间有多长，如何解决传输中信号的失真等，这些问题必须在物理层反映出来，并且得到很好的解决。

（3）接口规范。数据信号在实体之间传输时，发送方和接收方都要遵循相同的标准，如接口中每个引脚的规格、功能和作用等。

（4）信号传输规程。在信号的传输过程中，需要对传输的整个过程和事件发生的顺序进行合理的安排和处理，这里的规程即协议。

2.1.2 物理层的特性

为了使不同厂家生产的设备互联起来，就必须统一物理层的协议和操作，规定统一的物理层标准。ISO、CCITT、IEEE 和电子工业联合会（Electronic Industries Association，EIA）分别为物理层制订了相应的标准和建议。

1. 机械特性

机械特性是指连接各种实体的连接接口特性，其中包括以下的几个方面：

（1）接口的形状、大小。

（2）接口引脚的个数、功能、规格，以及引脚的分布。

（3）相应传输介质的参数和特性。

图 2-1 所示的是部分常用连接器的接口形状。

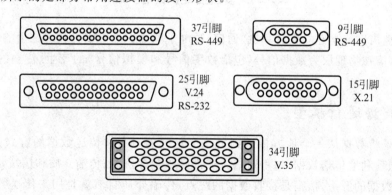

图 2-1　部分连接器示意图

2. 电气特性

电气特性规定了线路连接方式、适用元件、传输速率、信号电平、电缆长度和阻抗。主要解决和处理以下的问题：

（1）信号产生。如何将 0 和 1 转换成信号，其中包括各种调制和解调方式。

(2) 传输速率。对系统中数据的传输速率和调制速率进行测算。传输速率决定了传输距离。

(3) 信号传输。常采用移频键控和移相键控技术。在信号传输过程中,常常出现信号失真,导致发出和接收到的信号不一致。因此,必须采取相应的措施优化通信线路。

(4) 编码。物理层的编码是指字符和报文的组装,可采用多种编码方式,如最常使用的 ASCII 编码。在信号传输过程中,系统需要对字符进行控制,能够从比特流中区分和提取出字符或报文。

3. 功能特性

功能特性主要反应接口电路的功能,确定物理接口中每条线路的用途。功能特性主要由 CCITT 规定,功能特性标准主要包括接口线功能规定方法和接口线功能分类两方面的内容。

(1) 接口线功能规定方法。分为每条接口线一个功能和每条接口线具有多个功能两种类型。

(2) 接口线功能分类。可分为数据、控制、定时和接地 4 类。

另外,接口线命名方法有 3 种:用阿拉伯数字命名、用英文字母组合命名和用英文缩写命名。例如,在 EIA RS-232-C 中用 AB 表示地线,而在 CCITT V.24 中用 102 表示地线。

4. 规程特性

规程特性反映了利用接口进行传输比特流的全过程以及事件发生的可能顺序,它涉及信号传输方式。规程特性主要包括以下几个方面:

(1) 接口。接口与传输过程以及传输过程中各事件执行的顺序有关。

(2) 传输方式。主要包括单工、半双工和全双工。

(3) 传输过程及事件发生执行的先后顺序。

2.2 数据通信基础

现代计算机网络是建立在计算机、通信、微电子和数据库等多种技术之上的一个复杂的系统,数据通信在物理层为数据信号(包括数字信号和模拟信号)的产生、传输、控制提供了标准。

2.2.1 数据通信模型

通信就是将数据从一个地方传送到另一个地方的过程。传送数据的方式是多种多样的,但是要想顺利地传送数据,每种通信方式都必须包含信源、传输介质和信宿,其中信源是产生和发送数据的源头,信宿是接收数据的终点,传输介质自然就是用来传送数据的媒体,一个完整的通信模型如图 2-2 所示。在计算机网络中,信源和信宿是各种各样的计算机或者终端。其中:

(1) 信源。将要处理的原始数据转换成为原始电信号。

(2) 信号转换(改变)设备。将原始电信号转换成适合信道传输的信号。因为信源发出的原始电信号需要进行信号转换,才能够在特定信道中传输。

(3) 信号转换(复原)设备。在传输介质的另一端将接收到的信号还原为原始的电信

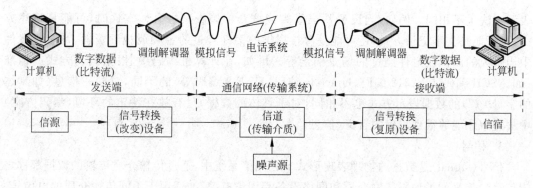

图 2-2 一个典型的通信模型

号,然后交给信宿处理。

(4) 信宿。将接收到的信号转换成为数据。

(5) 噪声源。在数据信号的传输过程中,不可避免地会出现各种噪声,噪声将会导致信号在传输中出错。

2.2.2 信息、数据、信号和信道

在通信系统中,信息、数据和信号有时所表示的内容是完全相同的,但其出现和应用环境不同。信道与传输介质之间也存在对应关系,有时一条传输介质就是一个信道,而有时在一条传输介质中会存在多条信道。数据通信更加关注的是信道。

1. 信息

信息(information)一词的同义词为消息,但"消息"一词不具有可复制性,而"信息"一词具有可复制性。正是由于"信息"一词具有的可复制性,才使信息与现代计算机网络系统得以有机结合,并成为计算机网络中的重要概念。可以将信息的概念定义为事物的特征以及运行和变化状态。现代通信系统中的信息一般具有三个基本特征:

(1) 具体化。专指在计算机网络环境中存在的信息。

(2) 数字化。这类信息被计算机通过编码处理后,以 0 和 1 组成的特殊组合形式存储在计算机中。

(3) 网络化。这类信息主要通过计算机网络来传输。

与信息在含义上相同的"资讯"一词原本产生于我国台湾、香港、澳门地区,现在也在我国大陆流行。

2. 数据

数据(data)是承载或记录信息的符号。人们通过接收数据来接受信息,通过对数据形成规则的解读来理解和获取信息。对数据形成规则的掌握是接收者能够正确理解和获取信息的前提,只有当接收者掌握了数据的组成符号和规律,并知道每个符号或符号集合的具体含义后,便可以从指定的数据中获取特定的信息,即数据转化为信息。例如,ASCII 编码就是一个特定的数据集合,该集合中的每一个元素(如字母、数字、标点、符号等)都是由 7 位不同的 0 和 1 的组合。以 ASCII 编码中的字母"A"的组合"1000001"来讲,"A"是传递给人们的信息,"1000001"表示的是可以在计算机中存储的数据,而 ASCII 编码方案则是具体的规则。

数据所承载的内容是信息,对于同一信息来说,根据生成数据的符号和规则的不同,其

表示方法也不相同。例如,当民警从当事人或群众中调查某一具体案件时,可能是口述方式,也可能是文字记录方式,还可能是直接提供的案件经过的音频或视频资料,甚至是案件中当事人的画像或案件经过的场景描绘等。再如,在计算机编码中,根据编码方式或标准(如 ASCII 编码、GB2312 编码、Unicode 编码、UTF-8 编码等)的不同,对同一信息(如具体的字母"A")的数据表示方式也不相同,对于具体的数据,只有放在特定的环境(编码方案)中去理解才能够得到正确的含义(信息)。

3. 信号

信号(signal)是数据的物理表现形式。在网络系统中,通过传输介质传输的数据都称之为信号。信号的类型与传输介质和网络设备等因素有关,如适用于不同传输介质的电信号、光信号、微波信号等,其中电信号可以分为数字信号和模拟信号两种形式。

(1) 数字信号。数字信号(digital signal)是通过一串特定电平序列来传输的数据。在图像上,数字信号通常表现为一个矩形波,是一种离散信号。

(2) 模拟信号。模拟信号(analog signal)由持续变化的电平构成,在图像上一般表现为正弦或余弦波形。

概括地讲:信号是时间的函数,如果信号随时间的变化而连续平滑的变化,称为模拟信号;如果信号是时间的矩形波(有跳跃、不平滑),称为数字信号。严格地讲,传输是对信号而言的,而通信是相对于数据而言的。

4. 信道

在通信系统中,各种信号都要通过传输介质才能从一端传输到另一端,信道(channel)就是通信双方以传输介质为基础的信号传递通道。从微观上讲,信道是指信号在通过传输介质时所占用的一段频带,它在准许信号通过的同时,对信号的传输进行限制。一个完整的信道包括相关的传输介质和连接设备。

在数据传输过程中,以电信号的传输为例,由于电信号的传输一般需要像同轴电缆、双绞线等传输介质,所以信号在传输时不可避免地会受到干扰,所以信道的质量好坏直接影响着信号的传输。另外,不同的信号由不同的设备产生,所以信号本身也存在质量的好坏。

概括地讲:数据是信息的表现形式,将数据表现为电子或电气特性,称为信号。信号在传输过程中的通道称为信道。

2.2.3 数据电路与数据链路

如图 2-3 所示的是对数据通信系统的一个细化模型,它由三个基本部分组成:数据终端设备(Data Terminal Equipment,DTE)、数据电路终端设备(Data Circuit-terminating Equipment,DCE)和通信信道。其中,将 DCE 之间的连接称为数据电路,将 DTE 之间的连接称为数据链路。

DTE 是由计算机系统或终端设备加上一个通信控制设备组成的。一个 DTE 通常既是信源也是信宿。DTE 是数据通信系统的输出输入设备,其主要功能是完成数据的输入输出、处理、存储以及通信控制。

DCE 位于数据电路的两个端点,是数据信号的转换设备,其作用是在电信网络提供的信道特性和质量的基础上实现正确的数据传输,并实现收、发之间的同步。在许多专业技术资料中,也将 DCE 称为数据通信设备(Data Communication Equipment,DCE)。数据电路

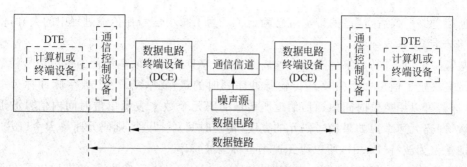

图 2-3 数据通信系统的细化模型

由通信信道和 DCE 两部分组成。如果通信信道是模拟信道,DCE 的作用就是把 DTE 传来的数据信号转换为模拟信号再送往信道,信号到达目的节点后,把信道送来的模拟信号再还原为数据信号并送到 DTE;如果通信信道是数字信道,DCE 的作用则是实现信号码型与电平的转换、信道特性的均衡、收发时钟的形成与供给,以及线路接续控制等。

通信信道是数据信号传输的通道。通信信道主要有专用线路和交换网络两种。一般情况,交换网络多是指电信部门的广域网络,而专用线路则是本单位内部组建的局域网。

在数据通信系统中,DTE 发出和接收的都是数据,连接通信双方 DTE 的电路是用来传输 DTE 发出的数据。所以,把 DTE 之间的通路(包括 DCE 和通信信道)称为数据电路。为了实现有序、有效的通信,当数据电路建立后,还需要按一定的规程对传输过程进行规范,这些规范工作是由通信控制设备来完成的。加了通信控制设备的数据电路称为数据链路(Data Link,DL)。通常,只有在数据链路建立起来后,通信双方(计算机或终端设备)之间才能进行真正有效的数据传输。

在数据通信系统中,如果处于 DCE 之间的信号是模拟信号,则称这个通信系统为模拟通信系统。如果处于 DCE 之间的信号为数字信号,则称这个通信系统为数字通信系统。总之,一个数据通信系统是模拟通信系统还是数字通信系统是由信道中数据信号的类型决定的,而与系统信源发出的信号类型无关。

2.3 信道特性

信道特性是指网络中有关信道的几个性能指标,这些指标在一定程度上决定着网络的整体性能和应用。本节介绍几个重要的性能指标。

2.3.1 带宽与速率

带宽(bandwidth)是指通信信道的容量。信道带宽也分为模拟信道带宽和数字信道带宽两种。模拟信道的带宽如图 2-4 所示,信道带宽 $W = f_2 - f_1$,其中 f_1 是信道能通过的最低频率,而 f_2 是信道能通过的最高频率,两者都是由信道的物理特征决定的。例如,在传统的通信线路上传输电话信号时所需要的带宽是 3.1kHz(从 300Hz 到 3.4kHz)。当组成通信信

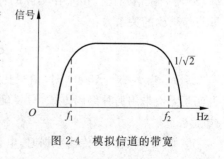

图 2-4 模拟信道的带宽

道的通信电路形式后,信道的带宽就已确定了。为了减小信号在传输过程中的失真,信道要有足够的带宽。

与模拟信道不同,数字信道是一种离散信道,它只能传输取离散值的数字信号。数字信道的带宽决定了信道中不失真地传输脉冲序列时的最高速率。一个数字脉冲称为一个码元,这样就可以用单位时间内通信信道所传输的码元个数来表示单位时间内信号波形的变化次数,即码元速率。如果信号码元的宽度(传输时间)为 T 秒,则码元速率 $B=1/T$。码元速率的单位为波特(Baud),所以码元速率也称为波特率。

贝尔实验室的研究员亨利·奈奎斯特(Harry Nyquist)于 1924 年就推导出了在无噪声的情况下有限带宽信道的极限波特率,称为奈奎斯特定理。该定理规定:如果信道带宽为 W,则最大码元速率为:

$$B=2W(单位为:Baud)$$

奈奎斯特定理中提出的信道容量也称为奈奎斯特极限。奈奎斯特极限是由信道的物理特性决定的。如果超过奈奎斯特极限值来传递脉冲信号是不可能的,所以如果要提高波特率,就必须改善信道的带宽。

码元携带的信息量由码元所取的离散值的数量来确定。如果 1 个码元取 2 个离散值,则 1 个码元就携带 1bit(比特)的信息。相应的如果 1 个码元取 4 个离散值,则 1 个码元便携带 2bits 信息。1 个码元所携带的信息量 n(bit)与码元所取的离散值 N 之间的关系为:

$$n = \log_2 N$$

单位时间内在信道上传送的信息量(比特数)称为数据速率(data rate)或速率(rate,用 R 表示),$R=Bn$。当波特率 B 确定时,如果要提高速率,就需要用 1 个码元携带更多的比特数。将公式 $R=Bn$ 与奈奎斯特定理 $B=2W$ 结合,便得出以下的公式:

$$R = Bn = B\log_2 N = 2W\log_2 N(单位为:bit/s、b/s 或 bps)$$

数据速率和波特率是两个不同的概念。仅当 1 个码元取 2 个离散值时两者的值是相等的。例如,对于普通的电话网络来说,带宽 W 为 3000Hz,最高波特率 B 为 6000Baud,而最高数据速率 R 可随编码方式的不同而取不同的值。

当然,这些都是在无噪声的理想状态下的情况,是一个极限值。在实际的通信网络中,通信信道会受到各种噪声的干扰,因而远远达不到奈奎斯特定理计算出的数据速率。1948 年,美国数学家、信息论的创始人香农(Shannon)研究表明,有噪声信道的极限数据速率可由下面的公式计算:

$$C = W\log_2(1 + S/N)$$

这个公式叫做香农定理。其中,W 为信道带宽,S 为信号的平均功率,N 为噪声的平均功率,S/N 叫做信噪比。由于在实际的使用中,S/N 的值很大,所以通常取分贝数(dB)。分贝与信噪比的关系为:

$$dB = 10\log_{10}\frac{S}{N}$$

例如,当 $S/N=10000$ 时,信噪比为 40dB。这个公式与信号所取的离散值没有关系。也就是无论采用何种编码方式,只要确定了信噪比,那么单位时间内最大的信息传送量就已被确定。

例如,在电话线上传输数据时,电话系统的带宽为 3000Hz,信噪比大约为 35dB,根据香农定理计算该电话线的数据速率。

根据公式 $dB=10\log_{10}\frac{S}{N}$,即 $\frac{S}{N}=10^{\frac{35}{10}}\approx 3162$,将其代入香农定理,得:

$$C = W\log_2(1+S/N) \approx 3000 \times \log_2(1+3162) \approx 3000 \times 11.63 \approx 34880 b/s$$

该公式计算出的也是一个理论值,实际值要比理论值低许多。例如,在3000Hz的电话线上实际的数据速率最好也只能达到9600b/s。

综上所述,根据通信信道的不同,对于带宽存在两种解释和定义:对于模拟信道,带宽的计算公式为 $W=f_2-f_1$,计算传统的电话线和CATV系统的带宽就可以使用该公式计算;数字信道的带宽等于信道能够达到的最大数据速率,例如以太网的带宽就可以根据数据速率公式计算得出。模拟信道和数字信道的带宽都可以通过香农定理相互转换。

需要说明的是:在计算机网络中,比特(bit)是信息量的基本单位,一个比特是二进制数字中的一个0或1,所以计算机网络中的速度也称为比特率(bit rate),其单位是 bit/s(每秒传输的比特数),也可以写成 b/s 或 bps。在速率换算时经常使用 kbit/s、Mbit/s、Gbit/s 或 Tbit/s,可以简称为 k/s、M/s、G/s 或 T/s,其中这里的 k、M、G 和 T 分别表示千、兆、吉和太,$1T=10^3 G=10^6 M=10^9 k$。另外,在计算机网络中的带宽是指通信线路所能传输数据的能力,即两个节点之间的最高数据速率,对于标准的 100Mb/s 的网络来说,它的带宽为 100Mb/s,简称 100M。

2.3.2 误码率

数据在通信信道中传输会受到噪声的干扰,在有噪声的信道中提高数据速率,就可能产生差错。对于计算机网络来说,数据传输的差错率必须控制在一定的范围之内。当超出此范围时就会导致数据传输的失败,当在该范围之内时,可以通过差错控制的办法进行检查和纠正,以保证数据传输的完整性和可靠性。例如,计算机网络的误码率一般要求低于 10^{-6}。误码率可通过以下的公式进行计算:

$$P_C = \frac{N_e}{N}$$

其中:P_C 表示误码率,N_e 表示出错的位数,N 表示传输的总位数。

2.3.3 信道延迟

在计算机网络中,根据传输介质(如同轴电缆、双绞线、光纤、空气等)的不同,通信信道中信号的传输速率也不尽相同。信道时延是指信号从信源到信宿的传输时间。例如电信号,它一般以接近光速($300m/\mu s$)传输,但根据所采用传输介质的不同,实际速率也不完全相同,例如在电缆中的传输速率只有光速的 77%,即 $200m/\mu s$ 左右。

在网络规划和设计中,需要估算信号从信源与信宿的传输时间。以有线网络为例,信号从信源到信宿的传输时间与所采用的传输介质的物理特性及信号的特性等参数有关,因此必须综合考虑这些因素,才能在保证传输速率的同时,确定最大传输距离。例如,当同轴电缆长度为 500m 时,时延大约为 $2.5\mu s$,而卫星信道的时延大约在 $270\mu s$。

2.3.4 失真

在信号传输的频率范围(也称为频域)内,信号是由不同频率的分量构成的。当一个由多种频率分量构成的信号在介质或信道中传输时,不同频率的分量将在不同程度上受到衰减和延迟的影响,最终使得到达接收端的信号与发送端送出的初始信号之间产生差异。这种在传输过程中信号波形出现的变化称为失真。如图 2-5 所示,其中虚线表示初始信号的波形,实线表示失真后的波形。

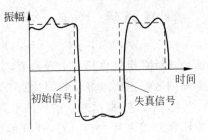

图 2-5 初始信号与失真信号的波形

根据产生原因的不同,失真可以分为振幅失真和延迟失真两类。其中,振幅失真是由传输介质和设备中各频率分量振幅值发生的不同变化而引起的失真;而延迟失真则是由各频率分量的传输速度不一致所造成的失真。

引起信号失真的一个主要原因是衰减。信号在传输介质中传输时,将会有一部分能量转化为热能被传输介质吸收或被释放,从而造成信号强度不断减弱,这种现象称为衰减。衰减对信号的传输产生很大的影响,需要采取相应的措施来弥补,否则当信号在进行远距离的传输后接收端将可能无法检测到有用的信号。为了弥补衰减,在模拟系统中使用放大器增强信号的强度,而在数字系统中使用中继器增强信号的强度。

2.4 传 输 介 质

计算机网络中的传输介质可分为有导向传输介质和无导向传输介质两类,有导向传输介质即有线传输介质,无导向传输介质即无线传输介质。

2.4.1 电磁波的频谱及在通信系统中的应用

在介绍具体的传输介质之前,本节首先介绍电磁波的频谱。当电子运行时,便会产生可以自由传播的电磁波。电磁波于 1887 年由德国物理学家赫兹(Heinrich Hertz)首先发现。电磁波每秒的震荡次数称为频率(frequency),一般用 f 表示,单位为赫[兹](Hz)。电磁波两个相邻波峰(或波谷)之间的距离称为波长(wave length),一般用 λ 表示。在真空中,所有的电磁波以相同的速率传播,和它的频率无关,该传播速率被称为光速(speed of light),用 c 表示,大约为 3×10^8 m/s。c 是一个理想值,是一个极限速度,在光纤介质中传输时只有真空速率的 2/3。频率 f、波长 λ 及光速 c 之间的关系为

$$\lambda f = c$$

电磁波可承载的信息量与它的带宽相关。在当前技术条件下,当采用较低的频率时,每赫[兹]可以编码几个比特;当采用较高频率时,每赫[兹]的编码可以达到 Gb/s 数量级。这也是为什么光纤能够成为目前网络传输介质中的佼佼者的一个重要原因(参见图 2-6)。

整个电磁波的频谱,包含从无线电到 γ 射线(更高为宇宙射线)的各种波、光和射线的集合。不同频率段有不同的命名:无线电、红外线、可见光、紫外线、X 射线、γ 射线(伽马射线)和宇宙射线,可被利用的频谱从 3kHz 到 3000GHz。

根据传输和应用特点,整个电磁波的频谱划分为甚低频(VLF)、低频(LF)、中频(MF)、高频(HF)、甚高频(vHF)、特高频(uHF)、超高频(sHF)、极高频(eHF)和至高频共 9 段,对应的波段从甚(超)长波、长波、中波、短波、米波、分米波、厘米波、毫米波和丝米波(后 4 种波

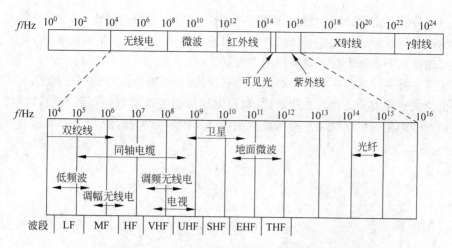

图 2-6 电磁波的频谱及其在通信中的应用

长的电磁波统称为微波),具体如表 2-1 所示。

表 2-1 电磁波的分类

频段名称	波段范围	波段名称	波长范围
甚低频(VLF)	13~30(kHz)	甚长波	10~100km
低频(LF)	30~300(kHz)	长波	1~10km
中频(MF)	300~3000(kHz)	中波	100~1000m
高频(HF)	3~30(MHz)	短波	10~100m
甚高频(vHF)	30~300(MHz)	米波	1~10m
特高频(uHF)	300~3000(MHz)	分米波	10~100cm
超高频(sHF)	3~30(GHz)	厘米波	1~10cm
极高频(eHF)	30~300(GHz)	毫米波	1~10mm
至高频	300~3000(GHz)	丝米波	0.1~1mm

既然无线介质具有如此广泛的可用频段,那么是不是任何组织或个人都可以自由地使用其中的某一频段呢?答案当然是否定的。为了防止在使用无线介质频段时出现混乱,国际上和每个国家都有专门的组织和部门来负责管理这些频段。例如,(美国)通信委员会(Federal Communications Commission,FCC)对广播、电视、移动通信和电话公司、警察、海上航行、军队和其他用户分配专门的频段就是为此。ITU-R 专门负责全球的频段分配和管理工作,但是由于 FCC 并不受 ITU-R 的约束,所以一些固定频率的设备可能不能够在全球通用。例如,在美国使用的个人移动通信设备(如手机),在进入欧洲或亚洲地区后将无法使用,反之亦然。

2.4.2 有导向传输介质

计算机网络中的有导向传输介质主要包括双绞线、同轴电缆和光纤,其中应用广泛的是双绞线和光纤,同轴电缆已很少使用。

1. 双绞线

双绞线(Twisted Pair)也称为双扭线,最初是为语音通信设计的,是计算机网络中使用最为普遍的传输介质,局域网中到桌面的连接绝大多数都使用双绞线,几乎所有的电话通信在客户端都使用双绞线。现在双绞线广泛应用于模拟信号和数字信号的传输,尤其是模拟信号的传输在几千米之内都不需要使用放大器。

双绞线电缆中封装着一对或一对以上的双绞线,为了降低信号的干扰程度,每一对双绞线一般由两根绝缘铜导线相互扭绕而成,每根铜导线的绝缘层颜色各不相同,以示区别,如图 2-7(a)所示的是一根 5 类 4 对非屏蔽双绞线(UTP)的结构图,图 2-7(b)所示的是其截面示意图。

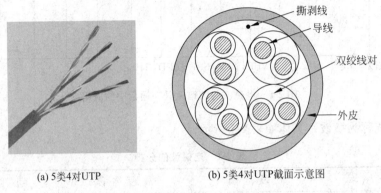

(a) 5类4对UTP　　　　(b) 5类4对UTP截面示意图

图 2-7　5 类 4 对 UTP 结构及截面图

双绞线一般可以分为非屏蔽双绞线(UTP)和屏蔽双绞线(STP)两大类。屏蔽双绞线电缆的外面由一层金属材料包裹,以减小辐射,防止信息被窃听,同时具有较高的数据传输速率。非屏蔽双绞线电缆外面只需一层绝缘胶皮,因而质量轻、易弯曲、易安装,组网灵活,非常适用于结构化布线,所以在无特殊要求的计算机网络布线中,常使用非屏蔽双绞线电缆。

电缆标准用于在产品的供货商和使用者之间建立系列化的通用规程,有些标准则可以通过准则的设置来确定某个产品是否可以在某些国家进行销售。在北美,标准主要由以下三个组织颁布:

(1) 美国国家标准化组织(American National Standard Institute,ANSI)。
(2) 电信工业联合会(Telecommunication Industry Association,TIA)。
(3) 工程技术协会(Engineering Institute Association,EIA)。

通常情况下,其中的一个组织颁布一个标准,再由另外两个组织进行修正。目前,使用最为广泛的是由 EIA 和 TIA 共同颁布的标准,一般写成 EIA/TIA,如 EIA/TIA-586A、EIA/TIA-568B 等,表 2-2 列出了主要的 EIA/TIA 标准双绞线的类别、宽带和主要应用。

表 2-2　EIA/TIA 标准双绞线的类别、带宽和主要应用

类　　别	带宽(MHz)	主　要　应　用
3	16	10Mb/s 以太网和电话语音
4	20	10Mb/s 以太网和电话语音,也用于早期的令牌网
5	100	10/100Mb/s 以太网
超 5 类(5E)	100	100Mb/s 以太网,也可用于 25m 以内的 1000Mb/s 以太网
6	250	1000Mb/s 以太网,ATM 网络
7	600	1000Mb/s 以太网,10Gb/s 以太网

2. 同轴电缆

在计算机网络中,同轴电缆主要用于早期的总线型网络布线,近年来随着星型布线的普及,同轴电缆已基本被双绞线和光纤所替代。但用于模拟信号传输的宽带同轴电缆目前在 CATV 等系统中还在广泛使用。

同轴电缆(coaxial cable)是由一根空心的圆柱网状铜导体和一根位于中心轴线位置的铜导线组成的,铜导线、空心圆柱网状导体和外界之间分别用绝缘材料隔开,如图 2-8 所示。

图 2-8 同轴电缆的组成

由于同轴电缆中铜导线的外面具有多层保护层,所以同轴电缆具有很好的抗干扰性,无中继传输距离要比双绞线远。但同轴电缆的安装比较复杂,网络维护也不方便。

与双绞线相比,同轴电缆的抗干扰能力强,屏蔽性能好,所以曾广泛用于设备与设备之间的连接,或用于总线型网络中。

同轴电缆可分为基带同轴电缆和宽带同轴电缆两种类型。基带是指未经调制的原始信息,如以太网就采用基带传输。宽带传输是采用模拟方式进行信号的传输,但使用的频带高于传统电话系统使用的频段(300～3400Hz)。目前,基带同轴电缆中间的屏蔽层一般为铜质介质,而宽带同轴电缆中间的屏蔽层一般为铝质介质。

3. 光纤

光纤即光导纤维,是一种细小、柔韧并能传输光信号的介质,一根光缆中包含有多条光纤。20 世纪 80 年代初期,光缆开始进入网络布线。与铜缆(双绞线和同轴电缆)相比较,光缆适应了目前网络远距离传输大容量信息的要求,在计算机网络中发挥着十分重要的作用,成为传输介质中的佼佼者。

光纤通信的主要组成部件有光发送机、光接收机和光纤,在进行远距离数据传输时还需要中继器。在通信过程中,由光发送机产生光束,将表示数字代码的电信号转变成光信号,并将光信号导入光纤,光信号在光纤中传播,在另一端由光接收机负责接收光纤上传出的光信号,并进一步将其还原成为发送前的电信号。为了防止远距离传输而引起的光能衰减,在大容量、远距离的光纤通信中每隔一定的距离需设置一个中继器。在实际应用中,光纤的两端都应安装有光纤收发器,光纤收发器集成了光发送机和光接收机的功能:既负责光的发送也负责光的接收。光纤通信系统的结构示意图如图 2-9 所示。

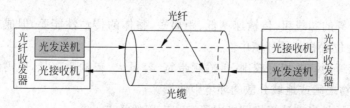

图 2-9 光纤通信系统的结构示意图

光纤通常由纯度极高的石英玻璃拉成细丝,主要由位于中心轴线上的纤芯和包裹在外面的包层组成。其中纤芯用来传输光波,而包层用于保护进入纤芯的光波,其光的折射率应低于纤芯。当一束光从一种介质进入另一种介质时,由于两种介质的折射率可能不同,当光波从折射率高的介质进入折射率低的介质时,其折射角 β 应大于入射角 α,如图 2-10(a)所示。当入射角大于某一临界值时,光波将全部反射回纤芯,如图 2-10(b)所示。光波以某一确定的频率在纤芯与包层的交界面处进行反射,就会将光波不断传输下去,达到几千米甚至上百千米。

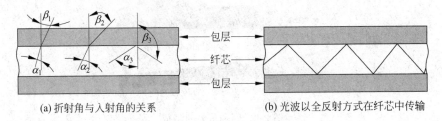

(a) 折射角与入射角的关系　　　　　　(b) 光波以全反射方式在纤芯中传输

图 2-10　光波在光纤中的传输情况

需要说明的是:在实际应用中多使用光缆而不是光纤,因为光纤只能单向传输信号,所以在通信网络中连接两个设备时至少需要两根光纤,一根用于发送数据,另一根用于接收数据。而工程布线中直接使用的是光缆,一根光缆中同时具有多个偶数对的光纤。为了便于安装和维护,一般还要在这些组成一根光缆的多对光纤外面包裹一层外套,用于防潮、防擦伤、防压伤等。另外,室外光缆中还有一根加强钢丝,以增强光缆的整体抗拉性,利于室外架设。

光纤的分类方法较多,例如从实现技术上可根据传输点模数的不同,分为单模光纤和多模光纤两种;从工程布线特点上,可分为室内光缆和室外光缆等。下面重点介绍单模光纤与多模光纤之间的区别。

在计算机网络中根据传输点模数的不同,光纤分为单模光纤和多模光纤两种。其中,"模"也称为模式(mode),是指以一定角度进入光纤的一束光。为了便于说明,图 2-10 中仅显示了一束光波在光纤中的传输情况。实现上,只要进入纤芯的光其入射角大于某一临界值时都会被反射回纤芯(即全反射),而不会进入包层折射出去。所以,可以让多束光波以不同的入射角(但必须大于临界值)进入同一条纤芯进行传输,这类光纤称为多模光纤。但也存在一种情况,即当光纤的直径减小到只允许一个波长的光波传输时,这时的光纤就如同一根波导体,光波在其中没有反射,而是沿直线传输,将这种光纤称为单模光纤。多模光纤与单模光纤的主要区别如下所示:

(1) 单模光纤采用激光二极管(LD)作为光源,而多模光纤则采用发光二极管(LED)为光源。

(2) 多模光纤的芯线粗,传输速率低、距离短,整体的传输性能差,但成本低,一般用于建筑物内或地理位置相邻的环境中。

(3) 单模光纤的纤芯相对较细,传输频带宽、容量大、传输距离长,但需激光源,成本较高,通常在建筑物之间或地域分散的环境中使用。

(4) 单模光纤是当前计算机网络中研究和应用的重点。

因光纤的数据传输速率高（可达 Gb/s 级），传输距离远（无中继传输距离达几十甚至上百千米）等特点，所以它在远距离的网络布线中得到了广泛应用。局域网布线一般使用 $62.5\mu m/125\mu m$、$50\mu m/125\mu m$、$100\mu m/140\mu m$ 规格的多模光纤和 $8.3\mu m/125\mu m$ 规格的单模光纤。

与铜质电缆相比较，光纤通信明显具有其他传输介质无法比拟的优点，具体表现为：

(1) 传输信号的频带宽，通信容量大。

(2) 信号衰减小，传输距离长。

(3) 抗干扰能力强，应用范围广。

(4) 抗化学腐蚀能力强，适用于一些特殊环境下的布线。

(5) 原材料资源丰富。

当然，光纤也存在着一些缺点：如质地脆，机械强度低；切断和连接技术要求较高等，这些缺点也限制了目前光纤的普及，尤其是实现光纤到桌面的连接。

2.4.3 无导向传输介质

无导向传输介质的应用一方面克服了有导向传输介质的束缚，另一方面实现了计算机移动通信（移动上网）的功能。目前使用的无导向传输介质主要包括无线电和微波两种类型。

1. 无线电

无线电通信在数据通信中占有重要的地位。无线电波产生容易，传播的距离较远，很容易穿过建筑物，在室内通信和室外通信中都得到了广泛应用。另外，无线电波是通过广播方式全向传播，所以发射和接收装置不必在物理上准确对准。

无线电波的特性与其频率有关。在 VLF、LF 和 MF 频段上，无线电波沿着地面传播，如图 2-11(a)所示。其传播的特点是：

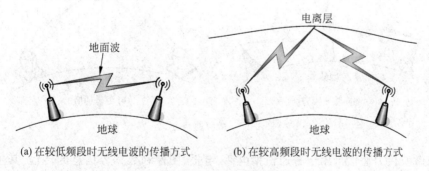

(a) 在较低频段时无线电波的传播方式　　(b) 在较高频段时无线电波的传播方式

图 2-11　无线电波传播方式

(1) 工作频率较低。

(2) 传播距离远，在较低频率时可以达到 1000km。

(3) 通过障碍物的穿透能力较强。

(4) 能量会随着距离的增大而急剧减小。

在 HF 和 VHF 频段上，无线电波会被地面吸收。这时，可以通过地面上空电离层的反射来传播。无线电信号通过地面上的发送站发送出去，当到达地面上空（距地球表面 100～

500km)电离层时,无线电波被反射回地面,再被地面的接收站接收到,如图2-11(b)所示。具体的传输特点是:

(1) 工作频率较高。
(2) 无线电波趋于直线传播。
(3) 通过障碍物的穿透能力较弱。
(4) 会被空气中的水蒸气和自然界的雨水吸收。

在无线电通信中应用最为广泛的是无线电台广播。大家经常收听的无线电广播一般分为调幅(AM)和调频(FM)两种。由于在如图2-6所示的频谱图中,FM的频率要比AM的高,所以实际收听到的FM的音质也要比AM的好,但FM的方向性比AM强,且收听范围也比AM小。

2. 微波

微波的频段为300MHz~300GHz,但多使用2~40GHz的频段。微波在空气中主要以直线方式传播,同时微波会穿透地面上空的电离层,所以它不能像无线电波那样使用电离层的反射来传播,而必须通过站点来传播。微波通信主要有地面微波接力通信和卫星通信两类。

1) 地面微波接力通信

由于微波是以直线方式在大气中传播,所以在地面上的传播距离一般不会超过50km。为了实现微波的远距离传播,就需要在一条通信信道的两个端点之间架设多个微波中继站,中继站在接收到前一个中继站(或端点)的信号后,对其进行放大,然后再转发给下一个中继站(或站点),起到了信号的接力作用,所以将这种通信方式称为地面微波接力通信,如图2-12(a)所示。在地面上,当架设一个100m高的天线塔时,传播距离可增大到80km左右。

(a) 地面微波接力通信　　(b) 卫星通信

图 2-12　微波通信方式

地面微波接力通信可用于普通模拟电话、电报、图像和数据等信息的传输,其主要特点如下:

- 微波所占用的频段较宽,其频率很高,所以其通信信道的容量很大。
- 由于工业和自然界的各种干扰信号的频率比微波的频率低得多,所以微波的抗干扰能力较强,通信质量较好。
- 与有线介质(如光纤)相比,地面微波接力通信的投资少,而且维护方便。

同样的,地面微波接力通信也存在如下的缺点和不足:

- 和低频段无线电波一样,地面微波接力通信的两个相邻节点之间不能有障碍物,必须直视。

- 有时从一个天线发射出去的信号也可能被分成几条略有差别的路径传到接收天线，从而造成失真。
- 微波的传播有时会受到天气的影响。
- 与有线介质通信相比，微波通信的保密性较差。

2) 卫星通信

微波通信的另一种方式是卫星通信。卫星通信是利用人造地球卫星作为中继站，转发无线微波信号，在多个地面站之间进行的通信，如图 2-12(b)所示。目前用来转发信号的通信卫星几乎都是静止卫星或同步卫星，即卫星环绕地球一周的时间恰好等于地球自转一周的时间，卫星相对于地面站来说呈静止状态。

常见的卫星通信方法是在地面站之间利用位于 36 000km 高空的人造同步地球卫星作为中继站来传播微波信号。目前卫星通信可用于国内或国际通信，能够传输电报、电话、传真、电视和高速数据等；卫星通信的优缺点与前面介绍的地面微波接力通信基本相同，但与地面微波接力通信相比，卫星通信具有通信频段宽、传输容量大、覆盖面积大等特点。

一个典型的卫星通常拥有 12～20 个转发器。每个转发器的频段为 36～50MHz，一个转发器可用来传输 56Mb/s 的数据，或 800 路 64kb/s 的数字化语音信道；而且不同的转发器之间一般不会产生干扰。

在计算机通信系统中，无线传输的最佳介质是微波。另外，在无线传输中还包括光波传输。光波传输一般分为红外线传输和激光传输两种。因为红外线和激光易受天气影响，而且不具备穿透能力，所以在网络通信中很少使用。就红外线传输来说，从技术上讲它是一种很安全的传输方式，因为只有知道信号的构造方式的设备才能进行接收和解码。

近年来，随着技术的发展，红外线和激光也已应用到计算机之间的近距离、点对点的通信，或计算机与外设(包括如 PDA、手持式移动电话机等个人移动设备)之间的数据传输。关于光波传输，在本书中不再进行详述，有兴趣的读者可参阅相关的技术资料。

2.5 数据传输方式

数据传输方式考虑的是数据如何在信道中从一端传输到另一端，本节主要介绍并行传输与串行传输、同步传输与异步传输以及单工、半双工和全双工通信的特点和应用。

2.5.1 并行传输与串行传输

在计算机系统内部的数据交换多采用并行传输，而在计算机网络中数据在传输介质中使用串行传输方式。

1. 并行传输

并行传输(parallel transmission)就是多个数据位同时在设备之间进行传输，就像多车道高速公路上行驶的汽车一样，如图 2-13(a)所示。在计算机技术中，一个字符通常由 8 位的 ASCII 码来表示，当采用并行传输时就需要同时有 8 条数据线来分别传输 8 位的 ASCII 码。在计算机内部就是采用这种方式进行数据传输的，它的并行传输线称作总线，这种数据传输的速率很快，不过所需的费用较高，所以并行传输仅适用于计算机内部以及计算机与外设之间(例如计算机与 LPT 打印端口之间)的通信，当两台需要通信的设备相距较远时，同时铺设多条并行数据传输线路的代价很昂贵,采用这种方式是不经济的。

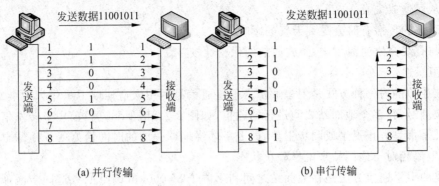

图 2-13 并行传输和串行传输

2. 串行传输

串行传输(serial transmission)中只有一条数据传输线,任一时刻只能传输 1 位二进制数,如图 2-13(b)所示。在这种传输方式中,一个字符的 ASCII 代码必须排成一列,然后一个接一个地在数据传输线上传输。串行数据传输方式的传输速度很慢,不过它所需费用较低,传输数据时只需要一条数据传输线,适合于远程数据传输或速度较慢的近距离传输。

2.5.2 同步传输与异步传输

在通信过程中,发送方和接收方必须在时间上保持一致才能准确地传输数据,这就叫做同步。本章前面介绍的信号编码同步叫做码元同步,即编码和解码设备必须保持同步。另外,在传送由多个码元组成的字符,或由多个字符组成的数据块时,通信双方也要就信号的起、止时间取得一致,这种同步对应了两种传输方式:同步传输和异步传输。

1. 同步传输

同步传输(synchronous transmission)也称同步通信,它采用的是位同步(即按位同步)技术,以固定的时钟频率来串行发送数字信号。在同步传输技术中,字符之间有一个固定的时间间隔,这个时间间隔由数字时钟确定,各字符中没有起始位和停止位。同步传输技术又分为外同步和自同步两种。

1) 外同步

外同步就是发送端在发送数据之前先向接收端发送一串用来进行同步的时钟脉冲,接收端在收到同步信号后对其进行频率锁定,然后以同步频率为准接收数据。很显然,在外同步传输中,接收端是利用外部设备(发送端)在发送具体信号前事先发送过来的信号频率来确定自己的工作频率,并将其锁定在同步频率上,所以称为外同步。

2) 自同步

自同步就是发送端在发送数据时将时钟脉冲作为同步信号包含在数据流中同时传送给接收端,接收端从数据流中辨别同步信号,再据此接收数据。在自同步传输中,接收端是从接收到的信号波形中获得同步信号,所以称为自同步。对于如曼彻斯特编码及差分曼彻斯特编码的数字信号,都是将数据信号和同步信号包含在同一个数据流中,在传输数据的同时,也将时钟同步信号传输给对方。这是因为在曼彻斯特编码和差分曼彻斯特编码中,表示每个代码的信号都由两部分组成,在代码信号的中间都会发生一次翻转,这个翻转电平就是同步信号。所以,曼彻斯特编码和差分曼彻斯特编码都是自同步编码。

2. 异步传输

异步传输(asynchronous transmission)也称异步通信,它采用的是"群"同步的技术。在这种技术中,根据一定的规则,数据被分成不同的群,每一个群的大小是不确定的,也就是说每个群所包含的数据量是不确定的。这种技术是在位同步基础上进行的同步,它要求发送端与接收端在一个群内必须保持同步,发送端在数据的前面加上起始位,在数据的后面加上停止位,如图 2-14 所示。接收端通过识别起始位和停止位来接收数据。

图 2-14　异步传输的数据组成

在异步传输中,每个群是独立的,可以以不同的传输速率进行发送。另外,当不需要传输字符时不需要收发时间同步。所以,在异步传输中每一个字符本身包括了本字符的同步信息,不需要在线路两端设置专门的同步设备,因此实现同步简单。但由于每传输一个字符都要添加附加信息(开始位和停止位),所以增加了传输的开销,降低了传输效率。

2.5.3　单工、半双工和全双工通信

数据在通信线路上传输是有方向性的,根据某一时刻数据在通信线路上传输方向的不同,可将数据通信分为三种类型:单工通信、半双工通信和全双工通信。

1. 单工通信

单工通信是指在数据传输过程中,数据始终沿着同一个方向传输,如图 2-15(a)所示。为了保证数据能够被正确传输,就需要进行差错控制,因此单工通信采用二线制,也就是说有两个信道,其中一个主信道用于传输数据,另一个监测信道用于传送监测信号,接收端在确定所接收的数据正确或错误后会通过反向监测信道向发送端发送监测信号。

单工通信多用于无线广播、有线广播和电视广播系统,在计算机网络中很少使用。

2. 半双工通信

半双工通信是指在通信信道中,数据可以双向传输,但是在任一时刻,数据只能向一个方向传输,如图 2-15(b)所示。也就是说,在半双工通信中,通信线路一端的通信设备既可以是信源,也可以是信宿,不过在任一时刻,这台设备要么是信源,要么是信宿,不可能既是信源,又是信宿。在半双工通信中,通信线路两端的设备轮流发送数据。同样,在半双工通信中也有监测信号的传输,传输方式有两种:一种是监测与数据传输共用一条信道,在相互应答时转换信道的功能;另一种是数据传输信道与监测信道分开,有一条专门的信道供监测信号使用。例如计算机与外设的通信就是一种半双工通信。

3. 全双工通信

全双工通信就是在同一时刻,位于通信线路两端的每台设备既是信源,又是信宿,也就是说位于通信线路一端的设备可以在同一时刻既接收数据,也发送数据,如图 2-15(c)所示。

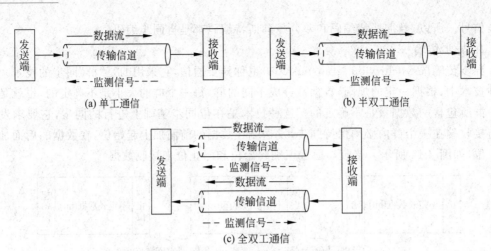

图 2-15 单工、半双工和全双工通信

全双工通信系统中不仅包括两个数据传输信道,还包括两个监测信道,这样通信线路两端的设备才可以同时接收和发送数据。

2.6 信道复用技术

信道复用(multiplexing)技术也称为多路复用技术,它通过一个复用器(MUX)在信道的一端将多路信号"合并"到一起,在另一端再进行"拆分",还原成单一的原始信号,如图 2-16 所示。信道复用技术是数据通信中的基本技术。

图 2-16 信道复用

多路复用主要有两种:频分复用和时分复用,另外在光纤通信信道中采用波分复用,在无线通信系统中还使用码分复用等信道共享技术。本节主要介绍频分复用、时分复用和波分复用,有关码分复用的内容读者可参阅相关的文献资料。

2.6.1 频分复用

频分复用(Frequency Division Multiplexing,FDM)是在一条传输介质上使用多个频率不同的模拟载波信号进行多路传输,每一个载波信号形成一个信道。每个子信道形成一个子通路,分配给用户使用。频分复用的特点是:每个用户终端的数据通过专门分配给它的子信道传输,在用户没有数据传输时,其他的用户不能使用此信道;另外,各个子信道的中心频率不相重合,子信道之间留有一定宽度的隔离频带(保护频带),如图 2-17 所示。

频分复用适用于模拟信号的频分传输,主要用于无线电广播系统、电话系统和 CATV 系统。例如,一根 CATV 系统电缆的带宽大约为 500MHz,可同时传送 80 个频道的电视节

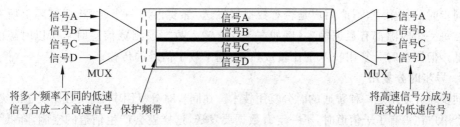

图 2-17 频分复用

目,每个频道 6MHz 的带宽中又进一步划分为声音子通道、视频子通道及彩色子通道。每个频带两边都留有一定的保护频带,防止相互串扰。FDM 也应用于宽带局域网中。

2.6.2 时分复用

时分复用(Time Division Multiplexing,TDM)是将时间划分为等长的片,然后各子通道按时间片轮流占用带宽。时间片的大小可以按一次传送一个位、一个字节或一个固定大小的数据块所需要的时间来确定。和频分复用一样,时分复用也是将许多输入合并在一起来发送。但由于时分复用技术主要用于数字信号,所以与频分复用把信号合成一个单一的复杂信号的做法不同,时分复用保持了信号物理上的独立性,而逻辑上把它们合并在一起。按照子通道动态利用情况的不同,时分复用又分为同步时分复用和异步时分复用两种。

1. 同步时分复用

同步时分复用传输采用固定分配信道的技术。在同步时分传输中,整个传输时间划分为固定大小的时间片,每个时间片称为一个时分复用帧(TDM 帧)。每一个时分复用的用户在每一个 TDM 帧中占有固定序列的时隙,即将每一个 TDM 帧的时隙以固定方式预先分配给各路数字信号。图 2-18 中显示了将一个 TDM 帧中划分为 4 个时隙时的时分复用方式,每一个时隙对应一个用户或一个数字信号,分别用 A、B、C 和 D 显示。由此可见,一个用户所占用的时隙是周期性出现的(其周期为 TDM 帧的长度),所有用户在不同时间占用同样的频带宽度。

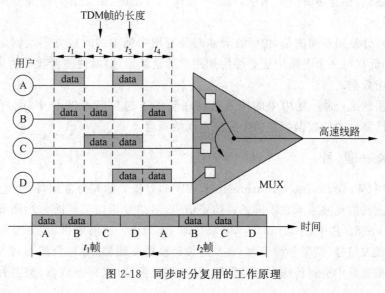

图 2-18 同步时分复用的工作原理

同步时分复用中,不论用户是否有数据要发送,都要占用一个时隙,但实际上所有用户不会在每一个时隙都有数据输入(例如在键盘上输入数据或浏览信息时),所以时隙的利用率较低。但同步时分复用技术上比较成熟,有利于数字信号的传输。

2. 异步时分复用

同步时分复用是一种普通的时分复用技术。在同步时分复用中,由于数据发送的突发性,当一个用户在占有了子信道时,不一定有数据要发送,这样就会产生信道的空闲,降低了信道的利用率。而异步时分复用正好解决了这一问题。异步时分复用也称统计时分复用或智能时分复用,它能够动态地按需分配时隙,避免出现空闲时隙而造成时隙的浪费。在异步时分复用中,将 MUX 称为集中器或智能集中器,图 2-19 所示的是异步时分复用的工作原理。

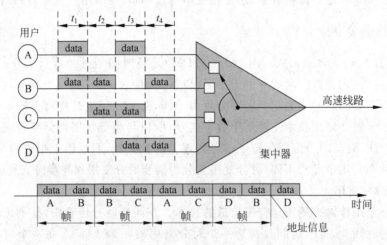

图 2-19 异步时分复用的工作原理

在异步时分复用传输中,每一个帧中的时隙数应小于同时连接到集中器上的用户数。每一个用户有数据时就直接发往集中器的缓冲中,然后集中器按顺序依次扫描缓冲中的数据,将缓冲中的数据放入帧,对没有数据的缓冲就直接跳过去。当一个帧填满后,就发送出去。也就是说,在异步时分复用中,时隙不是固定分配的,所以异步时分复用可提高线路的利用率。

与同步时分复用不同的是,由于在异步时分复用中帧中的时隙并不是固定分配给每一个用户的,因此在每一个时隙中还必须附加用户的地址信息,以便使接收端的集中器可以按地址信息分送数据。

需要说明的是:时分复用中的帧是指物理层传送的数据流(bit)中划分的帧(或数据块),与数据链路层中的数据帧是两个完全不同的概念。

2.6.3 波分复用

波分复用(Wave Division Multiplexing,WDM)是指光的频分复用,用于光纤通信中,它是指用不同波长的光波来承载不同的通信子信道,多路复用信道同时传输所有子信道的波长,如图 2-20 所示(其中,单位 nm 为"纳米",即 10^{-9} m)。通俗地讲,波分复用是将多种不同波长的光载波信号(携带各种信息)在发送端经多路复用器(也称合波器)汇合在一起,并耦合到同一根光纤中进行传输;在接收端,经多路分配器(也称分波器)将各种波长的光载波分离,然后由光接收机作进一步处理以恢复原信号。这种在同一根光纤中同时传输多种不同波长光信号的技术,称为波分复用。

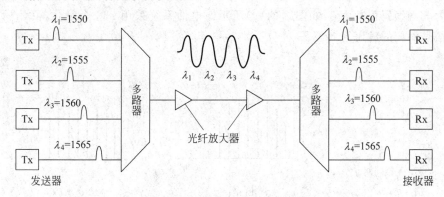

图 2-20 波分多路复用的工作原理

2.7 远程数字传输技术

从传输的对象(信号)来看,局域网也属于数字传输系统,但局域网只能在近距离范围内传输基带数字信号。如果要实现数字数据的远距离传输,就需要远程数字传输系统的支持。本节重点介绍脉码调制(PCM)和同步数字体系/同步光纤网络(SDH/SONET)这两项最基本和最普遍应用的技术。

2.7.1 脉码调制(PCM)

脉冲编码调制(Pulse Code Modulation,PCM)简称为"脉码调制",它是将模拟信号转换为数字信号的一项技术,也是时分复用通信中的一种主要制式,所以 PCM 技术也称为 PCM 制式。PCM 技术是一种脉冲调制,它是一个将模拟信号转换为二进制数码脉冲序列的过程,最早应用于电话局之间的中继线上,通过时分复用方式远距离传输多路电话信号。PCM 的基本工作过程分为采样、量化和编码三个过程。

1. 采样

在"采样点"每隔一定的时间间隔,取模拟信号的当前的瞬时值作为样本。一系列连续的样本可用来近似地代替模拟信号在某一区间随时间变化的值。采样值是一个近似值,它的精确度与采样的频率有关,奈奎斯特采样定理说明:如果采样速率大于模拟信号最高频率的两倍,则可以用采样得到的样本值恢复原来的模拟信号。电话系统的最高频率为 3.4kHz,为方便起见,采样频率确定为 8kHz,采样周期为 125μs。模拟电话信号经采样后形成每秒 8000 个离散脉冲信号,其振幅对应于采样点的模拟电话信号的数据,如图 2-21(a)所示。

2. 量化

采样后得到的样本(脉冲信号)在时间上虽是离散的,但在振幅上仍然是连接的。量化的过程就是把振幅上连续的采样信号转化为离散信号,即对每一个样本取其最大值,其中最大值必须是离散的。假设将采样信号的振幅平分为 $8(2^3)$ 个等级,用 0、0.1、0.2、…、0.7 表示,这 8 个等级分别表示不同的电平幅度,如图 2-21(b)所示。在电话系统中,实际上将采样信号的振幅分成了 $256(2^8)$ 个等级。量化过程结束后,完成了模数转换。

3. 编码

模数转换后,根据量化等级已确定了二进制代码序列的位数,此过程称为编码。如果量化等级为 8 则编码位数为 3,如图 2-21(c)所示。电话系统采用 256 个量化等级,所以每一个离散信号对应的编码为 8 位。

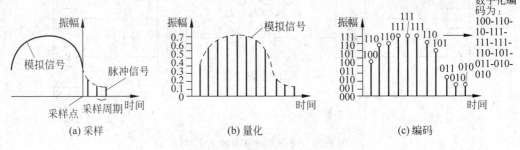

图 2-21 脉码调制的工作过程

通过以上的采样、量化和编码过程,完成了模拟电话信号向数字信号的转换操作。其中,根据奈奎斯特采样定理,只要采样的频率不低于电话信号频率的 2 倍,就可以从采样脉冲信号中无失真地恢复出原来的电话信号。标准的电话信号的最高频率为 3.4kHz,为方便起见,可将采样频率定为 8kHz。由于在全球各个国家电话信号采用 8 位编码,也就是将采样后的模拟电话信号量化为 $2^8=256$ 个等级,每个样本用 8 位的二进制码表示。这样,一个模拟电话信号,经模数转化后,就变成了每秒 8000 个脉冲、每个脉冲信号再编为 8 位二进制码元的数字信号,再在数字信道上进行传输,其传输速率为 8000b/s×8=64kb/s。64kb/s 的速率是最早制订出的语音编码的标准速率。

从上述脉码调制的原理可以看出,采样的速率决定于模拟信号的最高频率,而量化等级的多少则决定了采样的精度。在实际使用中,我们希望采样的速率不要太高,以免编码解码器的工作频率太高,不利于设备的正常工作;同时,我们也希望量化的等级不要太多,只要能够满足要求就可以了,以免得到的数据量太大。

现在的数字传输系统都采用 PCM。由于历史原因,PCM 存在两个标准:一个是北美和日本使用的 T1 标准,其速率为 1.544Mb/s,可同时传输 24 路 PCM 信号;另一个是以欧洲为代表的其他国家使用的 E1 标准,其速率为 2.048Mb/s,可同时传输 30 路 PCM 信号。我国采用的是欧洲的 E1 标准。为了有效地利用资源,可将 2.048Mb/s 的信道采用时分复用技术划分为 32 个时隙,每个时隙为 2.048Mb/s÷32=64kb/s,其中一个时隙用于信号同步,另一个时隙用于传输信令(信令是广域网中实现各种控制功能的神经中枢),其他的 30 个时隙用于传输 PCM 信号。这就是为什么一个 E1 信道可同时传输 30 路电话的原因。

在电话系统中,为了有效地利用传输线路的资源,在电话局之间将多路电话的 PCM 数字信号采用时分复用方式进行传输,对于 E1 线路来说,最多可容纳 30 路 PCM 信号,每路 PCM 信号对应一个时分复用帧(TMD 帧),根据时隙划分每个 TMD 帧在分配给自己的时间内占用信道,不同 TMD 帧在发送期间互不干扰。对于用户来说,好像一直在占用着信道,但事实上大家都在共同使用同一个信道,只是有秩序的轮流使用而已。

细心的读者会发现:一个采用 T1 标准的信道速率 1.544Mb/s,不是 64kb/s 的整数倍。这是因为 PCM 的实现是通过一个称为编解码器(Codec)的设备来完成的,然而一个 T1 信道并不是使用 24 个独立的 64kb/s 的 PCM 编解码器,而是为了实现收发双方的帧同步,发送端采用时分复用技术在连续完成 24 个 64kb/s 的 PCM 操作后,紧跟着会添加一个 8 位(具体为 01010101)的额外帧。之后,发送端再轮询此过程。接收端通过检测该额外帧,实现与发送端的帧同步。因此,一个 T1 信道的速率为 64b/s×24+8=1.544kb/s。

2.7.2 同步数字体系/同步光纤网络(SDH/SONET)

数字传输系统采用了脉码调制(PCM)和时分复用(TMD)技术,以提高传输介质的数据吞吐量。与此同时,光纤介质在数字通信系统中的广泛应用,使单个信道的数据吞吐量显著提高。SDH/SONET 技术凭借其优良的传输性能、统一的标准接口以及灵活强大的控制功能,已成为当前传输网技术的重要组成部分。

1. 传统数字传输技术的不足

虽然全球几乎都在采用 64kb/s 的 PCM 技术,但由于历史原因,多路复用在全球存在着两个互不兼容的体系:日本和北美的 T1 标准和欧洲的 E1 标准。其中,T1 将 24 个 64kb/s 的信道复用为一个 1.544Mb/s 的载波(基群),而 E1 将 32 个 64kb/s 的信道复用为一个 2.048Mb/s 的载波。为了获得更高的数据速率,可采用复用的方式来实现。例如,4 个 E1 标准一次群(基群)复用后形成一个速率为 8.448Mb/s 的二次群,即 E2。表 2-3 列出了 PCM 远程数字系统基群和不同高次群的详细信息。

表 2-3 PCM 远程数字系统基群和不同高次群的详细信息

名 称	欧洲标准			北美标准		
	符 号	数据速率(Mb/s)	电话线路数	符 号	数据速率(Mb/s)	电话线路数
一次群	E1	2.048	30	T1	1.544	24
二次群	E2	8.448	120	T2	6.312	96
三次群	E3	34.368	480	T3	44.736	672
四次群	E4	139.264	1920	T4	274.176	4032
五次群	E5	565.148	7680			

需要说明的是:考虑到时钟同步等功能的需要,4 个 E1 基群(一次群)数据速率之和并不等于一个 E2 二次群的速率,其他的类似。另外,日本的一次群除使用 T1 外,还制定了另一套高次群的标准,本节不再进行介绍。

很显然,不但早期出现的 T1 和 E1 基群速率不同,而且后来制定的高次群的速率也不相同,这种现象进一步加剧了标准之间的不兼容。另外,即使是同一体系中同次群的不同设备,其产生的数据速率也会存在一定的不同。

为了保证数字传输系统中设备之间的正确操作,信号的发送端和接收端之间需要保持时钟的一致性,即实现时钟同步。时钟同步,意味着发送端和接收端在处理信号时,其速率和相位需要相同。但是,由于技术和设备工作环境的影响,要实现时钟的绝对同步存在着一定的困难。为此,在同步传输中,收发设备之间信号的速率和相位偏差必须保持在一个很小的范围内;在准同步传输中,收发设备之间信号的速率和相位偏差需要保持在基本相同的情况下;而在异步传输中,收发设备之间信号的速率和相位偏差较大。其实,同步、准同步和异步没有一个十分准确的标准,而是根据不同的系统来设定。一般情况下,同步传输的信号偏差最小,准同步次之,而异步最大。为实现不同级别的时钟同步,在同步传输网络中,所有设备的时钟都通过相同的参考时钟(Primary Reference Clock,PRC)获得;在准同步传输网络中,不同互联网络的时钟必须通过相同的参考时钟获得;在异步传输网络中,每一个互联网络中的时钟分别由各个网络中的参考时钟获得。由此可以看出,异步传输系统中的时钟是独立的,信号的发送端和接收端之间存在较大的时钟偏差。这样,在异步传输网络中要保证接收端能够正确地接收到发送端的信号,就必须使用复杂的信号处理技术,相应的系统开销也会增大,较大的系统开销影响了信号处理能力的提高。

由此可以看出,当数据传输速率较小时,收发双方之间存在的较小时钟偏差不会对正常的通信带来严重的影响。而当数据传输速率较高时,较小的时钟偏差可能会带来系统无法正常运行。

2. SDH/SONET 的概念

为了解决 PCM 在应用中存在的问题,研究人员需要从根本上解决传统数字传输网存在的弊端,开发一个全新的技术规范和标准,即 SONET(Synchronous Optical Network,同步光纤网络)。

SONET 于 20 世纪 80 年代中期由美国贝尔通信研究所(Bellcore)首次提出,随后 ANSI(美国国家标准化组织)采纳了该标准。SONET 的设计目的是制定光纤接口规范,定义同步传输的速率及服务等级,为不同厂商设备的制造提供统一的标准,为建设更大连接范围的光纤同步数字传输网络提供保障。SONET 定义的光纤接口标准位于 OSI 参考模型的物理层,允许数据以多种不同的速率进行多路复用。由于在该标准制定之前,不同国家的数字传输系统和光纤系统采用的标准(T1 和 E1)各不相同,当采用了 SONET 后可以使这些具有不同速率的系统之间进行互联。

1988 年,ITU-T 采纳了 SONET 的概念,并对应用范围进行了扩展,形成了一个通用的技术标准,新的标准不仅能够适用于光纤,也能够适用于微波和卫星通信,ITU-T 将这一新的标准称为 SDH(Synchronous Digital Hierarchy,同步数字体系)。SDH 是数字传输网技术中一次大的跨越,随着涉及网络、系统、设备与光电接口及传输网络的管理性能、定时、信息模型等方面标准化的相继推出,SDH 在世界范围内开始广泛应用,并促进各国电信事业的快速发展。

3. SDH 的帧结构

虽然 SDH 位于物理层,但其数据单位也称为帧,即物理层的帧。由于数字通信系统采用的是 PCM 技术,为此 SONET 的速率标准以 51.840Mb/s(8×8000 帧/s$\times$810B/帧)为基础,该速率对于电信号称为第 1 级同步传输信号(Synchronous Transport Signal-1,STS-1),对于光信号称为第 1 级光载波(Optical Carrier-1,OC-1)。SONET 规定每秒传输 8000 个帧,每一个 STS-1 帧长度为 810B(字节),从字节 1 开始从左到右、从上到下逐个传输,直到 810B 全部传输完成,每一个 STS-1 帧的传输时间为 125μm。在 SDH 中,更高的速率是 STS-1 的整数倍。

如图 2-22 所示,为方便起见,一般将一个 STS-1 帧表示成为 9 行 90 列(行为 9B,列为 90B)的块状结构。一个 STS-1 的帧分为两个部分:传输开销和同步封装净载荷(Synchronous Payload Envelope,SPE)。传输开销占用 27B,用于信号传输过程中的线路管理。SPE 占用 783B,所封装的是用户数据。

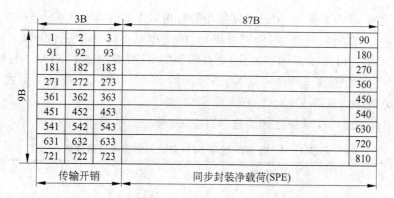

图 2-22 STS-1 帧结构

由图 2-22 可以看出,STS-1 中各组成部分的速率计算为：
(1) 帧传输速率：$8×(9×90)$B/帧$×8000$ 帧/s$=51.840$Mb/s
(2) 传输开销占用的带宽：$8×(3×9)$B/帧$×8000$ 帧/s$=1.728$Mb/s
(3) SPE 传输速率：$8×(9×87)$B/帧$×8000$ 帧/s$=50.112$Mb/s

4. SDH 的复用

1986 年 7 月,CCITT(国际电话电报顾问委员会,现在成为 ITU-T)开始进行同步数字体系(SDH)的研究,并于 1988 年 2 月提出了 G.707(定义同步数字体系的比特率)、G.708(定义同步数字体系的网络节点接口)和 G.709(定义同步复用结构)三个建议书,并于 1989 年在 CCITT 蓝皮书上正式发表。

CCITT 的建议书定义了多个 SDH 的基本传输速率,其中最低的传输速率为 155Mb/s,通常称为 STM(同步传输模式)。SONET 确定的最低传输速率 STS-1 为 51.840Mb/s。如图 2-23 所示的是一个 STS-3(STM-1)的复用过程。其中,一个 STS-1 的 51.840Mb/s 速率

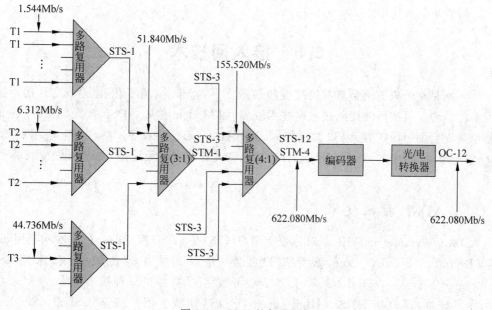

图 2-23 SDH 的复用过程

是由多个低速的 T1、T2 或 T3 通过多路复用器复用后生成的基本速率;三路 STS-1 速率复用后形成 STM-1 数字信号速率,所以 STM-1 的速率是 STS-1 的三倍,即 51.840Mb/s×3=155.520Mb/s。由图 2-23 可以看出,更高级别的 STM 是将多个 STM-1 复用后形成,其中 4 个 STM-1 形成传输速率为 622.080Mb/s 的 STM-4,16 个 STM-1 形成传输速率为 2448.320Mb/s(约 2.5Gb/s)的 STM-16 等。

OC 级、STS 级与 STM 级之间的速率对应关系如表 2-4 所示。

表 2-4 OC 级、STS 级与 STM 级之间的速率对应关系

数字传输速率(Mb/s)	OC 级	STS 级	STM 级
51.840	OC-1	STS-1	
155.520	OC-3	STS-3	STM-1
466.560	OC-9	STS-9	
622.080	OC-12	STS-12	STM-4
933.120	OC-18	STS-18	
1243.160	OC-24	STS-24	STM-8
1866.240	OC-36	STS-36	STM-12
2488.320	OC-48	STS-48	STM-16
9952.280	OC-192	STS-192	STM-64

5. SDH/SONET 的特点

随着网络通信容量的飞速增长,光纤传输信息的容量也在不断加大,因此需要建立速率更高的光纤通信系统,SDH/SONET 在适应用户应用需求的情况下,作为一个全新的数字传输网技术不但解决了 PCM 存在的 T1 和 E1 不兼容的问题,而且实现了 SDH/SONET 上透明地传输 IP 业务,增强了网络管理能力,定义了各种不同的传输速率,制定了标准的光纤接口规范,使 SDH/SONET 成为一个优秀的远程数字传输平台,将对电信数字传输网技术的发展起着重要的作用。

2.8 接入网技术

接入网是整个电信网最具有挑战性的领域之一,宽带化、扁平化、融合化、IP 化是接入网发展的趋势。目前所使用的接入网技术较多,如 Modem 接入、xDSL 接入、有线电视光纤同轴电缆混合网(HFC)接入、以太网接入、光纤接入、无线接入等。结合实际应用需要,本节重点介绍 xDSL 中的 ADSL 接入、HFC 接入和光纤接入。无线接入技术将在第 8 章进行介绍。

2.8.1 ADSL 接入技术

ADSL(Asymmetric DSL,非对称数字用户线路)是 xDSL 家族的一种技术和应用,其中 DSL(Digital Subscriber Line,数字用户线路)是以铜缆作为传输介质、采用 ISDN (Integrated Services Digital Network,综合业务数字网)技术的一种接入技术。"x"表示不同的技术标准,还包括 HDSL(High speed DSL,高速数字用户线路)、SDSL(Single-line DSL,1 对线数字用户线路)、VDSL(Very high speed DSL,甚高速用户数字线路)。表 2-5

列出了 xDSL 中几种类型的参数。

表 2-5 xDSL 中几种类型的参数

xDSL	对 称 性	下行带宽(b/s)	上行带宽(b/s)	最大传输距离(km)
ADSL	非对称	1.5M	64k	4.6～5.5
ADSL	非对称	6～8M	640k～1M	2.7～3.6
HDSL(1 对线)	对称	768k	768k	2.7～3.6
HDSL(2 对线)	对称	1.5M	1.5M	2.7～3.6
SDSL	对称	384k	384k	5.5
SDSL	对称	1.5M	1.5M	3
VDSL	非对称	12.96M	1.6～2.3M	1.4
VDSL	非对称	25M	1.6～2.3M	0.9
VDSL	非对称	52M	1.6～2.3M	0.3
DSL(ISDN)	对称	160k	160k	4.6～5.5

概括地讲,xDSL 技术是用数字技术对现在广泛使用的模拟电话用户线路进行改造,为家庭和小型办公室用户提供宽带上网的一项业务。

1. ADSL 技术原理

理论上,普通电话线的有效带宽(频带)约为 2MHz,而平常的语音通信仅占用了 300～3400Hz 的频段,电话线的带宽未得到充分利用。为此,可以采用频分复用技术,使电话线在原有频段内传输语音信号,而在未使用的高频段(目前设置为 25～1104kHz)内传输计算机数据信号。

ADSL 适应了用户使用 Internet 的习惯:从用户端到 ISP(Internet service provider,因特网服务提供商)端的上行带宽要求低,从 ISP 端到用户端的下行带宽要求高。

ADSL 的技术标准有两种:一种是全速率的 ADSL 标准,即 G.dmt。该标准支持 640kb/s～1Mb/s 的高速上行和 6～8Mb/s 的高速下行速率;另一种是简化的 ADSL 技术标准,即 G.lite。该标准最高上行速率为 64kb/s,最高下行速率降为 1.5Mb/s,另外在用户侧还取消了 POTS(电话服务)信号分离器。目前,ITU 已颁布了更高速率的 ADSL 标准,如 ADSL2(G.992.3 和 G.992.4)和 ADSL2+(G.992.5),将采用这些标准的 ADSL 称为第二代 ADSL,目前已经被许多 ISP 采用。其中,ADSL2 的上行速率为 800kb/s,下行速率为 8Mb/s。ADSL2+的带宽从 1.1MHz 扩展为 2.2MHz,这相当于增加了子信道的数量,上行速率可达到 8kb/s,下行速率可达到 16～25Mb/s。

根据用户需要和网络基础设施的具体情况,在部署 ADSL 时可以采用不同的方案:基础设施比较好的地区和小型办公室场所,因为对智能化程度要求较高,所以可以采用高配置方案,使用全速率的 ADSL 宽带网接入技术;对于普通家庭用户,适合推广简化的 ADSL 技术方案(G.lite),虽然速率有所降低,但用户端省去了 POTS 信号分离器,降低了设备的购置费用和安装成本。目前,电信部门为了最大范围地扩展 ADSL 的应用,在适当提供全速率 ADSL 宽带接入的同时,为用户大量提供使用 G.lite 标准的 ADSL 接入。

我国目前主要采用 DMT(Discrete Multi-Tone,离散多音调)调制技术方案,即 G.dmt 标准(1999 年 7 月由 ITU 正式颁布,又叫 G.992.1)。DMT 调制采用频分复用技术,把 40kHz～1.1MHz 之间的高频段划分为 274 个子信道,其中 249 个子信道用于下行信道,25

个子信道用于上行信道,每一个子信道占用 4.3125kHz 带宽,每一个子信道称为一个"载波"或"音调"。每个子信道使用不同的载波进行数字调制,一个 ADSL 用户线路相当于 274 个微调制解调器在并行传输数据。人们习惯于将 ADSL 称为数字线路,其实在线路中传输的是经调制后的模拟信号。

2. ADSL 的接入方式

由于用户目前广泛使用以太网(Ethernet)接入技术,所以在 ADSL 宽带接入网建设初期,电信部门从价格、市场需求、建设周期、对现有设备的兼容性、投资保护等角度综合考虑,网络结构采用了 IP 方式,并分为固定 IP 方式和动态 IP 方式两种接入类型。

(1) 固定 IP 方式。固定 IP 方式即为上网用户分配固定的 IP 地址。由于使用固定 IP 方式的用户使用的是静态 IP 地址、子网掩码及其默认网关,所以可以通过 ADSL 设备提供的以太网接口直接上网。用户上网方便,效率高,且与 Internet 一直在线连接。固定 IP 方式与传统的专线上网非常相似,非常符合小型企业用户上网使用。

(2) 动态 IP 方式。不同于模拟电话线路上通过 Modem 的拨号接入,用户通过在数字线路上的虚拟拨号技术可以获得动态的 IP 地址,并使用该 IP 地址在此后的上网过程中实现 Internet 的访问。动态 IP 技术采用的核心协议是 PPPOE(PPP over Ethernet,基于以太网的点对点协议),有关 PPPOE 的内容将在本章随后进行介绍。

3. ADSL 的安装

ADSL 的安装包括局端线路和用户端设备两部分。在电信局端,由电信服务提供商(ISP)将原有的电话线串入 ADSL 局端设备,此操作由电信服务提供商完成。在用户端,首先是用户的计算机硬件和操作系统应能满足 ADSL 的基本要求。目前,主流的计算机硬件设备和 Windows/Linux 等操作系统都能够直接支持 ADSL 接入。在此基础上,用户端还需要配置一台 ADSL Modem,将电话线接入到滤波器(信号分离器),滤波器再与 ADSL Modem 连接,然后在 ADSL Modem 与计算机之间用一条超五类及以上的双绞线连接,连接结构如图 2-24 所示。目前,许多 ADSL Modem 已将滤波器整合到内部。

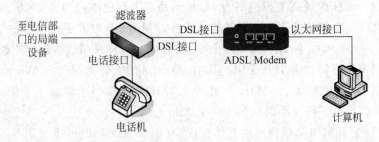

图 2-24 ADSL 用户端网络连接结构图

2.8.2 光纤同轴电缆混合网(HFC)接入技术

有线电视网络系统除提供传统的模拟电视信号外,经过双向传输技术改造后可用于计算机网络的接入,该数字接入技术称为 HFC 接入、有线电视网络接入或 Cable Modem 接入。

1. HFC 接入技术原理

光纤同轴电缆混合网(Hybrid Fiber/Coaxial Cable,HFC)是指采用光纤作为传输干线,同轴电缆作为分配传输网,即在有线电视前端将 CATV 信号转换成光信号后用光纤传输到服务小区(光节点)的光接收机,由光接收机将其转换成电信号后再用同轴电缆传输到用户家中。有线电视 HFC 网主要由光发射机、光接收机、光纤干线以及同轴电缆网等组成。

传统的有线电视 HFC 网是单向的模拟广播网,用于广播电视信号的分配传输。为了在有线电视网上进行数据传输,必须对其进行双向改造。改造后的双向 HFC 数据宽带网络系统整体上主要由三大部分组成:局端的终端系统(Cable Modem Termination System,CMTS)、用户端的电缆调制解调器(Cable Modem,CM)以及传输网络(双向 HFC),如图 2-25 所示。

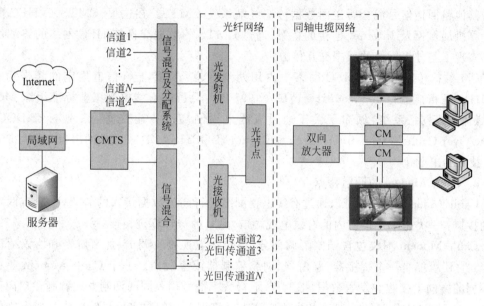

图 2-25 双向 HFC 数据宽带网络系统结构示意图

CMTS 是 HFC 网络数据接入局端设备,实现数据网络和 HFC 模拟射频(Radio Frequency,RF)网络的连接,完成网络数据的转发、协议的处理以及射频调制解调等功能。CMTS 主要作用是:

(1) 提供以太网接口,连接网络管理服务器以及国际互联网络(Internet),构成数据接入服务平台,完成 IP 数据的转发。

(2) 实现 IP 数据到 RF 信号的转换,提供下行 HFC 网络射频接口。IP 数据被调制成 RF 信号后从下行射频接口输出,与普通电视信号混合后通过 HFC 网络传送至用户端的 CM。

(3) 提供上行 HFC 网络射频接口,实现 CM 回传 RF 信号到数据信号的解调还原,通过以太网接口传至数据网络。

(4) 控制 CM 的信号发送时隙、频率、电平等。

如图 2-25 所示,各路电视广播信号通过"信道 1~信道 N"送入信号混合及分配系统,多路信号混合后经光发射机送入 HFC 网进行视频广播。其中"信道 A"预留,用于 HFC 网的数据传输,外部局域网及 Internet 数据信息经电缆数据传输的前端设备处理后通过"信道

A"与其他广播电视信道混合送入光发射机。

光发射机将电信号转换成光信号送入光纤网络向网络远端发送。在远端的光节点,光接收机将光信号接收下来并转换成电信号送入同轴电缆网络,经过电缆网络中的双向放大器放大后,最终到达网络终端设备 CM。CM 分离出数据信号送计算机终端,电视信号送电视接收机,这就是数据信号和电视信号的下行传输全过程。

由于数据传输是交互式的,HFC 网必须有回传通路,其传输过程为:由计算机发出的回传数据首先送入终端设备 CM,由 CM 将数据信号调制到射频信号上,送入同轴电缆网络,经双向放大器放大后送入光节点,由光节点中的回传光发射机将电信号转换成光信号送入光纤网络的回传通道。在网络前端,由回传光接收机接收光信号并将其转换成电信号,通过与其他路回传信号混合后送回数据传输终端系统 CMTS。在这里,CMTS 是 HFC 网络与计算机局域网及 Internet 连接的桥梁,通过 CMTS 的数据交换使 HFC 网络的终端用户最终实现了与外界网络的数据交互传输。

CM 数据传输一般在 HFC 网络中占用两个频道:回传上行信道规定的频带为 5~45MHz;下行信道为 50~750MHz 范围。1997 年 3 月国际有线电视工业标准组织 MCNS (多媒体线缆网络系统)颁布了关于通过有线电视网高速传输数据的工业标准 DOCSIS (Data Over Cable Service Interface Specification,DOCSIS)。这一标准的出台,大大推动了 CM 技术的工业化。

2. Cable Modem 的通信特点

Cable Modem 是一种可以通过有线电视网络进行高速数据接入的装置,一般有两种类型的接口:一类用来连接室内的有线电视端口,另一种与计算机相连。

Cable Modem 不仅包含调制解调部分,还包括电视接收调谐、加密解密和协议适配等部分,它还可能是一个桥接器、路由器、网络控制器或集线器。一个 Cable Modem 要在两个不同的方向上接收和发送数据,把上行、下行数字信号用不同的调制方式调制在双向传输的某一个 6MHz(或 8MHz)带宽的电视频道上。它把上行的数字信号转换成类似电视信号的模拟射频信号,以便能够在有线电视网上传送。接收下行信号时,Cable Modem 把它转换为数字信号,以便计算机处理。

Cable Modem 的传输速率一般可达 3~50Mb/s,距离可以达到 100km 或更远。Cable Modem 终端系统(CMTS)能够与所有的 Cable Modem 通信,但 Cable Modem 只能与 CMTS 通信。如果两个 Cable Modem 之间需要通信时必须由 CMTS 转发。

随着 Cable Modem 技术的发展,出现了多种工作模式。按不同的角度划分,大概可以分为以下几种:

(1)根据传输方式的不同,分为双向对称式传输和非对称式传输。所谓对称式传输是指上、下行信号各占用一个普通频道(6MHz 或 8MHz)带宽,上、下行信号可能采用不同的调制方法,但用相同传输速率(2~10Mb/s)的传输模式。对称式传输速率一般为 2~4Mb/s,最高可以达到 10Mb/s;所谓非对称式传输是指上、下行传输速率可以不同。Cable Modem 非对称式传输下行速率可以达到 30Mb/s,上行速率为 500kb/s~2.156Mb/s。

(2)根据数据传输方式的不同,可以分为单向和双向两类。传统的有线电视信号为单向传输,当用户要通过有线电视网络传输数据时必须进行双向改造。

(3)根据网络通信方式的不同,可以分为同步(共享)和异步(交换)两种方式。其中,同步(共享)类似以太网,网络用户共享同样的带宽。当用户增加到一定数量时,其速率急剧下降;而异步(交换)的 ATM 技术与非对称传输成为 Cable Modem 技术的发展主流。

(4) 根据接入方式的不同,可分为个人 Cable Modem 和宽带 Cable Modem(多用户),其中宽带 Cable Modem 可以具有网桥的功能,可以将一个计算机局域网接入 Internet。

(5) 根据安装方式的不同,可分为外置式、内置式和交互式机顶盒三种类型。

目前,Cable Modem 主要存在两个不同的标准组织:一个是国际有线电视工业标准组织 MCNS,该标准已成为 ITU 的 J.112 标准;另一个是 IEEE 802.14。从技术上讲 IEEE 802.14 要比 ITU J.112 先进。

3. Cable Modem 的接入方式

有线电视电缆网络接入主要用于家庭和小型办公室环境。图 2-26 是通过有线电视电缆同时实现数字电视、模拟电视和计算机接入的网络结构。

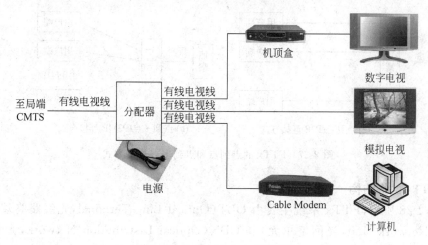

图 2-26　Cable Modem 连接方式

首先需要将 Cable Modem 连接到滤波器上,滤波器其实就是一个同时连接多种设备的信号分配器。将信号分配器接入家中的有线电视插孔,有线电视插孔的另一头连接到有线电视的局端设备 CMTS。对于模拟电视机可以直接接入分配器,如果是数字电视机则需要在前端安装一台机顶盒,当计算机需要通过有线电视电缆接入 Internet 时需要在前端安装一台 Cable Modem,Cable Mode 的另一端连接计算机上的网卡。

2.8.3　光纤接入技术

光纤接入技术实际就是在接入网中全部或部分采用光纤传输介质,构成光纤用户环路,或称光纤接入网,实现用户高性能宽带接入的一种方案。光纤接入技术在实际应用中统称为 FTTx(Fiber To The x,光纤到……),主要有 FTTH(Fiber To The Home,光纤到户)、FTTB(Fiber To The Building,光纤到大楼)、FTTC(Fiber To The Curb,光纤到路边)、FTTO(Fiber To The Office,光纤到办公室)和 FTTZ(Fiber To The Zone,光纤到小区)等。光纤接入正好适应了"光进铜退"的电信接入网发展趋势,具有非常好的应用和发展前景。FTTx 中应用最广的主要有 FTTH 和 FTTB/C,这里的"C"同时代表了 Curb(路边)和 Cab

(交换箱)。

1. FTTx 概述

FTTx 可以分为点对点(P2P)和点对多点(P2MP)两种方式,分别如图 2-27(a)和图 2-27(b)所示。其中,FTTH 是利用光纤传输介质将家庭用户端的设备(计算机或小型集线器)与电信局端的设备连接起来,在两端的光电转换器上分别将电信号转变成光信号后在光纤上进行长距离传输,每个用户独享一条光纤带宽,上下行速率都可以达到 100Mb/s 或 1000Mb/s,这是铜质电缆无法达到的。其缺点是随着用户数据的增加,局端设备和光纤的数量也会增加,另外从目前家庭用户的实际应用来看,FTTH 方式确实有些浪费。FTTH 的连接方式如图 2-27(a)所示。FTTB/C/O/Z 等 FTTx 是根据用户单元在接入网中所处的位置特点,在路边、大楼、办公室、交换箱等用户集中的地方设置光纤分配点,局端与分配点之间采用光纤连接,而用户端与分配点之前依然使用传统的双绞线连接,如图 2-27(b)所示。

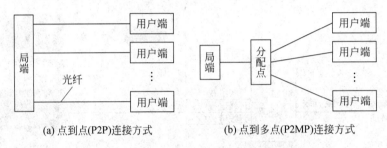

图 2-27　FTTx 的点到点和点到多点连接方式

2. FTTx 网络结构

如图 2-28 所示,FTTx 系统主要由 OLT(Optical Line Terminal,光线路终端)、ONU(Optical Network Unit,光网络单元)和 ODN(Optical Distribution Network,光分配网)组成。

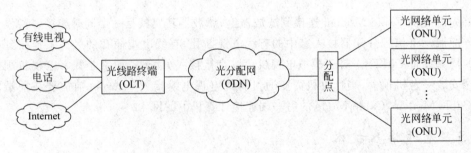

图 2-28　FTTx 网络结构

(1) 光线路终端。光线路终端(OLT)一方面负责将承载各种业务(如语音、数据、视频等)的信号进行汇聚,按照一定的信号格式送入接入部分,以便向终端用户传输。另一方面,将来自终端用户的信号按照业务类型分别送入到各业务网络(如电话系统、Internet、有线电视网络等)中。OLT 的主要功能包括提供接口、复用和传输。

(2) 光网络单元。光网络单元(ONU)负责与 OLT 之间的信息互通,并通过用户网络设备为用户提供接入服务。ONU 的主要功能包括业务收集、提供接口、复用和传输。ONU

与 OLT 相对应，ONU 在用户端，而 OLT 在局端。

(3) 光分配网。光分配网(ODN)为 OLT 和 ONU 之间提供光传输手段。ODN 的拓扑结构可以是星型、树型、总线型或环型，其中星型对应 P2P 方式，树型、总线型和环型对应 P2MP 方式。

3. FTTx 的实现技术

FTTx 的实现技术分为点到点(P2P)有源光网络和点到多点(P2MP)无源光网络(Passive Optical Network，PON)两种类型。

1) P2P 有源光网络

P2P 有源光网络是从局端(或远端机房)到每个用户端都用一对光纤或一根独立光缆连接，在局端和用户端各分配一个光纤收发器。传统的基于 P2P 的 FTTx 实现方式是采用"介质转换器(Media Converter，MC)＋传统以太网交换机"的组网方式，采用 MC 将电信号转换成光信号进行长距离传输，MC 的功能是提供光电转换。这种方式的特点是带宽有保证、易于管理和维护、设备端口利用率高、安全性好、传输距离长，其缺点是需要铺设大量的光纤，使用大量的光纤收发器，缺乏全球统一的标准。

2) P2MP 无源光网络

无源光网络(PON)是在 OLT 与 ONU 之间的 ODN 没有任何有源电子设备。PON 技术是一种点对多点(P2MP)的光纤传输和接入技术，下行采用广播方式，上行采用时分复用方式，在光分配点不需要节点设备，只需要安装一个简单的光分配器即可。PON 是一种类似于早期使用总线型同轴电缆的纯介质网络，避免了外部设备的电磁干扰和雷电影响，减少了线路和外部设备的故障率，提高了系统可靠性，同时节省了维护成本。

PON 包括 ATM-PON(APON，基于 ATM 的 PNO)和 Ethernet-PON(EPON，基于以太网的 PON)两种。其中：

- APON。APON 也叫做 BPON(Broadband PON，宽带 PON)，标准于 20 世纪 90 年代中期由 ITU-T 颁布，标准为 G.983.x。其下行速率为 622Mb/s，上行速率为 155Mb/s，由于采用了 ATM 技术，因此可承载 64kb/s 语音业务、ATM 业务和 IP 业务等各种类型业务，并可提供强有效的服务质量保证。
- EPON。EPON 是由 IEEE 802.3 工作组所属的 EFM(Ethernet in the First Mile Alliance，第一公里以太网联盟)于 2004 年 6 月颁布的，标准为 IEEE 802.3ah。EPON 在保留 IEEE 802.3 以太网体系结构的基础上，对 MAC(介质访问控制)协议进行扩展。EPON 可提供上下行对称 1.25Gb/s 传输速率。下行为 10Gb/s 的传输速率技术正在研究中。EPON 系统具有技术简单、成本低、速率高、可扩展性强、支撑多数据业务等优势。

2003 年，ITU 颁布了两个有关 GPON(Gigabit PON，吉比特 PON)的新标准 G.984.1 和 G.984.2，提供 1.244Gb/s 和 2.488Gb/s 两种下行速率和 ITU-T 规定的 155Mb/s、622Mb/s 和 1.255Gb/s 多种上行速率，并可灵活提供对称和非对称速率。APON/BPON、EPON 和 GPON 标准及特征如表 2-6 所示。

表 2-6 APON/BPON、EPON 和 GPON 标准及特征

名　称	APON/BPON	EPON	GPON
标准	ITU G.983	IEEE 802.3ah	ITU G.984
PDU 大小(B)	53	1518	53～1518
带宽	下行 622Mb/s,上行 155Mb/s	上下行达 1.25Gb/s	下行 1.2Gb/s 和 2.5Gb/s,上行可配置 155Mb/s、622Mb/s 和 1.25Gb/s 或 2.5Gb/s
下行波长(nm)	1480～1500	1500	1480～1500
上行波长(nm)	1260～1360	1310	1260～1360
业务模式	ATM	Ethernet	ATM、Ethernet、TMD
最大 PON 分路	32	16	64

习　题

2-1　简述计算机网络中物理层的功能定位,并说明机制特性、电气特性、功能特性和规程特性分别定义的内容。

2-2　试说明信息、数据、信号和信道的概念,并指出其相互之间的关系。

2-3　名称解释:数据电路、数据链路、DTE、DCE。

2-4　计算:标准的电话信号的最高频率为 3.4kHz,最低频率为 300Hz,信噪比为 35dB,根据香农定理计算该电话线的速率。

2-5　解释带宽和速率的概念,并推导计算机网络中带宽和速率的计算方法。

2-6　名称解释:误码率、信道延迟、失真。

2-7　电磁波的频谱对计算机网络传输介质的性能有什么影响?

2-8　结合实际应用,查看双绞线的结构,并分析其原因。

2-9　为什么说"光纤是所有介质中的佼佼者"?

2-10　什么是光纤中的"模"?单模光纤和多模光纤在组成、工作原理和应用上有何区别?

2-11　试分析无线电通信的特点及应用。

2-12　微波通信可分为哪两类?并分别分析其原理和应用特点。

2-13　为什么说"在计算机内部使用并行通信,在计算机网络中使用串行通信"?

2-14　试分析同步传输和异步传输的不同和应用特点。

2-15　结合实际应用,分析单工、半双工和全双工通信的原理及应用特点。

2-16　在计算机网络中,信道复用的优势是什么?并分析频分复用、时分复用(包括同步时分复用和异步时分复用)、波分复用的工作原理和应用特点。

2-17　计算:电话系统的最高频率为 3.4kHz,PCM 制式规定每秒采样 8000 次,每个样本量化为 256 个等级,试计算 PCM 语音编码的标准速率。

2-18　综合分析 SDH 和 SONET 两个标准之间的关系,说明 STS-1 的帧结构及 SDH 的复用过程。

2-19 试分析，使用 xDSL 技术后如何在同一路电话线上同时进行语音通信和数据接入。

2-20 传统的模拟有线电视网络能够用于计算机网络接入吗？试分析原因和解决方法。

2-21 与 xDSL 和 HFC 等接入方式相比，FTTx 接入网技术有何特点？并分析 FTTx 接入网的组成及其功能。

第 3 章　数据链路层

数据链路层(data link layer)的主要功能是在相邻节点(如计算机与计算机、路由器与路由器等)之间无差错的传输数据帧(frame)。这一概念乍听起来非常简单，但实现过程和方法非常复杂。首先，连接两个节点的信道是采用点对点信道还是广播信道，如果是广播信道，还需要使用专用的共享信道协议来协调广播域内不同主机之间的通信；其次，比特流在信道中传输时肯定要受到外界噪声的干扰，这将产生部分比特的错误，对于这些错误如何发现，发现错误的帧后是自动纠错还是让发送端重传；还有，物理层提供的是与具体信息无关的透明比特流的传输，对于一个个由 0 和 1 组成的比特流，在数据链路层必须生成本层的协议数据单元(PDU)——数据帧，如何将比特流转换成数据帧，需要由数据链路层的相关协议来完成等。本章将主要围绕这些问题进行讨论，针对每一类问题提出相应的解决方案后，对每一种方案进行分析。另外，本章所介绍的差错控制和流量控制方法同样适用于传输层等层(如传输层中 TCP 报文段的流量控制)，不管出现在哪一层，这些技术的原理是相同的。

3.1　数据链路层概述

数据链路层要完成相邻节点之间比特流的传输控制，处理出现的传输错误，在两个节点之间提供以数据帧为单位的传输服务。

3.1.1　成帧

以两台计算机之间的通信为例，如图 3-1 所示。当两台计算机之间要实现通信时，需要在每台计算机上安装一块网卡(也称为"网络适配器")，两块网卡之间通过一条"链路"(link)连接，这条链路即一段物理线路，也称为"物理链路"。为了能够在这条链路上传输数据，还必须有相应的通信控制协议的协调，通信控制协议具体由一组硬件和软件共同来完成，在局域网中这些功能集中在网卡上。增加了通信控制协议的链路称为"逻辑链路"或"数据链路"。

帧(frame)即数据帧，是数据链路层的协议数据单元(PDU)，是在节点中对网络层的PDU(分组或包)添加了数据链路层的通信控制协议后构成的数据单元。如图 3-1 所示，假设"计算机 A"与"计算机 B"之间通过 TCP/IP 协议进行通信，而且数据从"计算机 A"发送到"计算机 B"。其中，"计算机 A"的数据链路层在接收到网络层传下来的分组(IP 数据报)后，在其前后分别加上头部和尾部，从而形成数据帧。所以，成帧(framing)就是在分组的前后分别加上代表数据链路层特征的头部和尾部的过程。帧到达物理层后，根据所使用的信道特性，将编码后的比特流发送到"计算机 B"。"计算机 B"在接收到比特流后，根据发送端成帧时所使用的规程(协议),再根据隐含的定界信息从连续的比特流中提取一个个帧。如果接收到的帧经检测后无差错,便去掉头部和尾部,将得到的分组交给网络层处理,如果出错将要求发送端重传该出错的帧。

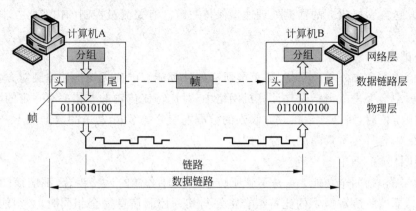

图 3-1　两台计算机之间通过网卡联网后的通信过程

从图 3-1 可以看出,头部和尾部是一个帧的重要标志(即帧的定界),一个完整的帧从头部开始到尾部结束,帧的长度等于网络层的分组长度加上头部和尾部的长度。其实,帧的头部和尾部除界定一个帧的开始和结束外,还包括许多必须的控制信息,如校验和、同步信息等,具体内容视所使用的网络类型来定。

3.1.2　数据链路层的主要功能

物理层只负责比特流的接收和发送,而不考虑信息本身的意义,同时物理层也不能解决数据传输的控制。为了进行真正有效和可靠的数据传输,就需要对传输操作进行严格地控制和管理,这就是数据链路传输控制规程需要解决的问题,也就是数据链路层协议需要解决的问题。数据链路层的主要功能是通过一些数据链路层协议(或链路控制规程),在不太可靠的物理链路上实现可靠的数据传输。数据链路层的主要功能包括:

1. 链路管理

链路管理就是数据链路的建立、维护和释放操作。当网络中的两个节点间要进行通信时,数据的发送方必须知道接收方是否处于准备接收的状态。为此,在传输数据之前,通信双方必须事先交换一些必要的信息,让通信双方做好数据发送和接收的准备。即在通信之前,必须在发送方与接收方之间建立一条数据链路。

为了保证数据传输的可靠性,在传输数据的过程中也要维护链路。同样,在通信结束后,需要释放数据链路,以供其他用户使用。

2. 帧同步

在数据链路层中,数据的传输单位是帧。数据就是一帧一帧地从发送方传输到接收方的。帧同步是指接收方应当从收到的比特流中准确地区分帧的开始与结束(即成帧),并让发送方将在传输中出错的帧重新发送(重传),这样可避免重新传输所有的数据。利用滑动窗口技术进行流量控制是一些(并非全部)链路层协议采用的方法。

3. 流量控制

在数据传输过程中,为了让数据高效、可靠地传输到接收方,防止出现数据传输中的过载和阻塞现象,就需要对数据流量进行控制。

流量控制(flow control)功能用于控制发送方发送数据的速率,保证接收方能够来得及接收。当接收方来不及接收时,就必须及时控制发送方发送数据的速率。概括地讲,流量控制就是使发送方和接收方的数据处理速率保持一致。有关流量控制的内容将在本章随后进行介绍。

4. 差错控制

由于信道本身和外界的干扰,不可能所有的帧都能够准确无误地传输到对方,其中有一些帧在传输中会丢失或出错。在计算机网络中,对比特流传输的差错率有一定的限制,当差错率高于限定值时,将会导致接收方收到的数据与发送方实际发送的数据的不一致。有关差错控制的内容将在本章随后进行介绍。

5. 透明传输

透明传输包括两个功能:一是不管所传数据是什么样的比特组合,都应该能够在链路上传输;二是当所传数据中的比特组合正好与某一控制信息完全相同时,必须能够采取适当的措施,使接收方能够辨认出其是数据还是某种控制信息,此功能的典型实现方法见本章随后介绍的"0 比特填充法"。当同时实现这两个功能时,才能够保证数据链路层的传输是透明的。

6. 寻址

寻址是指在数据交换中,发送方能够知道将每一帧发送到什么地方。同时,在接收方收到每一个帧时,也应知道该帧是从什么地方发来的,而且是不是发给自己的。

3.2 差错控制技术

数据在信道中传输过程时受外界噪声及传输介质自身因素的影响有可能出错,这样目标主机就会收到错误数据,也就是说目标主机接收到的数据与源主机实际发出的数据之间出现不一致的现象,这就是差错现象。差错现象包括数据的丢失,发出的数据与接收到的数据不一致(即发出的数据在传输过程中被改变)等。

3.2.1 差错产生的主要原因

热噪声(简称为"噪声")是差错产生的主要原因。所谓热噪声是指影响数据在通信介质中正常传输的各种因素,是由导体内电子的热运动造成的。热噪声存在于所有的电子设备和传输介质中,并且是温度的函数。热噪声是无法消除的,这就为通信系统的性能带来了一个上限。数据传输中所产生的差错主要由热噪声引起。数据通信中的热噪声主要包括:

(1) 信号在通信线路上受介质自带电气特性影响而产生的信号畸变和衰减。
(2) 电气信号在线路上产生反射造成的回音效应。
(3) 相邻通信线路之间的信号串扰。如双绞线对不同导线之间的串扰。
(4) 各类自然现象的影响(如闪电、地磁的变化等)。
(5) 供电系统故障。

热噪声通常分为两大类:随机热噪声和冲击热噪声。其中,随机热噪声是指通信线路上固有的、持续存在的热噪声,由于它的出现时刻不固定,因而称作随机热噪声;冲击热噪声是由于外界某种原因(主要是电磁干扰,如打雷引发的闪电)突发产生的热噪声,这种热噪声是无法预料的,而且造成的影响要比随机热噪声大。

通信线路中的热噪声会造成数据在传输过程中失真,产生差错,因此在数据传输过程中要尽量减少热噪声。

3.2.2 差错控制机制

既然数据在传输过程中会产生差错,那么在数据传输过程中就应该能够检测到差错,并能够纠正差错,这就需要采用差错控制技术。没有差错控制的数据传输是不可靠的。

差错控制需要采用差错控制编码,差错控制编码是差错控制的核心,它的基本设计思想是发送端对信息序列进行某种变换,使原来彼此不相关、独立的二进制数序列,经过变换后产生某种相关性,接收端接收到差错控制编码后用它来检查、纠正接收到的数据序列中的差错。不同的变换方法构成不同的差错控制编码。差错控制编码分为检错码和纠错码两种。

1. 纠错码机制

纠错码机制即向前纠错(Forward Error Correct,FEC)技术,就是数据接收端利用编码的方法不仅对接收到的数据进行检测,而且检测出差错后能自动纠正差错。向前纠错能够准确地确定错码的位置。采用向前纠错技术不需要反向信道,没有数据重发问题,因此实用性强,但是这种技术需要复杂的纠错设备。

2. 检错码机制

检错码机制是指数据接收端采用编码的方法检测差错,当检测出差错后,就设法通知发送端重发该出错的数据,直到接收到的数据无差错为止。检错码只能检测出接收到的数据是否出现错误,但是确定不出错码的准确位置,更无法进行错误纠正。

虽然纠错机制存在许多优势,但实现起来比较困难,在计算机网络中基本上不使用。检错码机制虽然只能检错而无法纠错,但工作原理简单,对设备的性能要求不高,较容易实现,在网络中得到广泛应用。

3.2.3 循环冗余校验码(CRC)

常用的检错码机制主要有奇偶校验码和循环冗余校验码。奇偶校验机制实现方法简单,但检错能力差,一般只能用于通信要求较低的环境。目前,在计算机局域网等环境中多采用循环冗余校验码,它具有检错能力强、实现容易等特点。

循环冗余校验码(Cyclic Redundancy Check,CRC)是一类重要的线性分组码,又称为多项式码。CRC 的编码和解码方法简单,检错能力强,在通信领域广泛地用于实现差错控制。另外,CRC 在软盘读写、文件解压等方面都有应用。利用 CRC 进行检错的过程可简单描述为:在发送端根据要传送的 k 位二进制码序列,以一定的规则产生一个校验用的 r 位监督码(CRC 码),附在原始信息后边,构成一个新的共 $(k+r)$ 位的二进制码序列数,然后发送出去。在接收端,根据信息码和 CRC 码之间所遵循的规则进行检验,以确定传送中是否出错。这个规则在差错控制理论中称为"生成多项式"。

1. CRC 的硬件实现

所谓循环码是这样一组代码,其中任一有效码字经过循环移位后得到的码字仍然是有效码字,不论是左移还是右移,也不论移多少位。例如 $a_n a_{n-1} a_{n-2} \cdots a_1 a_0$ 是有效码字,则

$a_{n-1}a_{n-2}a_{n-3}\cdots a_1a_0a_n$ 和 $a_{n-3}a_{n-4}a_{n-5}\cdots a_1a_0a_na_{n-1}a_{n-2}$ 都是有效码字。为了让读者对 CRC 的数学分析有一个感性的认识,在进行 CRC 数学分析之前,先来介绍 CRC 的实现方法,如图 3-2 所示的是可以实现 CRC 的移位寄存器,它由 k 位组成,还有几个异或门和一条反馈回路。

图 3-2 CRC 的移位寄存器

如图 3-2 所示的移位寄存器可以按照 CCITT-CRC 标准生成 16 位的校验码(CCITT 为 International Telephone and Telegraph Consultative Committee 的缩写,即国际电话与电报顾问委员会,从 1993 年 3 月 1 日起改组为 ITU 电信标准化部门,即 ITU-T),寄存器被初始化为 0,数据按位从右向左逐位输入,当一位从最左边移出寄存器时就通过反馈回路进入异或门,并和后续进来的位以及左移的位进行异或运算。当所有位从右边输入结束后再输入 k 个 0(本例中 $k=16$)。最后,当这一过程结束时,移位寄存器中就形成了校验和。k 位的校验和紧跟在数据位的后面发送。接收端可以按同样的过程计算校验和,并与接收到的校验和进行比较,以检测传输中的差错。

2. CRC 的数学算法和分析

以上描述的 CRC 硬件实现方法可以用一种特殊的多项式除法进行分析。假设,要发送的数据为 k 位,其多项式为 $(k-1)$ 次多项式,记作 $K(x)$;冗余校验位为 r 位,其多项式为 $(r-1)$ 次多项式,记为 $R(x)$。例如,要发送的数据为 1011001,冗余校验位为 1010,则 $k=7, r=4$,对应的 $k-1$ 次和 $r-1$ 次多项式分别为:

$$K(x) = x^6 + x^4 + x^3 + 1$$
$$R(x) = x^3 + x$$

实际发送的信息码字为 $n=k+r$ 位,对应的 $n-1$ 次多项式为:

$$T(x) = x^r \times K(x) + R(x)$$

将 $K(x)$ 和 $R(x)$ 代入后,所有发送的信息码的组合为:

$$\begin{aligned}T(x) &= x^4 \times K(x) + R(x)\\ &= x^{10} + x^8 + x^7 + x^4 + x^3 + x\\ &= 10110011010\end{aligned}$$

根据要发送的数据位来生成冗余校验码的过程,就是已知 $K(x)$ 来求 $R(x)$ 的过程。在 CRC 中,可以通过找到一个特定的 r 次多项式 $G(x)$,用 $G(x)$ 去除 $x^r \times K(x)$ 所得到的余式就是 $R(x)$。用 x^r 乘一个多项式等于把多项式的系数左移 r 位。为此,假设:

$$K(x) = x^6 + x^4 + x^3 + 1, 即 1011001$$
$$r = 4$$
$$G(x) = x^4 + x^3 + 1, 即 11001$$

则有:

$$\begin{aligned}x^r \times K(x) &= x^4 \times K(x)\\ &= x^{10} + x^8 + x^7 + x^4\\ &= 10110010000\end{aligned}$$

因为所有的运算都按模 2 进行,即:
$$1x^r + 1x^r = 0x^r$$
$$0x^r + 1x^r = 1x^r$$
$$0x^r + 0x^r = 0x^r$$
$$-1x^r = 1x^r$$

所以,用 $G(x)$ 去除 $x^r \times K(x)$ 的运算过程和结果为:

```
                    1101010     ← 商,即 Q(x)
G(x) → 11001 ) 10110010000       ← x^r × K(x)
               11001
               -----
                1111 0
                1100 1
                -----
                 011 10
                 110 01
                 -----
                  11 100
                  11 001
                  -----
                     1010    ← 余数,即 R(x)
```

即冗余校验位 $R(x)$ 为余数 1010。再假设上述除法所得的商为 $Q(x)$,则有:
$$x^r \times K(x) = G(x) \times Q(x) + R(x)$$

由于实际在信道上传输的信息码的组合为多项式 $T(x) = x^r \times K(x) + R(x)$,如果传输中没有出现差错,则接收端收到的信息码的组合也应该为多项式 $T(x) = x^r \times K(x) + R(x)$。将多项式 $x^r \times K(x) = G(x) \times Q(x) + R(x)$ 代入 $T(x) = x^r \times K(x) + R(x)$,有:
$$T(x) = G(x) \times Q(x) + R(x) + R(x)$$

根据异或运算,有:
$$R(x) + R(x) = 0$$

所以
$$T(x) = G(x) \times Q(x)$$

也就是说,$T(x)$ 能够被 $G(x)$ 整除。因此,当余数 $R(x) = 0$ 时认为传输无差错,否则认为传输中有差错。

数学分析表明,$G(x)$ 应该有某些简单的特性,才能检测出各种错误。例如,当 $G(x)$ 包含的项数大于 1 时,可以检测单个差错;当 $G(x)$ 含有因子 $x+1$ 时,则可以检测出所有奇数差错。最后,得出结论:具有 r 个校验位的多项式能检测出所有小于等于 r 的突发性差错。

通过以上数学分析可以看出,CRC 检错方法的工作原理是:将要发送的数据比特流表示为一个多项式 $T(x)$ 再乘以一个系数(该系统由生成多项式 $G(x)$ 的最高次幂值来确定),在发送端用系统预先约定的生成多项式 $G(x)$ 去除,得到一个余数多项式 $R(x)$。将余数多项式 $R(x)$ 加到数据多项式 $T(x)$ 后面发送到接收端。在接收端,用同样的生成多项式 $G(x)$ 去除接收到的数据多项式 $T'(x)$,得到计算余数多项式 $R'(x)$。如果计算余数多项式 $R'(x)$ 与接收余数多项 $R(x)$ 相同,表示传输无差错。否则,表示传输有差错,由发送方重发该数据,直到正确为止,或直接丢弃该出错的数据。

为了实现对不同数据传输中各种错误模式的校验,已研究并制订了几种 CRC 生成多项式 $G(x)$ 的国际标准:

CRC-CCITT　　$G(x) = x^{16} + x^{12} + x^5 + 1$

CRC-16　　$G(x) = x^{16} + x^{15} + x^2 + 1$

CRC-12　$G(x)=x^{12}+x^{11}+x^3+x^2+x+1$

CRC-32　$G(x)=x^{32}+x^{26}+x^{23}+x^{22}+x^{16}+x^{12}+x^{11}+x^{10}+x^8+x^7+x^5+x^4+x^2+x+1$

其中，CRC-32 广泛应用于局域网的差错检测中。

3. CRC 应用举例

CRC 在实际应用中采用异或运算，下面以一个具体例子进行说明。假设：

(1) 要发送的数据的二进制表示为 101011，共 6 位。

(2) 生成多项式的二进制表示为 10011，共 5 位，其中 $r=4$。

(3) 将发送数据比特乘以 $2^r=2^4$，生成的乘积为 1010110000。

(4) 用生成多项式的二进制表示 10011 去除乘积 1010110000，为

```
                    101100      ← 商，即 Q(x)
       G(x)→ 10011 ) 1010110000 ← x^r × K(x)
                    10011
                    ─────
                     11010
                     10011
                     ─────
                      10010
                      10011
                      ─────
                       0100   ← 余数，即 R(x)
```

得到的余数为 $R(x)=0100$。

(5) 将余数比特流添加到要发送的数据后面，得到

```
  发送的数据    CRC校验码
  比特 T(x)    的比特 R(x)
  ────────    ────────
   101011       0100
  ─────────────────────
       带CRC校验码
        的发送比特
```

(6) 接收端在接收到带 CRC 校验码的数据后，如果数据在传输过程中没有出错，将一定能够被相同的生成多项式 $G(x)$ 除尽

```
              101100
       10011 ) 1010110100
              10011
              ─────
               11010
               10011
               ─────
                10011
                10011
                ─────
                    0
```

如果数据在传输中出现错误，生成多项式 $G(x)$ 去除后得到的结果肯定不为 0。

CRC 具有很强的检错能力，它可以检测出全部单个比特出现的错误，也可以检测出全部的离散比特的错误。

3.3　流量控制技术

流量控制技术是指通过采取相应的策略，在发送节点与接收节点之间有序、高效地传输数据。流量控制的目的是既要充分利用收发节点和通信信道的资源，又要考虑参与通信的

不同节点及信道资源配置的差异性,最终实现通信的"和谐"。

3.3.1 停止等待协议

停止等待协议(stop-and-wait protocol)是最简单也是最基本的数据链路层协议。一个完整的数据传输需要同时解决以下两个问题:

(1) 在确定的链路上,发送端所发送的数据能够不出差错地传输到接收端。

(2) 对于接收到的数据,接收方能够及时地上传(交付)给主机。

为了解决这两个问题,就必须采取行之有效的数据链路层控制协议。为了让读者对停止等待协议有一个初步的认识,下面首先介绍一种理论上的最简单的流量控制方法。

1. 最简单的流量控制方法

最简单的流量控制方法是建立在以下的假设基础上的:假设链路是理想的传输信道,数据传输中不会出现任何差错。由于计算机网络链路中的数据是以比特流的形式串行传输的,而在计算机内部则采用并行传输方式。所以在此假设的基础上,也会存在两个站点收发数据速率的不一致,需要采用一定的措施进行传输控制。

在计算机网络中,多采用由接收方控制发送方的数据流量。为了实现最简单的流量控制,最简单的办法是发送方每发送完一个数据帧后就停止下来,等待接收方的应答信息,当收到接收方的确认信息后再发送下一帧。此方法中发送方和接收方的工作过程如图3-3所示,策略分别如下:

发送方:

(1) 从主机取得数据帧。

(2) 将数据帧传送到数据链路层的发送缓冲区中。

(3) 将发送缓冲区中的数据帧发送出去。

(4) 等待确认信息。

(5) 如果收到接收方的确认信息,则返回步骤(1)。

接收方:

(1) 等待接收数据帧。

(2) 如果收到发送方发送过来的数据帧,则将其放入数据链路层的接收缓冲区中。

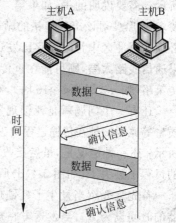

图 3-3 最简单的流量控制方法

(3) 将接收缓冲区中的数据帧上传给主机。

(4) 向发送方发送一个确认信息,表示数据帧已成功接收。

(5) 返回步骤(1)。

2. 停止等待协议

前面讨论了最简单的数据链路层通信控制方法,在实际的网络应用中,这种情况是很少见的。为此,我们来介绍真实网络中的数据链路层控制协议,即停止等待协议。停止等待协议必须同时解决前面提到的通信过程中存在的两个问题。

如图 3-4(a)所示的是在传输中没有出现差错的情况。当主机 A 发送了数据 0 后,开始等待确认信息。这时,主机 B 接收到了主机 A 发送的数据 0,而且数据 0 在传输中没有出现差错,所以主机 B 将数据 0 上传给本机的数据链路层,然后向主机 A 发送一个确认帧 ACK (acknowledgement)。当主机 A 接收到确认帧 ACK 后开始发送下一帧(数据 1)。

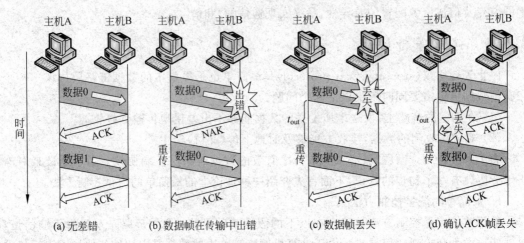

图 3-4　停止等待的工作原理示意图

现在假设有数据在传输中出现了差错。由于计算机网络多使用 CRC 进行差错检测，所以主机 B 很容易检测出差错帧。当发现差错后，主机 B 向主机 A 将发送一个否认帧 NAK（Negative Acknowlegment），以告诉主机 A 应该重传出现差错的那个数据帧，如图 3-4(b) 所示。需要说明的是，如果第二次传输出现差错，主机 B 同样向主机 A 发送否认帧 NAK，要求主机 A 对该出现差错的帧进行重传，直到主机 B 接收到正确的帧为止。这样，主机 A 必须在缓冲区中暂时保存已发送的数据帧，直至接收到该帧的 ACK 帧后再将其清除。如果通信线路太差，则可能在重传了 n 次后还接收不到正确的帧。这时，可以根据已确定的重传策略（如 $n \geqslant 8$ 或 $n \geqslant 16$ 时），对此帧不再进行重传，并将此情况通报给上一层。

还有一个问题就是死锁现象。所谓死锁现象，就是当发送方发送完某一帧后，由于线路质量等原因该帧在传输过程中丢失，这时发送方根本接收不到接收方的 ACK 帧，如图 3-4(c) 所示；还一种情况是，虽然接收方收到了发送方发送的数据帧，但其 ACK 帧在传往发送方的过程中丢失了，如图 3-4(d) 所示。

首先来介绍当发生了死锁现象后该如何解决。可以利用一个超时计时器，该超时计时器的时间设为 t_{out}，当发送方在规定的 t_{out} 时间内如果还没有收到接收方的 ACK 帧，发送方就重传前面发送的数据帧。很显然，t_{out} 的时间长短设置应该是很科学的，不能太长也不能太短。如果太长则会浪费线路资源，如果太短则会在还没有收到正常的 ACK 帧之前就开始重传。一般可将重传时间 t_{out} 设置为略大于"从发完数据帧到收到该数据帧的 ACK 帧所需的平均时间"。

另外，在接收方还可能接收到重复帧，重复帧也是一种不允许出现的差错现象。重复帧的发生有两种可能：一种是当重传时间 t_{out} 设置过短时，由于发送方还没有收到接收方的 ACK 帧，就开始进行重传，结果接收方收到了完全相同的两个或两个以上的数据帧；另一种可能是接收方传给发送方的 ACK 帧丢失，这样当发送方在确定的重传时间 t_{out} 到后就开始重传，同样导致重复帧产生。

要解决重复帧的问题，必须给发送的每一个帧进行编号，这样当接收方收到重复帧后就可以根据编号进行判断，将出现的重复帧丢弃。为了将数据传输过程中的额外开销降到最小，在停止等待协议中，可以使用 1 比特进行编号，即数据帧的编号要么是 0，要么是 1。这样,当传输正常时,数据帧的编号就会以 0 和 1 交替出现,从而可以判断哪个帧是重传的帧,哪个帧是新的数据帧。

3.3.2 连续 ARQ 协议和滑动窗口

停止等待协议虽然是一种行之有效的数据链路层通信控制方法,但由于每发送完一个数据帧后必须要在收到接收方对该数据帧的 ACK 帧后才能继续发送下一数据帧,所以停止等待协议的网络吞吐量得不到提高。连续 ARQ(Automatic Repeat Request,自动重传请求)协议的特点是在发送完一个数据帧后,不是停止下来等待 ACK 帧,而是继续发送后面的若干个数据帧。这时如果接收到 ACK 帧,再接着发送随后的数据帧。滑动窗口可以保证连续 ARQ 协议的正常进行。

1. 连续 ARQ 协议的工作原理

ARQ 的工作原理如图 3-5 所示,站点 A 向站点 B 发送数据帧,当站点 A 发送完帧(数据 0)时,不是停止等待 ACK0,而是直接发送后面的若干帧(数据 1、数据 2、数据 3 等)。从图 3-5 中可以看出,由于站点 A 同时连续发送了多个数据帧,所以每一个 ACK 帧必须要对应于每一个数据帧,也就是说必须要对 ACK 帧进行编号,而且其编号要与对应的数据帧相一致。

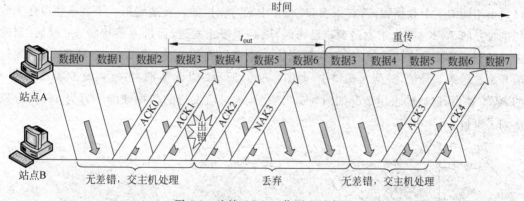

图 3-5 连续 ARQ 工作原理示意图

如图 3-5 所示,数据 0、数据 1 和数据 2 都成功发送,但数据 3 在发送中出现了差错。这时站点 B 向站点 A 发送一个否认帧 NAK3。当站点 A 接收到 NAK3 或时间超过 t_{out} 时,将重传数据 3 及其后面所有已发送的数据帧,而不管后面的数据帧是否出现差错。也就是说,即使站点 B 接收到的数据 4、数据 5 和数据 6 都是正确的,但因为它们都排在数据 3 的后面,而必须重传。

正因为如此,所以连续 ARQ 又称为 Go-back-n ARQ,意思是当出现差错必须重传时,要向回走过 n 个帧,然后再开始重传。不难看出,连续 ARQ 一方面因连续发送数据帧而提高了效率,但因为一帧之错而要重传该帧及后面的所有已经正确发送的帧,这样又导致降低了传输的效率。由此可见,当信道质量较差而使数据传输的误码率较大时,连续 ARQ 协议不一定比停止等待协议好。

2. 滑动窗口的概念和作用

前面介绍了连续 ARQ 协议的工作原理,为了提高信道的利用率,需要对已经发送出去但未被确认的数据帧进行限制。其原因有两点：一是如果未被确认的数据帧的数量过大，当其中某一数据帧出现差错后由于必须重传此数据帧及后面的所有已发送的数据帧，就会增加了系统的开销；二是数据帧在编号时也需要占用一定的开销，如果用于编号的比特数较大，所需要的开销也将增大。

在停止等待协议中，只需要 1 比特的开销就可以对数据帧进行编号。受此启发，对于连续 ARQ 协议，也可以采用循环重复使用编号的方法，这时在数据帧的控制信息中只需要用有限的几比特就可以实现对所有帧的编号。如果要实现此功能，则必须在发送端和接收端分别设置适当的控制机制，即发送窗口和接收窗口，两者统称为滑动窗口。

3. 发送窗口

发送窗口用来对发送端进行流量控制。流量控制是通过窗口大小来限制的，它表示在还没有收到接收方 ACK 帧的情况下，发送方最多可以发送多少个数据帧。很显然，停止等待协议的发送窗口大小为 1。

假设用 3 位来对数据帧进行编号，这样共有 8 个不同的序号（0～7）。又假设窗口大小为 5，即在未收到接收方的 ACK 帧之前，发送方最多可以发送 5 个数据帧。下面介绍发送窗口的工作过程。

如图 3-6(a)显示了发送窗口刚刚开始工作时的情况，发送端开始连续发送了与发送窗口大小相同的 5 个数据帧（落在了窗口 0～4 中）。这时，如果发送完第 5 个数据帧后还未收到接收方的 ACK 帧，由于发送窗口已占满，则必须停止发送，而进入等待状态；稍后，当发送端收到 0 号帧的确认帧 ACK0 后，发送窗口就可以向前移动（滑动）一个号码，这时发送端开始发送第 5 号帧，并落入窗口中，如图 3-6(b)所示；以此类推，当收到帧 1、帧 2 和帧 3 的 ACK 帧后，窗口的占用情况如图 3-6(c)所示，这时已发送的数据帧的序号为 4～0，分别落到了窗口 4～0 中。

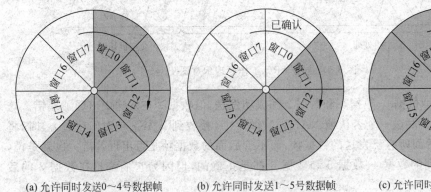

(a) 允许同时发送0～4号数据帧　　(b) 允许同时发送1～5号数据帧　　(c) 允许同时发送4～0号数据帧

图 3-6　发送窗口工作原理示意图

前面介绍的是接收端在接收到每个数据帧时都必须向发送端发送一个 ACK 帧。为了减小开销，连续 ARQ 协议还规定可以在连续收到多个正确的数据帧后，再向发送端发送最后正确接收到的一个数据帧的 ACK 帧。当发送端收到某一帧的 ACK 信息后，就知道该帧及之前的所有帧都已被接收端正确接收了。

4. 接收窗口

在接收端设置接收窗口,其作用是控制接收端可以接收哪些数据帧,不允许接收哪些数据帧。在接收端只有当收到的数据帧的发送序号落入到窗口内时才允许接收该数据帧,否则将其丢弃。

在连续 ARQ 协议中,接收窗口的大小为 1。如图 3-7(a)所示,接收窗口开始时处于窗口 0,准备接收 0 号数据帧;一旦 0 号数据帧成功接收,接收窗口将向前移动一个序号(如图 3-7(b)所示),准备接收 1 号数据帧,同时向发送端发送 0 号帧的确认信息 ACK0 帧。当成功接收了 0~4 号帧后接收窗口的位置如图 3-7(c)所示,这时接收窗口将准备接收 5 号数据帧。

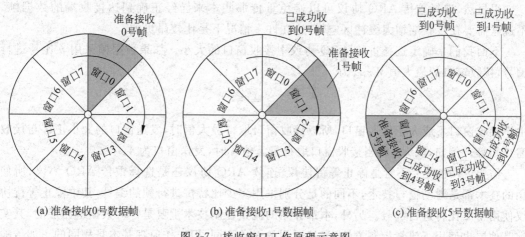

(a) 准备接收0号数据帧　　(b) 准备接收1号数据帧　　(c) 准备接收5号数据帧

图 3-7　接收窗口工作原理示意图

从前面的介绍可以看出,只有当接收窗口向前移动时,发送窗口才有可能向前移动,并发送数据帧。

5. 窗口大小的确定

在一个数据帧的控制信息中,当数据帧的编号所占的比特数已被确定时,发送窗口的最大值应为多少呢?如前面所述,数据帧的编号占用了 3 比特,可以有 8 个编号。我们只需要考虑一个极端,即窗口大小等于窗口数 8 时的情况。这时有两种情况:第一种情况是所有 8 个数据帧(序号分别为 0~7)都成功发送到了接收端,因而发送端又开始发 8 个新的数据帧,但其序号仍然分别为 0~7;第二种情况是所有的 ACK 帧都丢失,经过一段时间后,发送端将重传这 8 个数据帧,其序号同样为 0~7。这时,接收端将无法知道接收到的序号为 0~7 的数据帧是重传的,还是新的数据帧。所以,这种极端现象是不允许存在的。

为此,得出的结论是,当接收窗口的大小为 1 时,如果采用 n 比特对数据帧进行编号,则发送窗口的最大值 Wt_{max} 为

$$Wt_{max} = 2^n - 1$$

所以说,当采用 3 比特对数据帧进行编号时,发送窗口的最大值应为 7。3 比特的数据帧编号,对于有线网络来说已经足够了,但对于卫星通信等无线网络而言,由于信道的时延较大,就需要增大数据帧的编号位,从而增大了发送窗口的大小。卫星通信的数据帧编号可以达到 7 比特,这时发送窗口的最大值可以达到 127。

3.3.3 选择重传 ARQ 协议

为了进一步提高信道的利用率,可以采取一定的措施和策略(当然需要增加相应的硬件投入),在使用连续 ARQ 协议的过程中,当有数据帧在发送中出现差错时,只让发送端重传出现差错的数据帧,而对在差错数据帧后面已经发送的数据帧不再重传。这种数据重传策略就是选择重传 ARQ 协议。

选择重传 ARQ 协议的实现必须增大接收窗口,以便将序号不连续的多个数据帧都被接收下来,然后让发送端重传出现差错的数据帧。当接收端收到完整的序号连续的数据帧后一并上传给主机进行处理。

很显然,选择重传 ARQ 协议可以避免重传那些本来已经正确到达接收端的数据帧。不过这需要在接收端增大缓冲区空间,这在许多情况下是比较昂贵的。

下面我们来确定选择重传 ARQ 协议中接收窗口的大小。如果数据帧采用 n 比特进行编号,接收窗口的最大值 Wr_{max} 为

$$Wr_{max} = \frac{2^n}{2}$$

由于接收窗口不应大于发送窗口,所以接收窗口取得最大值时,发送窗口的大小正好与接收窗口相等。例如,取 $n=3$,当接收窗口取得最大值 4 时,发送窗口为 4。

需要说明的是:不管是停止等待协议、连续 ARQ 协议还是选择重传 ARQ 协议,所使用的技术都是滑动窗口技术,不同的是分别采用多少比特位进行帧的编号,其中停止等待协议使用了 1 比特进行编号。另外,本章介绍的流量控制技术主要是针对数据链路层的,其实在其他层也使用了流量控制方法,虽然适用的对象不同,但工作原理基本是相同的。如传输层针对 TCP 报文段的流量控制是以字节为单位,也通过滑动窗口技术来实现。

3.4 面向字符型的数据链路层协议 BSC

数据链路层的"协议"也称为"规程",所以数据链路层协议也称为数据链路层通信控制规程,它是为实现传输控制所制定的一系列规范。通信控制规程中涉及数据编码、同步方式、传输控制字符、报文格式、差错控制、应答方式、通信方式和传输速率等内容。数据链路层的通信控制规程分为面向字符型和面向比特型两种类型。面向字符型即在链路上所传输的数据必须是由规定字符集(如 ASCII 码、EBCDIC 码)中的字符组成,而不能使用其他的字符。另外,在链路上传输的控制信息也必须由同一个字符集中的某些指定的控制字符组成。而面向比特型的通信控制规程中,数据帧的数据和控制信息完全独立,分别由不同的 0 和 1 组成,具有良好的透明性。本节首先介绍面向字符型的数据链路层协议 BSC。

3.4.1 BSC 的帧格式

最早出现的数据链路层的同步协议是面向字符型的同步协议,其典型代表有 ANSI X3.28、ISO 1745 和 IBM 的二进制同步通信(Binary Synchronous Communication,BSC)协议。其中,BSC 使用了 ASCII 码中的 10 个控制字符完成通信控制功能,并规定了数据帧、控制帧的格式以及协议的操作过程。由于 BSC 的规程简单、实现容易,所以非常适合于在

中低速网络中使用。

BSC 的帧分为数据帧和控制帧两种类型。BSC 数据帧的格式如图 3-8 所示,其中 SYN 为同步字符,当接收方同时接收到 2 个或 2 个以上的 SYN 字符后便进入数据帧的接收状态,开始接收数据帧。数据帧由 SOH 开始,"帧头"字段是一个可选项,可由用户自行定义,用于存储地址、路径、发送日期等信息。正文数据字段由 STX 开始,但其长度未作具体规定。如果正文数据太长,要将其分成连续的数据块后单独传输,每一个数据块用 ETB 结束正文字段。当全部正文数据传输结束后,最后一个数据块需要用 ETX 结束正文字段。BCC 为校验字段。在 BSC 中,既可以使用奇偶校验,也可以使用 CRC 校验。BSC 协议中使用的控制字符的功能说明如表 3-1 所示。

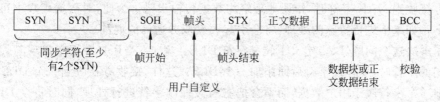

图 3-8 BSC 数据帧的格式

表 3-1 BSC 协议中使用的控制字符与功能

控 制 字 符	名 称	ASCII 编码	功 能 说 明
SOH(start of head)	序始	01H	数据帧的开始
STX(start of text)	文始	02H	帧头的结束,正文的开始
ETX(end of test)	文终	03H	数据帧中全部正文数据的结束
EOT(end of transmission)	送毕	04H	传输结束
ENQ(enquiry)	询问	05H	询问对方并请求对方予以响应
ACK(acknowledge)	正确认	06H	接收方正确接收数据帧后的响应
NAK(negative acknowledge)	负确认	15H	接收方接收数据帧错误时的响应
DLE(data link escape)	转义	10H	修改紧随其后的字符的语义
SYN(synchronous)	同步	16H	收发双方进行字符同步
ETB(end of transmission block)	块终	17H	正文数据中数据块的结束标记

BSC 协议的控制帧基本上是使用一些控制字符序列的组合,具体如表 3-2 所示。

表 3-2 BSC 协议控制帧的字符组合

控 制 帧	控制字符组合	控 制 帧	控制字符组合
确认	SYN SYN 0/1ACK	询问	SYN SYN ENQ
否认	SYN SYN NAK	传输结束	SYN SYN EOT

3.4.2 BSC 协议的工作过程

BSC 协议的工作过程基本上分为数据链路建立、数据传输和数据链路拆除三个阶段。发送方在正式发送数据之前,首先通过发送 ENQ 询问接收方是否同意接收数据。如果接收方同意接收数据,则向发送方返回一个用于确认的 ACK 信息,数据链路建立成功之后双方进入数据传输的准备状态;否则返回一个 NAK 信息,此次连接建立请求失败。

在数据链路建立之后,发送方就可以向接收方发送数据。接收方每接收到一个数据块时,通过该数据块自身携带的 BCC 字段来检测数据块在传输过程中是否出现了差错。如果检测正确,在向网络层提交该数据块的同时向发送方返回一个 ACK 信息,告诉发送方该数据块已被成功接收;否则返回一个 NAK 信息,告诉发送方数据在传输过程中出错,要求发送方重传该数据块。当发送方接收到一个 NAK 信息时,便从缓存区中重发出错的数据块;当发送方接收到一个 ACK 信息时,将继续后续数据块的发送;当所有数据发送结束后则向接收方发送传输结束控制字符 EOT,将结束本次数据传输,拆除数据链路。

在面向字符型协议数据传输中,数据是以字符为单位组成的。在用户数据中可能会出现控制字符,这时在整个通信过程中将会造成混乱。例如,在用户数据中可能会出现 NAK,当接收方接收到 NAK 字符时,错误地理解为数据传输出错。为此,对数据用户中可能出现的控制字符如果不进行特殊的处理,将会引起收发双方通信的混乱。

为了解决这个问题,BSC 定义了转义字符 DLE。规定:当用户数据中出现与控制字符编码相同的字符时,要在该字符后面添加一个 DLE。这样,接收方在收到一个 DLE 后就可以知道前一个字符属于用户数据,而不会把它当做控制字符进行处理,同时将该 DLE 自动删除。另外,DLE 本身也是控制字符,当它出现在正文中时,也需要在其后面添加一个 DLE。

BCS 的主要优点是使用 ASCII 码等已有的字符集作为信息交换的基本单位,同时在发送数据之前都要建立数据链路的连接,在数据传输过程中也需要进行确认,以此加强数据交换的可靠性。但与面向比特型的 HDLC 相比,BCS 协议主要存在以下的缺点:

(1) 控制帧与数据帧的格式不一致,增加了系统设计的复杂性。

(2) 由于系统采用了停止等待协议,所以收发双方只能以半双工的方式交替操作,协议的效率低,通信线路的利用率不高。

(3) 只对数据部分进行差错校验,当控制字符出现差错时无法得到控制,系统的可靠性较差。

(4) 由于采用了专门的字符集,所以当系统新增加一个功能时,需要设定一个新的控制字符,系统的可扩展性较差。

3.5 面向比特型的数据链路层协议 HDLC

1974 年,IBM 公司推出了著名的体系结构 SNA,SNA 的数据链路层规程采用了面向比特型的规程:同步数据链路控制(Synchronous Data Link Control,SDLC)。后来,ISO 将 SDLC 修改后作为 ISO 3309 标准,并取名为高级数据链路控制(High level Data Link Control,HDLC),我国的相应国家标准为 GB/T 7496—1987。CCITT 则将 HDLC 进行再修改后称为 LAP(Link Access Procedure,链路访问规程),并作为 X.25 建议书的一部分,后来 HDLC 的新版本又称为 LAPB,其中 B 表示平衡型(Balanced),所以 LAPB 又称为链路访问规程(平衡型)。

3.5.1 HDLC 概述

HDLC 为数字通信系统提供了一种数据链路层的通信控制规程,虽然它是为 OSI 七层模型的数据链路层设计的,但 TCP/IP 四层模型中网络接口层的 PPP 也直接借鉴了 HDLC 的设计思想,其中 PPP 的一些功能字段和定义直接使用了 HDLC 中的内容。

1. HDLC 的特点

HDLC 具有以下的主要特点:
(1) HDLC 协议是面向由 0 和 1 组成的比特流的,不依赖于任何一种字符集。
(2) 数据报文可透明传输,易于硬件实现。
(3) 可实现全双工通信,不必等待确认便可连续发送数据,有较高的数据链路传输效率。
(4) 所有帧均采用 CRC 校验,对信息帧进行顺序编号,可防止漏收或重发,传输可靠性高。
(5) 传输控制功能与处理功能分离,具有较大的灵活性。

由于以上特点,目前网络设计普遍使用或借鉴 HDLC 数据链路控制协议。

2. HDLC 的操作方式

HDLC 是通用的数据链路控制协议,在开始建立数据链路时,允许选用特定的操作方式。所谓操作方式,通俗地讲就是某站点是以主站方式操作还是以从站方式操作,或者是二者兼备。

主站是指链路上用于控制目的的站,其他的受主站控制的站称为从站。主站对数据流进行组织,并且对链路上的差错进行检错。由主站发往从站的帧称为命令帧,而由从站返回主站的帧称为响应帧。连有多个站点的链路通常使用轮询(polling)技术(所谓轮询,是指主站按一定顺序逐个询问各从站有无信息发送。如有,则被询问的从站立即将信息发送给主站;如无,则再询问下一个从站),轮询其他站的站称为主站,而在点对点链路中每个站均可作为主站。主站需要比从站有更多的逻辑功能,所以当终端与主机相连时,主机一般是主站。在一个站连接多个链路的情况下,该站对于一些链路而言可能是主站,而对于另一些链路而言又可能是从站。有些站可兼备主站和从站的功能,这种站称为组合站,用于组合站之间信息传输的协议是对称的,即在链路上主、从站具有同样的传输控制功能,这又称做平衡操作。相对的,操作时有主站、从站之分的,且各自功能不同的操作,称为非平衡操作。

3. HDLC 中常见的操作方式

HDLC 中常见的操作方式有以下三种:

1) 正常响应方式

正常响应方式(Normal Responses Mode,NRM)是一种非平衡数据链路方式,有时也称非平衡正常响应方式。该操作方式适用于面向终端的点对点或点对多点的链路。在这种操作方式中,传输过程由主站启动,从站只有收到主站某个命令帧后,才能做出响应并向主站传输信息。响应信息可以由一个或多个帧组成,如果响应信息由多个帧组成,则应指出哪一个是最后一帧。主站负责整个链路,且具有轮询、选择从站及向从站发送命令的权利,同时也负责对超时、重传及各类纠错操作的控制。

2) 异步响应方式

异步响应方式(Asynchronous Responses Mode,ARM)也是一种非平衡数据链路操作方式,与 NRM 不同的是,ARM 下的传输过程由从站启动。从站主动发送给主站一个或一组帧,帧中可包含有信息,也可以是仅仅为了控制而发送的帧。由从站来控制超时和重传。

该方式对采用轮询方式的多站链路来说是必不可少的。

3) 异步平衡方式

异步平衡方式（Asynchronous Balanced Mode，ABM）是一种平衡数据链路操作方式，允许任何节点来启动传输的操作方式。为了提高链路传输效率，节点之间在两个方向上都需要有较高的信息传输量。在这种操作方式下，任何时候任何站点都能启动传输操作，每个站点既可作为主站又可作为从站，即每个站都是组合站。各站都有相同的一组协议，任何节点都可以发送或接收命令，也可以给出应答，并且各站对差错恢复过程都负有相同的责任。

3.5.2 HDLC 的帧格式

在 HDLC 中，数据和控制信息均以帧的标准格式传送。HDLC 中命令和响应以统一的格式按帧传输，完整的 HDLC 帧由标志字段（Flag）、地址字段（Address）、控制字段（Control）、信息字段（Information）、帧校验序列字段（FCS）等组成，如图 3-9 所示。

比特	8	8	8	可变长	16	8
	标志(F)	地址(A)	控制(C)	信息(I)	帧校验序列(FCS)	标志(F)

图 3-9 HDLC 的帧格式

1. 标志字段

标志(F)字段是由固定的 01111110 组成的比特模式，用以标志帧的起始和前一帧的终止。通常，在不进行帧传送的时刻，信道仍处于激活状态，标志字段也可以作为帧与帧之间的填充字符。在这种状态下，发送方不断地发送标志字段，而接收方则检测每一个收到的标志字段，一旦发现某个标志字段后面不再是一个标志字段，便可认为一个新的帧传送已经开始。采用"0 比特填充法"可以实现数据的透明传输，该方法在发送端检测除标志码以外的所有字段，如果发现连续 5 个"1"出现时，便在其后填充 1 个"0"，然后继续发送后面的比特流；在接收端同样检测除标志码以外的所有字段，如果发现连续 5 个"1"后是"0"，则将其删除以恢复比特流的原貌，0 比特填充与删除的工作原理如图 3-10 所示。

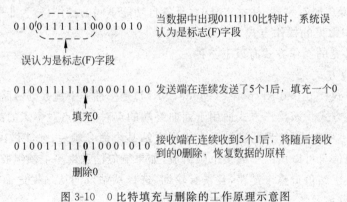

图 3-10 0 比特填充与删除的工作原理示意图

2. 地址字段

地址(A)字段的内容取决于所采用的操作方式。在操作方式中，有主站、从站、组合站之分，每一个从站和组合站都被分配一个唯一的地址。命令帧中的地址字段携带的地址是对方站的地址,而响应帧中的地址字段所携带的地址是本站的地址。某一地址也可分配给不止一个站,这种地址称为组地址,利用一个组地址传输的帧能被组内所有拥有该组地址的站接收,但当一个从站或组合站发送响应时,它仍应当用它唯一的地址。还可以用全"1"地址来表示包含所有站的地址,这种地址称为广播地址,含有广播地址的帧传送给链路上所有的站。

3. 控制字段

控制(C)字段用于构成各种命令和响应,以便对链路进行监视和控制。发送方主站或组合站利用控制字段来通知被寻址的从站或组合站执行约定的操作;相反,从站用该字段作为对命令的响应,报告已完成的操作或状态的变化。该字段是 HDLC 的关键,下面还将详细介绍。

4. 信息字段

信息(I)字段可以是任意的比特流。比特位长度未做严格限定,其上限由 FCS 字段或站点的缓冲区容量来确定,目前用得最多的是 1000～2000 比特;而下限可以为 0,即无信息字段。但是,监控帧(S 帧)中规定不可有信息字段。

5. 帧校验序列字段

帧校验序列(FCS)字段可以使用 16 比特 CRC,对两个标志字段之间的整个帧的内容进行校验。HDLC 中的 CRC 的生成多项式由 CCITT V.41 建议规定为

$$x^{16}+x^{12}+x^{5}+1$$

3.5.3 HDLC 的帧类型

HDLC 有信息帧(Information,I 帧)、监控帧(Supervisory,S 帧)和无编号帧(Unnumbered,U 帧)三种不同类型的帧,各类帧由控制字段进行区分,其格式及比特定义如图 3-11 所示。

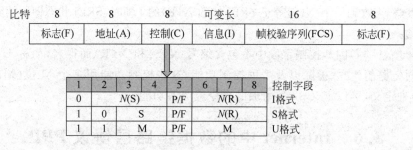

图 3-11 控制字段的格式及比特定义

控制字段中的第 1 位或第 1、第 2 位表示传送帧的类型。第 5 位是 P/F 位,即轮询/终止(Polling/Final)位。当 P/F 位用于命令帧(由主站发出)时,起轮询的作用,即当该位为"1"时,要求被轮询的从站给出响应,所以此时 P/F 位可称轮询位(或 P 位);当 P/F 位用于响应帧(由从站发出)时,称为终止位(或 F 位),当其为"1"时,表示接收方确认的结束。为了进行连续传输,需要对帧进行编号,所以控制字段中包括了帧的编号。

1. 信息帧

信息帧(I 帧)用于传送有效信息或数据,通常简称 I 帧。I 帧以控制字段第 1 位为"0"来

标志。信息帧控制字段中的 $N(S)$ 用于存放发送帧序号,以确定发送方不必等待确认而连续发送帧的数量。$N(R)$ 用于存放接收方下一个预期要接收的帧的序号,如 $N(R)=5$,即表示接收方下一帧要接收 5 号帧,这时 5 号帧前的各帧接收方都已正确接收到。$N(S)$ 和 $N(R)$ 均为 3 位二进制编码,可取值 0~7。

2. 监控帧

监控帧(S 帧)用于差错控制和流量控制,通常简称 S 帧。S 帧以控制字段第 1 位和第 2 位为"10"来标志。S 帧不带信息字段,帧长只有 6 字节即 48 比特。S 帧的控制字段的第 3 位和第 4 位为 S 帧类型编码,共有 4 种不同组合,分别如表 3-3 所示。

表 3-3 4 种类型 S 帧的编码及功能说明

控制字段的第 3~4 位	帧 名	功 能
0 0	接收就绪(RR)	确认序号为 $N(R)-1$ 及其前面的各帧,准备接收 $N(R)$ 帧
0 1	拒绝(REJ)	确认序号为 $N(R)-1$ 及其前面的各帧,但从 $N(R)$ 开始的所有帧都被否认
1 0	接收未就绪(RNR)	确认序号为 $N(R)-1$ 及其前面的各帧,但暂停接收 $N(R)$ 帧
1 1	选择拒绝(SREJ)	确认序号为 $N(R)-1$ 及其前面的各帧,但否认序号为 $N(R)$ 的帧

可以看出,接收就绪 RR 型 S 帧和接收未就绪 RNR 型 S 帧有两个主要功能:首先,这两种类型的 S 帧用来表示从站已准备好或未准备好接收信息;其次,确认编号为 $N(R)-1$ 及前面所有接收到的 I 帧。拒绝 REJ 和选择拒绝 SREJ 型 S 帧,用于向对方站指出发生了差错。REJ 帧对应 Go-back-N 策略,用以请求重传 $N(R)$ 起始的所有帧,而 $N(R)-1$ 及前面的帧已被确认,当收到一个 $N(S)$ 等于 REJ 型 S 帧的 $N(R)$ 的 I 帧后,REJ 状态即可清除。SREJ 帧对应选择重发策略,当收到一个 $N(S)$ 等于 SREJ 帧的 $N(R)$ 的 I 帧时,SREJ 状态即应消除。

3. 无编号帧

无编号帧(U 帧)因其控制字段中不包含编号 $N(S)$ 和 $N(R)$ 而得名,简称 U 帧。U 帧用于提供对链路的建立、拆除以及多种控制功能,这些控制功能用多个 M 位(M1~M5,也称修正位)来定义,可以定义 32 种附加的命令或应答功能。

3.6 Internet 中的数据链路层协议 PPP

虽然 HDLC 协议在计算机网络史上起到了十分重要的作用,但 Internet 的发展却将点对点协议(Point-to-Point Protocol,PPP)推到了前台。HDLC 是一个考虑到复杂链路状态特点的协议,所以自身设计也很复杂。而 PPP 只是一个供用户利用 TCP/IP 协议访问 Internet 或两台路由器之间互联的协议,所以自身的设计也相对简单。本节将在 HDLC 的基础上介绍 PPP 的相关标准和特点。

3.6.1 PPP 概述

在实际应用中,点对点通信主要用在两种情况下:第一种情况是两个网络之间通过路由器互联,路由器之间通过点对点进行连接;第二种情况是拨号接入,即计算机利用普通电话线通过调制解调器接入网络。不管使用哪一种方式,在传输数据时都需要使用链路层协议。

如图 3-12 所示的是一个拨号接入的网络通信示意图,当用户在某一 ISP(Internet 服务提供商)处获得接入权限后,就可以利用电话线通过调制解调器拨号呼叫 ISP。ISP 在收到用户的拨号呼叫后,就动态地分配一个 IP 地址给该用户,使得用户的计算机成为 Internet 中的一台主机,并可以享受 Internet 所提供的各种服务。当通信结束后,将断开该链路连接,ISP 将收回用过的 IP 地址,以便分配给下一个用户使用。

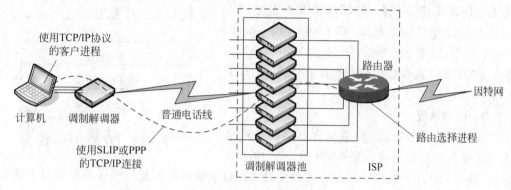

图 3-12 计算机拨号连接方式

在图 3-12 中,不管是路由器之间的连接,还是拨号主机到路由器之间的连接,在线路上都需要一些点到点的数据链路层协议,以便完成帧的形成、差错控制等数据链路层的功能。Internet 的数据链路层有两个点对点通信协议,即 SLIP 和 PPP。

串行线路 IP(Serial Line Internet Protocol,SLIP)是较早使用的一个点对点通信协议,该协议于 1984 年提出,当时的设计目的是使用调制解调器通过电话线把 Sun 工作站连接到 Internet。SLIP 协议非常简单(具体在 RFC 1055 中进行了描述),帧的形成比较容易,工作站只需要在线路上发送原始的 IP 分组,并在分组的头部和尾部加上特殊的标志字节 11000000(十六进制表示为 0xC0)即组成了 SLIP。

为了改变 SLIP 存在的不足,IETF 成立了一个小组,并于 1992 年推出了 PPP 协议。PPP 协议克服了 SLIP 的不足,并成为正式的 Internet 标准。PPP 协议由三部分组成:

(1) 一个将 IP 分组封装到串行链路的方法。PPP 既支持异步链路,也支持面向比特型的同步链路。

(2) 一个链路控制协议(Link Control Protocol,LCP)。LCP 是一个用来建立、配置和测试数据链路连接的协议。

(3) 一套网络控制协议(Network Control Protocol,NCP)。NCP 提供了一种协商网络层选项的方法,其中每一个网络层协议(如 IP、IPX、DECnet、AppleTalk 等)对应一个 NCP。例如,当用户通过拨号方式连接到一个 ISP 时,ISP 会向该用户自动分配一个 IP 地址用于通信,当通信结束后 ISP 将收回该 IP 地址。以上这些操作,都由对应的 NCP 来完成。

实际应用中的 PPP 还包括认证协议。认证协议主要负责对用户身份的认证,以确定用户身份的真实性和合法性。PPP 中使用的认证协议主要有口令验证协议(Password

Authentication Protocol，PAP)和挑战-握手验证协议(Challenge-Handshake Authentication Protocol，CHAP)。

3.6.2 PPP 的工作过程

一个典型的 PPP 链路建立过程分为三个阶段：PPP 链路创建阶段、认证阶段和网络协商阶段。PPP 的完整通信过程如图 3-13 所示。

1. 创建 PPP 链路

由 LCP 负责创建链路。在这个阶段，将对基本的通信方式进行选择。链路两端设备通过 LCP 向对方发送配置信息报文(Configure Packets)。一旦一个配置成功信息包(Configure-Ack Packet)被发送且被接收，就完成了交换，进入了 LCP 开启状态。

2. 用户认证

在用户认证阶段，客户端会将自己的身份信息发送给远端的网络接入服务器(图 3-13 中未画

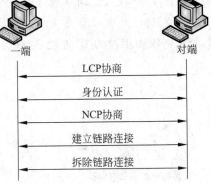

图 3-13　PPP 的通信过程

出)。该阶段使用一种安全验证方式避免第三方窃取数据或冒充远程客户接管与客户端的连接。在认证完成之前，禁止从认证阶段进入到网络层协议配置阶段。如果认证失败，认证者应该转移到链路终止阶段。

在这一阶段里，只有链路控制协议、认证协议和链路质量监视协议的报文(Packets)是被允许的。在该阶段里接收到的其他报文必须被静静地丢弃。最常用的认证协议有口令验证协议(PAP)和挑战-握手验证协议(CHAP)。

(1) 口令验证协议(PAP)。PAP 是一种简单的明文验证方式。验证用户身份的 NAS(网络接入服务器，Network Access Server)要求用户提供用户名和口令，PAP 以明文方式返回用户信息。

(2) 挑战-握手验证协议(CHAP)。CHAP 是一种加密的验证方式，能够避免建立连接时传送用户的真实密码。NAS 向远程用户发送一个挑战口令(challenge)，其中包括会话 ID(Session ID)和一个任意生成的挑战字串(arbitrary challenge string)。远程客户需要使用 MD5 单向哈希算法(one-way hashing algorithm)返回用户名和加密的挑战口令、会话 ID 及用户口令，其中用户名以非哈希方式发送。

因为网络接入服务器端保存有用户的明文口令，所以网络接入服务器可以重复用户端进行的操作，并将结果与用户返回的口令进行对照。CHAP 为每一次验证任意生成一个挑战字串来防止受到重放攻击(replay attack)。在整个连接过程中，CHAP 将不定时地向用户端重复发送挑战口令，从而避免第三方冒充远程客户(remote client impersonation)进行攻击。

3. 调用网络层协议

认证阶段完成之后，PPP 将调用在链路创建阶段(阶段 1)选定的各种网络控制协议(NCP)。选定的 NCP 解决 PPP 链路之上的高层协议问题。例如，在该阶段 IP 控制协议(IPCP)可以向拨入用户分配动态 IP 地址。

通过以上三个阶段后，一条完整的 PPP 链路就建立起来了。不过，在 PPP 标准中未提供用户认证过程。

3.6.3 PPP 的帧格式

PPP 的帧格式与 HDLC 非常相似，如图 3-14 所示。其中，PPP 帧的标志(F)、地址(A)和控制(C)字段与 HDLC 的帧格式完全一样。在 PPP 中可以使用 16 位 FCS，也可以使用 32 位的 FCS 来提高差错检测的效果。与 HDLC 不同的是，PPP 是面向字节的，所以 PPP 在拨号调制解调器线路上使用了字节填充技术，所有的帧都是字节的整数倍。

比特	8	8	8	8或16	IP分组	16或32	8
	标志(F)	地址(A)	控制(C)	协议(P)	信息(I)	帧校验序列(FCS)	标志(F)

图 3-14　PPP 的帧格式

(1) 标志字段。标志(F)段仍然使用 01111110(十六进制表示为 0x7E)。

(2) 地址字段。地址(A)字段为固定的 11111111(0xFF)，表示所有站的状态都是在准备接收帧。

(3) 控制字段。控制(C)字段为固定的 00000011(0x03)，表示 PPP 没有采用序列号和确认来进行可靠传输。

(4) 协议字段。协议(P)字段一般使用两个字节，它定义了 PPP 使用的协议类型，即网络层的协议类型。例如，当协议(P)字段为 00000000 00100001(0021H)时，表示 PPP 帧的信息(I)字段为 IP 分组，即 IP 数据报；当协议(P)字段为 00000000 00101011(002BH)时，表示 PPP 帧的信息(I)字段为 Novell 的 IPX 数据；而当协议(P)字段为 00000000 00100011(0023H)时，表示 PPP 帧的信息(I)字段为 OSI 数据。其他协议(P)字段的代码表示可参看 RFC 1700 中的定义。其中，以上数据表示中的"H"(hex)代表十六进制。

需要说明的是：当协议(P)字段的值为 11000000 00100001(C021H)时，表示这是一个链路控制帧，如图 3-15(a)所示。在 PPP 链路传输的数据中出现与标志(F)字段相同的字符时，也需要进行同样的转义处理。PPP 中的转义处理要分情况来定：当 PPP 用在同步传输链路(如 SONET/SDH)时，协议规定采用硬件来完成"0 比特填充法"(与 HDLC 的做法相同)；但当 PPP 用在异步传输时，就使用一种特殊的字符填充法。

标志(F)(7E)	地址(A)(FF)	控制(C)(03)	协议(P)(C021)	链路控制	帧校验序列(FCS)	标志(F)(7E)

(a) PPP链路控制帧的格式

标志(F)(7E)	地址(A)(FF)	控制(C)(03)	协议(P)(8021)	链路控制	帧校验序列(FCS)	标志(F)(7E)

(b) PPP网络控制帧的格式

图 3-15　PPP 链路控制和网络控制帧的格式

特殊字符填充法的具体实现方法是，当与标志字段 01111110(0x7E)相同的比特组合出现在信息字段时，将 01111110 转换为两字节的序列 01111101 01011110(0x7D 0x5E)；如果信息字段中出现一个 01111101（0x7D）组合的字节，则将其转换成为两字节的序列 01111101 01011101（0x7D 0x5D）；如果信息字段中出现 ASCII 编码的控制字符时，则在该字符前面加入一个 01111101（0x7D）。在接收端使用同样的策略将数据进行恢复。

当协议"P"字段的值为 10000000 00100001（8021H）时，表示这是一个网络控制帧，如图 3-15（b）所示。网络控制帧可以用来协商是否采用报头压缩 CSLIP 协议，也可用来动态协商确定链路每端的 IP 地址。网络控制帧可以配置网络层（其实是告诉网络层），并获取一个临时 IP 地址供上网使用。当用户要结束 Internet 访问时，网络控制帧断开网络连接，并释放 IP 地址，然后通过链路控制帧断开数据链路连接。

网络控制帧的功能非常重要，因为仅仅建立了数据链路层的连接是不够的，还需要知道对端 IP 地址，并为自己申请一个 IP 地址，才能利用 TCP/IP 协议进行通信。

（5）信息字段。PPP 的信息（I）字段是可变长的，最多可达到预先商定的最大值。如果在线路设置时使用了 LCP，并且没有预先商定其长度，就使用默认长度 1500 字节。

需要说明的是：PPP 不需要流量控制，而将此功能交给传输层的 TCP 来完成。

3.6.4 PPPoE

目前，相邻路由器之间互联时可以选择使用 PPP，还有使用调制解调器（modem）上网时采用 PPP 协议。除此之外，在 ADSL 接入、居民小区宽带接入等环境中大量使用 PPPoE 协议。

1. PPPoE 概述

随着带宽接入的普及，大多数用户都采用局域以太网、ADSL、HFC 等接入方式。早期的用户拨号接入使用 PPP，而现在广泛使用的以太网等环境不适合于 PPP。将 PPP 应用于以太网环境，称为 PPPoE（PPP over Ethernet），可简单地理解为基于以太网的 PPP。PPPoE 具有以下的特点：

（1）安装与操作方式类似于早期的拨号网络模式，方便用户使用。

（2）位于用户端的 ADSL 调制解调器不需要进行任何配置。

（3）允许多个用户共享一个高速数据接入链路，即允许在以太网等广播方式网络中使用 PPPoE。

（4）一台用户端设备可以同时接入多个 ISP。

PPPoE 网络连接方式如图 3-16 所示，用户端计算机可以通过一个简单的桥接设备（如家庭用户上网的小型交换机）连到一个远端的接入集中器（Access Concentrator，AC），用户端所使用的网络可以是以太网、ADSL、HFC、FTTx 中的任何一种。

图 3-16 PPPoE 网络连接方式

PPPoE 是在以太网上建立 PPP 连接，由于以太网技术十分成熟且使用广泛，而 PPP 协议在传统的拨号上网应用中显示出良好的可扩展性和可管理性，二者结合而成的 PPPoE 协议得到了宽带接入运营商的认可并广泛采用。

2. PPPoE 的实现过程

PPPoE 的建立分为两个过程：发现(Discovery)阶段和 PPP 会话阶段。其中，发现阶段是一个无状态的阶段，该阶段主要是选择接入集中器(AC)，确定所要建立的 PPP 会话标识符(Session ID)，同时获得对方(AC)点到点的连接信息；PPP 会话阶段执行标准的 PPP 过程。PPPoE 的通信过程如图 3-17 所示。

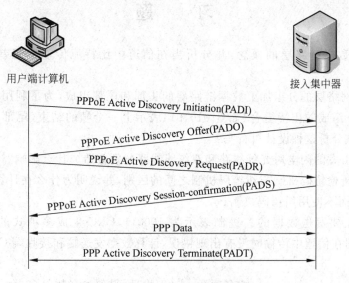

图 3-17　PPPoE 的通信过程

1) 发现阶段

当用户端的某一台计算机希望发起一个 PPPoE 会话时，它必须首先执行发现阶段来确定接入集中器(AC)的以太网 MAC 地址，并建立起一个 PPPoE 会话标识符 Session ID。发现阶段有 4 个步骤：

步骤 1：用户端计算机广播一个发起分组(PADI)。

步骤 2：网络中一个或多个访问集中器响应发送分组(PADO)。出于安全考虑，运营商网络中一般不止一台访问集中器。

步骤 3：用户端计算机从中选择一个访问集中器后，向该访问集中器发送单播会话请求分组(PADR)。其他未收到 PADR 分组的访问集中器将不再为该用户端计算机提供服务。

步骤 4：被选中的访问集中器发送一个确认分组(PADS)。

当用户端计算机接收到确认分组，或接入集中器发送出确认分组后，都可以开始进行 PPP 会话阶段，也就是说 PPP 会话阶段既可以由用户端计算机发起，也可以由接入服务器发起。

当发现阶段成功完成之后，用户端计算机和接入集中器两者都具备了用于在以太网上建立点到点连接所需的所有信息：PPPoE Session ID 和对端的以太网 MAC 地址，两者一起唯一定义 PPPoE 会话。此后，PPPoE 会话的 Session ID 一定不能改变，并且必须是发现阶段分配的值。

2) PPP 会话阶段

当发现阶段结束后，便进入 PPP 会话阶段。一旦 PPPoE 进入到会话阶段，PPP 的数据报文就会被填充在 PPPoE 的净载荷中,而 PPPoE 数据报文又被添加到以太网帧的净载荷中,并以单播形式发送出去。

需要说明的是:由于读者到目前为止还没有学习以太网的帧结构,所以对 PPP 会话阶段帧结构的细微理解有些吃力,相信在第 4 章学习了以太网内容后再回过头来看这一部分的内容,将会取得更大的收益。

习　　题

3-1　简述数据链路层的概念,并分析当在信道中比特流传输出现差错时应该如何处理?

3-2　帧由网络层的分组加上数据链路层的头部和尾部组成,为了利用信道资源,可以用相同的 0 和 1 组成的比特组合(如 01010101)表示上一个帧的结束(尾部)和下一个帧的开始(头部)。试分析这种设计可行吗?

3-3　打雷引发的闪电对光纤线路和双绞线线路分别会造成什么影响?其原因是什么?

3-4　试分析检错码机制与纠错码机制之间的区别,并说明为什么在计算机网络中可使用检错码机制,而不使用纠错码机制。

3-5　计算:要发送数据的二进制表示为 100011,CRC 生成多项式的二进制表示为 1011。假设数据在信道中传输时没有出现错误,计算数据发送端和接收端 CRC 校验的实现过程。

3-6　计算:$x^6+x^5+x^3+1$ 被多项式 x^3+1 除,所得到的余数是多少?

3-7　计算并分析:假设要发送数据的二进制数是 10100101,系统所使用的生成多项式为 x^3+1,计算得出在信道中实际发送的比特流。又假设发送的比特流在传输中左起第三个比特出现了错误,通过计算证明这个错误在接收端可以被检测出来。

3-8　计算:假设连接两个相邻节点的信道速率为 6kb/s,信道的传输延时为 20ms。通过计算,当帧的大小控制在什么范围时,停止等待协议的效率能够达到 70%。

3-9　解释滑动窗口的概念,说明发送窗口与接收窗口之间的关系,并分析如何利用滑动窗口技术提高数据帧的转发效率。

3-10　对帧进行编号可以使接收端方便确认或让发送端重传出错的帧。假设某一系统中,对帧编号位数没有限制,试分析这个系统可行吗?

3-11　试分析面向字符型通信控制协议与面向比特型通信控制协议的不同,并分析在不同协议中如何实现传输的透明性。

3-12　BSC 是典型的面向字符型的通信控制协议,试描述 BSC 的帧结构及工作原理。

3-13　从帧结构的组成及字段功能定义等方面分析比较 HDLC 和 PPP 协议之间的异同。

3-14　试分析 HDLC 中正常响应方式、异步响应方式和异步平衡方式之间的不同。

3-15　联系 PPP,分析 PPPoE 的工作原理和应用特点。

第 4 章 介质访问控制子层

在计算机网络发展过程中,为了更有效、清晰地描述数据链路层的功能定位,将数据链路层划分为介质访问控制(Medium Access Control,MAC)子层和逻辑链路控制(Logical Link Control,LLC)子层。此设计架构在早期 IEEE 802 局域网中发挥了重要作用。在以 Internet 主导网络应用的今天,此设计架构的重要性已不及先前,所以在一些环境中已开始忽略对数据链路层的分层。不过,对数据链路层进行分层更能说明一些问题。首先,能够更好地理解点对点式网络和广播式网络工作方式的差异性;其次,能够更好地掌握局域网的数据链路层介质访问控制协议,尤其是 IEEE 802.11 无线局域网的工作模式;同时,可以加深读者对分层模型的理解。本章在介绍了 MAC 子层功能、局域网的体系结构、广播式网络的信道争用方式等内容后,以目前广泛使用的以太网为重点,分析其技术特点和应用功能,并对当前较新的 QinQ、MAC in MAC 技术进行了必要介绍。另外,FDDI、令牌网络等局域网技术现在已很少使用,所以本书不再专门介绍。

4.1 介质访问控制子层概述

电子和电气工程师协会(Institute of Electrical and Electronics Engineers,IEEE)于 1980 年 2 月成立了 IEEE 802 委员会,专门制订局域网和城域网的国际标准,即著名的 IEEE 802 参考模型。随后,以太网、令牌总线、令牌环等早已存在的典型局域网技术相继开始支持 802 标准。

4.1.1 将数据链路层分为 MAC 子层和 LLC 子层的原因

将数据链路层分为介质访问控制(Medium Access Control,MAC)子层和逻辑链路控制(Logical Link Control,LLC)子层,是与计算机局域网(包括城域网)技术的发展和标准制定的需要相关联的。

1. LLC 子层可以屏蔽掉 MAC 子层的差异性

早期,伴随着计算机局域网(简称"局域网")技术的快速发展,出现了工作在不同模式(如半双工或全双工)、采用不同的介质访问控制方式(如 CSMA、CSMA/CD、令牌等)、使用不同物理层传输介质(如双绞线、同轴电缆、光纤、红外线等)的局域网,局域网的实现技术非常复杂。为了简化局域网中数据链路层的功能划分,IEEE 802 标准把 ISO 参考模型中确定的数据链路层划分为 MAC 子层和 LLC 子层,如图 4-1 所示。分层后,不同类型的局域网(如以太网、无线局域网等)使用不同的 MAC 子层协议,但所有局域网的 LLC 子层是相同的。因为 LLC 子层已经屏蔽掉了 MAC 子层的差异性,这为局域网操作系统中网络功能的确定带来了便利。由于局域网只涉及 OSI 参考模型的最下面两层：物理层和数据链路层，所以在局域网中不涉及网络层的路由问题，同时 OSI 中定义的网络层以上的功能由局域网操作系统来完成。在 IEEE 802 标准中网络层简化成了上层协议的服务访问点（Service Access Point，SAP）。

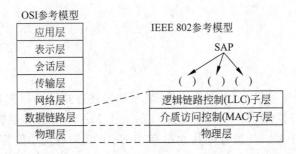

图 4-1　OSI 参考模型与 IEEE 802 参考模型之间的对应关系

2. 实现 LLC 子层的透明性

从 IEEE 802 参考模型中可以看出，在数据链路层存在两种不同的协议数据单元（PDU）：LLC 帧和 MAC 帧。其中，从高层接收到的数据加上 LLC 层的帧头便成为 LLC 帧，再向下传送到 MAC 子层时，加上 MAC 子层的帧头和帧尾，就组成 MAC 帧，如图 4-2 所示。因此，在局域网中 LLC 子层是透明的，只有 MAC 子层才能够"看到"所连接的局域网类型（以太网、令牌总线还是令牌环）。物理层则把 MAC 帧转换成比特流，并透明地在数据链路实体间进行传输。

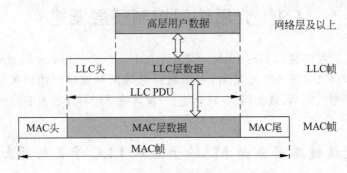

图 4-2　LLC 帧与 MAC 帧之间的关系

3. 将网络层以上的功能交给局域网操作系统来完成

在局域网的一台主机上，可能同时存在多个进程与另一台或多台主机的不同进程进行通信。为解决不同进程之间的通信问题，在 LLC 子层上边界处设置了多个服务访问点（SAP）。如图 4-3 所示，假设网络中共有三台主机。现在，假设主机 A 的一个进程 x 要向主机 C 发送一个报文，这时主机 A 就会利用 LLC 子层的一个服务访问点 SAP(1)向主机 C 的一个服务访问点 SAP(1)发送一个连接请求。该请求帧中不但包含有发出请求的主机 A 的源 MAC 地址，而且还包含有对方主机 C 的目的 MAC 地址，另外还包含进程在主机中的访问控制点的 SAP 地址。其中，MAC 地址是主机在网络中的物理地址，由 MAC 帧来负责传送；而 SAP 地址是进程在主机中的地址，由网络操作系统分配，并由 LLC 帧负责传送，但在 MAC 帧中看不到 SAP 地址。

由此可见,在局域网中的寻址要分两步:第一步是通过 MAC 地址找到主机;第二步是通过 SAP 地址找到进程。

如果主机 C 空闲,就会返回主机 A 一个表示接受连接的确认帧,之后开始主机 A 的进程 x 与主机 C 之间的通信。另外,用同样的方法可以建立主机 A 的进程 y 与主机 C 之间的通信,以及主机 A 的进程 z 与主机 B 之间的通信。

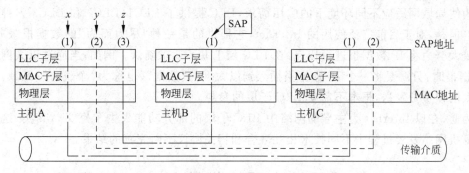

图 4-3　局域网通信中的 MAC 地址与 SAP 地址

4. 向上提供不同类型的服务

由于 LLC 子层对 MAC 子层是透明的,所以它主要是向上提供服务。LLC 子层向上主要提供三种操作类型的服务。

(1) 操作类型 1(即 LLC1):不确认无连接服务。LLC1 属于数据报服务,不涉及任何流控制和差错控制,因而也不保证数据传输的可靠性。因此,在使用该服务类型的设备时,必须由高层软件(通常是传输层协议)处理可靠性问题。

(2) 操作类型 2(即 LLC2):连接服务。LLC2 类型是 HDLC 所提供的服务,每次通信都要经过连接建立、数据传送和连接断开三个步骤,同时提供流量控制和差错控制功能。

(3) 操作类型 3(即 LLC3):确认无连接服务。LLC3 提供有确认的数据报,但不建立连接。即对每个已发送的数据报是否被对方正常接收到要进行确认,但在发送数据报时不需要与对方事先建立连接。用于传送某些时效性很强的重要信息。

4.1.2　LLC 子层的功能被弱化

在计算机网络出现和应用的早期,将数据链路层划分为 MAC 子层和 LLC 子层是很有意义的。但是,随着计算机网络技术和应用的快速发展,LLC 子层的功能被逐渐弱化。

1. 以太网占据着局域网的主导地位

早期的局域网类型较多,如 IEEE 802.3 以太网、IEEE 802.4 令牌总线网、IEEE 802.5 令牌环网、IEEE 802.6 城域网、ATM 局域网、FDDI(光纤分布式数据接口)等。将数据链路层划分为 MAC 子层和 LLC 子层的主要目的是让 LLC 子层屏蔽掉 MAC 子层的差异性,使数据链路层为网络层提供透明的服务。各种技术标准在计算机局域网发展史上都有过自己的辉煌。但是,随着以太网技术的不断发展和完善,以太网已占据着局域网的主导位置,令牌总线、令牌环、FDDI、ATM 局域网等技术已基本上被淘汰。局域网技术的单一化,使数据链路层分层的重要性和必要性被弱化。

2. LLC 子层提供的服务功能逐渐减弱

在数据链路层，利用差错控制、流量控制等链路层协议可以在相邻节点之间进行可靠的通信。在此基础上，IEEE 还定义了 IEEE 802.2 协议，该协议可以运行在以太网和其他 IEEE 802 MAC 协议之上，通过提供一种统一的格式以及 SAP 接口向网络层提供透明服务，隐藏了不同 IEEE 802 MAC 子层之间的差异。此格式、接口和协议的实现与第 3 章介绍的 HDLC 协议相似。

为使局域网适应不同环境下的应用需求，LLC 提供了 LLC1、LLC2 和 LLC3 三种服务选择。但是，对于目前广泛使用的 Internet，它提供的是一种"尽力而为"的数据报服务，只要尽最大努力将 IP 数据报进行传递，在 LLC 层上并不要求确认。例如，当通过以太网传输 IP 数据报时，只需要将一个 IP 数据报插入到以太网的"数据"(也称为"净载荷")区域，然后由以太网帧负责发送，根本不需要 LLC 子层的参与。

为此，在以 Internet 为主导的网络中 LLC 子层的部分功能失去了意义。其实，这也是在计算机网络发展过程中不同技术相互融合和相关协议不断完善的结果。

4.2 局域网的介质访问控制(MAC)子层

局域网是一种广播式网络，而广域网是一种点对点式网络。与点对点式网络相比，广播式网络的介质访问控制(MAC)子层要复杂许多。

需要说明的是：考虑到目前以太网的重要性，本章内容主要围绕以太网的 MAC 子层展开，同时兼顾其他的局域网技术。

4.2.1 影响局域网性能的主要因素

传统的局域网是共享介质的通信系统，共享介质的信道分配技术是局域网的核心技术，而这一技术又与网络的拓扑结构和传输介质的类型相关。因此，拓扑结构、传输介质和介质访问控制方式决定了各种局域网的数据类型、数据传输速率、通信效率等特点，也决定了局域网的具体应用。

1. 局域网的拓扑结构

局域网的拓扑结构主要分为总线型、环型和星型三种，已在本书第 1 章进行了介绍。在早期的局域网中，由于大量使用同轴电缆，所以主要采用总线型网络拓扑。总线型网络拓扑的特点是：结构简单，实现容易，组网成本低廉。但在总线型拓扑中由于所有节点共享同一条总线，在发送数据时很容易使不同站点之间产生冲突(collision)，必须解决多个站点同时访问总线时的介质访问控制问题。受介质访问控制方式的限制，总线型网络提供的带宽一般不超过 10Mb/s，而且网络的连接规模较小。总线型拓扑结构目前已很少使用。

环型拓扑结构是共享介质局域网的另一种组网方式。在环型拓扑网络中，位于封闭环上的所有站点共享同一条物理环通道，所以环型网络也必须解决介质访问控制问题。目前，一些局域网的主干会采用环型拓扑结构，整网全部采用环型拓扑的局域网较少。

星型拓扑结构是目前局域网中广泛采用的一种组网方式。采用星型拓扑结构的网络，其物理拓扑结构属于星型，但其逻辑拓扑结构既可以是星型，也可以是总线型或环型。当逻辑拓扑结构也为星型时，位于网络中心节点的设备为局域网交换机，这种局域网为交换式局域网;当逻辑拓扑结构为总线型时,位于网络中心节点的设备为物理层的集线器,属于共享介质的局域网,即共享式局域网;当逻辑拓扑结构为环型时,属于共享介质的环型网络。

2. 局域网的传输介质

局域网中的传输介质主要分为有导向和无导向两类。其中,有导向传输介质主要有同轴电缆、双绞线和光纤。同轴电缆在局域网中已被淘汰。双绞线与光纤成为目前局域网布线的两类主要传输介质,双绞线在标准连接范围内可以提供10Mb/s到10Gb/s的数据传输速率,而光纤在更长的连接距离内可以提供以Gb/s为数量级的数据传输速率。无导向传输介质主要应用于802.11无线局域网和802.16无线城域网,其中802.11无线局域网一般采用2.4GHz和5GHz这两个频段,连接速率在2~600Mb/s范围之内。802.16无线城域网工作在2~11GHz频段范围内(WiMAX)时,可以在50km的距离范围内提供75Mb/s的数据传输速率。

3. 局域网的介质访问控制方式

在网络通信过程中,信道分配是一项重要的技术。例如,在第2章介绍的时分复用、频分复用、波分复用等技术都是非常优秀且广泛使用的信道分配技术,但这些技术的实现成本较高,不适合于局域网环境中使用。

从共享通信介质的信道分配方法来看,时分复用、频分复用、波分复用等都属于静态划分信道的方式,多应用于点对点式广播网。而广播式局域网采用动态介质接入控制方式,其特点是多个用户共享同一条通信道。根据共享信道的特点,系统为用户分配信道一般采用以下两种方式:

(1) 随机接入。随机接入的特点是所有用户共享同一个信道并随机发送数据,这时只要有两个或两个以上的用户同时或在限定的时间以内发送信息就会产生冲突(也称为"碰撞"),冲突产生后会导致所有信息发送的失败。以太网采用CSMA/CD解决冲突问题。

(2) 受控接入。受控接入是指用户虽然共享同一个信道,但不能随机地发送信息,每一个用户在发送信息之前都要遵循一定的控制规程。受控接入的典型代表是令牌网,令牌网通过称为"令牌"的特殊帧来决定信道的使用权。令牌网虽然是一个共享信道的网络,但是在一个网络中仅有一个令牌,每一个用户在发送信息之前首先要获得令牌,否则无权发送。令牌的唯一性决定了在广播式网络中不会出现冲突。

令牌网(包括令牌环网和令牌总线网)已经很少使用,本书不再对受控接入方式进行介绍,主要介绍以太网的随机接入控制方式。

4.2.2 局域网网卡

网卡(Network Interface Card,NIC)也称为"网络适配器",是计算机网络中最重要的接入设备,网卡在网络中起着重要的作用,它是用来进行数据转换、发送数据、接收数据、对数据传输过程进行控制的设备。当一台计算机或终端要接入网络时,就需要用到网卡。网卡主要由网络接口控制器和收发单元两大部分组成,随着技术的发展和成本的下降,现在广泛使用的以太网网卡上除包括必备的网络接口控制器、发送单元、接收单元等基本组成部件外,还包含有CPU和存储器(包括RAM和FLASH)。网卡的组成如图4-4所示。

网卡中MAC子层的功能由网卡内的硬件及软件完成,而LLC子层以上各层的功能均由计算机软件来实现。这样,对于采用不同协议的网络来说,它们仅在物理层和MAC子层

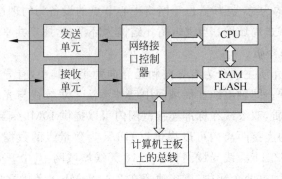

图 4-4　网卡的组成示意图

存在着差异,而以上各层都保持一致。这使得网络的互联性和兼容性大大提高,也使网络容易更改和升级。

　　计算机内部采用的是并行总线工作方式,而网络中的通信采用的是串行工作方式,数据在通过网络传输前必须由并行状态转换为串行状态,此功能由位于网卡内的存储器(RAM)负责完成。这样经过转换的计算机内部数据才可以向网络发送。同样,网卡从网络上接收到串行数据后需要转换成并行方式,供计算机处理。网卡进行数据转换时,必须与计算机进行通信,这样计算机就可以向网卡传送数据并从网卡上接收数据。同时,网卡还向计算机通报自己的工作状态,如正在等待接收数据、数据已转换结束等。

　　当在计算机上安装了一块网卡后,还必须在对应的操作系统上安装该网卡的驱动程序。通过驱动程序,实现网卡与操作系统之间的通信。操作系统利用驱动程序可以在网卡RAM 的指定位置读取数据,或将数据写入到网卡的 RAM 中。

　　网卡通过"接收单元"接收到比特流后再转换成帧,然后对帧进行 CRC 校验,当校验通过后便通过调用中断来通知操作系统,将帧交付给网络层进行处理。当校验失败时,直接将出错的帧丢掉,而不需要通知操作系统。网卡的这种工作方式提高了帧的处理效率,但出错后的帧该如何办呢？其实对出错帧的重发可由上网协议(如 TCP)来完成。现在一些厂商制造的网卡已没有 LLC 子层的协议,网卡的数据链路层只封装了 MAC 子层协议,网络层的 IP 数据报直接插入到 MAC 帧的净载荷后发送出去。所以局域网提供的是一种"尽力而为"的不可靠的交付,其帧的传输质量由信道的质量来保证。

　　在其中一块网卡与网络上的其他网卡开始传输数据前首先需要进行协调,然后才能开始真正传输数据。这些协调工作包括相互确定数据帧的大小、数据的传输速率、所能接收的最大数据量、发送和接收数据帧之间的时间间隔等。一些功能较强的网卡会自动调整自己的某些性能,保证能够与其他网卡的性能相互匹配。

　　传输数据是网卡的功能之一,除此之外网卡还要向网络中的其他设备通报自己的地址,该地址即为网卡的 MAC 地址。为了保证网络中数据的正确传输,要求网络中每个设备的MAC 地址必须是唯一的。有关网卡 MAC 地址将在本章随后的内容中进行介绍。

4.2.3　曼彻斯特编码和差分曼彻斯特编码

　　数字信号的编码就是将二进制数字数据用不同的高低电平来表示,从而形成矩形脉冲电信号。以太网全部采用曼彻斯特编码,而差分曼彻斯特编码主要用于 IEEE 802.5 令牌环等局域网中。

1. 曼彻斯特编码

曼彻斯特编码就是把一个单位脉冲一分为二(即将一个码元一分为二),如果在前半个单位脉冲时间内信号为高电平,将在这个单位脉冲时间的中间发生翻转,跳到低电平,则此信号的值就表示 1;反之,如果在前半个单位脉冲时间内,信号为低电平,那么在这一单位脉冲时间的中间将发生电平翻转,跳到高电平,此时信号的值就表示 0,如图 4-5(a)所示。

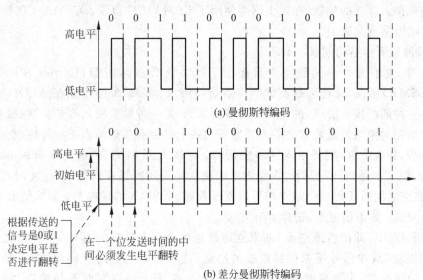

图 4-5 曼彻斯特编码和差分曼彻斯特编码

曼彻斯特编码用信号的变化来保持发送设备和接收设备之间的同步,也有人称之为自同步码(Self-Synchronizing Code)。为了避免不归零码中连续发送一长串 0 或 1 时无法区分信号码元的问题,在曼彻斯特编码中采用电平的变化来分别表示 0 和 1。即从高电平到低电平表示 1,从低电平到高电平表示 0。当然,也可以从高电平到低电平表示 0,从低电平到高电平表示 1。这种编码的特点是可以保证在每一个码的正中间出现一次电平的翻转,这种翻转允许接收设备的时钟与发送设备的时钟保持一致,对接收端提取位同步信号是非常有利的。曼彻斯特编码的缺点是需要双倍的带宽。

2. 差分曼彻斯特编码

差分曼彻斯特编码技术类似于曼彻斯特编码,不过,差分曼彻斯特编码的取样时间位于每一个单位脉冲的起始边界,如果信号在起始边界有翻转就表示 0,如果信号在起始边界无翻转就表示 1,如图 4-5(b)所示。

差分曼彻斯特编码的特点总结如下:

(1) 在每一个位(bit)发送时间的正中间,电平必须翻转一次。

(2) 发送 0 或发送 1,必须在发送每一个位的初始时间进行判断,判断的依据是前一个电平的后半部分和下一个要发送的数字。当发送 0 时,下一个电平与上一个电平的后半部分相反,即必须进行电平的翻转;而发送 1 时,保持下一个电平与上一个电平相同,不进行电平的翻转。差分曼彻斯特编码需要较复杂的技术,但可以获得较好的抗干扰性能。

具体实现时,一般用 0.85V 的正电压表示高电平,用 −0.85V 的低电压表示低电平。与曼彻斯特编码相比,差分曼彻斯特编码需要更加复杂的设备,但提供了更好的抗干扰能力。

4.2.4 CSMA/CD 协议

在局域网中 CSMA/CD 协议是一个非常重要的协议。最早的局域网使用随机接入方式,即任何一台计算机有信息要发送时就直接发送,而不管网络中是否有其他的计算机正在发送数据,这种网络可以称为一种"无政府主义"状态的网络,显然其效率是非常低下的。为了解决随机接入存在的问题,在以太网中使用了 CSMA/CD 协议。CSMA/CD 是在 CSMA 协议的基础上发展起来的。

1. 载波监听多路访问(CSMA)

1971 年,夏威夷大学的研究人员提出了载波监听多路访问(Carrier Sense Multiple Access,CSMA)协议,又称为载波侦听多点访问协议。CSMA 协议是在 ALOHA 协议(最早出现的一种随机接入协议)的基础上发展而来的,是一种随机接入方式。"载波监听"是指当发送站点在向网络发送数据之前先要监听网络上是否有其他站点正在传输数据,如果有,则继续监听,如果没有,则开始向网络发送帧。CSMA 采用的是"讲前先听"(listen before talk)的方式。"多路访问"是指有多个发送或接收站点同时连在网络上时,能同时检测通信信道,当信道空闲时任何一个站点都可以发送数据。CSMA 的策略为:如果信道空闲,决定是否立即发送;如果信道忙,选择监听方式。

在 CSMA 中,即使信道空闲,如果立即发送也会存在冲突。其中,一种情况是远端站点刚开始发送,载波信号还未传到近端的站点,这时如果两个站点同时发送,便会产生冲突;另一种情况是,虽然暂时没有站点发送,但正好两个站点同时开始监听,如果两个站点都立即发送,也会发生冲突。为了尽量减少冲突的发生,按不同的策略 CSMA 又分为三种不同的类型:断续式 CSMA、1-持续式 CSMA 和 p-持续式 CSMA,区别如表 4-1 所示。

表 4-1 三种 CSMA 方式的区别

方式	说明	区别
断续式 CSMA (Non-Persistent CSMA)	(1) 发送站点在监听到网络空闲时立即发送数据 (2) 当网络忙时等待一段时间后再对网络进行监听,直到网络空闲时重复第(1)步	断续式监听的等待时间是随机的,当网络忙时等待发送的多个站点的等待时间各不相同,因此也就尽量避免了冲突
1-持续式 CSMA (1-Persistent CSMA)	(1) 发送站点在监听到网络空闲时立即发送数据 (2) 当网络忙时,对网络持续监听,直到网络空闲时重复第(1)步	持续监听,当网络空闲时立即发送数据,减少了时间浪费;但是如果有多个站点同时准备发送数据时会在网络空闲时同时发送数据,从而产生冲突
p-持续式 CSMA (p-Persistent CSMA)	(1) 发送站点在监听到网络空闲时以概率 $p(0<p<1)$ 发送数据,以概率 $(1-p)$ 延时一个时间片段,重复第(1)步 (2) 当网络忙时,对网络持续监听,直到网络空闲时重复第(1)步	是上述两种方式的折中方式,试图将时间浪费和数据冲突减到最少

表 4-1 中所列的三种 CSMA 可以根据在冲突发生后所采取的策略分为非坚持 CSMA 和坚持 CSMA 两类。其中非坚持 CSMA 的特点是一旦监听到信道忙就马上延迟一个随机时间后再重新监听,即断续式 CSMA;而坚持 CSMA 的特点是在监听到信道忙时,仍然坚持监听下去,直到监听到信道空闲为止。其中,坚持 CSMA 也可以分为两种策略:一种是一旦监听到信道空闲就立即发送,即 1-持续式 CSMA;另一种是当监听到信道空闲时,就以概率 p 发送数据,而以概率$(1-p)$延迟一段时间(此时间为两个节点之间数据传输所需要的时间)后重新监听信道,即 p-持续式 CSMA。

2. 载波监听多路访问/冲突检测(CSMA/CD)

CSMA/CD 是目前以太网中使用的一种网络访问协议,是在 CSMA 协议的基础上发展起来的,也是一种随机访问协议。CSMA/CD(Carrier Sense Multiple Access/Collision Detection)协议不仅保留了 CSMA 协议"讲前先听"的功能,而且增加了一项"边讲边听"(listen while talk)的功能,即 CD ——在发送过程中同时进行冲突检测。CSMA/CD 的特点是:监听到信道空闲就发送数据帧,并继续监听下去;如监听到发生了冲突,则立即放弃正在发送的数据帧。

CSMA 只能减小冲突发生的概率,而不能完全避免冲突的发生。为了尽量减小冲突发生的概率,出现了 CSMA/CD 协议。其工作原理是:

(1) 在发送数据期间同时进行接收,并把接收的数据与发送站点中存储的数据进行逐位(bit)的对比。

(2) 如果对比结果一致,说明没有冲突发生,重复步骤(1)。

(3) 如果对比结果不一致,说明冲突发生,立即停止发送,并发送一个干扰信号(jamming signal),使所有站点都停止发送。

(4) 发送干扰信号后,等待一段随机时间,重新进行监听,再试着进入(1)。

实现冲突检测的方法有多种,其中在发送数据期间同时进行接收和对比是常见的一种。另外,还有一种最简单的办法是比较接收到的信号的电压值。例如,在基带传输中,当信道上有两个信号进行叠加时,其电压的幅度要比正常的大 1 倍,这时就可以认为发生了冲突;另外,当采用曼彻斯特编码和差分曼彻斯特编码时,正常的电平翻转发生在表示每个二进制位流的正中间,而如果此翻转点出现错位,说明冲突发生。

如图 4-6(a)所示的是采用 CSMA/CD 协议的总线型网络拓扑。假设总线一端的站点 A 正在向另一端的站点 B 发送数据帧,同时站点 B 在站点 A 发送数据后的某一时刻也要发送数据,于是开始监听信道。如果站点 A 发送的数据还未到达站点 B,则站点 B 发现信道空闲,便开始发送。这时,如果站点 B 发送数据的时间与站点 A 发送数据时的时间差小于站点 A 到站点 B 的单程端到端传输时延 τ,则发生冲突,如图 4-6(b)所示。当站点 A 和站点 B 得知冲突发生时,便立即停止数据的发送,同时各自向网络发送一个干扰信号。

从图 4-6(b)可以看出,如果当站点 A 开始发送数据后,站点 B 立即发送,则冲突的发现时间最小,其值为 τ;如果当站点 A 发送的数据就要达到站点 B 时,站点 B 开始发送数据,则冲突的发现时间最大,其值为 2τ。

与 CSMA 对应,CSMA/CD 也可分为三种:断续式 CSMA/CD、1-持续式 CSMA/CD 和 p-持续式 CSMA/CD。

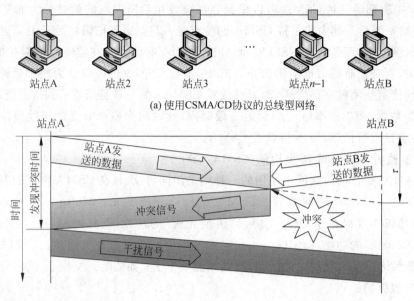

图 4-6 CSMA/CD 协议的冲突发生示意图

3. 二进制指数退避算法

当站点发现冲突后便会发送一个干扰信号，然后后退（退避）一段时间再重新发送。后退时间的多少对网络的稳定性起着十分重要的作用，这时可以使用二进制指数退避算法来决定后退时间（重传数据的时延）。

按照二进制指数退避算法，后退时延的取值范围与重传次数之间形成二进制指数关系。其基本工作原理为：先确定基本退避时间（如 2τ），再定义 $k=\mathrm{Min}[重传次数,10]$，然后从正整数集合 $[0,1,2,\cdots,2^k-1]$ 中随机取出一个数，记为 r。重传所需的后退时延就是 r 倍的基本退避时间（如 $2r\tau$）。具体来说：

(1) 如果一个站点发生了第 1 次冲突，则 $k=1$，r 可随机从集合 $[0,1]$ 中取得，然后在 r 倍的基本退避时间后再重试。

(2) 如果这一站点发生了第 2 次冲突，则 $k=2$，r 可随机从集合 $[0,1,2,3]$ 中取得，然后在 r 倍的基本退避时间后再重试。

(3) 如果这一站点发生了第 3 次冲突，则 $k=3$，r 可随机从集合 $[0,1,2,3,4,5,6,7]$ 中取得，然后在 r 倍的基本退避时间后再重试。

(4) 以此类推，一般情况下，当发生了第 16 次冲突后，仍然不能成功时，则放弃该数据的重传。

在二进制指数退避算法中，由于时延随重传次数的增加而增大，所以即使是使用了 1-持续式 CSMA/CD 方式，这个网络仍然是稳定的。

4.2.5 局域网 MAC 子层的物理地址

MAC（介质访问控制）地址是固化在网卡的 EEPROM 中的物理地址（也称为"硬件地址"），通常用 48b 的信息来表示。网络中的设备（例如以太网交换机）可以根据某条信息中的源 MAC 地址和目的 MAC 地址实现数据的交换和传递。

如图 4-7 所示,以太网上的每台计算机都会接收到各种各样的帧。那么,计算机怎样知道某一帧是否属于自己的呢？其实,在每个帧的头部都包含有一个目地 MAC 地址,这个地址就可以标识各台计算机,并且可以告诉每台计算机某个帧是否是发送它的。如果计算机发现目的 MAC 地址与其不匹配(这个帧不是发给自己的),计算机将对该帧不予处理,而直接丢弃。

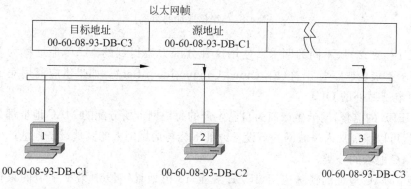

图 4-7　以太网的物理寻址

1. MAC 地址的组成

在局域网发展之初,研究人员曾为局域网设计了 16 位(2 字节)的 MAC 地址方案,这样一个局域网中可以容纳 6 万多个不同的 MAC 地址。2 字节 MAC 地址方案虽然具有较高的效率,但是随着局域网规模的不断扩大,尤其是局域网技术向城域网应用的扩展,MAC 地址的数量已逐渐显得不足。另外,随着便携式计算机的应用,一台曾经工作在某一局域网中的计算机可能会接入到另一个局域网,这时这台计算机上的 MAC 地址可能会与新网络中的 MAC 地址产生冲突。为解决以上问题,IEEE 标准规定除可以使用 2 字节的 MAC 地址方案外,还可以使用 6 字节方案。由于 6 字节的 MAC 地址方案解决了 MAC 地址可能发生的冲突,所以现在的局域网基本上都使用 6 字节的 MAC 地址方案。

MAC 地址一般用 12 位十六进制数表示,这个数分成 6 组,每组有 2 个数字,中间以"-"号分开。例如,某台计算机的网卡 MAC 地址为 00-E0-4C-F8-DB-85(在 Windows 命令提示符窗口中可以用 ipconfig /all 命令查看网卡的 MAC 地址)。

需要说明的是：除网卡外,路由器上的每一个端口也有一个与以太网相同的 MAC 地址。如果一台路由器有 n 个端口,那么就会有 n 个不同的 MAC 地址。路由器是一种多"地址"设备。

为了确保 MAC 地址的唯一性,IEEE 的注册管理机构(Registration Authority,RA)对这些地址进行管理。每个地址由两部分组成,分别是机构唯一标识符(Organizationally Unique Identifier,OUI)和序列号,如图 4-8 所示。

网卡生产商向 IEEE 交纳注册费,IEEE 为网卡生产商分配 OUI,OUI 占用 MAC 地址的前 3 个字节,即 24 位二进制数字。例如 Cisco 公司拥有的 OUI 包括 0000-0C、00-06-7C、00-06-C1、00-10-07、00-10-0B、00-10-0D 等。网卡生产商在获得 OUI 之后,可以自行分配剩余的最后 24 位二进制数字,这 24 位二进制数字称为序列号。这意味着网卡生产商可以利

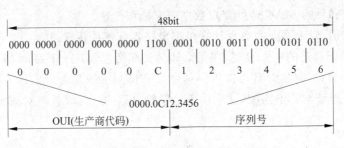

图 4-8 MAC 地址的组成

用这个 OUI 生产 2^{24} 块不同的网卡。使用这种分配方案得到的 MAC 地址称为 EUI-48，其中 EUI 表示扩展的唯一标识符（Extended Unique Identifier）。如果供应商用完了所有的序列号，必须申请另外的 OUI。

通过 IEEE 的监督，网卡生产商为自己生产的每块网卡所分配的 MAC 地址都是全球唯一的。这样就可以保证加入局域网的新设备地址不会与局域网上的其他设备地址产生冲突。

2. MAC 地址的分类

考虑到 MAC 地址的特殊应用，IEEE 规定 48 位地址字段中第 1 字节的最低位（IEEE 规定的第 1 字节的最低位，即图 4-8 中左起第 4 位）为 I/G 位，I/G 表示 Individual/Group。其中，当 I/G 位为 0 时，地址字段表示一个单播（unicast）地址；当 I/G 位为 1 时，地址字段表示组播（multicast）地址。这样一来，IEEE 可以分配的 OUI 只有 23 位，每一个 OUI 可生成 2^{24} 个单播地址或 2^{24} 个组播地址。

IEEE 还考虑到可能有些组织或网卡生产商不愿意向 IEEE 的 RA 付费注册 OUI。为此，IEEE 把地址字段中第 1 字节的最低第二位（即图 4-8 中左起第 3 位）规定为 G/L 位，G/L 表示 Global/Local。当 G/L 位为 1 时表示全球地址（即该地址在全球范围内是唯一的），网卡生产商向 IEEE 购买的 OUI 都属于全球地址。当 G/L 位为 0 时表示是本地地址，这时用户可以任意分配该范围的 MAC 地址给计算机使用。

需要说明的是：采用 2 字节方案的 MAC 地址全部都是本地地址。本地地址有可能产生冲突。

在目前所使用的 MAC 地址中，几乎不使用 G/L 位为 0 的地址。这样一来，MAC 地址的全球地址空间可以达到 2^{46} 个，超过了 70 万亿个，几乎能够保证全球范围内的任意一台计算机上的 MAC 地址不冲突。

所有位全部为 1 的地址称为广播地址。单播地址实现一对一的通信，组播地址实现一对多的通信，而广播地址实现全局域网的通信。目前，所有的网卡都支持单播和广播，并不一定直接支持组播。

需要说明的是：只有单播地址才能用于源地址（即表示该数据帧是从什么地方发送来的），而广播地址和组播地址只能用于目的地址，而不能用于源地址。此原理请读者自己分析。

另外，正常情况下以太网网卡只接收大小在 46～1500 字节范围内的帧，小于 46 字节的帧（小帧）和大于 1500 字节的帧（大帧）网卡都认为是错误帧，而不予以接收。但在网络安全管理中，网管人员经常要获取和分析各类帧的情况，即网管计算机除要接收正常大小的帧外，还要接收大帧和小帧。这需要对网管计算机上的网卡进行设置，使其支持混杂模式（promiscuous mode）。在混杂模式下，网卡会探听并接收所有大小的帧。

4.3 以太网技术

以太网已占据了局域网应用市场的绝对份额，在很多情况下如果没有特殊说明，在提到局域网时一般是指以太网。第 4.2 节的内容也是以以太网为主来介绍的。在此基础上，本章重点介绍以太网的帧结构及相关标准。

4.3.1 以太网的 MAC 帧结构

以太网是一种广播式网络，全部采用 CSMA/CD 工作方式，使用曼彻斯特编码技术，其物理拓扑结构可以是总线型、星型和环型，目前在应用中主要以星型为主。

常用的以太网存在两种不同的 MAC 帧结构：DIX Ethernet V2 规范（简称"DIX V2 规范"或"DIX 帧结构"）和 IEEE 802.3 标准。这两个标准的帧结构有所不同。其中，DIX Ethernet V2 规范是在 DEC、Intel 与 Xerox 公司合作研究的 Ethernet 协议的基础上改进而成，而 IEEE 802.3 是 IEEE 为以太网颁布的一个标准。IEEE 802.3 标准的制定充分考虑了与 IEEE 802.4 令牌总线和 IEEE 802.5 令牌环等 IEEE 802 局域网标准的兼容性问题，在 MAC 帧形成前添加了 LLC 子层的控制信息 802.2 LLC 和 802.2 SNAP(Sub-network Access Protocol, 子网接入协议)。其中，802.2 LLC 包括了 DSAP(Destination Service Access Point, 目的访问点)、SSAP(Source Service Access Point, 源访问点)及 Control(控制)字段。IEEE 802.3 标准对上层协议类型的定义放在了 802.2 SNAP 中，3 字节的"Org Code"字段全部为 0。这样，802.3 标准需要根据"类型/长度"字段的值来确定它是"类型"值，还是"长度"值。IEEE 802.3 标准的结构相对复杂，实现效率不如 DIX V2。目前，IEEE 802.4 令牌总线、IEEE 802.5 令牌环等局域网标准已很少使用，为了简化操作过程，提高运行效率，局域网软件编程及网卡制造过程中已基本采用 DIX V2 规范。图 4-9 是 TCP/IP 环境中两种帧的封装过程，本书重点介绍 DIX V2 规范。

DIX V2 规范以太网的（物理层）帧结构由以下 5 部分组成：

(1) 前导信息。前导信息是在物理层加上的，即当 MAC 帧到达物理层传输之前，物理层会在帧的头部添加 8 字节的前导信息。其中前 7 个字节是固定的 10101010…10101010 序列，称为前同步码。第 8 个字节为 10101011，称为帧开始定界符，即后面到来的是 MAC 帧。在物理层使用前导信息字段的目的是保证接收电路在 MAC 帧到来之前做好接收准备，即实现接收同步。发送端在发送完一个帧后，不再发送其他任何信息。

对于接收端来说是如何完成成帧操作的呢？由于以太网使用的是曼彻斯特编码技术，曼彻斯特编码的特点是：表示每一个码元(0 或 1)的信号，在其正中间电平一定要发生一次翻转（从高跳到低，或从低跳到高）。7 字节前同步码的电平翻转是非常有规律的，第 8 个字节的帧开始定界符的前 6 比特也很有规律，但后两比特出现了变化，出现 1 后并没有出现 0 而是 1。根据前导信息中的这些信息，接收端就知道了一个 MAC 帧的开始。当发送端把一个完整的帧发完后，将不再发送任何信息，这时信号处于无信息输出的固定状态。这样，接收端就可以很容易地找到一个帧的结束位置。通过以上方法，以太网解决了成帧的问题。

(2) 目的地址和源地址。目的地址和源地址分别表示帧的接收端和发送端的 MAC 地址。目前使用的 MAC 地址基本上都采用 6 字节编址方案，其中目的地址可以是单播地址、

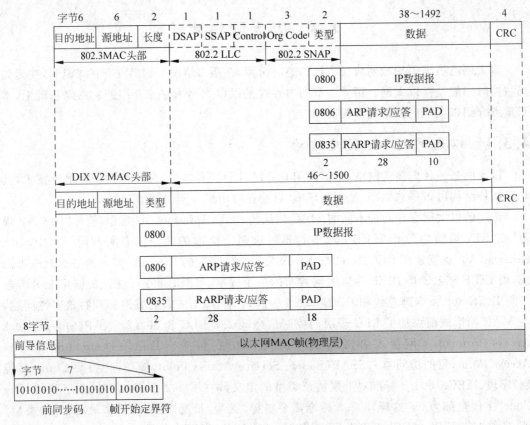

图 4-9　IEEE 802.3 和 DIX V2 帧结构及比较

组播地址和广播地址中的任何一类,但源地址必须是单播地址。

(3) 类型。类型字段表示的是插入到"数据"区域的数据在网络层使用的协议类型。例如,当被插入的是 IP 数据报时类型字段为 0x0800,是 ARP 报文时类型字段为 0x0806,是 NetWare 的 IPX 报文时类型为 0x8137 等。通过类型字段,接收端可以快速地知道所承载数据的协议类型,进而有针对性地将数据上交给网络层的对应协议。

(4) 数据。MAC 子层的"数据"字段也称为 MAC 子层的"净载荷",是指本机网络层要发送的数据单元。数据字段的长度范围为 46～1500 字节,如果长度小于 46 字节,则需要填充至 46 字节,其中填充字符(PAD)是任意的,不计入到有效长度中。加上头部和尾部的控制信息后,MAC 帧的大小在 64～1518 字节之间。

需要说明的是:在使用了填充字符后,在接收端需要由网络层 IP 数据报中的"长度"字段来去掉填充字符。这是因为在 MAC 子层添加了填充字符后,在 MAC 帧中并没有一个字段说明原来数据的长度,所以接收端接收到什么样的数据帧,只需要去除头部和尾部控制信息后,就直接交给网络层。到了网络层后,根据 IP 数据报中的"长度"字段值就可以知道用户数据的大小,而将填充字符去掉。第 5 章将介绍 IP 数据报的内容。

(5) 帧校验。帧校验(FCS)负责对 MAC 帧进行差错检测,在以太网中 FCS 字段使用 CRC(循环冗余校验码),具体为 CRC-32。CRC 的校验范围为:MAC 帧的目的地址、源地址、类型和数据。

在 IEEE 802.3 标准中,MAC 帧中数据字段的长度也在 46~1500 字节之间,帧的长度需要是字节的整数倍。不管是 EEE 802.3 标准,还是 DIX V2 规范,对于检测出错的 MAC 帧直接丢弃,而不需要将此事件告知网络层,也不需要在数据链路层要求对方重传。

4.3.2 以太网

以太网有两重含义:狭义的以太网是指 10Mb/s 以太网,有 DIX V2 和 IEEE 802.3 两个标准规范;广义的以太网是指采用相同的帧结构、使用 CSMA/CD 介质访问控制方式、使用曼彻斯特编码技术的广播式网络。根据网络速率的不同,以太网可以分为 10Mb/s 以太网(简称"以太网")、100Mb/s 以太网(快速以太网)、1000Mb/s 以太网(千兆以太网)和 10Gb/s 以太网(万兆以太网)几种。

1. CSMA/CD 的实现

以太网采用 CSMA/CD 协议,CSMA/CD 方式中有一个很重要的步骤,即发送站点在向网络发送帧的同时会监听网络,一旦监听到冲突就会立即中止发送,并向网络发送一个"干扰信号",通知网络已经发生了冲突,然后发送站点等待一段时间后再重发。但是如果发送站点所发送的帧的长度很短的话,那么在发送站点还未监听到冲突之前帧就已经发送完了,此时就算监听到冲突也没有用了。因此,网络所采用的帧的长度必须保证在网络上发生冲突的情况下,在帧完全发送之前冲突能够被监听到,并及时中止发送。在采用 CSMA/CD 方式的网络上从冲突发生到冲突被监听到所经过的最长时间大约为 $51.2\mu s$,相当于网络传输 64 字节数据的时间,由此可以知道以太网上帧的长度必须大于或等于 64 字节。

那么帧的长度又为什么不能大于 1518 字节呢? 这是因为在以太网的标准中各种协议的数据字段长度被规定为不大于 1500 字节。当 MAC 帧的数据字段小于 1500 字节时才被视为要传输的数据,而大于 1500 字节时则被视为协议代码。所以 1500 字节加上目的地址、源地址、数据长度、帧校验和 4 个字段,共 18 字节,总长为 1518 字节。

由上可知,有效帧的长度范围为 64~1518 字节。以太网中 MAC 子层标准中规定了两个帧之间的最小间隔为 $9.6\mu s$,相当于 12 字节数据的传输时间。因此,当一个站点要发送数据时必须在监听到网络空闲后再等待 $9.6\mu s$ 才能发送数据。在两个帧之间留出间隔时间是为了让刚刚接收到前一个帧的接收站点能够处理完接收缓冲区内的数据,为接收下一个帧做好准备。

2. 物理层范围

以太网标准中规定了 6 种物理层标准,分别对网络拓扑结构、数据速率、信号编码、最大网段长度及所使用的传输介质进行了规定,具体如表 4-2 所示。

表 4-2 IEEE 802.3 中规定的 6 种标准

内 容	10Base5	10Base2	1Base5	10Base-T	10Broad36	10Base-F
拓扑结构	总线型	总线型	星型	星型	总线型	星型
数据速率	10Mb/s	10Mb/s	1Mb/s	10Mb/s	10Mb/s	10Mb/s
编码类型	曼彻斯特	曼彻斯特	曼彻斯特	曼彻斯特	宽带 DPSK	曼彻斯特
最大网段	500m	185m	250m	100m	3600m	500 或 2000m
传输介质	50Ω 粗缆	50Ω 细缆	UTP	UTP	75Ω 同轴电缆	光纤

1) 10Base5

10Base5 中的"10"表示以太网的最大数据传输率为 10Mb/s,"Base"表示采用的是基带传输技术,"5"表示每一个网段最大长度为 500m。其他标准的规范与此相同。10Base5 以太网使用粗缆(thicknet)作为网络线,因此也称作 Thickwire Ethernet。

2) 10Base2

10Base2 中的"10"代表网络的最大数据传输率为 10Mb/s,"Base"代表采用的是基带传输技术,"2"代表一个网段的最大长度为 200m(实际上是 185m)。10Base2 以太网采用细同轴电缆作为网络线,因而也称作 Thin Ethernet。

3) 1Base5

1Base5 标准是由 AT&T(美国电报电话公司)开发的名称为 StarLAN 的网络。1Base5 与 10Base-T 一样采用 UTP 和星型网络拓扑,从集线器到节点之间的最大连接距离为 250m,1Base5 中的"5"表示节点到节点之间的距离为 500m。1956 年,1Base5 正式成为 IEEE 802.3 的标准。

4) 10Base-T

10Base-T 中的"T"表示双绞线(Twisted Pair)。与 10Base2 以太网和 10Base5 以太网不同,10Base-T 标准是使用 UTP 连接的星型结构,最大连接距离不超过 100m。为避免计算机之间的相互干扰,网络上的两台计算机之间的缆线长度不能小于 2.5m。

5) 10Broad36

10Broad36 是一种宽带 LAN,使用 75Ω 同轴电缆作为传输介质,单个网段的最大连接距离为 1800m,整个网络的最大跨度为 3600m。10Broad36 可以与基带以太网相互兼容,方法是把基带曼彻斯特编码经过差分相移键控(DPSK)调制后发送到宽带电缆上,调制后的 10Mb/s 信号占用 14MHz 的带宽。

6) 10Base-F

10Base-F 中的"F"代表光纤(Fiber),即使用光纤作为传输介质。10Base-F 系列又分为以下三个标准:

- 10Base-FP:"P"表示无源(Passive),用于无源星型拓扑,表示连接节点(站点或转发器)之间连接的每段链路最大距离不超过 1km。10Base-FP 最多可支持 33 个站点。
- 10Base-FL:"L"表示链路(Link),表示连接节点(站点或转发器)之间的最大距离不超过 2km。
- 10Base-FB:"B"表示主干(Backbone),表示连接转发器之间的链路的最大距离不超过 2km。

4.3.3 快速以太网

在 1992 年传输速率为 100Mb/s 的以太网问世,称之为快速以太网或高速以太网。该标准存在两个分别独立的标准:一个是 IEEE 802.3u 确定的 100Base-T;另一个是 IEEE 802.12 确定的 100VG-AnyLAN。前者主要由 3COM、Intel 和 Sun 等公司支持,采用的是 CSMA/CD 介质访问控制协议;后者主要由 HP、IBM 等公司支持,采用的是类似于令牌网的需求优先访问控制协议,支持 IEEE 802.3 帧结构。本节主要介绍 100Base-T 标准。

IEEE 802.3u 与 IEEE 802.3(10Base-T)的协议和数据帧结构相同,仅仅是速度上的升级。快速以太网仍采用星型拓扑结构,支持全双工方式,并提供 100Mb/s 的数据传输速率,全双工下的数据传输速率达到 200Mb/s。

100Base-T 快速以太网标准是对 10Base-T 标准的扩展,它保留了 10Base-T 在 MAC 层的 CSMA/CD 访问控制方法与数据传输的帧结构。

为了使 IEEE 802.3u 标准与 IEEE 802.3 标准之间实现更好的兼容性,在 IEEE 802.3u 补充条款中规定了 10Mb/s 和 100Mb/s 以太网的自动协商功能。早期的 10Mb/s 网卡发送的是正常链路脉冲(Normal Link Pulse,NLP),而 10/100Mb/s 自适应网卡在系统加电后,就开始发送由 33 位二进制数组成的快速链路脉冲(Fast Link Pulse,FLP),其中前 17 位为同步信号,后 16 位表示自动协商的最佳工作模式信息,从而确定网卡工作在 10Mb/s 还是 100Mb/s 状态下。

100Base-T 与 10Base-T 明显不同之处是:物理层所支持的传输介质和信号编码方式不同。100Base-T 采用的介质独立(无关)接口(Media Independent Interface,MII)将 MAC 层与网络传输介质分开。100Base-T 中所使用的传输介质可以是 3 类以上的 UTP 和光纤。IEEE 802.3u 对 100Base-T 在物理层规定了以下三种不同的标准。

(1) 100Base-TX。使用 5 类以上的 UTP 或 STP,通信中使用两对双绞线,其中一对用于发送,另一对用于接收。信号的编码采用"多电平传输 3(Multi Level Transmit-3levels,MLT-3)"的编码方法,使信号的主要能量集中在 30MHz 以下,以便减少辐射的影响。

MLT-3 使用正、负和 0 三种不同的电平进行编码,其规则为:当输入一个 0 时,下一个输出值保持不变;当输入一个 1 时,下一个输出值分为两种情况,如果前一个输出值为正或负,则下一个输出值为 0,如果前一个输出值为 0,则下一个输出值与上次的一个非 0 的输出值的正负相反。

(2) 100Base-FX。使用两根光纤,其中一根用于发送,另一根用于接收。信号的编码采用 4b/5b-NRZ1 编码,网络节点之间的最大连接距离为 100m。

4b/5b 编码是将数据流中的每 4 位作为一个组,然后按表 4-3 所示的编码规则将每一个组转换成为 5 位,使每个组中至少有两个"1",从而保证信号码元至少发生两次跃变。NRZ1 即不归零编码 1,是指当"1"出现时信号电平在正、负值之间发生一次变化。

表 4-3 4b/5b 编码规则

原来的 4 位数据	编码后的 5 位数据	原来的 4 位数据	编码后的 5 位数据
0000	11110	1000	10010
0001	01001	1001	10011
0010	10100	1010	10110
0011	10101	1011	10111
0100	01010	1100	11010
0101	01011	1101	11011
0110	01110	1110	11100
0111	01111	1111	11101

使用 5 位编码时,共有 $2^5=32$ 种代码,将 4 位编码转换成为 5 位编码后,可以保证每一个 5 位代码中"1"的个数不少于两个。这就保证了在介质上传输的代码能够提供足够多的同步信息。

其中,将 100Base-TX 和 100Base-FX 统称为 100Base-X。

(3) 100Base-T4。使用 4 对 3 类以上的 UTP,它是为已使用 3 类 UTP 的大量用户而设计的。信号的编码采用 8B6T-NRZ(不归零)的编码方法。100Base-T4 使用三对线同时传送数据,使每一对线的传输速率达到 33.3Mb/s,将另一对线作为冲突检测的接收信道。

8B6T 编码是将数据流中的每 8 位作为一组,然后按编码规则转换为每组 6 位的三进制编码元。6 位代码由一个三进制代码表示,包括正电压、零电压和负电压。100Base-T4 是唯一使用 8B6T 的标准。

4.3.4 千兆以太网

1996 年,IEEE 成立了一个名为 802.3z 的工作小组,负责研究千兆以太网技术,并制订相应的标准。很快,当时的一些快速以太网的支持者也纷纷加入其中并成立了"千兆以太网联盟(Gibabit Ethernet Alliance, GEA)",其中包括 3COM、Cisco、Compaq、Intel、HP、Sun 等公司,该标准于 1998 年 6 月被 IEEE 802.3 委员会正式通过。

与传统的以太网技术相似,千兆以太网定义了各种传输介质。IEEE 802.3z 分别定义了三种传输介质和三种收发器:1000Base-LX、1000Base-SX 和 1000Base-CX。同时另一个特别工作小组 IEEE 802.3ab 则定义了如何在 5 类双绞线基础上运行千兆以太网的物理层标准。这些物理层定义的标准主要是为了在不同传输介质上实现 1000Mb/s 的速率,并适用于不同场合对传输距离和成本的需求,该标准于 1999 年 3 月被 IEEE 802.3 委员会正式通过。

目前,千兆以太网存在 IEEE 802.3z(1000Base-X)和 IEEE 802.3ab(1000Base-T)两个标准。

1. IEEE 802.3z 标准(1000Base-X)

支持 IEEE 802.3z 标准的 1000Base-X 千兆以太网包括以下三个标准:

(1) 1000Base-LX。1000Base-LX 可支持单模光纤,传输距离一般可达 5km 以上;也可支持多模光纤,一般为 550m(50μm 多模),它主要应用在园区的网络骨干连接。

(2) 1000Base-SX。1000Base-SX 可支持多模光纤,传输距离依据不同的光纤标准为 220~550m,它主要应用在建筑物内的网络骨干连接。

(3) 1000Base-CX。1000Base-CX 用于屏蔽双绞线电缆 STP,传输距离为 25m。它主要应用在高速存储设备之间的低成本高速互联。

IEEE 802.3z 以千兆以太网标准具有以下的特点:

(1) 允许在 1000Mb/s 下全双工和半双工两种方式工作。

(2) 使用 IEEE 802.3 协议规定的帧结构。

(3) 在半双工方式下使用 CSMA/CD 协议。

(4) 与 10Base-T 以太网和 100Base-T 快速以太网技术向后兼容。

2. IEEE 802.3ab 标准(1000Base-T)

1000Base-T 定义在传统的 5 类双绞线上将传输距离提高到 100m,可应用于高速服务器和工作站的网络接入,也可作为建筑物内的 1000Mb/s 网络骨干连接。

另外,还有一个非标准化的 1000Base-LH 协议,它使用单模光纤,使传输距离可以达到 70km,主要应用在城域网上。不过,1000Base-LH 是一种非标准协议,不同厂家的产品在互联时必须经过兼容性测试。

目前,随着千兆以太网产品的不断丰富和价格的不断下降,千兆以太网得到了广泛的应用,尤其是一些较大型的局域网主干连接绝大部分使用了千兆以太网解决方案。同时,随着光纤及其设备和 6 类双绞线的普遍使用,千兆到桌面也得到了较为广泛的应用。

4.3.5　万兆以太网

万兆以太网技术的研究始于 1999 年底,当时成立了 IEEE 802.3ae 工作组,并于 2002 年 6 月正式发布 802.3ae 10G 以太网标准。

在物理层,802.3ae 大体分为两种类型:一种为与传统以太网连接,速率为 10Gb/s 的"LAN PHY"(局域网物理层);另一种为连接 SDH/SONET,速率为 9.58464Gb/s 的"WAN PHY"(广域网物理层)。每种 PHY 分别可使用 10GBase-S(850nm 短波)、10GBase-L(1310nm 长波)、10GBase-E(1550nm 长波)三种规格,最大传输距离分别为 300m、10km、40km,其中 LAN PHY 还包括一种可以使用高密度波分复用(Dense Wavelength Division Multiplexing,DWDM)的"10GBASE-LX4"规格。WAN PHY 与 SONET OC-192 帧结构的融合,可与 OC-192 电路、SONET/SDH 设备一起运行,保护传统基础投资,使运营商能够在不同地区通过城域网提供端到端的以太网连接。

IEEE 802.3ae 目前支持 9μm 单模、50μm 多模和 62.5μm 多模三种光纤。2006 年 6 月 IEEE 802.3an 任务小组正式发布了基于铜缆的 10G 以太网技术标准 10GBase-T,该标准规定使用 6 类 UTP(工作频率为 250MHz)时连接距离为 37~55m,使用 6 类 UTP 或 STP(工作频率为 500MHz)以及 7 类 STP(工作频率为 600MHz 或 1000MHz)时,连接距离为标准的 100m。

在数据链路层 IEEE 802.3ae 继承了 IEEE 802.3 以太网的帧结构和帧长度,支持多层星型连接、点到点连接及其组合,充分兼容已有应用,且不影响上层应用,进而降低了升级风险。

与传统的以太网不同,IEEE 802.3ae 仅仅支持全双工方式,不再提供对单工和半双工方式的支持,不采用 CSMA/CD 机制;IEEE 802.3ae 不支持自协商,可简化故障定位,并提供广域网物理层接口。

2006 年 7 月,IEEE 802.3 成立了高速链路研究组(Higher Speed Study Group,HSSG)来定义更高速率的以太网标准。2007 年 12 月,HSSG 正式转变为 IEEE 802.3ba 任务组,其任务是制订在光纤和铜缆上实现 100Gb/s 和 40Gb/s 数据速率的标准,即十万兆以太网标准。IEEE 802.3ba 标准原定于 2010 年 6 月发布。其实,早在 2005 年开始就有一些网络设备和线缆制造商开始生产支持万兆以太网的产品。另外,支持速率为 1Tb/s 的百万兆以太网方案也将在 2015 年提出。

4.4　交换式以太网

从共享到交换是以太网技术发展的必然选择。由于传统的以太网是共享信道的,不可避免地要产生冲突,而且冲突会随着接入计算机数量的增大而增大。冲突的产生导致了网络效率的下降。在以太网中,为了尽可能地减少网络冲突,提高网络运行效率,人们提出了交换式以太网技术。

4.4.1 共享式以太网与交换式以太网的比较

共享和交换是网络中两个不同的概念,也代表了两种不同的工作机制。早期的 10Base2 和 10Base5 的总线型网络以及使用集线器连接的星型网络都是共享式网络。在共享式网络中,由于所有站点共享唯一的传输介质,所以网络中的碰撞和冲突频繁发生,尤其当通信量增大时更是如此。为了改善网络的工作状态,在 20 世纪 90 年代初出现了局域网交换技术(switch)。局域网交换技术放弃了传统的位于物理层的集线器来广播数据,而是使用工作于数据链路层的交换机来实现点对点的通信。

在星型网络中,交换式局域网不需要改变网络中的其他硬件(包括网络传输介质和网卡),只需要用交换机替换共享式 hub,就可以实现从共享到交换的升级。交换式局域网同时提供了多个通道,比传统的共享式 hub 提供更多的带宽。例如,在采用 CSMA/CD 介质访问控制方式的共享介质以太网中,当网络上的某个站点想要发送数据时,它首先监听网络状态。如果网络"忙",它就等待,直到网络"空闲";如果网络"空闲",便立即发送数据。如果有两个或两个以上的站点监听到网络"空闲"便会立即同时发送数据,最终将会产生"冲突"。站点在发送数据的过程中同时进行冲突检测,一旦发生冲突,立即停止发送原数据,并发送一个由较短信息组成的"干扰信号",以便所有站点都知道该介质中已发生了冲突,然后推迟一个随机时间再来监听网络状态。以太网中随机等待时间采用二进制指数退避算法。从 CSMA/CD 的工作机制中可以看出,在网络负载较大的情况下,由大量冲突引起的网络延时非常大。所以传统的采用 CSMA/CD 方式的以太网只能用于网络节点较少,并且网络负载不大的局域网中。在传统以太网中,中央节点是一个集线器(hub),集线器是一个被动装置,它仅仅复制从源端口接收的数据流,然后分发(广播)到其他所有端口,如图 4-10(a)所示。而在交换式以太网中,位于中央节点的交换机可以识别目标地址并将数据帧转发到目的端口,如图 4-10(b)所示。这就意味着在交换式以太网中,只要彼此的目的站点不同,多个站点便可以同时发送数据而不产生冲突,端口之间的数据传输不再受到 CAMA/CD 的约束,从而使网络的带宽得以成倍的增长。另外,传统以太网采用半双工模式,而交换式以太网采用全双工模式。

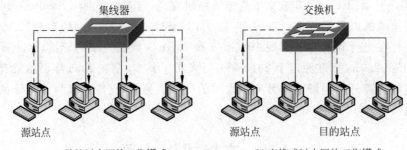

图 4-10 传统以太网和交换式以太网的工作模式

很明显,交换式局域网的工作基础是局域网交换机。从共享到交换,可以简单地理解为用使用交换机的星型网络拓扑结构来替代使用 hub 的星型网络扑拓结构和使用同轴电缆的总线型网络拓扑结构。用交换机替代了 hub 后,其实网络的工作模式发生了重大的变化。由于 hub 工作在物理层,物理层是没有办法对信息进行标识的,信息(其实是比特流)只会在信道中广播,而不会实现定向传输。交换机工作在 MAC 层(也称为数据链路层交换机或二层交换机),MAC 层的帧有 MAC 地址,为此可以利用 MAC 地址来控制某一帧发往何处,从而避免了帧的广播。

从功能上讲,以太网交换机是一个多端口的网桥,所以本节从网桥讲起,介绍交换机的工作原理,进一步掌握交换式以太网的工作特点。

4.4.2 以太网网桥

网桥工作在数据链路层,它根据 MAC 帧的目的地址对帧进行转发和过滤,从而根据帧的目的地址将帧转发到指定的端口(也称为"接口"),在其他端口过滤该帧的转发。利用网桥,可以在数据链路层实现对以太网的扩展。

1. 网桥的功能

在由集线器连接的网络中,从一台集线器的某一端口上接收到的数据帧会被广播到集线器的所有端口,使冲突域急剧扩大,导致网络传输效率无法提高。这种情况在网桥上就不会发生,网桥有一种过滤机制,它可以决定是否将数据帧转发到其他端口。因为网桥可以识别数据帧的源地址和目标地址,进而了解目的站点连接在网桥的哪个端口上,并决定是否转发数据帧以及向哪个端口转发数据帧。

举个例子,在图 4-11 中站点 1 向站点 4 发送一个数据帧,当该数据帧被传送到网桥时,网桥会读取数据帧的帧头信息,通过检查帧头信息中的目标地址,决定是否对该数据帧进行转发或过滤(本例中会决定转发)。

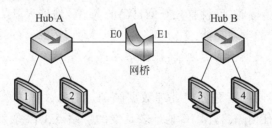

图 4-11 用网桥连接两个 Hub 组成的网络

在图 4-11 中,当使用网桥将两个集线器连接起来时,网桥分割了冲突域而不是像集线器那样对冲突域进行繁殖,Hub A 和 Hub B 上的站点之间不再互相争用所共享的带宽。

网桥与集线器相比,它的优势主要体现在对数据帧的识别上。如果网桥发现源和目标站点处于网桥的同一个端口时,网桥就会过滤(丢弃)该数据帧,而不将它转发到网桥的另一端口。例如在图 4-11 中的站点 1 向站点 2 发送数据帧时,网桥一旦发现它们处于自己的同一个端口 E0(Ethernet 0,即编号为 0 的以太网接口)上,就会过滤该数据帧,因为没有必要将数据帧转发给另一端口 E1;如果网桥发现源和目标站点处于不同端口上,便将数据帧从适当的端口转发出去。例如在图 4-11 中站点 1 向站点 4 发送数据帧时,网桥会将数据帧从自己的 E1 端口转发出去,因为站点 4 连接在网桥的 E1 端口上。

利用网桥,扩大了网络的物理连接范围,提高了系统的可靠性。但网桥也存在增加了帧的转发延时、没有流量控制功能、无法阻止广播风暴等缺点。尤其是当网桥接收到一个帧时,如果在地址表中找不到相应的出口,网桥就会将该帧通过所有的端口转发出去,形成了广播风暴,网桥提供的端口数越多,形成的广播域(广播风暴影响的范围)越大。

2. 以太网网桥

以太网网桥是一种透明网桥,其标准为 IEEE 802.1D。所谓透明网桥是指网络上的站点并不知道自己发送的帧要经过哪些网桥,网桥对接入计算机来说是透明的,当一台计算机接入网桥后不需要进行人工配置,网桥就会自动生成转发地址表。

当数据帧进入网桥以后,网桥读取数据帧的帧头信息,将源地址(MAC 地址)以及发出这个帧的端口号记录到自己的 MAC 地址表中。如果 MAC 地址表中已经存在这个源地址,它就会刷新这个条目的老化计时器。同时,网桥检查帧头中的目标地址(MAC 地址),如果这个地址是一个广播地址、多播地址或者是未知的单播地址,网桥就将这个数据帧泛洪到除了发出这个数据帧的端口之外的所有端口。如果目标地址存在于 MAC 地址表中,网桥就将数据帧转发到适当的端口。当目标地址和源地址都处于同一个端口上时,网桥会丢弃这个数据帧(这个过程称为过滤)。以太网桥处理数据帧的过程可以分为以下几个步骤:学习、泛洪、过滤、转发和老化。

1) 学习

每个网桥都有一个 MAC 地址表,MAC 地址表中记录了网桥了解的所有站点的 MAC 地址信息(站点网卡 MAC 地址和网桥上连接这个地址的端口)。当网桥刚刚启动时,它的 MAC 地址表中是没有任何条目的。网桥会记录下它看到的所有的数据帧的源地址和端口信息,当有数据帧需要传输时,网桥首先查询自己的 MAC 地址表以了解目标地址连接在哪个端口上。这就是网桥的学习功能。

网桥只会学习单播数据帧的源地址,任何站点都不可能产生以广播地址或多播地址为源地址的数据帧。

下面举一个例子说明网桥是如何处理数据帧的,如图 4-12 所示的网络中网桥刚刚启动,网桥还没有学习到任何条目,MAC 地址表是空的。站点 1 需要和站点 2 通信。由于站点 1、站点 2 及网桥 A 的 E0 端口处于同一个共享介质上,所以站点 2 和网桥 A 都会接收到站点 1 发出的信号。网桥 A 从站点 1 发送的数据帧中读取帧头信息,它将站点 1 的 MAC 地址记录到自己的 MAC 地址表中。

2) 泛洪

现在继续沿用图 4-12 所示的例子来讨论,网桥 A 将站点 1 的源地址添加到 MAC 地址表中,同时它会将帧头中的目标地址和自己 MAC 地址表中的条目进行对比。在这个时候,MAC 地址表中只有站点 1 的信息,没有目标地址(站点 2)的信息。虽然站点 2 和站点 1 连接在网桥 A 的同一个端口,但是此时网桥 A 并没有学习到站点 2 的地址,因此称网桥 A 接收到一个未知的单播帧。网桥 A 会将这个数据帧转发到它的所有的端口(除了接收该帧的 E0 端口),这个过程称为泛洪。网桥 B 接收到这个数据帧,它会像网桥 A 一样对这个数据帧进行学习和泛洪,因此站点 4、网桥 C、网桥 D 都会接收到这个数据帧。接着网桥 C 和网桥 D 同样执行学习和泛洪操作,如图 4-13 所示。

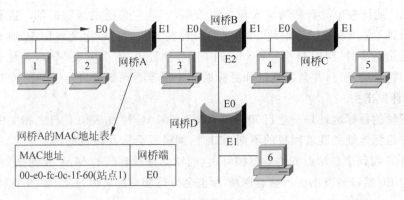

图 4-12 网桥的学习过程

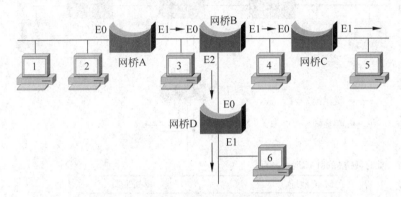

图 4-13 网桥的泛洪过程

由于网桥的泛洪操作,图 4-13 中所有的网桥都学习到了站点 1 的源地址,它们会像网桥 A 一样将这个 MAC 地址和与其相关联的端口加入到自己的 MAC 地址表中。所以,MAC 地址表中的条目并不表示条目中的 MAC 地址和本网桥有直连关系,它只是表示可以通过本网桥的某个端口到达哪个 MAC 地址。

3)过滤

在前面,因为站点 1、站点 2 及网桥 A 的 E0 端口处于同一条共享介质上,所以站点 2 会收到站点 1 给自己发来的数据。当站点 2 响应站点 1 以后,站点 2 会给站点 1 返回一个确认帧,处于同一共享介质上的网桥 A 也会接收到这个响应。因此网桥 A 可以学习到站点 2 的 MAC 地址,并且将它和端口 E0 关联,记录到自己的 MAC 地址表中,当网桥 A 查看帧头中的目标 MAC 地址去决定怎样转发数据帧时,它发现站点 1 和站点 2 处于自己的同一个端口上,网桥 A 会丢弃这个数据帧(过滤),因为没有必要将这个数据帧转发出去,那样只会浪费带宽。

可以这样定义网桥的过滤行为:当数据帧的源 MAC 地址和目标 MAC 地址处于网桥的同一个端口时,网桥将丢弃数据帧。

因此到目前为止,在这个例子中只有网桥 A 能学习到站点 2 的 MAC 地址,由于网桥 A 的过滤功能,其他网桥不会学习到站点 2 的 MAC 地址。

4)转发

根据前面的介绍,如果站点 2 要发送数据到站点 6,网桥 A 收到站点 2 的数据帧时,由于它的 MAC 地址表中没有和站点 6 相关的数据,于是它会泛洪该数据帧。接着所有的网桥都会学习到站点 2 的 MAC 地址,并将其与自己相关联的端口记录到 MAC 地址表中。当站点 6 响应站点 2 时,网桥 D 会检查自己的 MAC 地址表,它会发现 MAC 地址表中存在与目标地址相符合的条目(并且源地址和目标地址关联着不同的端口),于是网桥 D 将数据帧从 E0 端口转发出去。

当数据帧的目标地址是一个已知的单播地址(MAC 地址表中有与之相关的条目),并且源地址和目标地址关联着网桥的不同端口时,网桥就会转发该数据帧。

当网桥 B 收到来自站点 6 的数据帧时,它同样会查看自己的 MAC 地址表,然后将数据帧从自己的 E0 端口转发出去。接着网桥 A 也会执行相应的转发决策,如图 4-14 所示。

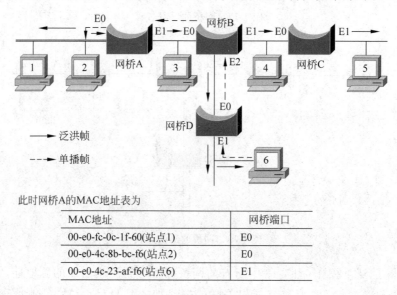

此时网桥A的MAC地址表为

MAC地址	网桥端口
00-e0-fc-0c-1f-60(站点1)	E0
00-e0-4c-8b-bc-f6(站点2)	E0
00-e0-4c-23-af-f6(站点6)	E1

图 4-14　网桥的转发过程

5) 老化

当网桥学习到一个地址时,它将地址加入到自己的 MAC 地址表中,同时会为这个条目分配一个老化计时器。当计时器到期时,网桥就会将这个条目移除。如果在老化计时器未到期时,网桥又接收到一个来自该地址的数据帧,它会刷新这个计时器并重新开始计时。

4.4.3　以太网交换机

以太网交换机是一个较复杂的多端口透明网桥,像网桥一样,交换机的工作也包括学习、泛洪、过滤、转发和老化等几个过程。在处理转发决策时,交换机和以太网桥是类似的,但是交换机在交换数据帧时,有着不同的处理方式。交换机主要支持三种工作方式:存储转发、直通式和自由分段。

1. 存储转发方式

当交换机运行存储转发模式时,在转发数据帧之前必须接收整个数据帧。交换机接收到完整的数据帧以后,检查其源地址和目标地址,并对整个数据帧进行 CRC(循环冗余校验)。如果交换机没有发现错误,它将继续转发这个数据帧;如果交换机发现数据帧中存在错误,它将丢弃这个数据帧。

由于交换机在开始转发数据之前必须接收到整个数据帧,所以存储转发模式的延迟比较大,而且这个延迟和所转发的数据帧的大小有关。

以太网技术所采用的数据帧结构,即 802.3 的数据帧格式,帧的长度为 64~1518 字节,如果帧的长度(或大小)不在这个范围内便被确定为错误数据帧。

2. 直通转发方式

直通转发方式(也称为直通式)允许交换机在检查到数据帧中的目标地址时就开始转发数据帧。目标地址在数据帧中占用 6 字节(这 6 字节正是目标设备的 MAC 地址),所以直通式的延迟很小。因为它不需要像存储转发那样等待接收到完整的数据帧之后再开始转发,而只需要接收到前 6 字节后就可以开始转发数据帧。

虽然直通式的延迟较低,但是直通式无法像存储转发方式那样在转发数据帧之前对其进行错误校验。因此,错误的数据帧依然通过交换机被转发到目的设备,在目的设备上的相关协议进行校验以后,由目的设备丢弃该数据帧并要求重传。

随着交换机处理器性能的提升,在高性能的网络中,交换机接受和处理数据帧的延迟变得越来越小,直通式的优势也变得越来越小。存储转发模式的优势越来越明显。

大部分交换机可以同时支持直通式和存储转发模式两种工作方式,此时一种被称为自适应直通式的工作方式将被激活。在这种交换机中,默认的工作方式是直通式,同时可以选择激活存储转发模式。当交换机转发数据帧时,它开始用直通式转发数据帧,同时监视着它所转发的数据帧,并设置一个计数器,如果发现一个错误数据帧,计数器就自动加 1。当计数器的值达到某一限制值时,交换机将工作方式自动切换到存储转发模式,以保证不让错误的数据帧浪费带宽。这种工作方式结合了存储转发和直通式的优点,在网络状况好的时候能够有效地保证低延迟转发。

3. 自由分段方式

某些品牌的交换机(如 Cisco)同时还提供了另外一种工作方式:自由分段。自由分段模式也称为碎片丢弃交换模式或碎片隔离交换模式。采用这种交换模式的原因是当网络发生冲突时会产生小于 64 字节的冲突碎片(collision fragment),冲突碎片是无效的数据帧,应该丢弃。

自由分段方式有效地结合了直通式和存储转发模式的优点。当交换机工作在自由分段模式时,它只检查数据帧的前 64 字节,如果前 64 字节没有出现错误,交换机就转发该数据帧。反之,如果检测到前 64 字节出错,交换机就丢弃该帧。采用自由分段模式可以检查出大部分错误数据帧。

自由分段模式有些类似直通式,两者都是在接收到数据帧前端的部分字节后再转发数据,但自由分段模式要比直通式在转发前多接收 58 字节的数据,所以它的延迟要比直通式大,比存储转发模式小。

4. 三种工作方式的比较

在介绍了交换机的三种工作方式后,通过图 4-15 可以很好地看出这三种工作方式的区别。

从图 4-15 可以看出,交换机的每种工作方式都有各自的优点和缺点。这些优缺点主要体现在两个方面:错误检测和延迟。表 4-4 是对这三种工作方式在这两个方面的比较。

图 4-15 三种工作方式的比较

表 4-4 交换机工作方式比较

工作方式	错误检测	延迟
存储转发	检查整个数据帧,如果发现错误则丢弃	随数据帧的长度而变化,不固定,延迟最大
直通式	不检查,收到前 6 字节就直接转发	固定的,低延迟
自由分段	检查前 64 字节,如果发现错误则丢弃	固定的,比直通式稍大

5. 交换机与网桥在功能上的联系

交换机有三个主要功能:地址学习、转发和过滤数据、消除回路。在地址学习以及转发和过滤数据上,交换机同透明网桥的功能是相似的,主要表现为:

(1) 交换机在工作中会了解到与每个端口相连接设备(主要是计算机)的 MAC 地址,并建立 MAC 地址与对应端口的映射关系,然后将其保存在交换机的 MAC 地址表中。如果有一台 24 端口的交换机,在每个端口都连接有一台计算机的情况下,在交换机的 MAC 地址表中会有 24 个映射关系,这显然要比网桥方便,因为不同端口之间的通信只在同一台交换机中完成,而不像网桥那样需要在多台设备之间进行查询。

交换机的 MAC 地址表称为内容可寻址存储器(Content Addressable Memory,CAM)表,简称为 CAM 表。这张表上记录了 MAC 地址与交换机特定端口之间的映射关系,主要功能有:

- 跟踪连接到交换机上的设备,建立设备与交换机之间的对应关系。
- 当接收到一个数据帧后,通过 MAC 地址表可以决定将该数据帧转发到哪个端口。

(2) 当交换机接收到一个数据帧时,它会在 MAC 地址表中查询目标端口,如果找到了该端口(其实是找到了目标设备的 MAC 地址对应的端口号),便将数据帧转发到该端口,否则会将该数据帧泛洪到除发出该数据帧的源端口外的其他所有端口。

在交换机中,通过生成树协议(Spanning Tree Protocol,STP)来消除可能产生的回路。STP 是一种数据链路层管理协议,它根据相应的算法来阻断网络冗余链路,从而消除网络中数据链路层的回路(也称"环路")。根据应用需要,冗余链路可以为数据链路层设备之间连接提供链路备份功能。STP 协议的实现在 IEEE 802.1D 中进行了定义。

4.5 以太网中的标签技术及应用

利用网桥和交换机,不但在数据链路层扩展了以太网的连接范围,而且提高了以太网的运行效率。利用标签(tag)技术,可以扩展以太网的功能,增强以太网的可管理性。其中,本节介绍的 VLAN 是在标准以太网的帧结构中插入一个标签实现对以太网功能的扩展,而 QinQ 是在 VLAN 标签的基础上再插入一个标签形成双重标签结构,MAC in MAC 则是在原有 MAC 地址上再添加一层 MAC 地址,形成双层 MAC 地址的帧结构。

4.5.1 VLAN 技术

虚拟局域网(Virtual Local Area Network,VLAN)是指在交换式局域网的基础上,采用网络管理软件构建的可跨越不同网段、不同网络的端到端的逻辑网络。一个 VLAN 组成一个逻辑子网,即一个逻辑广播域,它可以覆盖多个网络设备,允许处于不同地理位置的网络用户加入到一个逻辑子网中。同时,在同一台交换机上也可以划分多个 VLAN。1996 年,Cisco 公司首先提出了 VLAN 技术,并在其网络设备中使用。IEEE 于 1999 年颁布用以标准化 VLAN 实现方案的 IEEE 802.1Q 协议标准草案。

1. VLAN 的概念

VLAN 是建立在物理网络基础上的一种逻辑子网,因此建立 VLAN 需要相应的支持 VLAN 技术的网络设备。当网络中的不同 VLAN 间进行相互通信时,需要路由的支持,这时就需要增加路由设备——路由器或三层交换机。交换机提供了使用 VLAN 进行广播域分段的方法。在交换机中,一个 VLAN 被定义成一个广播域,处于同一个 VLAN 的站点之间可以接收彼此的广播消息。如果某个 VLAN 的成员发送广播,属于这个 VLAN 的所有成员都将会接收到这个广播。但是广播消息会被不属于同一 VLAN 的端口或设备过滤掉,图 4-16 显示了通过在交换机上划分 VLAN 来隔离广播域的情况。

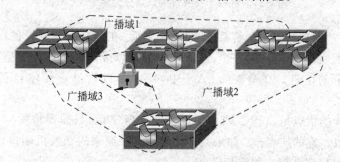

图 4-16 通过在交换机上划分 VLAN 来隔离广播域

划分 VLAN 以后,交换机中的每个广播域就像一个虚拟的网桥。可以为交换机定义多个虚拟网桥,每个虚拟网桥定义了一个 VLAN,在图 4-16 中,总共定义了三个 VLAN,每个交换机被逻辑地划分成多个虚拟网桥,每个虚拟网桥都属于不同的 VLAN。

一个 VLAN 是一个逻辑网段(如 IP 子网),这个逻辑网段和传统的物理网段的概念是有区别的。物理网段是指连接在同一个物理介质上的设备,这里的逻辑网段是指被配置为同一 VLAN 成员的设备,这些设备可能连接在不同的物理介质上(例如不同的交换机上)。因此,VLAN 是对连接到第二层交换机端口的网络用户的逻辑分段,它不受网络用户的物理位置限制。一个 VLAN 可以在一台或多台交换机上实现。VLAN 可以根据网络用户的位置、作用、部门或者根据网络用户所使用的应用程序和协议来进行分组。

在交换机中,一个 VLAN 的信息不能直接被传播到另一个 VLAN,VLAN 之间的通信必须通过路由器或者三层交换机来实现。有关 VLAN 间通信的内容在本章随后将会进行详细介绍。

在交换式网络的设计中,VLAN 和 IP 子网是一一对应的关系。连接到交换机上的主机只知道它是某个 IP 子网的成员,并不知道交换机上存在着一个 VLAN。交换机确保 VLAN 内部所有成员的通信。

2. VLAN 的实现方法

VLAN 的实现方式有两种:静态 VLAN 和动态 VLAN。在实际应用中,多使用静态 VLAN。

1) 静态 VLAN

静态 VLAN 是指将交换机端口分配给某一个 VLAN,这是一种最常使用的配置方式。静态 VLAN 容易实现和监视,而且比较安全。静态 VLAN 是根据以太网交换机端口来划分的,如图 4-17 所示,将一台 24 口交换机的 1~6 端口划给 VLAN 10,7~12 端口划给 VLAN 40,13~18 端口划给 VLAN 20,19~24 端口划给 VLAN 30。当然,这些属于同一 VLAN 的端口可以是不连续的,具体如何分配,由用户根据需要来决定。并且同一 VLAN 可以跨越多个交换机。根据端口划分是目前定义 VLAN 最广泛使用的方法。

图 4-17　将一个交换机端口划分为多个 VLAN

当交换机的一个端口被指派给某个 VLAN 之后,在没有第三层设备(路由器或者三层交换机)的干涉下,它将不能对另一个 VLAN 中的端口或者设备进行数据的发送或者接收另一个 VLAN 中的信息。在静态 VLAN 中,每个端口只负责传输自己所属 VLAN 的数据。

静态 VLAN 的优点是:定义 VLAN 成员时非常简单,只需要将相应的端口划分给所属 VLAN 即可。它的缺点是:如果某个用户离开了原来的交换机端口,接入到一个新的交换机的某个端口,那么就必须重新定义。

2) 动态 VLAN

动态划分 VLAN 的方法是根据每个主机的地址(如 MAC 地址或 IP 地址)来划分。在这种实现方式中,必须先建立一个较复杂的数据库,数据库中包含了网络设备的地址及相应的 VLAN 号。这样当网络设备接到交换机端口时,交换机会根据地址自动把这个网络设备分配给相应的 VLAN。其实,动态 VLAN 的配置还可以是基于应用或者所使用的协议的。

实现动态 VLAN 的时候,需要使用相应管理软件来对 VLAN 数据库进行管理,例如 MS SQL Server。例如在 Cisco Catalyst 交换机上可以使用 VLAN 管理策略服务器(VMPS)实现基于 MAC 地址的动态 VLAN 配置。VMPS 维护着一张 MAC 地址与 VLAN 的映射表。

动态 VLAN 的最大优点是:网络管理员只需维护和管理相应的数据库,而不用关心用户使用哪一个端口,当用户物理位置移动时(例如从一个交换机换到其他的交换机),VLAN 不用重新配置,所以可以认为这种根据地址的划分方法是基于用户的 VLAN。

动态 VLAN 的缺点是:在初始化时,必须对所有的用户进行配置,如果有几百个甚至上千个用户的话,这个配置的工作量是非常大的。而且这种划分的方法也导致了交换机执行效率的降低,因为在每一个交换机的端口都可能存在很多个 VLAN 组的成员,这样就无法限制广播信息。

3. VLAN 的工作原理

VLAN 技术建立在已有的交换网络的基础上。由于 VLAN 面对的直接对象是数据帧,所以在采用 VLAN 后,会改变原有的数据帧的结构。不同的公司制定的 VLAN 标准,其实现方法不尽相同。目前,应用最为广泛的两种 VLAN 标准是 ISL 和 IEEE 802.1Q。其中,ISL(Inter-Switch Link,交换机间链路)虽然不是一种通用标准,但是由于 Cisco Catalyst 交换机的大量使用,ISL 标准引起了网络用户的普遍关注。有关 ISL 标准的内容读者可参阅相关的技术文献,本节主要介绍由 IEEE 制定的适用于所有交换机 802.1Q VLAN 技术的工作原理。

1) IEEE 802.1Q 的工作特点

IEEE 802.1Q 是一种标准的 VLAN 标识方法,非 Cisco 公司的产品也能够支持该标准,因此 IEEE 802.1Q 可以用于不同厂商设备之间的互联。

802.1Q 标准也称为 Virtual Bridged Local Area Networks 协议,当使用支持 IEEE 802.1Q 标准的交换机后,交换机会在接收到的帧的源地址后面添加一个 4 字节的 802.1Q 帧头标识符(即"标签"),即 VLAN 标识符(简写为 VID)。由于该标识符在整个网络中是唯一的,并可以被支持 IEEE 802.1Q 标准的交换机识别,所以根据 VLAN 标识符和帧中原有的 MAC 地址,数据帧会被转发到本交换机或其他交换机(也可以是路由器)的指定端口上。当含有 VLAN 标识的帧离开最后一台交换机时,交换机会去掉该帧中的 VLAN 标识符,给用户端设备一个标准的帧。如图 4-18 所示,三台交换机同时支持 IEEE 802.1Q 标准,通过创建的 VLAN20,当标准的数据帧进入交换机的 VLAN20 端口时,交换机会自动为帧添加一个 VID,成为一个包含 VLAN 标识符的数据帧。当数据帧离开交换机的端口时,所有的 VID 都会去掉。所以 VLAN 可以只在交换机上实现,而对用户端的计算机等设备来说是透明的。

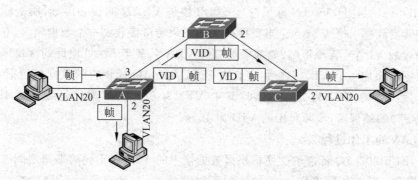

图 4-18 在同一 VLAN 的不同端口之间传输数据

2) IEEE 802.1Q 帧的结构

如图 4-19(a)所示的是一个标准的以太网的帧结构,而图 4-19(b)是一个添加了 IEEE 802.1Q 标识符后的数据帧的结构。VLAN 功能就是通过 IEEE 802.1Q 的标识符来实现的,IEEE 802.1Q 标识符分为两个字段,每一个字段占用两个字节。

第一个字段是标签协议标识(Tag Protocol Identifier,TPID),在以太网中该值为固定值 0x8100。TPID 是 IEEE 定义的一种新的类型(type)，表明这是一个添加了 IEEE 802.1Q 标识符的帧。

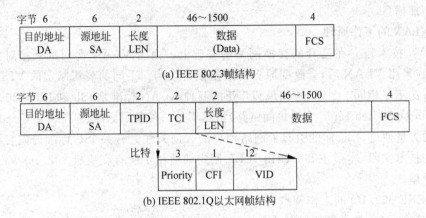

图 4-19　IEEE 802.3 帧结构与 IEEE 802.1Q 以太网帧结构

第二个字段是标签控制信息(Tag Control Information,TCP)，它由以下三个子域组成：

- Priority(优先级)。该子域占用三位，可提供 0～7 共 8 个不同的优先级。提供该子域的目的是使交换机能够为不同的数据帧提供不同的服务质量，当交换机出现阻塞时，让优先级高的数据优先通过。该子域的功能目前尚未使用。
- CFI(Canonical Format Indicator,规范的格式标识)。这一位用于标识 MAC 帧的格式，当是 IEEE 802.3 以太网帧时该位为 0，当是 IEEE 802.5 令牌环帧时该位为 1。设置 CFI 位的目的是实现以太网与令牌环网之间的兼容，当以太网交换机从一个端口接收到一个 CFI 值为 1 的令牌环帧时，交换机会将该令牌环帧转发给另一个与令牌环网连接的端口，而不会转发给以太网端口。这时，以太网交换机成为连接两个令牌环网的网桥。其实，CFI 位与 VLAN 之间没有实质性的联系。
- VID(VLAN ID,VLAN 标识符)。这 12 位是 VLAN 的核心部分，用于标识数据帧应转发到哪一个 VLAN。当交换机从某一个端口接收到一个数据帧时，它会根据已设置的 VLAN 管理策略(如基于端口的 VLAN、基于 MAC 地址的 VLAN 等)为该数据帧添加一个 VID。之后，包含有 IEEE 802.1Q 标识符的数据帧根据 VID 进行转发。总的 VID 为 $2^{12}=4096$，其中 VID 为 0 的帧称为优先级帧，VID 为 4095(FFF)的帧保留，实际可用的 VID 为 4094。

4. VLAN 的工作过程

符合 IEEE 802.1Q 标准的交换机根据数据帧中的 VID 在不同的端口之间进行帧的转发和过滤操作。具有相同 VID 的端口之间可以直接通信，具有不同 VID 的端口之间如果要进行通信必须通过三层设备(三层交换机或路由器)来实现。VLAN 的工作由入口处理、转发处理和出口处理三部分组成，其操作如图 4-20 所示。

1) 入口处理

入口处理(Ingress Process)是针对进入交换机(或路由器)指定端口的数据帧而进行的操作。每一个支持 IEEE 802.1Q 的交换机都具有入口处理规则，规则一般分为两类：接收包含有 VLAN 标识符的帧和接收所有帧。

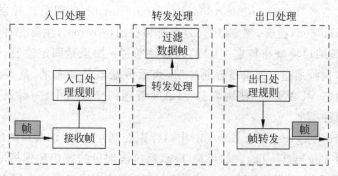

图 4-20 基于 IEEE 802.1Q 标准 VLAN 的工作过程

如果仅接收包含有 VLAN 标识符的帧,那么所有未包含有 VLAN 标识符的帧在进入该端口时会被交换机自动丢弃,而包含有 VLAN 标识符的帧则根据 VID 的值划分到指定的 VLAN 中,并进入下一个处理过程。

如果接收所有类型的帧,那么当交换机从某一端口接收到一个包含有 VLAN 标识符的数据帧时,交换机会将其划分到 VID 所标识的 VLAN 中,并进入到下一个处理过程;如果接收到的是一个未包含有 VLAN 标识符的帧时,交换机会自动对数据帧添加一个 PVID(Port VID,基于端口的 VID),将该数据帧添加到交换机默认的 VLAN 中。每一个支持 IEEE 802.1Q 标准的交换机都有一个默认的 VID,其值一般为 1,即 VLAN1。默认情况下,交换机会将所有的端口自动添加到 VLAN1 中,以便于不同端口之间能够相互转发数据帧。

2) 转发处理

转发处理(Forward Process)根据交换机中的过滤规则,决定对帧进行转发操作。过滤规则由一个过滤数据库实现,在过滤数据库中存储着 VLAN 的注册信息,这些信息有可能是手工输入的,如将交换机的端口分别添加到指定的 VLAN 中后形成的注册信息,这种 VLAN 称为静态 VLAN。如果 VLAN 注册信息是动态获取的,这种 VLAN 称为动态 VLAN。不管是静态 VLAN,还是动态 VLAN,在交换机中都会存在一个如表 4-5 所示的过滤数据库。

表 4-5 过滤数据库中的记录

VID	Port	Ad Control(注册管理控制)	Tag Control(出口标识控制)
10	1	Forbidden(禁止)	Tag
10	2	Fixed(固定)	Tag
10	3	Normal(普通)	UnTag
20	4	Fixed(固定)	Tag
20	5	Fixed(固定)	UnTag
……	……	……	……

其中:
- VID(VLAN ID)。VLAN 的标识。
- Port(端口)。交换机的物理端口。

- 注册管理控制(Registration Administration Control,注册管理控制)。该字段分为禁止(Forbidden)注册、固定(Fixed)注册和普通(Normal)注册三种类型。如果是禁止注册,该端口将禁止特定 VID 的数据帧通过;如果是固定注册,该端口允许特定 VID 的数据帧通过;如果是普通注册,表示该端口是动态的,是否允许数据帧通过取决于动态 VLAN。在使用静态 VLAN 管理的交换机中,一般只有禁止注册和固定注册两种类型。
- Tag Control(Egress Tag Control,出口标识控制)。用于该端口的出口处理操作,该值可能为 Tag 或 UnTag。如果是 Tag,通过该端口的帧仍然保持原样,即仍然携带 VLAN 标识符;如果是 UnTag,则数据帧在离开该端口时会去掉 VLAN 标识符。

3) 出口处理

出口处理(Egress Process)根据过滤数据库中出口标识控制(Tag Control)的值决定是否去掉 VLAN 标识符。如果是 Tag,数据帧离开该端口时保留 VLAN 标识符;如果是 UnTag,数据帧离开该端口时则去掉标识符。

5. VLAN 应用举例

IEEE 802.1Q 的应用非常广泛,已成为交换式局域网中必备的一项技术。下面通过一个应用实例来说明 VLAN 的工作方式和一些与应用相关的概念。

1) 链路及端口类型

对于支持 IEEE 802.1Q 标准的设备来说,可以将链路分为接入链路、干道链路和混合链路三种类型。其中:

- 接入链路(Access Link)。此链路上连接设备一般不支持 IEEE 802.1Q 标准,即在该链路中传输的数据帧是传统的未添加 VLAN 标识符的帧。当不支持 IEEE 802.1Q 标准的网卡接入交换机时,必须使用接入链路。
- 干道链路(Trunk Link)。此链路两端连接的设备都支持 IEEE 802.1Q 标准。支持 IEEE 802.1Q 标准的交换机之间的级连需要使用干道链路。目前,有些较新的网卡也支持 IEEE 802.1Q 标准,当其接入网络时也需要使用干道链路。
- 混合链路(Hybrid Link)。此链路上连接的设备既可以支持 IEEE 802.1Q 标准,也可以不支持 IEEE 802.1Q 标准。

与链路类型相对应,交换机等设备的端口也分为以下三种类型:

- 接入端口(Access Port)。连接接入链路的端口。
- 干道端口(Trunk Port)。连接干道链路的端口。
- 混合端口(Hybrid Port)。连接混合链路的端口。

几种常用链路和端口的关系如图 4-21 所示。

2) 同一 VLAN 中不同端口的数据转发过程

如图 4-21 所示,支持 IEEE 802.1Q 标准的 Switch-A、Switch-B 和 Switch-C 交换机之间进行互联,其中 Switch-C 的 G1 和 G2 端口分别连接 Switch-A 和 Switch-B 的 G1 端口,这些端口之间需要转发不同 VLAN 的数据帧,所以必须将这些端口的类型设置为干道端口。在 Switch-A 和 Switch-B 上,分别将端口 F1~F3 添加到 VLAN10,将端口 F12 端口添加到 VLAN20,这些端口的类型都设置为接入端口。另外,在进行端口类型的设置之前还需要在三台交换机上分别创建 VLAN10 和 VLAN20 两个 VLAN。

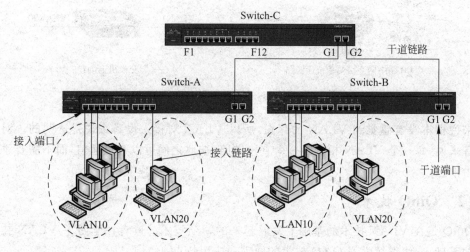

图 4-21 一个支持 IEEE 802.1Q 的网络应用实例

通过以上的配置,在三台交换机上已分别形成了各自的 MAC 地址表和过滤数据库。如果三台交换机都是二层交换机,这时位于同一 VLAN 的主机之间可以通信,但位于不同 VLAN 的主机之间是无法进行通信的。现在,假设连接在 Switch-A 的 F1 端口上的计算机要与连接在 Switch-B 的 F3 端口上的计算机通信,Switch-A 在 F1 端口接收到帧后,由于该端口类型为接入端口,且位于 VLAN10 中,所以交换机会自动为该帧添加一个 VID 为 10 的标识符,形成一个 VLAN 帧。该帧首先在本地交换机(Switch-A)中查找过滤数据库及 MAC 地址表,看在本机上是否存在目的主机对应的记录。在本例中,在 Switch-A 中没有发现与 Switch-B 的 F3 端口连接的目的主机的记录,此时 Switch-A 在过滤数据库中查询是否存在干道端口,如果有,便将帧通过干道端口转发出去,且不修改帧的任何信息;如果没有,则丢弃该帧。在本例中,帧通过 Switch-A 的 G1 端口转发给 Switch-C。当帧到达 Switch-C 后,同样要查看过滤数据库和 MAC 地址表,同样 Switch-C 无法找到与目的主机相关的记录。所以,Switch-C 通过干道端口 G2 将帧转发给 Switch-B。当 Switch-B 接收到帧后,通过查询过滤数据库及 MAC 地址表,会将帧交给 F3 端口。当带有 VLAN 标识符的帧离开 F3 端口时,去掉 VLAN 标识符,与 F3 连接的计算机接收到一个未带 VLAN 标识符的帧。

3) 不同 VLAN 之间的数据转发过程

如果 Switch-C 是一台三层交换机或路由器,就可以实现位于不同 VLAN 的端口之间相互转发数据。为什么使用了三层交换机或路由器后就可以实现不同 VLAN 之间的通信呢?可以用直连链路的路由选择来回答这一问题。如图 4-22(a)所示,路由器两端的链路属于该路由器的直连链路,路由器会自动添加直连链路的路由信息,所以直连链路之间不需要手工配置路由信息就可以实现相互之间的通信。如图 4-22(b)所示,对于 Switch-C 来说,VLAN10 和 VLAN20 相当于两条直连链路。所以当如图 4-21 中的 Switch-C 为一台三层交换机或路由器时,就可以实现不同 VLAN 之间的通信。

通过以上的分析可以看出,带有 VLAN 标识符的帧一般只存在于交换机中,对接入计

(a) 路由器连接两条直连链路　　　　(b) 在三层交换机上创建的VLAN

图 4-22　VLAN 与直连链路之间的关系

算机来说根本没有感觉到 VLAN 的存在,所以 VLAN 对接入设备来说是透明的。对于三层设备来说,每一个 VLAN 相当于一个直连链路,彼此之间可以直接通信,而不需要手工配置路由信息。

4.5.2　QinQ 技术

QinQ 是在 VLAN 技术的基础上发展起来的一项技术。读者在学习了 VLAN 技术和应用的基础上,将继续学习 QinQ 技术的原理和应用特点。

1. QinQ 数据帧的结构

QinQ 即 802.1Q in 802.1Q,其中文解释为 802.1Q 隧道协议,相关技术细节在 IEEE 802.1ad 文档中进行了描述。QinQ 数据帧的格式如图 4-23 所示,是在标准的 IEEE 802.1Q 数据帧的外层又添加了一层 IEEE 802.1Q 标签(即"标识符"),从而形成双层 IEEE 802.1Q 标签的帧结构。其中,内层的 IEEE 802.1Q 标签仍然标识局域网个人用户或应用,而外层的 IEEE 802.1Q 标签插入到 SA(Source Address)字段之后,一般由城域以太网运营商在 UNI(User-Network Interface)处添加,用于标识不同的服务或局域网用户。为便于区分,将内层 IEEE 802.1Q 标签称为 Customer VLAN tag(简称 C-VLAN tag),而将外层 IEEE 802.1Q 标签称为 Service Provider VLAN tag(简称 SP-VLAN tag)。

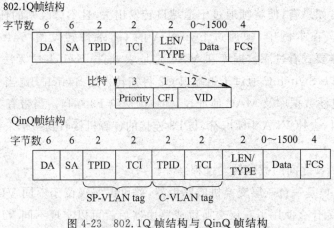

图 4-23　802.1Q 帧结构与 QinQ 帧结构

需要说明的是:在图 4-23 中,将以太网帧结构中的"数据"(Data)字段值设置为 0~1500 字节,而不是前文介绍的 46~1500 字节。其实,这两种表示方法所包含的意思是相同的。当表示为 0~1500 字节时,是指由网络层交给数据链路层"数据"字段的数据大小应在 0~1500 字节之间,其中当小于 46 字节时,数据链路层进行填充处理。如果"数据"字段值表示为 46~1500 字节,则直接说明 MAC 帧中"数据"字段的大小。

其中,TPID(Tag Protocol Identifier)是 IEEE 定义的一种新类型(type),在 C-VLAN tag 中该值一般为固定值 0x8100,表明这是一个添加了 IEEE 802.1Q 标签的帧。而在 SP-VLAN tag 中,该值可以由用户指定,但一般为 0x9100,表示是一个 QinQ 封装的数据帧。

TCP(Tag Control Information)由以下三个子域组成:
- Priority(优先级)。该子域占用 3bit,可提供 0~7 共 8 个不同的优先级,使设备能够为不同的数据帧提供不同的服务质量。在 IEEE 802.1Q 数据帧中,该子域的功能目前尚未使用。但在 QinQ(包括 C-VLAN tag 和 SP-VALN tag)数据帧中,可通过该子域的功能实现局域以太网和城域以太网的优先级服务。
- CFI(Canonical Format Indicator)用于标识 MAC 帧的格式,实现以太网与令牌环网之间的兼容。在 C-VLAN tag 中,当帧是 IEEE 802.3 以太网帧时该位为 0,当是 IEEE 802.5 令牌环帧时该位为 1。但在 SP-VLAN tag 中,该子域设置为 0。
- VID(VLAN ID)是 VLAN 的核心部分,用于分配数据帧的 VLAN 值。

另外,以太网帧结构中的 LEN/TYPE 字段用于标识该数据帧的 Data 区域封装的数据类型,如果该字段中的 TYPE 值为 0x8100 说明内部封装的是 IP 分组,如果内部封装的是 ARP 报文则该值为 0x0806,等等。

2. QinQ 的工作原理

QinQ 通过添加新标签扩展了以太网的功能,其实现过程包括 QinQ 数据帧的封装、终结和转发三个过程。

1) QinQ 数据帧的封装

QinQ 封装是指将单标签的 IEEE 802.1Q 数据帧转换为双标签的 QinQ 数据帧的过程。封装一般在 UNI 处的交换端口上进行,凡是进入某一交换端口的流量都添加一个 SP-VLAN tag。

2) QinQ 数据帧的终结

终结也称为解封装,是封装的逆过程,具体是指对 QinQ 的双层 tag 进行识别,并根据后续的转发策略决定取消 tag 或继续进行发送。QinQ 终结端口与普通的 IEEE 802.1Q 终结端口类似,普通的 IEEE 802.1Q 终结端口仅对单层的 VLAN tag 进行识别和终结,而 QinQ 终结端口则对双层 VLAN tag 进行识别和终结。

3) QinQ 数据帧的转发过程

QinQ 数据帧在转发过程中,只有对 QinQ 进行封装和终结的两端设备才需要处理 QinQ 数据帧的双层 tag,而其他的中间设备只需要处理外层的 SP-VLAN tag。这样,对于城域以太网运营商来说,只需要使 UNI 处的 PE 设备支持 QinQ,而中间设备可以继续使用不支持 QinQ 的普通设备,降低了网络的建设和运营成本。由于 QinQ 操作对用户来说是透明的,所以用户端设备 CE(Customer Edge)的工作模式并未发生变化。为此,QinQ 封装和终结的端口集中在 UNI 处的运营商端设备 PE(Provider Edge)设备上,可分为接入端口(Access Port)和上联端口(Uplink Port),如图 4-24 所示。

由于 CE 不参与 QinQ 的操作,所以在 PE 的接入端口上数据帧的操作过程如下:

(1) 处于 UNI 处的 PE 从 CE 处接收数据帧,并提取 DA 字段中的 MAC 值,然后在 PE 的 MAC 地址表中进行查询。如果有该 MAC 值对应的记录,则进入第(2)步的操作,否则进入第(3)步的操作。

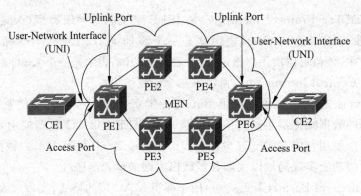

图 4-24 城域以太网中的设备及端口类型

(2) 从 PE 的 SP-VLAN 配置列表中提取出接收该数据帧端口或数据流对应的 SP-VLAN ID。

(3) 查看数据帧在离开 CE 设备时是否已添加了 C-VLAN tag 标签,如果有 C-VLAN tag 标签则继续保留,否则便添加一个缺省的 C-VLAN ID。该缺省 C-VLAN ID 可以是基于端口、协议、MAC 或子网的。

(4) 对于单播以太网帧(Unicast)则用 DA 和 SP-VLAN ID 作为索引查找二层转发表(L2 Forwarding Table),将得到出端口的值。对于组播以太网帧(Multicast)、MAC 地址未知的帧、广播帧(broadcast)或在查找二层转发表时失败的数据帧(Destination Look-up Failure,DLF),将通过端口位映射操作,从 VLAN Table 中查找该帧所对应的 VLAN 成员端口(不包括入端口),将其作为出端口。

(5) 出端口是否要设置 QinQ(是否添加 SP-VLAN tag)?如果是,则添加 SP-VLAN tag,并根据相应的策略或 SP-VLAN tag 的等级服务(CoS)值,设置 SP-VLAN 的优先级,形成完整的 QinQ 数据帧,然后通过出端口转发出去;如果否,直接将仅包含有 C-VLAN tag 标签的数据帧从相应的端口转发出去(这种情况一般很少见)。

在 QinQ 数据帧的转发过程中,通过上联端口的数据帧已经拥有 SP-VLAN ID,所以处理方式要比接入端口简单,具体操作过程如下:

(1) 查看数据帧中 TPID 字段是否为 SP-VLAN ID(其值是否为 0x9100)?如果是,说明该数据帧支持 QinQ 操作模式,并进入第(2)步的操作;如果不是,说明该数据帧不支持 QinQ 操作模式,该数据帧将交给相应的软件分析模块进行处理。

(2) 对于单播以太网帧,则用 DA 和 SP-VLAN ID 作为索引查找二层转发表,得到出端口;对于组播以太网帧和 DLF 帧,则通过端口映射操作得到出端口。

(3) 构建帧的出端口的位映射。

(4) 根据相应的策略,利用 C-VLAN tag 中的 CoS 值来设置 SP-VLAN tag 中的 CoS 值。同时,对于一些具有特殊目的 MAC 地址的帧,可根据需要有选择性地交给相应的分析软件模块进行处理。

(5) 通过出端口转发 QinQ 数据帧。

3. QinQ 技术的主要特点分析

1) 扩展了 VLAN 数量空间

因为标准 IEEE 802.1Q 中定义的 VLAN ID 域只有 12bit,仅能标识 4K($2^{12}=4096$)个

不同的 VLAN,这虽然能够满足局域网的应用需要,但在城域以太网应用中就显得不足了。QinQ 扩展了 VLAN 的数量空间,通过在原有 IEEE 802.1Q 数据帧的基础上再添加一层 IEEE 802.1Q 标签,使 VLAN 的数量达到了 4K×4K,如此丰富的 VLAN 数量为运营商的精细化运作提供了资源保障。

在标准的 QinQ 数据帧中,VLAN 分为 C-VLAN ID 和 SP-VLAN ID 两部分,各占用 4K 的数量空间,是分开使用的。现在,一些设备制造商为了追求 VLAN 数量,开始提出 4K×4K 的整合方案,在应用中不再区分 C-VLAN ID 和 SP-VLAN ID。

2) 提供优先级服务

IEEE 802.1Q 数据帧虽然提供了 3bit 的 Priority(优先级)字段,但并没有得到应用。而在 QinQ 数据帧中,可通过 SP-VLAN tag 中提供的 Priority 得到 8 个不同的优先级,用来支持和区分不同的服务。如图 4-25 所示,运营商在 UNI 处的 PE 上可以根据用户数据帧的 C-VLAN ID 实现不同的服务等级,用于 C-VLAN 10～19 的用户数据映射为 SP-VLAN 10,C-VLAN 20～29 的用户数据映射为 SP-VLAN 20,C-VLAN 30～39 的用户数据映射为 SP-VLAN 30,等等。然后,

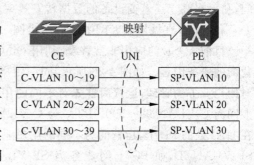

图 4-25 使用 SP-VLAN ID 映射不同的服务类型

为 SP-VLAN 10、SP-VLAN 20 和 SP-VLAN 30 分别指定的不同的服务等级,不同的服务等级享有不同的服务质量,享有不同服务质量的用户需要支付不同的网络使用费用。这一实现过程只需要在运营商的边界 PE 上进行,不同的 SP-VLAN ID 设置标识不同的服务,不同的 SP-VLAN CoS 设置标识不同的 CoS,运营商可以根据 SP-VLAN ID 和 SP-VLAN CoS 的组合细化服务类型。

除基于不同的 C-VLAN ID 指定不同的服务等级外,运营商还可以根据以下的方式设置不同的服务等级:

- 根据 UNI 处 PE 的端口来设置不同的 SP-VLAN ID。
- 根据用户数据帧中的 C-VLAN ID+Priority 来提供不同的服务等级。当同一用户的多种业务使用相同的 VLAN ID 时,可以根据不同业务的 Priority 来设置服务等级。
- 根据目的 IP 的不同设置不同的服务等级。当同一 LAN 或 PC 既包括普通 IP 应用,又包括 IPTV、VoIP 等实时性应用时,可以根据不同应用的目的 IP 地址设置不同的服务等级。
- 根据 LEN/TYPE 字段中的 TYPE 值设置不同的服务等级。当同一 LAN 或 PC 同时包括 PPPOE、IPOE 等业务时,可以根据 LEN/TYPE 字段中的 TYPE(PPPOE 为 0x8863/8864、IPOE 为 0x0800 等)值来设置不同的服务等级。
- 在 UNI 接口处,也可以直接将用户 C-VLAN 中的 Priority 字段内容直接映射到 SP-VLAN 中的 Priority 字段中,为同一 SP-VLAN ID 中的不同用户提供相同的服务质量。

3) 实现用户数据的透传

QinQ 技术实现了基于数据链路层的隧道功能,实现对用户数据的透明传输。运营商

为每一个服务实例分配一个 SP-VLAN ID，然后将用户的一个或一组 C-VLAN ID 映射到该 SP-VLAN ID 上。该映射过程实质是在代表用户应用实例的 C-VLAN tag 外添加一层代表运营商服务实例的 SP-VLAN tag，将用户的 C-VLAN tag 保护起来，在 UNI 处聚集后，从运营商网络的一端透传到另一端。

使用 QinQ 技术的透传功能，可以将分布在不同地理位置的多个 LAN 以隧道方式连接起来，对 LAN 用户来说这种连接类似于使用专线方式。在数据帧的整个转发过程中，除 UNI 处之外的其他运营商设备只需要考虑 SP-VLAN tag，其内部的 C-VLAN tag 不被访问，从而提高了运营商设备的数据转发效率。

4. QinQ 在城域以太网中的应用实例

目前 xDSL 的应用非常普及，利用 QinQ 技术可优化 xDSL 的应用，细分城域以太网运营商的服务内容。如图 4-26 所示，同一用户使用 PC 上网、IPTV、VoIP 多种业务，为了细化对用户业务的管理，运营商首先对不同的用户业务分配不同的 C-VLAN ID 范围，例如 PC 上网为 C-VLAN 99～500，IPTV 为 C-VLAN 501～800，VoIP 为 C-VLAN 801～1200 等。在 UNI 处的 PE 上，运营商为不同的用户业务（对应不同的 C-VLAN 范围）分别设置不同的 SP-VLAN ID，如 PC 上网业务为 SP-VLAN 100，IPTV 为 SP-VLAN 500，VoIP 为 SP-VLAN 800 等。此时，内层 VLAN tag 代表了用户信息，而外层 VLAN tag 代表业务信息。

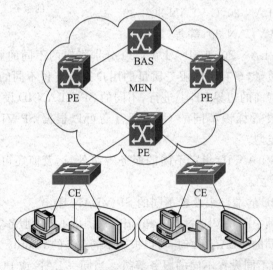

图 4-26　利用 QinQ 细化用户业务

用户数据的转发过程为：用户端设备接入信息化小区的 LAN 交换机（CE），在 LAN 交换机上根据用户信息的不同分配不同的 C-VLAN ID，形成标准的 IEEE 802.1Q 数据帧；IEEE 802.1Q 数据帧到达 UNI 处的 PE，在接入端口上根据 SP-VLAN 配置列表添加 SP-VLAN ID，形成 QinQ 数据帧；QinQ 数据帧依据 SP-VLAN ID 信息在运营商的城域以太网中传输，最终到达 QinQ 终结设备 BAS（宽带接入服务器）；BAS 进行 QinQ 终结，然后通过上联端口将数据交给核心网（在图中未画出）；根据核心网配置的不同，进入后续的 IP 转发或 VPN 传输。

需要说明的是：在该方案中 BAS 的作用是对用户二层数据进行终结，作为用户接入网关，同时提供路由服务。

4.5.3 MAC in MAC 技术

如果要让以太网技术应用于城域网,就需要对其进行必要的技术改进。其中,IEEE 802.1Q VLAN 技术和 IEEE 802.1ad QinQ 技术虽然解决了以太网应用中的一些缺点,但在应用中仍然存在一些不足。以 QinQ 技术为例,虽然它解决了 VLAN ID 资源不足的问题,但由于运营商支持的用户数较多,而每个 QinQ 帧的源 MAC 地址和目的 MAC 地址仍然是数据发送端和最终接受数据的用户端设备的 MAC 地址。这样,在运营商的网络交换设备中不得不维护一个非常庞大的 MAC 转发表,这对设备的性能提出了更高的要求,同时过大的 MAC 转发表也降低了帧的转发速率。为解决 QinQ 技术中存在的问题,在 2005 年颁布的 IEEE 80211ah 草案中提出了一种新的城域以太网技术,即 MAC in MAC 技术,主要应用于城域骨干(Backbone)网络。

如图 4-27 所示,MAC in MAC 技术是对 QinQ 技术的一种改进。当用户网络的数据帧进入到运营商网络时,即在运营商网络的边界处会插入一层与 QinQ 中 SP-VLAN tag 功能相同的标签,但为了与 QinQ 中的 SP-VLAN tag 区别,在 MAC in MAC 中被称为 B-VLAN tag,其中 B 表示(Backbone)。除此之外,还插入了一个新的 tag,用以标识服务实例(Service Instance),所以该 tag 也称为 I-VLAN tag。在 I-VLAN tag 中,包含 20bit 的服务实例 ID(I-SID)。服务实例可用来区分不同的用户,增强了 MAC in MAC 技术应用的扩展性。例如,可以使所有的视频业务进入同一个 B-VLAN,而对使用视频业务的不同用户,则可以对其分配不同的服务 I-SID,这样在同一个 B-VLAN 中最多可以支持 2^{20} 个不同用户。

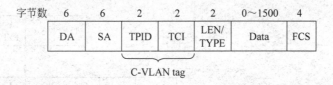

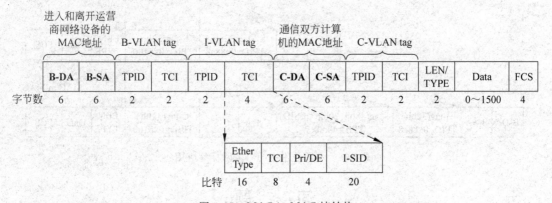

图 4-27 MAC in MAC 帧结构

原来以太网用户的目的 MAC 地址(DA)和源 MAC 地址(SA)在 MAC in MAC 帧中分别标识为 C-DA 和 C-SA,其中 C 表示用户(Customer)地址。为了实现在运营商网络中帧的传输,在 MAC in MAC 帧的最前面添加了运营商边界设备的 MAC 地址,其中 B-DA 表示帧离开运营商网络时边界设备的 MAC 地址,而 B-SA 表示进入运营商网络时边界设备的 MAC 地址。用户数据同样加载到帧的"数据"字段中。正是因为在 VLAN 帧的 MAC 头外层又增加了一层 MAC 头,所以这种技术被称为 MAC in MAC 技术。由于数据帧在运营商网络中的转发是使用运营商网络设备的 MAC 地址,而用户 MAC 地址全部封装在帧的内部,大大压缩了运营商设备中的 MAC 地址的表项。

MAC in MAC 技术中,B-VLAN tag 的功能定义与 QinQ 技术中 SP-VLAN tag 的相同。下面主要介绍 I-VLAN tag 的组成及功能定义:

(1) Ether Type。该字节共占 16bit,用于标识以太网的类型。

(2) TCI(Tag Control Information)。标签的控制信息,如版本、标志位等,共占 8bit。

(3) Pri/DE。表示帧的优先级/丢弃优先级,与 QinQ 中 Priority(优先级)字段的定义相同。该字段共占 4bit。

(4) I-SID。共占 20bit,功能已在前文进行了说明。

QinQ 和 MAC in MAC 技术是对以太网 VLAN 技术的改进。目前,几乎所有的以太网交换机都能够识别标准的 VLAN 帧,如果要能够识别 QinQ 和 MAC in MAC 帧,需要对交换机进行相应的技术改造。随着 QinQ、MAC in MAC 等技术在以太网中的应用,以太网已进入城域网甚至是广域网应用领域。

最后,在图 4-28 中对 IEEE 802.3 以太网、802.1Q VLAN、802.1ad QinQ 和 802.1ah MAC in MAC 的帧结构及主要字段的定义进行了说明,以帮助读者了解以太网标签技术的演进过程。

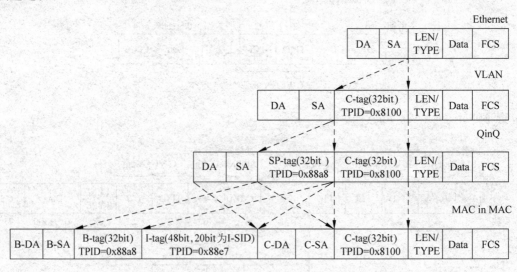

图 4-28　不同技术中的以太网标签应用

习　题

4-1　试分析说明在局域网中为什么要将数据链路层划分为 MAC 子层和 LLC 子层。

4-2　为什么说 LLC 子层提供的是一种透明的服务?

4-3　结合实际,试分析 Internet 对现代计算机网络技术的影响。

4-4　传输介质、网络拓扑结构和介质访问控制方式对局域网有何影响?试举例说明。

4-5　以太网网卡在接收到数据帧后进行 CRC 校验,校验后对出错的帧直接丢掉,而不必通知本地的操作系统。试问对出错的帧是如何让发送端重发的?

4-6　以太网全部采用了曼彻斯特编码技术,试分析曼彻斯特编码技术的特点。

4-7　以 CSMA 协议为基础,分析 CSMA/CD 协议的工作原理。

4-8　CSMA/CD 协议能够解决以太网的冲突吗?试分析说明。

4-9　分析 IEEE 对 6 字节 MAC 地址的编址特点,并说明单播、组播和广播地址的功能及应用特点。

4-10　结合图 4-9,分析 IEEE 802.3 标准与 DIX V2 规范的帧结构及相互之间的不同。

4-11　在 DIX V2 规范中,如果发送端 MAC 帧的数据字段小于 46 字节就要用任意的字符进行填充。对于填充的字符,接收端在接收后必须将其去除。试分析,接收端是如何去除 MAC 帧中的填充字符的呢?

4-12　从 10Mb/s 以太网到万兆以太网,试分析以太网发展过程的特点。

4-13　与集线器相比,网桥在工作原理上有什么不同?并分析以太网网桥的具体工作过程。

4-14　什么是 VLAN?它对以太网功能的扩展发挥着什么作用?

4-15　以图 4-21 为例,分析 VLAN 的工作原理和应用特点。

4-16　什么是 QinQ 技术?它解决了以太网应用中存在的哪些问题?

4-17　什么是 MAC in MAC 技术?结合 QinQ 技术的原理,分析并掌握 MAC in MAC 技术的工作原理与应用特点。

4-18　结合图 4-28,分析以太网标签技术的演进过程及特点。

第5章 网　络　层

网络层(network layer)是对数据链路层功能的扩展。数据链路层实现的是以帧为单位的相邻节点之间的数据传输问题,而网络层实现的是以分组为单位的端到端的通信细节。端到端的通信涉及分组的选路(即"路由")过程,而选路过程既要考虑网络互联问题,还要针对不同的要求设计相应的协议。本章以 Internet 为例,系统地介绍网络层概念、网络层功能、网络层协议,以及网络互联、路由选择、IP 地址管理、IP 组播、网络地址转换等基本概念。通过本章内容的学习,读者能够对 Internet 网络中的数据交换过程有一个整体和全面的认识。

5.1　网络层概述

由网络体系结构和参考模型的定义可知,网络层的主要功能是通过选路过程,为分组在通信子网中的传输提供必要的路径。

5.1.1　网络层的概念

数据链路层所研究和解决的是两个相邻节点之间的数据传输问题,其目的是实现两个相邻节点之间透明、无差错、以帧为单位的数据传输。数据链路层无法解决由多条链路组成的通路的数据传输问题。

网络层关系到通信子网的运行控制,体现了网络应用环境中资源子网访问通信子网的方式,是参考模型中面向数据通信的低三层(即通信子网)中结构最为复杂的一层。网络层的目的是实现两个端系统之间的数据透明传输,具体功能包括路由选择、阻塞控制和网际互联等内容。网络层要研究和解决的问题主要包括:

(1) 为端系统(如用户计算机)的传输层提供分组交付服务。

(2) 路由选择。路由选择是指在由多个数据链路层建成的网络中,通过哪一条或几条通路将数据从发送主机传送到接收主机。

(3) 流量控制。数据链路层的流量控制是针对两个相邻节点而言的,是以帧为单位进行控制的。而网络层的流量控制是针对整个通信子网内的流量而言的,是对进入分组交换网的通信流量进行控制。

(4) 网络连接的建立、保持和终止。

概括地讲,网络层所实现的是将通信子网中的数据(分组)从发送主机传送到接收主机。

需要说明的是:在网络层虽然提供了路由选择和流量控制功能,但不保证分组的可靠传输,网络层提供的是一种"尽力而为"的服务。例如,发送主机在发送一个 IP 数据报时,网络层会利用通信子网提供的路由协议和流量控制功能,尽可能地将 IP 数据报从发送主机经中间路由器发送到接收主机,一旦 IP 数据报出错、丢失或重复,网络层并不负责处理这些错误,对于路由器来说即使接收到的 IP 数据报是错误的,它照样根据错误 IP 数据报提供的地址信息向前发送。当接收主机接收到一个错误 IP 数据报时,网络层也不知道它是错误的,而是直接交付给主机的上层,错误的检测和处理由上层协议负责完成。

5.1.2 网络层提供的服务

为了在端系统之间实现分组在通信之网中的传送,网络层提供了两种不同的服务:数据报(datagram,DG)服务和虚电路(virtual circuit,VC)服务,两者同属于分组交换技术。

1. 数据报服务

当端系统(如一台计算机)要发送一个报文时,先将报文拆分成若干个带有序号和地址信息的数据报,然后依次发给网络节点。此后,各个数据报单独选择自己的路径,分别传输到目的节点。由于在数据报传输中,各数据报不能保证按顺序到达目的节点,有些数据报甚至还可能在途中丢失,需要进行重传。当每个数据报传输到目的节点后,将根据它的序号,恢复为原始报文。数据报的传输过程如图 5-1 所示。

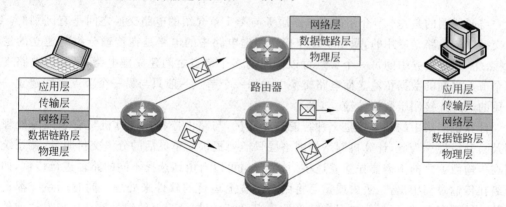

图 5-1 数据报服务的工作过程

数据报服务的特点是:
(1) 格式和实现都比较简单。
(2) 数据报能以最小延时到达目的节点。
(3) 各数据报从发送节点发出的顺序与到达目的节点的顺序无关,同时接入节点必须提供相应的缓存区对报文进行重组。
(4) 由于数据报服务方式不存在电路呼叫的建立过程,所以每一个数据报在通信子网中传输时是相对独立的。
(5) 在数据报服务方式中,虽然每个节点都有一张路由表,但它不像虚电路服务方式那样按虚电路号查找下一个节点,而是根据每一个分组所携带的目的节点地址来决定路由,并对分组进行转发。

2. 虚电路服务

虚电路服务同时借鉴了数据报服务与电路交换的特点,从而实现最佳的数据交换效果。其中,在数据报服务中,发送分组前在发送方与接收方之间不需要预先建立连接;而在虚电路服务中,发送分组之前,需要在发送方与接收方之间建立一条逻辑连接的虚拟电路,如图 5-2 所示。当电路建立好后,两个端系统之间就可以利用这条专用的电路进行分组的传输,在通信过程中每个分组不需要提供详细的主机地址,只需要提供简单的电路编号,通信效率较高。当两个端系统结束分组的传输后就可以释放这条虚电路。

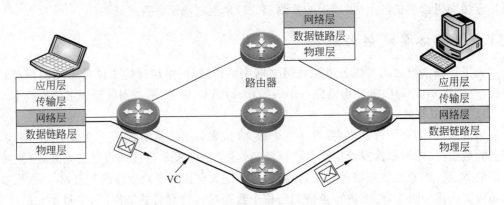

图 5-2 虚电路服务的工作过程

需要说明的是:本节介绍的虚电路服务与第 1 章介绍的电路交换之间是有区别的。电路交换中的电路是专用的,属于物理连接。而虚电路中的电路是在传输分组时建立的逻辑连接;虚电路服务中的每一个节点可以同时与多个节点之间建立虚电路,每条虚电路支持两个节点之间的数据传输。而电路交换中的每一个节点一般只与另一个节点之间建立一条专用的电路连接用于数据传输。

计算机网络中的端系统是一种智能的计算机,与路由器相比计算机具有很强的处理能力及易升级性。为此,计算机网络的网络层只需要提供简单灵活的分组交付服务,端系统之间在传输数据之前不需要先建立连接,每个分组可以自由地选择不同的路径进行传输,如果分组在传输过程中出错、丢失或重复将由端系统上运行的软件来处理。同时端系统都提供有较大的缓存空间,可以暂时保存到来的分组,然后根据分组上的编号重新生成发送前的报文。为此,在 Internet 中提供的是数据报服务,而不使用虚电路服务。

5.1.3 网络互联及互联网络的概念

在计算机网络中,可以分别在物理层、数据链路层和网络层分别完成网络的互联,不同层实现互联的要求和效果不同。

1. 在物理层进行网络互联

在物理层进行网络互联需要使用集线器(也称"转发器")或直接用传输介质,集线器只会扩大一个网络的物理连接范围,而无法实现不同网络(如以太网与 FDDI)之间的互联。由于物理信道存在的冲突问题,对于任何一类网络来说连接范围是受到限制的。例如,以太网使用集线器连接时需遵循"5-4-3 规则",即任何两台计算机之间最多不能超过 5 个物理线路和 4 台集线器,并且只能有 3 台集线器直接与计算机连接。每根双绞线的长度最大为 100m。利用物理层实现网络互联的方式如图 5-3(a)所示。

2. 在数据链路层进行网络互联

数据链路层的网络互联设备主要有网桥或交换机。根据所使用网桥的不同,既可以互

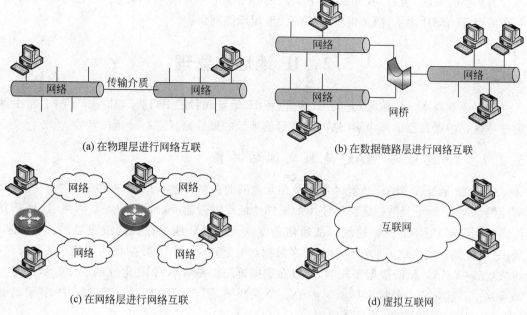

图 5-3 网络互联方式

联同类网络(如以太网与以太网之间的互联),也可以互联不同类型的网络(如以太网与令牌网之间的互联),但用网桥互联后所形成的网络从网络层的角度看仍然属于同一类型的网络,只是对原有网络在数据链路层的扩展,如图 5-3(b)所示。以太网交换机是目前用于扩大以太网连接范围的设备。

利用物理层设备或传输介质以及数据链路层设备可以实现网络的互联,但互联后的网络仍然属于同一类型的网络。所以物理层和数据链路层的网络互联只是对同类网络的扩展,并不是真正意义上的网络互联。

3. 在网络层进行网络互联

在网络层进行网络互联时使用的设备是路由器。路由器是一种用来在网络中进行选路的专用计算机。如图 5-3(c)所示,实际互联的网络可能不是同一种类型的网络,这就涉及网络的异构性。所谓异构性是指所要互联的网络可以采用不同的通信协议、计算机硬件和操作系统。考虑到网络的异构性,在进行互联时就需要采取一种统一的标准化的协议。以 TCP/IP 体系为例,为了在网络层进行异构网络的互联,提供了一个标准化的网际协议(Internet Protocol,IP)。所有参与互联的网络在互联时全部使用 IP,从而形成了一个由 IP 负责维护互联互通的网络,即互联网。概括地讲:将利用路由器将两个及以上的网络相互连接起来所构成的系统称为"互联网络"或"互联网"(internet 或 internetwork)。从用户角度来看,当两台计算机之间进行通信时,它们根本感觉不到不同网络的存在,好像在同一个网络中一样。为此,可以将如图 5-3(c)所示的物理网络虚拟为如图 5-3(d)所示的虚拟互联网络(virtual internet)。

虚拟互联网络虽然建立在异构网络的基础之上,但却屏蔽掉了网络之间的差异性及网络内部的实现细节。虚拟互联网络是对互联网的抽象,它有助于读者学习网络层的功能及协议。

需要说明的是：互联网（internet）和因特网（Internet）不是同一个概念。今天的 Internet 是一个采用 TCP/IP 体系，覆盖世界范围的大型国际性网络。

5.2　IP 地址及管理

分组在互联网上传输时，它的 IP 地址（源 IP 地址和目的 IP 地址）都保持不变。路由器的任务就是根据自己的路由表，选择到达目的地址的最佳路径进行分组的转发。

5.2.1　IP 地址与 MAC 地址之间的关系

掌握 IP 地址和 MAC 地址的作用及相互之间的关系，对学习互联网的通信过程是非常有用的。MAC 地址是数据链路层使用的硬件地址或物理地址，而 IP 地址是网络层（TCP/IP 体系的网际层）使用的逻辑地址。从通信角度来看，MAC 地址在数据链路层添加和识别，而 IP 地址则在网络层添加和识别。但在数据封装过程中，当 IP 数据报达到数据链路层时，将被封装在 MAC 帧的数据字段中，所以在数据链路层是看不到 IP 地址的。图 5-4(a)是由两台路由器连接三个局域网后所形成的一个互联网，图 5-4(b)是对该互联网中 IP 地址和 MAC 地址在通信过程中的具体应用。

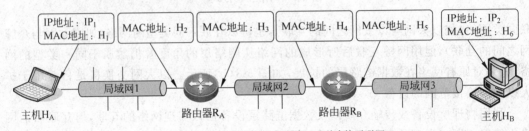

(a) 一个由两台路由器连接三个局域网后形成的互联网

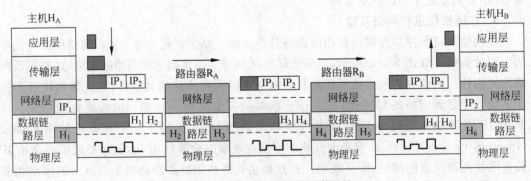

(b) 主机 H_A 与主机 H_B 之间的详细通信过程

图 5-4　IP 地址和 MAC 地址在计算机通信中的应用

从图 5-4 所示的主机 H_A 向 H_B 发送数据的过程可以看出：

（1）由路由器连接局域网后形成的整个通信子网的最高层是网络层。主机 H_A 在网络层生成 IP 数据报后，虽然经过了局域网 1、2 和 3 以及路由器 R_A 和路由器 R_B，但 IP 数据报中的目的 IP 地址（即主机 H_B 的 IP 地址）IP_1 和源 IP 地址（即主机 H_A 的 IP 地址）IP_2 始终保持不变。互联网中的路由器的 IP 地址(图中未标出)不会出现在 IP 数据报的头部。

(2) 路由器在接收到一个 IP 分组后,只根据目的 IP 地址 IP_2 来选择路由,并不查看源 IP 地址 IP_1。

(3) 当主机和路由器网络层的 IP 数据报到达数据链路层后,将被封装在 MAC 帧中,所以 IP 数据报在 MAC 帧中是透明的。局域网工作在数据链路层,根据目的 MAC 地址来转发帧,接收端口也根据目的 MAC 地址来判断该帧是不是发给自己的。例如,主机 H_A 在数据链路层接收到网络层传下来的 IP 数据报时,就会在头部添加发送端的 MAC 地址 H_1(H_1 是主机 H_A 的 MAC 地址)和接收端的 MAC 地址 H_2(H_2 是路由器 R_A 与局域网 1 连接端口的 MAC 地址),同时还会在尾部添加 FCS 字段(图 5-4 中未画出),从而形成主机 H_A 上的 MAC 帧。该 MAC 帧通过局域网 1 到达路由器 R_A 后,路由器 R_A 去掉原来在局域网 1 中形成的 MAC 帧的头部,对得到的 IP 数据报再根据局域网 2 中提供的数据链路层地址重新生成新的 MAC 帧,其中帧头部的源 MAC 地址为 H_3(H_3 是路由器 R_A 与局域网 2 连接端口的 MAC 地址),目的 MAC 地址为 H_4(H_4 是路由器 R_B 与局域网 2 连接端口的 MAC 地址)。重复以上过程,直到主机 H_B 接收到主机 H_A 发给它的信息。

由此可以看出,局域网中只认识 MAC 帧,并通过 MAC 地址实现帧的传输。同时,不同局域网中的 MAC 地址不同。

(4) 在图 5-4 中,尽管局域网 1、2 和 3 可能使用不同的 MAC 层技术标准,但对于主机 H_A 和 H_B 来说,根本感觉不到这种区别的存在。这是因为网络层屏蔽掉了不同局域网技术的实现细节,从而形成一个统一的、抽象的虚拟互联网络。这类似于我们在 Windows 操作系统中将文件从一个窗口拖到另一个窗口,从操作者的角度来看此过程非常简单,只是在两个窗口之间的鼠标拖动,但对 Windows 操作系统来说却在用户看不见的情况下执行了大量的操作指令。

在以上操作中还涉及路由器上的路由选择、MAC 地址的获取等问题,将在本章随后的内容中进行介绍。

5.2.2 IP 地址的组成

目前广泛应用的 IP 版本为 IPv4,它使用 32 位的二进制地址,每个地址由 4 个 8 位组构成,每个 8 位组被转换成十进制并用"."来分割,即"点分十进制表示法",图 5-5 表示了同一 IP 地址的二进制与十进制之间的对应关系。

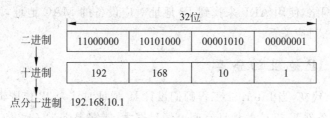

图 5-5 IP 地址的表示格式

IP 地址都被分成网络地址和主机地址两部分,这种寻址策略有些类似街道(网络地址)和门牌号(主机地址)之前的关系。每个住户的地址分别由所在的街道和门牌号来共同决定。对于整个城市来说,这个街道和门牌号都是唯一的,我们可以通过街道和门牌号找到某一住户的地址。例如,当要去某处(江苏路1号)时,应先找到该处所在的街道(江苏路),然后再根据门牌号寻找具体的地址(1号)。

IP地址和街道地址与门牌号的作用相似。IP地址中的网络地址就好比街道地址,用来标识整个网段;主机地址就好比门牌号,用来标识某个指定的主机。

对于一个IP地址,外界只看它的网络地址,而不必关心其内部的网络结构。当外界要向某个主机发送IP数据报时,只看主机IP地址中的网络地址,当IP数据报到达目标主机所在的网段后,再根据主机地址把IP数据报发给目的主机。在图5-6中,路由器将对所有网络地址为192.168.1.0的IP数据报进行同样处理。当路由器收到一个发往192.168.1.2的IP数据报时,它查询自己的路由表,发现通过E1(其中E1中的E表示以太网Ethernet,1为端口的编号)端口可以到达192.168.1.0网络,于是路由器会直接将IP数据报发往E1端口,而不必关心目的IP地址的主机地址;当IP数据报到达E1端口后,路由器发现E1端口与192.168.1.0网络直接连接,于是它查找ARP表得到主机192.168.1.2的MAC地址,最后该IP数据报使用MAC地址封装后发送给目的主机。

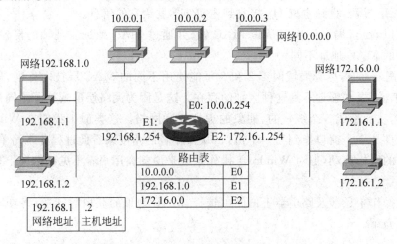

图5-6 网络地址与主机地址

利用RFC中的一段定义:"名字、地址和路由这些概念有很大的不同。一个名字说明要找的东西;一个地址说明它在哪里;一个路由说明如何到达那里"。这段定义说明了设备名称、设备地址(包括MAC地址和IP地址)和路由器之间的关系,这里路由器负责将分组转发到相应的网络,使用ARP来找到IP地址对应设备的MAC地址,MAC地址与设备名称之间存在一一对应关系。

5.2.3 标准IP地址的分类

20世纪70年代初,当Internet工程师们设计IP地址时认为32位逻辑地址已经足够用了,因为在当时的条件下32位的地址空间已经足够大,能够提供2^{32}(4 294 967 296,40多亿)个独立的地址,这个逻辑地址的分配和管理策略就是IPv4。同时,针对网络规模的大小,为有效地利用和管理这些地址,还采用了分组的方法,有的分组较大,有的分组较小。这种管理上的分组也称为地址类。

IPv4是基于32位的地址方案,理论上可以支持40多亿台主机。为了适应不同的网络需求,IPv4 地址被分成 5 类,分别是 A 类、B 类、C 类、D 类和 E 类。其分配由 Internet 地址授权委员会(IANA)统一管理。

5 类 IP 地址的前三类(A 类、B 类和 C 类)被用做全球唯一的单播地址;D 类和 E 类地址为组播和试验目的保留。

目前,全球有三个区域性 Internet 注册机构负责为 ISP 和组织分配成块的 IP 地址。其中美国 Internet 地址注册机构(ARIN)为北美洲和南美洲提供服务;欧洲网络信息中心(PIPE NCC)为欧洲和非洲提供服务;亚太网络信息中心(APNIC)为亚洲地区提供服务。如果想得到关于这三个注册机构的详细信息,可分别登录 http://www.arin.com、http://www.ripe.com 和 http://www.apnic.com。

1. A 类地址

A 类地址是网络中最大的一类地址,它的默认子网掩码是 255.0.0.0,它使用 IP 地址中的第一个 8 位组表示网络地址,其余三个 8 位组表示主机地址。A 类地址的结构使每个网络拥有的主机数非常多,因此 A 类地址是为超大型网络设计的。

A 类地址的第一个 8 位组的第一位被设置为 0,这就限制了 A 类地址的第一个 8 位组的值都不大于 127。

实际上,A 类地址的范围为 1~126。虽然从理论上讲,127.x.x.x 和 0.x.x.x 也属于 A 类地址,但是 127.x.x.x 已经被保留作为回路测试使用,网络 0.0.0.0 也保留用于广播地址(未知网络),所以它们不能分配给任何网络。

因为有三个 8 位组用于表示主机地址,所以每个 A 类网络的主机数可以达到 16 777 216(2^{24}),但是由于全 0 的主机地址表示网络、全 1 的主机地址表示到这个网络的定向广播,所以实际的主机数应在以上计算的结果上减去 2。

主机地址的计算方法是 $2^N - 2$,其中 N 是主机部分的位数,例如在 A 类地址中 $N=24$。

2. B 类地址

B 类地址的默认子网掩码是 255.255.0.0,B 类地址使用前两个 8 位组表示网络地址,后两个 8 位组表示主机地址。设计 B 类地址的目的是支持大中型网络。

B 类地址的第一个 8 位组的前两位固定设置为 10,所以 B 类地址的范围是从 128.0.0.0 到 191.255.255.255。B 类地址可以拥有的网络数为 16 384(2^{14}),每个网络可以拥有的主机数为 65 534($2^{16}-2$)。

3. C 类地址

C 类地址的子网掩码是 255.255.255.0,C 类地址使用前三个 8 位组表示网络地址,最后一个 8 位组表示主机地址。设计 C 类地址的目的是支持大量的小型网络,因为这类地址拥有的网络数目很多,而每个网络所支持的主机数却很少。

C 类地址的第一个 8 位组的前三位被固定设置为 110,所以 C 类地址的范围从 192.0.0.0 到 223.255.255.255。

C 类地址可以拥有的网络数是 2 097 152(2^{21}),每个网络可能拥有的主机数是 254(2^8-2)。

4. D 类地址

D 类地址用于 IP 网络中的组播(多点广播)。它不像 A、B、C 类地址一样拥有网络号和主机号。一个组播地址标识了一个 IP 地址组。因此可以同时把一个数据流发送到多个接收端,这要比为每个接收端创建一个数据流的流量小得多,它可以有效地节省网络带宽。

D 类地址的第一个 8 位组的前 4 位被固定设置成 1110,所以 D 类地址的范围是从 224.0.0.0 到 239.255.255.255。

D 类地址拥有 268 435 456 个组(2^{28}),任何主机都可以自由地加入或离开任何组。组播地址没有子网掩码(有关子网掩码的概念将在本节随后进行介绍)。

5. E 类地址

E 类地址被 Internet 工程任务组(Internet Engineering Task Force,IETF)保留做研究使用,因此 Internet 上没有可用的 E 类地址。

E 类地址的第一个 8 位组的前 5 位固定为 11110,因此有效的地址范围为 240.0.0.0~247.255.255.255。

标准 IP 地址的分类如图 5-7 所示。

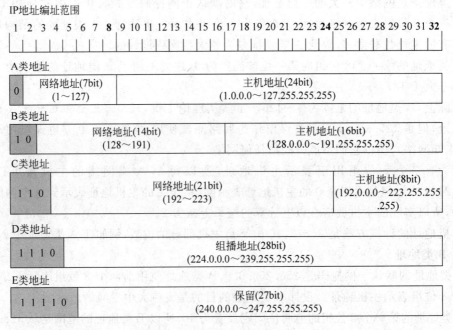

图 5-7 标准 IP 地址的分类方法

5.2.4 掩码的概念和确定方法

在 IP 地址划分与管理过程中,掩码是一个非常重要的概念,是对 IP 地址进行划分的重要依据。

1. 掩码的概念

网络设备如何区分网络地址(网络 ID)和主机地址(主机 ID)呢?这就要引入掩码的概念。网络设备通过使用掩码来确定 IP 地址的组成,具体讲,通过掩码可以确定 IP 地址中的哪一部分属于网络,哪一部分属于主机。

掩码由 32 位 0 和 1 组成,与 IP 地址的组成相似,既可以用二进制表示,也可以用点分十进制表示。与 IP 地址的表示不同的是,表示掩码的 1 是连续的,而不是由 0 和 1 混合组成(参看表 5-1)。掩码包含了两个域:网络域和主机域,这些域分别代表网络 ID 和主机 ID,如图 5-8 所示。

表 5-1　A 类、B 类和 C 类 IP 地址默认掩码的表示

IP 地址的类别	十进制表示	二进制表示
A 类	255.0.0.0	11111111.00000000.00000000.00000000
B 类	255.255.0.0	11111111.11111111.00000000.00000000
C 类	255.255.255.0	11111111.11111111.11111111.00000000

十进制表示	255	255	0	0
二进制表示	11111111	11111111	00000000	00000000
作用表示	网络域		主机域	
表示IP地址的	网络ID		主机ID	

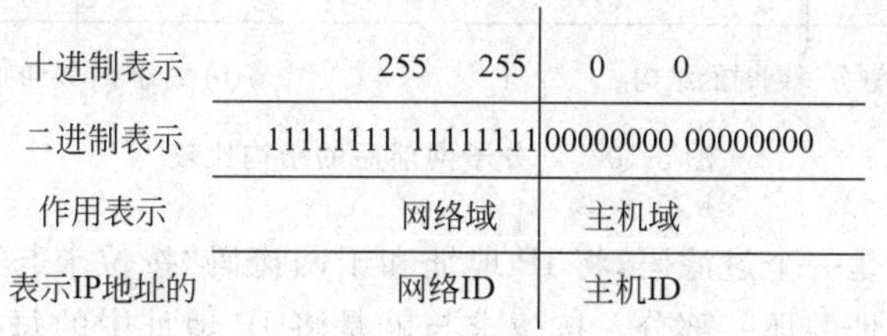

图 5-8　掩码的作用

2. 子网掩码的概念、作用和确定方法

前面介绍的是掩码的默认状态,读者会发现每一类 IP 地址仅有一个默认的掩码。这在实际的 IP 地址管理中是很不实用的,人们经常要根据实际应用和管理的需要重新划分 IP 地址的网络 ID 和主机 ID,这时就引入了子网掩码的概念。

子网掩码主要用于子网的划分。默认情况下,一个 IP 地址由网络 ID 和主机 ID 组成,但通过子网掩码的划分,可以将主机 ID 中的部分 IP 地址作为网络 ID 使用,将默认状态下属于主机 ID 的部分被挪用作网络 ID 的部分称为子网 ID。这样,在引入了子网掩码后,IP 地址将由网络 ID、子网 ID 和主机 ID 三部分组成,如图 5-9 所示。

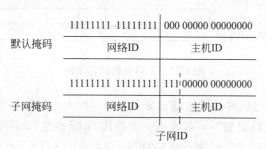

图 5-9　子网掩码的作用

从图 5-9 可以看出,有了子网掩码,原来的网络结构和层次便发生了变化。具体来说,在使用了子网掩码后,原来从"网络 ID→主机 ID"的结构将转换成从"网络 ID→子网 ID→主机 ID"的结构。

子网掩码的应用打破了默认掩码的限制,使用户可以根据实际需要自己定义和管理网络地址。因为子网掩码确定了子网域的界限,所以当给子网域分配了一些特定的位数(连续的二进制位数 1)后,剩余的位数就是新的主机域。例如,172.16.1.1 为 B 类 IP 地址,默认的掩码为 255.255.0.0,即该 32 位 IP 地址的前 16 位表示网络域,后 16 位表示主机域,如图 5-10(a)所示。

如果将原来属于主机域的前 8 位作为子网域,这时这个 B 类网络的掩码将变为

255.255.255.0，主机域将由原来的 16 位变成了 8 位。划分子网后的结构如图 5-10(b) 所示。

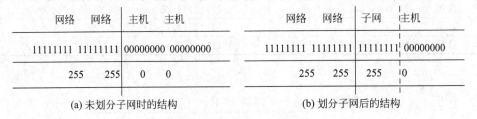

图 5-10　划分子网前后的结构比较

子网掩码实际上是一个过滤码,将 IP 地址和子网掩码"按位求与"就可以过滤出 IP 地址中应该作为网络地址的那一部分。按位求与就是将 IP 地址中的每一位和相应的子网掩码位进行与(&)运算(即进行二进制的加法运算),运算规则如下所示：

$$1\&1 = 1 \text{ 或 } 1+1 = 1$$
$$1\&0 = 0 \text{ 或 } 1+0 = 0$$
$$0\&0 = 0 \text{ 或 } 0+0 = 0$$

图 5-11 是对 172.16.1.1 与 255.255.0.0 进行子网掩码运算的一个实例。

	网络	网络	主机	主机
主机 172.16.1.1	10101100	00010000	00000001	00000001
子网掩码 255.255.0.0	11111111	11111111	00000000	00000000
与运算 172.16.0.0	10101100	00010000	00000000	00000000

图 5-11　子网掩码运算实例

在图 5-11 中,经过与运算后被过滤出来的 172.16.0.0 就是 172.16.1.1 的网络地址。通常情况下,在 IP 地址后面加"/n"来表示一个具体的 IP 地址(n 是子网掩码中"1"的个数,如子网掩码"255.255.255.0",通常写成"/24")。

5.2.5　几种特殊的 IP 地址

IP 地址中的某些地址为特殊目的保留,本节将介绍这些地址的作用及使用方法。

1. 网络地址和主机地址的特殊情况

网络地址部分不能设置为全 0 或全 1。当 IP 地址为 0.0.0.0 时,它代表一个未知网络。当 IP 地址为 255.255.255.255 时,它代表面向本地网络所有主机的广播,被称为"泛洪广播"。路由器不会转发泛洪广播。

当主机地址部分全 0 时,它代表整个网段,例如 192.168.1.0。当主机地址部分全为 1 时,它代表一个面向这个网络的定向广播,例如 192.168.1.255,这个广播消息会发送给 192.168.1.0 网段的所有主机。

2. 公有地址和私有地址

公有地址(public address)由 Internet 地址授权委员会(IANA)负责分配,使用这些公有地址可以直接访问 Internet。私有地址(private address)属于非注册地址,专门为组织机构内部使用,表 5-2 列出了用于内部寻址的私有地址。

表 5-2　内部私有地址

类　别	网　络　数	地　址　范　围
A 类	1	10.0.0.0~10.255.255.255
B 类	16	172.16.0.0~172.31.255.255
C 类	256	192.168.0.0~192.168.255.255

为什么会有私有地址和公有地址的概念呢?这是为了减缓 IP 地址的耗尽及减少 Internet 路由表条目的数量而提出的一种解决方案。

当被设置成私有地址的主机要访问 Internet 时,就要经过网络地址转换(NAT)将私有地址转换为公有地址;同时这些主机从 Internet 上接收分组时,也要将公用地址转换为私有地址。关于 NAT 技术及实现方法将在本章随后介绍。

3. 回路地址

127.x.x.x 分配给回路地址,可以利用该地址测试 TCP/IP 配置,因为该地址不需要任何网络连接。在排除网络故障时,可以用回路地址来测试 TCP/IP 协议是否正常。由于 127.0.0.1 是回路地址,所以如果 TCP/IP 工作正常的话,这个地址始终是能 Ping 通的。

5.2.6　子网划分实例介绍

目前,在局域网和城域网中,子网的划分一般与 VLAN 配合使用。下面使用一个网络规划的例子来介绍子网划分的计算方法。某公司需要再对其内部网络进行 VLAN 划分。他们决定采用 C 类网络 192.168.1.0/24,在这个网络中划分出 5 个子网,分别用于不同的 VLAN,每个 VLAN 能容纳的主机数为 20~25,如图 5-12 所示,具体的划分方法如下:

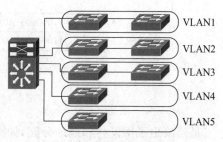

图 5-12　子网规划举例

(1) 确定子网位。假设创建子网的数量 $=2^N$ (N 是默认子网掩码被扩展的位数),则 $2^2<5<2^3$。如果将掩码位扩展两位,则可以创建 $4(2^2)$ 个子网 (其中包括子网 0 和子网 1),这显然是不符合要求的。因此将掩码位向后扩展 3 位,这样可以创建出 $8(2^3)$ 个子网。C 类网络的默认掩码为 24 位长,因此新的子网掩码长度为 27 位。

(2) 验证主机位。在使用这个子网掩码前,需要验证一下它是否满足每个子网所需的主机数目。使用三个子网位后,剩下的主机位数为 5,因此每个子网可以拥有 $2^5-2=30$ 台主机,这个数字足以满足该公司的需要。

(3) 确定子网的地址。根据确定的子网位,便可以依次确定相应的子网,如图 5-13 给出了详细的划分方法。

	192 . 168 . 1 . 0			
192.168.1.0/24	11000000 10101000 00000001	000	00000	原网络地址
255.255.255.224	11111111 11111111 11111111	111	00000	新子网掩码
192.168.1.0/27	11000000 10101000 00000001	000	00000	子网0
192.168.1.32/27	11000000 10101000 00000001	001	00000	子网1
192.168.1.64/27	11000000 10101000 00000001	010	00000	子网2
192.168.1.96/27	11000000 10101000 00000001	011	00000	…
192.168.1.128/27	11000000 10101000 00000001	100	00000	…
192.168.1.160/27	11000000 10101000 00000001	101	00000	…
192.168.1.192/27	11000000 10101000 00000001	110	00000	…
192.168.1.224/27	11000000 10101000 00000001	111	00000	最后一个子网
	默认子网掩码位	子网ID		

图 5-13　计算子网 ID

需要注意的是：在一些参考资料上认为划分子网时子网数目要减 2，因为全 0 和全 1 的子网是非法的。事实上，在相应的 RFC 文档中，已经承认了子网为全 1 的子网，并且子网 0 也可以在 Cisco 公司等主流路由器中启用。

（4）确定每个子网的主机地址。接下来的任务是要确定每个子网的主机地址，图 5-14 可以清楚地解释怎样确定主机地址。

	192 . 168 . 1 . 32			
192.168.1.32/27	11000000 10101000 00000001	001	00000	子网
255.255.255.224	11111111 11111111 11111111	111	00000	新子网掩码
192.168.1.33/27	11000000 10101000 00000001	001	00001	第一个主机
	⋮			
192.168.1.62/27	11000000 10101000 00000001	001	11110	最后一个主机
192.168.1.63/27	11000000 10101000 00000001	001	11111	子网广播
	默认子网掩码位	子网ID	主机ID	

图 5-14　计算主机地址空间

最后给出子网设计和地址分配，如图 5-15 所示。

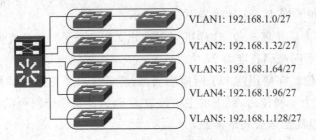

图 5-15　子网设计图

其实，可以通过一张图来说明子网位与掩码值之间的关系，因为子网的划分一般是在默认子网的基础上，对其中的某一个 8 位二进制段从左向右确定 1 的位数，如图 5-16 所示。通过图 5-16，读者可以方便地建立子网位与掩码值之间的关系。

子网数	2	4	8	16	32	64	128	256	
	1	0	0	0	0	0	0	0	=128
	1	1	0	0	0	0	0	0	=192
	1	1	1	0	0	0	0	0	=224
	1	1	1	1	0	0	0	0	=240
	1	1	1	1	1	0	0	0	=248
	1	1	1	1	1	1	0	0	=252
	1	1	1	1	1	1	1	0	=254
	1	1	1	1	1	1	1	1	=255
子网位	1	2	3	4	5	6	7	8	

图 5-16 子网掩码划分方案

5.2.7 可变长子网掩码（VLSM）

通过前面的介绍，已经知道可以通过子网划分将一个主类网络划分为许多小网络，这些小网络是否可以继续划分为更小的网络呢？例如，能否对划分了子网后的某一个子网（例如 192.168.1.160/27）使用更大的子网位（如 30 位）进一步划分子网呢？这就是 VLSM（可变长子网掩码）。

VLSM 可以为同一个主类网络提供包含多个子网掩码的能力。VLSM 可以帮助优化可用的地址空间。例如，如图 5-17 所示的是对 192.168.1.0/24 这个 C 类网络用 27 位子网进行子网划分后的情况，每一个子网对应一个具体的网段。

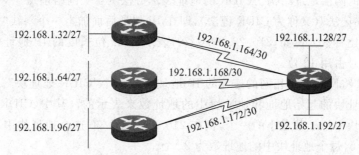

图 5-17 使用 VLSM 设计网络

现在假设再对 192.168.1.160/27 使用 30 位长的子网掩码进行划分，得到的这些小网络被用于路由器之间的点对点连接链路（因为只有两个有效的 IP 地址），有效地利用了 IP 地址空间，具体划分方法如图 5-18 所示。

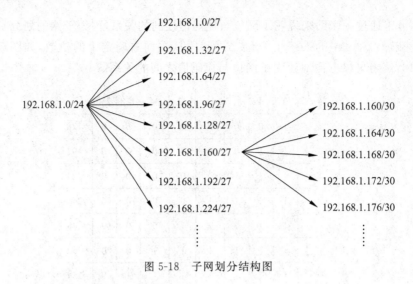

图 5-18 子网划分结构图

5.2.8 无类别域间路由(CIDR)

无类别域间路由(Classless Inter Domain Routing,CIDR)主要用于减少 IP 地址的浪费和减缓路由表的增大问题,是一种灵活的 IP 地址分配和管理方法。CIDR 的概念于 1993 年提出,并分别在 RFC 1517、RFC 1518 和 RFC 1519 等文档中进行了详细描述,现已成为 Internet 中的一个标准。

1. CIDR 技术的特点

CIDR 技术具有以下两大特点:

(1) CIDR 通过使用"网络前缀"(network-prefix)把 IP 地址划分为无类别的二层地址结构。传统的 A 类、B 类和 C 类地址使用默认的掩码将 IP 地址划分为"网络 ID+主机 ID"两层结构,采用子网掩码后将 IP 地址划分为"网络 ID+子网 ID+主机 ID"三层结构。而 CIDR 使用网络前缀代替了以上两种 IP 地址的划分方法,出现了一种全新格式的两层结构。这种全新的 IP 地址划分不再考虑原有 IP 地址划分中存在的类别(A 类、B 类和 C 类),是一种无类别的两层地址结构。CIDR 的地址表示方法为:<网络前缀>,<主机号>,还可以使用"斜线记法"(又称为 CIDR 记法),即在 IP 地址后面加上一个斜线"/",然后写上网络前缀所占的比特数。例如,210.28.20.0/20,表示在 32 位长度的 IP 地址中,网络前缀占用 20 位,主机号占用 12 位。

(2) CIDR 将网络前缀相同的连续的 IP 地址组成一个"CIDR 地址块"。一个 CIDR 地址块是由该地址块的起始地址和地址块中的地址数来表示的。其中,CIDR 地址块的起始地址是该地址块中地址数最小的一个,例如 210.28.20.0/20 这个地址块中,它的起始地址是 210.28.20.0,每个地址块中的地址数为 2^{12} 个。

与标准的 A 类、B 类和 C 类地址以及子网划分后形成的新地址一样,在 CIDR 中也存在主机位全 1 和主机位全 0 的情况。当主机位全为 0 时代表整个网段,例如 210.28.20.0。当主机位全为 1 时代表一个面向这个网络的定向广播,例如 210.28.20.255。

2. CIDR 的应用

与标准的 A 类、B 类和 C 类地址相比,CIDR 打破了默认的网络 ID 和主机 ID 的划分特点,可以根据需要由用户来确定网络前缀。与子网划分的思路不同,CIDR 是将多个连续的子网聚合成一个带有统一网络前缀的网络,以精减路由器中路由表项的数量。CIDR 的基本观点是采用一种分配多个 IP 地址的方式,使其能够将路由器中的数量较多的表项聚合成数量较小的表项,以此优化路由表,并减小路由器之间的路由信息的交换数量,从而提高了整个互联网的性能。

由此可以看出,CIDR 技术能够精减路由表项的主要原因是 IP 地址聚合(address aggregation),路由器中的地址聚合也称为路由聚合(router aggregation)。

如图 5-19 所示的是某高校从 Cernet 申请到的 8 个连续的 C 类地址段:210.28.16.0~210.28.23.0,可以提供 $254 \times 8 = 2032$ 个 IP 地址。如果不使用 CIDR 技术,在网络出口的路由器上必须分别为每一个 C 类地址段配置一条路由,共有 8 条独立的路由表项。

从图 5-19 可以看出,这 8 个 C 类地址中第三个 8 位段的前 5 位都是 00010,而只有后三位不同。因此,只要将原来属于网络 ID 的第三个 8 位段的后三位从网络 ID 取出来,作为主机 ID 使用,这样就可以将 8 个 C 类地址聚合成一个 CIDR 地址块,即 210.28.16.0/21,对应的子网掩码为 255.255.248.0。使用 CIDR 技术后,在网络出口路由器上只需要配置一条路由信息即可,精减了路由器上路由表项的数量。

```
210.28.16.0/24   11010010. 00011100. 00010|000. 00000000
210.28.17.0/24   11010010. 00011100. 00010|001. 00000000
210.28.18.0/24   11010010. 00011100. 00010|010. 00000000
210.28.19.0/24   11010010. 00011100. 00010|011. 00000000
210.28.20.0/24   11010010. 00011100. 00010|100. 00000000
210.28.21.0/24   11010010. 00011100. 00010|101. 00000000
210.28.22.0/24   11010010. 00011100. 00010|110. 00000000
210.28.23.0/24   11010010. 00011100. 00010|111. 00000000
```

图 5-19 由 8 个连续的 C 类地址组成的地址块

再如,在 RFC 1466 文档中建议欧洲新的 C 类地址的范围是 194.0.0.0~195.255.255.255,共有 65 536 个不同的 C 类网络号,但这些 C 类网络的高 7 位都是相同的。在欧洲以外的国家里,可以采用一个 IP 地址块 194.0.0.0/7,对应的子网掩码为 254.0.0.0。通过 CIDR 技术,可以用单个路由表表项来对所有这些 65 536 个 C 类网络段进行路由选择。而欧洲各个国家的 ISP 可以自由分配这 65 536 个 C 类地址块。

由此可以看出,CIDR 技术的优势主要体现在两个方面:一是地址的分配是连接的,避免了 IP 地址的浪费;二是 CIDR 使路由表的配置更加容易,提高了路由器分组转发的速率。CIDR 技术通常用在将多个连续的 C 类 IP 地址聚合到单一的网络中,并且在路由器中使用一条路由表项来表示这些 C 类 IP 地址。此思想即利用 CIDR 来构建"超网"。

5.3 IP 数据报的格式

在 TCP/IP 体系中,IP 主要负责逻辑寻址。通过相应管理机制,可以使不同的设备之间利用 IP 地址进行通信。

5.3.1 IP 数据报的头部格式

IP 数据报由 IP 头部和数据两部分组成。IP 数据报头部的结构如图 5-20 所示。

IP 数据报的头部域所占用的字节数是不确定的,系统缺省(默认)占有 20 字节,当包含

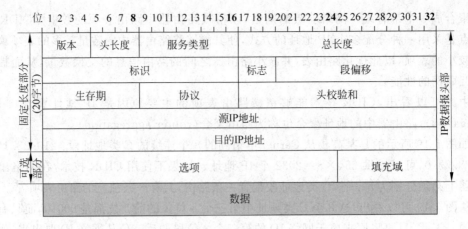

图 5-20 IP 数据报头格式

IP "选项"字段时,最大可能达到 60 字节。表 5-3 对 IP 数据报头部各字段的组成进行了简要描述。

表 5-3 IP 头域的功能描述

名 称	描 述
版本(VERS)	表明了一个数据报采用的是因特网协议的哪个版本。对于 IPv4,这个域的值为 4
头长度(HLEN)	以字节为单位的数据报头部的长度,其值以 4 字节为单位进行计算。当没有"IP 选项"时,称为缺省长度,其值为 5(5×4=20);当有"IP 选项"时,其值为 15(15×4=60)
服务类型(Type of Service,ToS)	数据报的处理方式,前三位是优先级(precedence),当路由器出现阻塞时,优先级低的数据首先被丢弃,该功能在 IPv4 版本中未使用;随后的 4 位为 ToS,用于说明数据报所需的服务类型或质量,如最大吞吐量、最小延时等;最后一位暂时未定义
总长度(total length)	数据报头部和数据的总长度,以字节为单位。因为该字段为 16 位,所以 IP 数据报的长度被限制为 65 535($2^{16}-1$)字节,其中"头长度"占为 20~60 字节。当上层的数据长度超过此限制时,需要进行分片操作
标识(indentification)	该字段用于分片操作中,在随后内容中详细介绍
标志(flag)	该字段用于分片操作中,在随后内容中详细介绍
段偏移(frag offset)	该字段用于分片操作中,在随后内容中详细介绍
生存期(Time to Live,TTL)	数据报的存活时间,一旦该计数值减为 0,该数据报就被丢弃。TTL 用于限制一个 IP 数据报所经历的路由器数。正常设为 64,最大设为 255,TTL 每经过一个路由器便减 1。当值为 0 时,数据报被丢弃。同时,路由器向发送者返回一个 ICMP 超时信息。通常数据报只会由于网络存在路由回路而被丢弃。例如,当第一个路由器认为到达某一目的端的路径要经过第二台路由器,而第二台路由器又认为该路径应经过第一个路由器,这时会发生什么情况呢?当第一个路由器接收到一个发往该目的地址的数据报时,它会将数据报转发给第二台路由器,而第二台路由器就会将数据报重新转发给第一个路由器,然后第一个路由器又将数据报转发回第二台路由器。如果没有 TTL,这个数据报就会在这两台路由器构成的回路中永远转下去。这样的回路在大的网络中经常会出现

续表

名 称	描 述
协议(protocol)	说明发送数据报的上层协议。有许多上层协议(如 TCP、UDP、ICMP、IGMP 等)的数据都需要封装在 IP 数据报中传输,IP 数据报对不同的上层协议进行复用和分用。对一个上层协议都有一个固定的协议号,如 ICMP 为 1,IGMP 为 2,TCP 为 6,EGP 为 8,IGP 为 9,UDP 为 17,OSPF 为 89 等
头校验和(header checksum)	数据报头部的完整性校验。头校验用来确认接收到的 IP 数据报头部有没有差错。头校验和只由 IP 数据报头部中的各个字段计算得来,而与 IP 数据报的净荷无关,IP 数据报净荷的校验则是高层协议的工作。如果目的地计算的校验和与报文所含的校验和不同,那么这个数据报就会被丢弃
源 IP 地址(source IP address)	标识发送方通信终端设备的 IP 地址,在 IP 数据报从源主机发送到目标主机的整个过程中,源 IP 地址必须保持不变
目标 IP 地址(destination IP address)	标识接收方通信终端设备的 IP 地址,在 IP 数据报从源主机发送到目标主机的整个过程中,目标 IP 地址必须保持不变
选项(IP options)	网络测试、调试、安全等功能选项,用户可根据具体需要来选择。此字段的长度在 1~40 字节之间,具体取决于所选择的项目。当选项字段的值不是 4 字节的整数倍时,最后可用全 0 的填充域来补全
数据(data)	需要被传输的数据,未做大小限制

5.3.2 IP 数据报的大小与网络 MTU

下面介绍数据报分片与网络 MTU 等概念,以加深读者对 TCP/IP 体系及工作原理的理解。

1. 数据报的分片

众所周知,数据报是被封装在物理帧中传输的,对于网络硬件来说,它们对一个物理帧的可传输数据量都规定了一个上限值,这个上限值就是最大传输单元(maximum transfer unit,MTU)。例如:源于令牌环网的数据报最大传输单元(MTU)为 4500 字节,而以太网的数据报最大传输单元为 1500 字节,FDDI 的数据报最大传输单元为 4770 字节。如果数据报的大小比互联网中最大网络的 MTU 要大,它是无法被封装到帧中的;相反如果数据报的大小被限制为互联网中最小网络的 MTU,这种做法也是很不经济的(因为在大 MTU 的网络上,会造成带宽浪费)。

TCP/IP 怎样选择数据报的 MTU 呢?主要有以下两点:

(1) TCP/IP 选择接近相连网络的 MTU 的值为初始数据报大小,例如,某台主机连接在以太网上,那么 TCP/IP 会选择某个接近 1500 字节的值为初始数据报大小(如 1400、1440、1480 等)。

需要注意的是:为什么会选择诸如 1400 这样的数值呢?因为 IP 数据报以 8 倍数的字节数来表示数据报的段偏移,所以数据报大小应该是 8 的倍数。

(2) TCP/IP 同时也提供一种机制:在 MTU 较小的网络上,可以把大数据报划分成更小的数据报片(分片),即如果上层协议(如 TCP)选择初始数据报大小为 1500 字节,在中途有一个 MTU 为 620 的网络,处于两种网络分界处的路由器需要对数据报进行分片操作,如图 5-21 所示。

图 5-21 数据报需要分片

IP 数据报头部中的标识、标志和段偏移字段的作用是将大 IP 数据报分割成几个称为片的小块,以保证它可以顺利地穿过无力处理大 IP 数据报的网络。其中:

(1) 标识。用于确定 IP 数据报的唯一性。当发送主机生成一个 IP 数据报的同时,会在标识字段填入一个唯一的值,该值在数据报的发送过程中不会发生改变。当路由器对 IP 数据报进行了分片操作后,相同数据报的每一个分片具有相同的标识。当目标主机接收到分片后,将根据标识字段的值将分片重组为数据报。

(2) 标志。该字段占用三位,其中:第 1 位保留;第 2 位称为不分片(do not fragment)位,如果该位为 1 表示不允许对数据报进行分片,如果该位为 0 表示允许对数据报进行分片。当一个数据报从大 MTU 的网络进入小 MTU 的网络,但不允许路由器进行分片操作时,路由器只能丢弃该数据报;第 3 位称为还有分片(more fragment),当该位为 1 时表示该分片的后面还有分片,即该分片不是数据报的最后一个分片,当该位为 0 时表示该分片是数据报中的最后或唯一的一个分片。

(3) 段偏移。该 13 位的字段用于表示分片在原始数据报中的相对位置,即分片相对于原始数据报中数据的偏移量,并以 8 字节为度量值。如图 5-22 所示,源站点选择了 1500 字节作为数据报大小(20+1480,其中 20 为 IP 数据报头部长度),每个数据报经过两种网络的边界路由器时,被分成三片,每片的大小都小于或等于 620 字节(其中 20 字节为该网络中 IP 数据报头部长度),这样数据报就可以顺利地通过整个网络。分片以后所得到的每个数据报的格式都与原来的数据报相同,都包含了原来数据报的 IP 数据报头部,数据报片的总长度(报头+数据)小于网络 MTU。如果 IP 数据报中的原始数据从 0 开始编号,那么第一个分片中数据的编号将为 0~599,分片的段偏移值为 0÷8=0;第二个分片中数据的编号为 600~1199,分片的段偏移值为 600÷8=75;第三个分片中数据的编号为 1200~1379,分片的段偏移值为 1200÷8=150。

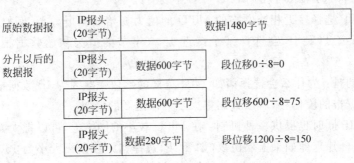

图 5-22 数据报的分片过程

在计算段偏移值时,为什么要对偏移的字节数除以 8 呢? 这是因为段偏移字段的总长度为 13 位($2^{13}=8192$),所以当分片中数据偏移的字段数超过 8192 时,就无法表示。为此进行分片操作的路由器会自动将分片中偏移的字段数除以 8,然后将结果写入段偏移字段。由此可以看出,数据报中原始数据的大小必须为 8 字节的整数倍。

2. IP 数据报分片后的重组

数据报分片后的重组发生在分片到达目标主机后,即在目标主机上完成,如图 5-23 所示。一旦数据报分片后,每个数据报片将被作为独立的数据单元进行传输,即使在中途又遇到具有与分片操作前相同 MTU 的网络,重组依然发生在分片到达目标主机之后进行。如果在传输过程中某个分片丢失,目标主机将会丢弃整个数据报,所以分片增加了数据报丢失的概率,应尽量避免数据报分片。

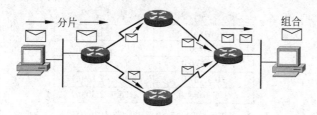

图 5-23　数据报的分片和重组过程

虽然在目标主机上重组数据报片存在一些缺点,但是每个数据报片可以像数据报一样选择各自的路由(可以在多路环境下实现负载平衡,即数据报的一部分分片选择链路 1,另一部分分片选择链路 2,如图 5-23),而且路由器不负担数据报片的重组工作也有利于减轻路由器负担。

5.3.3　互联网中分组的转发过程

在学习了 IP 地址的组成及分类后,本节以一个具体的实例来介绍在互联网中分组(IP 数据报)的转发过程。在介绍过程中会用到路由表的概念,其中路由表的生成需要相应的路由协议,将在本章随后介绍。

如图 5-24(a)所示的是一个由三台路由器连接 4 个网络时所形成的一个互联网,图中标出了每一个网络所使用的网络地址以及每个路由器接口的 IP 地址。为了屏蔽掉 4 个网络自身的实现细节,重点分析网络层分组的转发过程,图 5-24(b)对图 5-24(a)的网络进行了虚拟处理,将图 5-24(a)中的网络虚拟成直连链路,这种处理对于讨论网络层及以上的通信是非常重要的,而且也不影响对数据链路层和物理层通信特征的理解。

从理论上讲,路由器中的路由表条目可以分为两种类型:一种是一个条目代表一台计算机,另一种是一个条目代表一个网络。如果是前者,假设每一个网络中连接有 100 台计算机,那么路由器 R2 中的路由条目则有 400 条;如果是后者,不管互联的网络中有多少台计算机,路由器 R2 中的路由条目只有 4 条。路由条目数量的多少,一方面决定着路由器的性能,另一方面决定着分组在路由器中的选路效率。在互联网中,所有路由器中的条目都代表网络地址,而不是计算机的 IP 地址。路由器中的每一个路由条目主要由以下两部分组成:

[目的网络地址,下一跳地址]

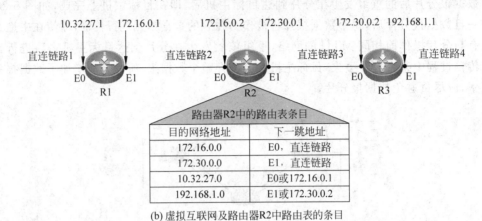

图 5-24　由三台路由器连接 4 个网络组成的互联网的通信

当分组在互联网中每经过一个路由器时称为一跳(hop)。路由表中的下一跳既可以用转发相应分组的路由器端口(物理端口)名称来表示(如 E0)，也可用与该端口连接的对端路由器端口的 IP 地址表示。但对于直连网络来说，只能通过路由器上的直连端口来转发分组。

在路由表中还有一种特殊的称为默认路由(default route)的路由条目，所谓默认路由是指分组在路由器的路由表中找不到与其对应的条目时，就将该分组通过默认的特定端口转发出去。默认路由在某些网络环境中发挥着十分重要的作用。例如，如图 5-25 所示的是某高校的校园网出口连接情况，其中一台位于校园网边界的路由器负责将校园网同时接入电信网和教育网(这种网络接入方式非常普遍)。因为我国教育网的网络地址较少也比较固定，而电信网的网络地址较多且比较分散。这时，就可以以将凡是到达教育网的分组通过 E1 端口转发，而到达电信网的分组使用默认路由转发。将这种路由表条目的配置方法称为策略路由。

在此基础上，可以归纳出路由器转发分组的过程：

(1) 路由器在从某一端口接收到一个分组后，在网络层得到分组的目的 IP 地址(暂称为 IP_D)所在的网络地址(网络 ID)，暂称为网络 N。

(2) 如果网络 N 就是与该路由器直连的网络，路由器查找到 IP_D 所在主机的 MAC 地址(此过程要用于后文介绍的 ARP 协议)，然后用连接该直连网络的路由器端口的 MAC 地址作为数据链路层的源 MAC 地址，用主机 MAC 地址作为目的 MAC 地址，将分组转发给目的主机；否则转到(3)。

(3) 如果路由表中有 IP_D 所在网络地址的条目，则通过该条目对应的下一跳地址将分组转发出去；否则转到(4)。

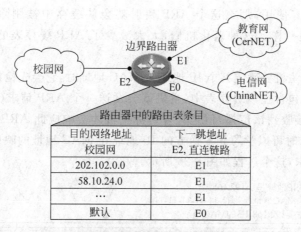

图 5-25　某高校校园网出口路由配置实例

(4) 路由器查看是否有默认路由条目,如果有则通过该条目对应的下一跳地址将分组转发出去。否则转到(5)。

(5) 转发分组出错。

5.4　地址解析协议(ARP)和反向地址解析协议(RARP)

地址解析协议(Address Resolution Protocol,ARP)用来将 IP 地址映射到 MAC 地址,以便设备能在多路访问的广播式信道上通信。反向地址解析协议(Reverse Address Resolution Protocol,RARP)是 ARP 的逆过程,即通过 MAC 地址找到对应的 IP 地址。

5.4.1　地址解析协议(ARP)

在 IPv4 网络中,ARP 是一个非常重要的协议,由它负责通过位于网络层的 IP 地址找到数据链路层的 MAC 地址。

1. ARP 的工作原理

可以举一个例子很好地说明 ARP 是如何工作的:老师要将一封信交给教室里的某个学生,但是她并不认识这个学生,她只知道这个学生的姓名(IP 地址),于是她对教室里所有的人说:"谁是王××,有你的信!"(ARP 请求),当王××听到这个消息时(地址匹配),他站起来回答,然后老师就知道了他坐在几排几座(MAC 地址),最后把信送到他座位上。

在 ARP 的实现中还有一些应该注意的事项:

(1) 每台计算机上都有一个 ARP 缓存,它保存了一定数量的从 IP 地址到 MAC 地址的映射,同时当一个 ARP 广播到来时,虽然这个 ARP 广播可能与它无关,但 ARP 软件也会把其中的物理地址与 IP 地址的映射记录下来,这样做的好处是能够减少 ARP 报文在局域网上发送的次数。

(2) 按照默认设置,ARP 高速缓存中的项目是动态的,ARP 缓存中 IP 地址与物理地址之间的映射并不是一旦生成就永久有效的,每一个 ARP 映射表项都有自己的寿命,如果在一段时间内没有使用,那么这个 ARP 映射就会从缓存中被删除,这一点和交换机 MAC 地址表的原理一样。这种老化机制,大大减少了 ARP 缓存表的长度,加快了查询速度。

在以太网中,当主机要确定某个 IP 地址的 MAC 地址时,它会先检查自己的 ARP 缓存表,如果目标地址不包含在该缓存表中,主机就会发送一个 ARP 请求(广播形式),网段上的任何主机都可以接收到该广播,但是只有目标主机才会响应此 ARP 请求。由于目标主机在收到 ARP 请求时可以学习到发送方的 IP 地址和 MAC 地址的映射,因此它采用一个单播消息来回应请求,这个过程如图 5-26 所示。

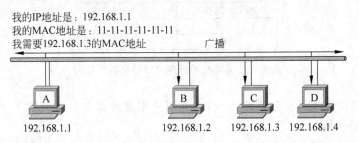

图 5-26　ARP 请求的过程

在图 5-26 中,主机 A 以广播形式发送 ARP 请求查询 IP 地址为 192.168.1.3 的主机的 MAC 地址,网段上所有的主机都会收到该 ARP 请求。

如图 5-27 所示,主机 B、主机 D 收到主机 A 发来的 ARP 请求时,它们发现这个请求不是发给自己的,因此它们忽略这个请求,但是它们还是将主机 A 的 IP 地址和 MAC 地址的映射记录到自己的 ARP 表中。当主机 C 收到主机 A 发来的 ARP 请求时,它发现这个 ARP 请求是发给自己的,于是它用单播消息回应 ARP 请求,同时记录下其 IP 地址和 MAC 地址的映射。

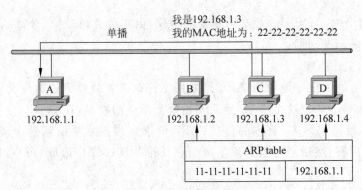

图 5-27　ARP 回应的过程

通常 ARP 在支持广播的网络上使用,例如以太网。但是 ARP 数据报不能跨网段使用,也就是说不能跨越路由器(路由器本身用做 ARP 代理除外)。当目标网络 IP 地址和源 IP 地址不在同一网段上时,就要使用代理 ARP。

2. ARP 数据报的格式及封装

ARP 数据报的格式如图 5-28 所示,表 5-4 对各字段的功能进行了简要描述。

硬件类型(16位)	协议类型(16位)
硬件长度(8位) 协议长度(8位)	操作(16位) 请求1,回答2
源站点硬件地址(32位)	
源站点协议地址(32位)	
目标站点硬件地址(32位) 注：在请求中不填入	
目标站点协议地址(32位)	

图 5-28　ARP 数据报格式

表 5-4　ARP 数据报中各字段的功能说明

名　　称	描　　述
硬件类型	表示该网络的类型,例如以太网的硬件类型为 1
协议类型	表示所采用的协议的类型,例如 IPv4 的协议类型为 0800
硬件长度	以字节为单位来定义物理地址的长度,如以太网为 6
协议长度	以字节为单位来定义逻辑地址的长度,如 IPv4 为 4
操作	表示该 ARP 数据报的操作类型,ARP 请求为 1,ARP 应答为 2
源站点硬件地址	表示源站点物理地址的长度,如以太网为 6 字节
源站点协议地址	表示源站点逻辑地址的长度,如 IPv4 为 4 字节
目标站点硬件地址	表示目标站点物理地址的长度,如以太网为 6 字节。对于 ARP 请求报文,该字段全部设置为 0,因为源站点还不知道目标站点的物理地址
目标站点协议地址	表示目标站点逻辑地址的长度,如 IPv4 为 4 字节

需要注意的是：ARP 和 RARP 数据报直接封装在 MAC 帧中在共享信道中传输,而不是封装在 IP 数据报中。

5.4.2　反向地址解析协议(RARP)

众所周知,通常主机的 IP 地址都是保存在本地操作系统中,操作系统在启动时会从本地硬盘中找到它。但是对于那些把文件存放在远程服务器上的工作站(例如无盘工作站网络)来说,它们在启动时是如何获得 IP 地址的呢？

反向地址解析协议(RARP)是 ARP 的逆过程,RARP 就是用于那些不知道自己 IP 地址的无盘工作站或者无配置的路由器。使用 RARP 时,站点广播一个包含自己 MAC 地址的 RARP 请求,网络上所有的主机都会接收到该请求,但只有被授权的 RARP 服务器才能处理这个请求。RARP 服务器有一张映射表,它可以查出该 MAC 地址与哪个 IP 地址相对应,然后把响应发送给源站点。RARP 的工作原理如图 5-29 所示。

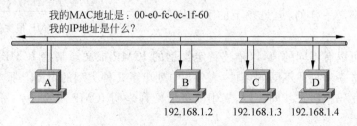

图 5-29　RARP 请求的工作原理图

图 5-30 中主机 A 以广播形式发出 RARP 请求,网段上的所有主机都会接收到该请求。如果某个网段上存在多个被授权的 RARP 服务器时,这些 RARP 服务器都会以单播方式响应 RARP 请求。不过源主机只接收第一个到达的 RARP 应答。

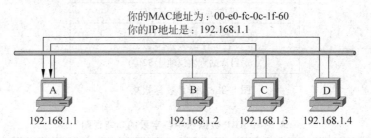

图 5-30 RARP 应答过程

RARP 的数据报格式与 ARP 完全相同(见图 5-28),只是在 RARP 数据报中,操作字段是 3(表示 RARP 请求)或是 4(表示 RARP 应答)。同 ARP 数据报的封装一样,RARP 数据也封装在数据链路层的数据帧中进行传输。

5.5 网际控制报文协议(ICMP)

Internet 控制报文协议(Internet Control Message Protocol,ICMP)是网络层的一个组成部分,它被携带在 IP 数据报中进行传输。

5.5.1 ICMP 的工作原理

ICMP 定义了一套允许主机或路由器报告差错情况的机制,并提供有关异常情况的报告,主要包括:
(1) 不可达目的地址。
(2) 网络拥塞。
(3) 重定向到更好的路径。
(4) 报文生命周期超时。

ICMP 报文主要有两大类型:查询报文和错误报文。其中,查询报文是指 ICMP 响应请求、响应回答、路由器公告、地址屏蔽请求等。而绝大部分 ICMP 消息是错误报文,例如目的地址不可到达、源地址消亡、生命周期超时等。

ICMP 报文的格式如图 5-31 所示。所有报文的前 4 字节都是一样的,但是剩下的字节则互不相同。

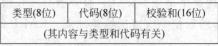

图 5-31 ICMP 报文的格式

类型字段可以有不同的值,以描述特定类型的 ICMP 报文。某些 ICMP 报文还使用代码字段的值来进一步描述不同的条件,表 5-5 中列出了几种类型的 ICMP 报文,它由报文中的类型字段和代码字段来共同决定,表中的最后两列表明 ICMP 报文是一份查询报文还是一份错误报文。

表 5-5　几种类型的 ICMP 报文

类型	代码	描述	查询	错误
0	0	回显应答（ping 应答）	√	
3		目标不可到达		√
3	0	网络不可到达		√
3	1	主机不可到达		√
3	2	协议不可到达		√
3	3	端口不可到达		√
3	6	目标网络不认识		√
3	7	目标主机不认识		√
5	0	对网络重定向		√
5	3	对服务类型和主机重定向		√
8	0	请求回显（ping 请求）	√	
11	0	传输期间生存时间（TTL）为 0		√
12		参数问题		√
12	0	坏的 IP 首部（包括各种差错）		√
12	2	缺少必须的选项		√
13	0	时间戳请求	√	
14	0	时间戳应答	√	
15	0	信息请求	√	
18	0	地址掩码应答	√	
……	……	……		

需要注意的是，目的地址是广播地址或组播地址（D 类地址）的 IP 数据报不会产生 ICMP 错误报文，这是为了防止 ICMP 错误报文对广播分组的响应会带来广播风暴。

5.5.2　ICMP 的差错控制功能及应用

下面主要介绍目标不可到达、超时、重定向、回应请求与回应应答的 ICMP 报文。

1. ICMP 不可到达

ICMP 不可到达的报文类型值为 3，可以依据不同的代码值实现不同的不可到达功能。下面用如图 5-32 所示的例子简要地描述几种常用的代码类型，对于没有讲到的代码类型，可以参阅相关的 RFC 文档或资料。

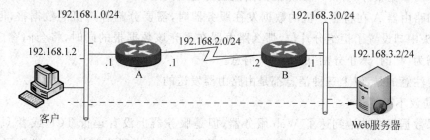

图 5-32　ICMP 不可到达

在图 5-32 中左边的客户机试图连接右边的 Web 服务器，它们以 TCP 作为传输协议。下面假设这个网络的某个部分出现故障，然后讨论不同情况下 ICMP 的操作。

1) 网络不可到达

如图 5-33 所示,如果路由器 A 没有学习到抵达 192.168.3.0/24 的路由,路由器 A 就会使用代码号为"0"的"网络不可到达"的代码向客户机返回一个 ICMP 消息,以响应客户机对目的地址为 192.168.3.2/24 的访问。"网络不可到达"的代码用来表示某个网络(网段)不可到达。

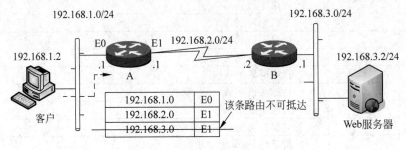

图 5-33　网络不可到达

2) 主机不可到达

如图 5-34 所示,如果路由器 A 有到达 192.168.3.0/24 的路由,它会将数据报传给路由器 B。但是这个时候 Web 服务器突然出现了故障,从而使路由器 B 接收不到来自 Web 服务器的信息,因此路由器 B 会使用代码号为"1"的"主机不可到达"的代码向客户机返回一个 ICMP 消息。"主机不可到达"的代码用来表示某台主机不可到达。

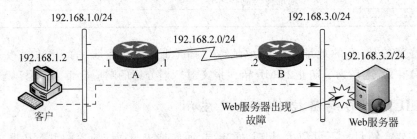

图 5-34　主机不可到达

3) 禁止分割

在上面介绍 IP 层的数据报大小时,曾提到在 MTU 较小的网络上,需要把大数据报划分成更小的数据报片(分片),以保证数据报正常通过网络。

假如路由器 A 在将客户机的数据发往服务器时,需要分割客户机的数据报,但是数据报的 IP 头中却设置了拒绝分片位,那么路由器在丢弃该数据报的同时,将会向客户机返回一个代码为"4"的"禁止分割"的 ICMP 消息。

需要注意的是,以上三种消息都是由路由器发送的。

4) 协议不可到达

如果数据报成功地到达了 Web 服务器,但是服务器上没有运行 TCP 或者 UDP 协议(这种情况的可能性不大),那么 Web 服务器将返回一个代码为"2"的"协议不可到达"的 ICMP 消息。

5) 端口不可到达

如果数据报成功地到达了 Web 服务器,服务器上也运行有 TCP 协议,但是服务器上的相关软件还没有运行,无法处理客户机连接,于是服务器上的 TCP/IP 将返回一个代码为"3"的"端口不可到达"的 ICMP 消息。

需要注意的是,以上两种消息是由具体主机发送的。

表 5-6 总结了上述的 ICMP 不可到达的消息。

表 5-6 ICMP 不可到达消息总结

代码描述	场合	发送方
目标网络不可到达	路由表中无目标网络	路由器
目标主机不可到达	主机无响应	路由器
禁止分割	需要进行分割,但 IP 数据报头部"标志"字段的第 2 位设置为 1(即不允许分片)	路由器
协议不可到达	主机上无相关的传输层协议(TCP、UDP)	主机
端口不可到达	目标端口没有被应用程序打开	主机

2. ICMP 超时

超时 ICMP 报文与 IP 数据报头部中 TTL 字段一起使用。现在简单介绍"传输期间 TTL 值为 0"的代码。

当数据报到达路由器时,路由器都需要把数据报 IP 头中的 TTL 值减 1。当 TTL 值被减到 0 时,数据报就会被丢弃。此时丢弃这个数据报的路由器会返回一个代码为"传输期间 TTL 值为 0"的 ICMP 消息给原始发送者。

TTL 值可以防止数据报在网络上被循环往复地传输。例如,当发生路由环路时,数据报可能在环路上被一直循环地传输。但是由于数据报每次经过路由器,TTL 字段的值都会减 1,因此当 TTL 值减为 0 时,循环数据报就会被自动丢弃。

3. ICMP 重定向

ICMP 重定向报文是一个非常重要的工具。我们知道,当主机向非本地子网发送数据报时,TCP/IP 会自动将数据报转发给它的默认网关(默认路由器)。但是如果网络中还存在一个相对来说更好的本地路由器时,ICMP 重定向功能会通知主机以后将这些数据报发送给那个更好的路由器。如图 5-35 所示,具体操作过程如下:

(1)主机使用路由器 B(IP 地址为 192.168.1.254/24)作为默认网关,虽然对于到某个子网的路由(例如 192.168.3.0/24),路由器 A 才是最好的选择。但是,默认情况下主机还是将数据报转发给路由器 B。

(2)路由器 B 从 E0 端口收到主机发来的数据报并且检查自己的路由表,发现路由器 A 是去往目标地址的下一跳,于是路由器 B 又从 E0 端口把数据报转发给路由器 A。此时路由器 B 会检测到它正在发送数据的端口和此数据报到达的端口是同一个端口(即主机和两个路由器同处于一个本地子网中)。

(3)路由器 B 发送一份 ICMP 重定向报文给主机,告诉它以后把这类数据报发送给路由器 A 而不是它自己。

4. ICMP 回应请求与回应应答

操作系统和绝大部分网络设备提供的 Ping 命令负责发送和接收 ICMP 回应请求及回应应答报文。实际上 Ping 命令所产生的数据报文是 IP 网络中能够生成和寻址的最小报

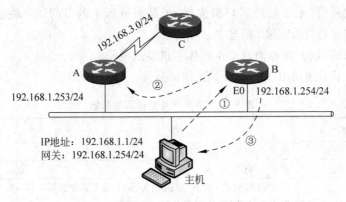

图 5-35 ICMP 重定向

文,它很适合排除网络连接方面存在的问题。

Ping 命令有些类似声呐与雷达,典型的 Ping 命令实现方法是:

(1) 发送方首先在要发送的 ICMP 回应请求报文的数据域中存放当前时间。

(2) 当目标主机收到回应请求后,它返回一个 ICMP 回应应答报文给发送方。

(3) 发送方收到 ICMP 回应应答报文后便将报文到达的时间减去回应请求的发送时间就得到往返时间,具体公式如下:

ICMP 回应往返时间 = ICMP 回应应答报文到达时间 − ICMP 回应请求报文的发送时间

5.6 路由选择协议

路由选择协议用于为分组在网络中选择传输路径。本节将介绍路由选择协议的基本概念,同时介绍几种典型的路由选择协议。

5.6.1 路由选择协议概述

网络层的核心任务是路由,路由的实现需要依赖相应的路由选择协议,具体的路由选择协议由相应的算法来确定。在介绍路由选择协议时,还需要介绍"可路由协议"的概念,可路由协议是指用该协议封装的分组是能够被路由的,如 IP 协议、IPX 协议都是可路由协议,而 NetBEUI 协议是不可路由协议。路由选择协议只能为用可路由协议封装的分组提供转发服务。

1. 理想的路由算法应具有的特点

路由选择算法为网络上的主机和路由器形成路由表,以确定发送分组的传输路径。路由选择协议为路由器完成路由表的建立和路由信息的更新。一个理想的路由算法应具有以下的特点:

(1) 算法必须是正确、稳定和公平的。这里的"正确"是指沿着各路由器提供的路由表,分组一定能够最终到达目的主机;"稳定"是指在网络拓扑结构和通信流量的变化相对较小的情况下,路由算法应收敛于一个可以接受的解,而不应使得出的路由在不停地变化;"公平"是指算法对所有的用户都是公平的。

(2) 算法应该尽量简单。路由选择的计算尽量不要耗费太大的路由器资源,也尽量不要增加网络通信流量。

（3）算法必须能够适应网络拓扑和通信流量的变化。在大型网络中，网络拓扑和通信流量有可能随时会发生变化。当某一个路由器或通信线路出现故障时，算法应能够及时改变路由；当网络的通信流量发生变化时，算法应能够自动改变路由，以均衡各链路的负载。将路由算法的这种自适应能力也称为"稳健性"。

（4）算法应该是最佳的。算法应该能够找出最佳的路由，使得分组平均延时和对网络的开销最小。考虑到网络的具体应该需求，这里的"最佳"是相对于某一特定需求给出的较为合理的选择。例如，在某些条件对网络可靠性的要求要高于对分组延时的要求，而在某些条件下正好相反。

一个实际的路由算法应尽可能接近理想算法。同时，对于具体算法不可能同时达到以上提出的 4 个特点，所以在不同的条件下应该有所侧重。

2. 静态路由选择算法和动态路由选择算法

路由选择需要同时考虑网络中所有节点的协调性，应尽可能以最低的系统开销实现路由信息的一致性，所以路由选择是一个非常复杂的过程。路由算法主要涉及网络拓扑和通信流量的变化，但这两个参数恰好是不稳定的，而且变化无法预知。当网络发生拥塞时，要求路由算法应具有缓解这种拥塞的能力，但恰好在这种条件下，很难从网络中的各节点获得所需的路由选择信息。从路由算法对网络拓扑和通信流量变化的自适应能力来考虑，可以将路由算法分为静态路由选择算法和动态路由选择算法两种类型。

（1）静态路由选择算法。静态路由选择也称为"非自适应路由选择"，其特点是路由表条目需要由网络管理员人工配置，路由实现简单，系统开销较小，适用于网络拓扑结构相对稳定的小型网络。

（2）动态路由选择算法。动态路由选择也称为"自适应路由选择"，其特点是路由表条目能够适应网络状态（主要有网络拓扑结构和通信流量）的变化动态地选择最佳路由，可满足大型复杂网络的运行要求，但实现方法相对复杂，系统开销也较大。目前，主要的动态路由选择协议有路由信息协议（Routing Information Protocol，RIP）、开放最短路径优先（Open Shortest Path First，OSPF）协议和边界网关协议（Border Gateway Protocol，BGP），本节随后分别进行介绍。

3. 自治系统

Internet 是一个由上千万台路由器互联形成的网络，网络规模庞大，结构复杂，如何有效地设计和管理路由显得十分重要。自治系统（autonomous system，AS）就是为解决 Internet 中路由选择与管理的复杂性而使用的一种分层路由选择策略。RFC 4271 文档对 AS 的描述是：在单一的技术管理下的一组路由器，而这些路由器使用一种 AS 内部的路由选择协议和共同的度量以确定分组在该 AS 内的路由，同时还使用一种 AS 之间的路由选择协议用以确定分组在 AS 之间的路由。此定义至少说明了两点：一是一个 AS 内部可以自由选择使用内部路由选择协议和度量；二是对于其他 AS 来说任何一个 AS 表现出的是一个单一的和一致的路由选择策略。

Internet 采用分层路由选择协议，它将整个 Internet 划分为许多较小的 AS。例如，一个 ISP 为一个 AS，一所大学、一个公司或政府的网络也为一个 AS。AS 内部的路由选择称为域内路由选择（inter-domain routing），AS 之间的路由选择称为域间路由选择（intradomain routing)。与之相对应,可以将 Internet 中的路由选择协议分为两大类:

(1) 内部网关协议(Interior Gateway Protocol,IGP)。内部网关协议即在一个 AS 内部使用的路由选择协议,具体选择何种路由选择协议由 AS 自主决定,不受其他 AS 具体选用什么路由选择协议的影响。目前典型的内部网关协议主要有 RIP 和 OSPF 协议。

(2) 外部网关协议(External Gateway Protocol,EGP)。外部网关协议即相邻 AS 之间使用的路由选择协议。如果源主机和目的主机位于不同的 AS,当分组在 AS 内部传输时使用内部网关协议,而分组到达 AS 的边界时就需要使用外部网关协议将分组从一个 AS 转发到另一个 AS。目前典型的外部网关协议为 BGP。

图 5-36 所示的是两个 AS 之间互联的示意图,说明每一个 AS 决定自己的内部路由选择协议,例如 AS1 中使用的是 RIP 协议,而在 AS2 中使用的是 OSPF 协议。其中位于每一个 AS 中的边界路由器(图中的路由器 A 和路由器 B)除运行本 AS 的内部路由选择协议外,还要运行 AS 间的路由选择协议(图中的 BGP)。

图 5-36 两个 AS 之间互联的示意图

5.6.2 路由信息协议(RIP)

路由信息协议(Routing Information Protocol,RIP)是一种分布式的基于距离向量的路由选择协议,是内部网关协议(IGP)中最早得到广泛应用的协议,RIP 最初是在伯克利 UNIX 系统上开发的,可用于 TCP/IP 系统与其他非 TCP/IP 系统(如 Novell 的 IPX/SPX 系统)之间的互联。RIP 在 RFC 1058 和 RFC 1723 文档中进行了详细描述。

1. RIP 协议的工作原理

RIP 协议的实现基于 Bellman-Ford 算法,该算法的要点是:设 X 是节点 A 到 B 的最短路径上的一个节点,如果把路径 A→B 拆分成 A→X 和 X→B,则每一段路径 A→X 和 X→B 分别是节点 A 到 X 和节点 X 到 B 的最短路径。

RIP 协议规定自治系统(AS)中的每一个路由器都维护一个从自己到其他每一个网络的以距离为"量度"的记录,这个距离的量度值即距离向量,以跳数(hop count)作为具体的值。RIP 对距离的定义为:从路由器到直连网络的距离定义为 0,从路由器到非直连网络的距离为所经过的路由器数。即路由器到所在网络(直连网络)的"距离"为 0,如果路由器经过了 5 个路由器(不包括自己)达到目的网络,则"距离"为 5。RIP "距离"的最大值为 15,当值为 16 时表示不可达。所以 RIP 仅适应于网络规模不大的小型网络。

RIP 的设计思想很简单,它要求路由器周期性地向相邻路由器发送路由更新报文。路由更新报文的内容主要由两部分组成[V,D],其中 V 代表向量(vector),用于标识该路由器可以到达的目的网络(或主机);D 代表距离(distance),用于指出该路由器到达目的网络(或主机)所经过的路由器的数量,即跳数。自治系统中的任何一个路由器在接收到其他路由器的[V,D]更新报文后,按照最短路径原则对各自的路由表进行更新操作。具体更新过程如下:

(1) 初始路由表的建立。当路由器刚刚启动后,需要对自己的路由表进行初始化操作。由于该路由器尚未接收到其他相邻路由器的更新报文,且直连网络不需要经过其他路由器的转接,所以初始化路由表中只包含直接网络的路由,距离都为 0。

(2) 路由表中信息的更新。当路由表建立好后,各路由器会周期性地向外发送其[V,D]路由表信息。如表 5-7(a)所示的是路由器 1(Router1)中的路由表,现在它接收到了路由器 2(Router2)发给它的路由更新报文,如表 5-7(b)所示。这时路由器 1 将用接收到的该更新报文更新自己的路由表。具体操作步骤如下:

需要说明的是:由于 RIP 路由更新报文都是由相邻路由器发送来的,所以在进行路由器的更新时,不需要知道该自治系统的网络拓扑。

表 5-7(a) 路由器 1 的路由表

目的网络	距离	下一跳路由器
Net1	0	直连
Net2	8	Router2
Net3	3	Router2
Net12	6	Router2
Net13	9	Router6
……	……	……

表 5-7(b) 路由器 2 发来的路由更新报文

目的网络	距离
Net2	4
Net3	2
Net4	7
Net12	11
……	……

表 5-7(c) 对路由器 2 发来的更新报文修改后的表

目的网络	距离	下一跳路由器
Net2	5	Router2
Net3	3	Router2
Net4	8	Router2
Net12	12	Router2
……	……	……

表 5-7(d) 路由器 1 更新后的路由表

目的网络	距离	下一跳路由器
Net1	0	直连
Net2	5	Router2
Net3	3	Router2
Net12	12	Router2
Net13	9	Router6
……	……	……

(1) 将接收到的路由器 2 发送来的路由更新报文的"距离"都加 1,且将"下一跳路由器"全部修改为 Router2,如表 5-7(c)所示。

(2) 将表 5-7(c)与表 5-7(a)进行比较,其中:

Net2 在表 5-7(a)中的距离值为 8,但在表 5-7(c)中其距离值变为 5,下一跳路由器都为 Router2,距离值减小了,需要更新。

Net3 在表 5-7(a)中的距离值为 3,在表 5-7(c)中的距离值同样为 3,未发生变化,所以不需要更新。

Net4 在表 5-7(a)中没有,所以需要添加。

Net12 在表 5-7(a)中的距离值为 6,而在表 5-7(c)中的距离值为 12,且下一跳路由器都为 Router2,虽然距离增大了,但也要更新。

经过以上操作,路由器 1 便得到了更新后的路由表,如表 5-7(d)所示。

对于以上的距离向量算法,进行以下说明:

(1) 对路由器 RouterX 发来的 RIP 路由更新报文,保持目的网络不变,将距离值加 1,

将下一跳路由器全部修改为RouterX,从而形成一个对比表。

此操作的意思是:将发往所有目的网络的分组,全部通过RouterX转发出去,其距离值应该是RouterX更新报文中原有的值加1。

(2) 对修改后的RIP更新报文中的每一项,进行以下操作:

① 如果某一(些)目的网络不在原来的路由表中,则将其添加到路由表中。

② 如果原来的路由表中存在某一(些)目的网络的记录,当下一跳路由器的地址都是RouterX时,则用更新报文中的条目更新原路由器中的条目,不管更新报文中该条目的距离值大于或是小于原路由器中该条目的距离值。否则转向③。

③ 如果原来的路由表中存在某一(些)目的网络的记录,但当下一跳路由器的地址不是RouterX时,如果更新报文中该条目的距离值小于原路由表中该条目的距离值,则需要进行更新。否则不进行更新操作。

(3) 如果180s内还没有收到相邻路由器的RIP更新报文,则认为该路由器出现了故障,将其作为不可达的路由器。即把到该路由器的距离值设置为16。

通过以上操作,RIP协议让一个AS中的所有路由器分别与相邻路由器定期交换路由信息,不断更新每台路由器上的路由表,以确保每一个路由器到达每一个目的网络的路由都是最短的。

2. RIP协议的报文格式

1998年11月公布的RIP2在应用中已取代了RIP1。其中,RIP2支持可变长子网掩码和CIDR,同时还提供了简单的报文鉴别功能。图5-37是RIP2协议的报文格式(与RIP1的头部相同,但路由部分不同),由"头部"和"路由部分"两部分组成。RIP使用传输层的UDP进行传输,所使用的UDP端口为520(UDP协议和端口的概念将在第6章介绍)。

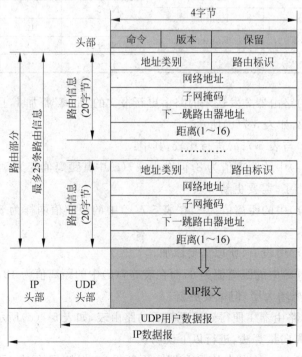

图5-37 RIP的报文格式

其中,头部的"命令"字段指出报文的功能,其中1表示请求路由信息,2表示对请求路由信息的响应或未被请求而发出的路由更新报文;"版本"字段说明RIP的版本号,目前分为1和2;"保留"字段目前用于填充,当头部长度不足4字节时,用0进行填充。

路由部分由多个路由信息组成,RIP2在一个报文中最多能够容纳25个路由信息,每个路由信息占用20字节的空间。其中,每一个路由信息由固定的字段组成。其中,"地址类型"字段用来标识所使用的地址协议(因为RIP除用于TCP/IP网络外,还可用于IPX/SPX等网络),如当采用IP地址时此字段为2;"路由标识"字段用于标记自治系统(AS)的号码,因为RIP有可能会收到本AS以外的其他AS的路由选择信息。后面的"网络地址"、"子网掩码"、"下一跳路由器地址"和"距离"在前文已经介绍过。

RIP协议的最大优点是实现简单,系统开销较小。但RIP协议的最大距离为16,限制了网络规模的扩展。由于路由器之间交换的是完整的路由表,因而增大了系统的开销,尤其当网络规模增大时更是如此。因此,在规模较大的网络中一般采用OSPF协议。

5.6.3 开放最短路径优先(OSPF)协议

随着Internet规模的不断扩大,RIP已无法适应网络运行的要求。为克服RIP存在的缺陷,1989年推出了开放最短路径优先(Open Shortest Path First,OSPF)协议,其中"开放"表示OSPF协议不受任何厂商的控制,而"最短路径优先"是因为使用的是Dijkstra提出的最短路径算法SPF(此算法请读者参阅相关资料,本书不再介绍)。OSPF的特点是工作原理简单,但实现起来却很复杂。目前,在IPv4网络中主要使用OSPFv2标准,该标准在RFC 2328文档中进行了描述。

1. OSPF协议的工作特点

下面与RIP对比,介绍OSPF协议的工作特点,以此说明OSPF协议的特点和应用优势。

(1) OSPF协议使用分布式链路状态协议(link state protocol),而RIP使用的是距离向量协议。所谓"链路状态"是指本路由器都和哪些路由器相邻,以及该链路的"度量"(metric)。OSPF中的"度量"分别用来表示基于该链路的费用、距离、延时、带宽等,具体选择由网络管理员确定,使用非常灵活。而RIP使用的距离仅仅是分组所经过的路由器的数量,即到所有网络的距离和下一跳路由器。

由此可以看出,RIP和OSPF都在寻找最短路径,并且采用"最短路由优先"的原则。只是具体实现方式、使用参数与计算方法有所不同。

(2) OSPF协议要求当链路状态发生变化时以泛洪(flooding)方式向本自治系统(AS)中的所有路由器发送信息,而RIP仅与自己相邻的路由器之间交换信息。

(3) 由于执行OSPF协议的路由器之间频繁地交换链路状态信息,因此所有的路由器最终都会建立一个链路状态数据库(link state database)。该数据库存储着整个自治系统的拓扑结构信息,并且在整个自治系统内保持一致,即实现链路状态数据库的同步。因此,每一个路由器都知道自治系统中共有多少个路由器,以及哪些路由器是相连的,其"度量"值是多少,等等。每一个路由器使用链路状态数据库中的数据,构造出自己的路由表。而运行RIP协议的每一个路由器虽然知道到所有网络的距离以及下一跳路由器,但却不能够知道整个自治系统的网络拓扑结构信息。

(4) OSPF 报文直接用 IP 数据报传送(IP 数据报头部的协议字段值为 89)，OSPF 构成的数据报很短，这样做可减小路由信息的通信量。另外，数据报很短可以避免数据报被分片传输，以提高传输效率。而 RIP 数据报使用 UDP 组成传输层用户数据报后再封装在 IP 数据报中传输。

2. 自治系统内部的区域划分

为了使 OSPF 协议能够适应规模很大的网络要求，并使更新过程收敛得更快，OSPF 可以将一个自治系统再划分成若干个更小的范围，每一个范围称为一个区域(area)。每一个区域都有一个 32 位的区域标识符，具体用点分十进制数表示(类似于 IP 地址的表示方法)。同时，为了限制区域的范围，OSPF 要求每一个区域内的路由器最好不超过 200 个。划分区域的好处是限制泛洪的范围，将交换链路状态信息时所产生的泛洪限制在一个区域内，而不是整个自治系统中。这样，一个区域内的路由器通过链路状态数据库只知道本区域内的网络拓扑，而不知道整个自治系统的网络拓扑。

如图 5-38 所示，可以将一个自治系统按不同的层次划分成不同的 4 个区域，其中一个为主干区域(backbone area)，其区域标识符规定为 0.0.0.0。主干区域连接多个下层区域，主干区域内部的路由器称为主干路由器(backbone router)，连接各个区域的路由器称为区域边界路由器(area border router)，而主干区域内专门和本自治系统以外的其他自治系统交换路由信息的路由器称为自治系统边界路由器(AS border route)。在图 5-38 中，路由器 R3、R4、R5、R6 和 R7 为主干路由器，路由器 R3、R5 和 R7 为区域边界路由器，R4 为自治系统边界路由器。

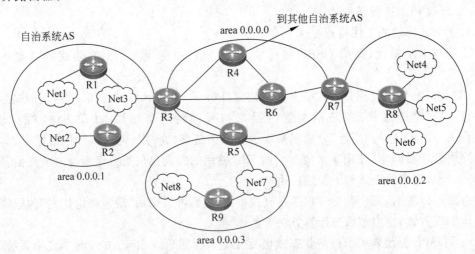

图 5-38 OSPF 将一个自治系统划分成多个区域

采用分层划分区域的方法虽然使交换信息的种类增多了，同时也使 OSPF 协议实现起来更加复杂。但这样做却能使一个区域内部交换路由信息时产生的通信流量大大减小，使 OSPF 协议能够适应大规模自治系统的应用要求。

3. OSPF 协议的报文格式

如图 5-39 所示的是 OSPF 报文的格式，其中 OSPF 报文使用 24 字节固定长度的头部，分组的数据部分定义了 5 种不同类型，每一个分组对应其中的一种。下面简要介绍 OSPF

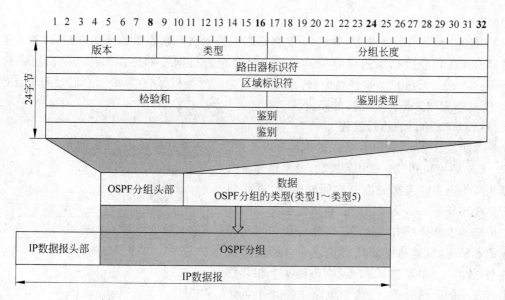

图 5-39 OSPF 报文的格式

报文各字段的功能定义：

(1) 版本。OSPF 协议的版本号,当前版本号为 2。

(2) 类型。说明"数据"区域所使用的分组类型,具体为 5 种类型中的一种。

(3) 分组长度。由 OSPF 报文头部和数据字段组成的整个 OSPF 报文的长度,以字节为单位。

(4) 路由器标识符。发送该分组的路由器所在端口的 IP 地址。

(5) 区域标识符。分组所在区域(area)的标识符。

(6) 检验和。对 OSPF 报文进行差错校验。

(7) 鉴别类型。OSPF 路由器之间在交换分组时可提供鉴别功能,以保证仅在可依赖的路由器之间交换路由信息。目前 OSPF 报文提供的鉴别类型只有两种：0 表示不需要鉴别,1 表示使用口令鉴别。

(8) 鉴别类型为 0(表示不需要鉴别)时就全部填入 0,鉴别类型为 1(表示需要鉴别)时填入 8 个字符组成的口令。

OSPF 在数据区域提供了以下 5 种不同类型的分组：

(1) 类型 1。问候(Hello)分组,用来发现和维护相邻路由器的可达性。

(2) 类型 2。数据库描述(Database Description)分组,向相邻路由器发送自己的链路状态数据库中的所有链路状态项目的摘要信息。

(3) 类型 3。链路状态请求(Link State Request)分组,向对方请求发送某些链路状态项目的详细信息。

(4) 类型 4。链路状态更新(Link State Update)分组,使用泛洪方式向全网更新链路状态。路由器使用这种类型的分组将其链路状态通知给所有相邻的路由器,希望所有的相邻路由器都知道自己的链路状态信息。

(5) 类型 5。链路状态确认(Link State Acknowledgment)分组,对链路状态更新分组的确认。

以上 5 种类型的分组中,类型 2~5 都是用来进行链路状态数据库的同步,以使不同路由器的链路状态数据库的内容保持一致。将两个进行同步的路由器称为"完全邻接的"(fully adjacent)路由器,某些路由器在物理连接上虽然是相邻的,但由于它们之间不进行同步,所以不能称为是完全邻接的路由器。

4. OSPF 协议的执行过程

如图 5-40 所示,OSPF 协议的执行可以分为以下三个过程。

(1) 确定可达性。OSPF 规定,两个相邻路由器之间每隔 10s 需要交换一次问候分组,以此知道哪些相邻路由器是可达的。在正常情况下网络中传输的大部分路由信息都是问候分组。当相邻路由器可达时,就将链路状态信息保存到链路状态数据库中。如果在 40s 内没有收到某个相邻路由器发来的问候分组,则认为该路由器是不可达的,应立即修改链路状态数据库,并重新计算路由表。

(2) 进行数据库同步。当一个路由器刚开始工作时,它只能通过发送和接收问候分组得知它有哪些相邻的路由器处于工作状态,以及将数据发往相邻路由器的"度量"值。如果所有的路由器都把自己的本地链路状态信息广播给全网,那么

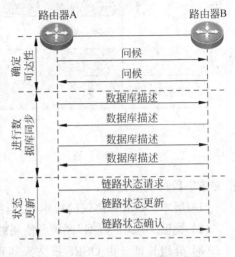

图 5-40 OSPF 协议的执行过程

各路由器只要将所接收到的链路状态信息综合起来就可以得到链路状态数据库。但这种操作方式的系统开销太大,不适合在大型网络中应用。OSPF 让每一个路由器用数据库描述分组和相邻路由器交换本数据库中已有的链路状态摘要信息。摘要信息的主要功能是指出有哪些路由器的链路状态信息已经写入了数据库。

(3) 状态更新。经过与相邻路由器交换数据库描述分组后,路由器就使用链路状态请求分组,请求对方发送自己所缺少的某些链路状态项目的详细信息。对方接收到该链路状态请求分组后,会发送一个链路状态更新分组,该分组中包含了链路状态请求分组中需要的详细信息。当路由器完成链路状态更新后,还需要向对方路由器发送一个链路状态确认分组。通过一系列的这种分组交换,全网同步的链路数据库就建立了起来。

在网络运行过程中,只要一个路由器的链路状态发生了变化,该路由器就要使用链路状态更新分组,用泛洪方式向全网更新链路状态信息。为了确保链路状态数据库与全网的状态保持一致,OSPF 还规定每隔一段时间(如 30 分钟)刷新一次数据库中的链路状态。通过各路由器之间交换链路状态信息,每一个路由器都可得出该网络的链路状态数据库。每个路由器可以从这个链路状态数据库出发,计算出以本路由器为根的最短路径树,再根据最短路径树得出路由表。

由于一个路由器的链路状态只涉及与相邻路由器的连通状态,因而与整个网络的规模并无直接关系。因此当网络规模很大时,OSPF 协议要比 RIP 协议运行得好。由于 OSPF 协议具有的优势,目前在许多网络中开始使用 OSPF 协议来代替 RIP 协议,使 OSPF 协

成为首选的内部网关协议。

5.6.4 边界网关协议(BGP)

外部网关协议是不同自治系统 AS 的路由器之间交换路由信息的协议。边界网关协议(Border Gateway Protocol,BGP)是 1989 年公布的外部网关协议,也是应用最为广泛的外部网关协议。目前使用最多的边界网关协议是 1995 年公布的 BGP-4,分别在 RFC 1771 和 RFC 1772 文档中进行了描述。本节主要以 BGP-4 为例进行介绍,为表述方便将 BGP-4 简写为 BGP。

1. 外部网关协议的特点

BGP 负责在自治系统之间完成无环路的域间路由选择。作为在全球互联网上广泛应用的域间选路协议,BGP 是互联网路由基础结构的关键组成部分。内部网关协议(如 OSPF 或 RIP)主要是设法使分组在一个 AS 中尽可能有效地从源站点发送到目的站点,在一个 AS 内部不需要考虑其他的策略。而外部网关协议的使用环境不同,所以 BGP 的工作方式与 RIP 或 OSPF 有所不同。

在 Internet 主干网络上连接着数量庞大的路由器,每一个路由器对每一个有效的 IP 数据报都必须提供正确的路由转发服务,即在路由表中都能够找到匹配的目的网络。如果使用链路状态协议,每一个路由器都需要维护一个条目数量很大的链路状态数据库,这在 Internet 中是不现实的。另外,由于每个 AS 各自运行自己的内部路由选择协议(如 RIP 或 OSPF),并使用本 AS 确定的路径度量(如带宽、延时等)。假设有一条数据传输路径经过了多个不同的 AS,要想对这样的路径计算出可用的"度量"几乎是不可能的。因此,对于 AS 之间的路由选择,要用内部路由选择协议的"度量"来寻找最佳路由也是不现实的。而有效的做法是,AS 之间只交换"可达性"信息,即 AS_x 告诉 AS_y:到达目的网络 Net_x,可以经过 AS_x,也可以经过 AS_z。

AS 内部路由器之间的信息交换是平等的,而 AS 之间的信息交换需要考虑有关策略。由于相互连接的网络在性能上存在着较大的差异,如果使用最短距离(即最少的跳数)得出的路径,可能并不适合具体的应用要求。例如,AS_x 要向 AS_z 发送数据,其中经过 AS_y 的距离最短,但 AS_y 网络的性能最差,很显然这时利用最短距离得出的路径不是最佳的。另外,如果 AS_x 要想经过 AS_y 向 AS_z 发送数据,但 AS_y 并不希望将自己作为 AS_x 与 AS_z 之间数据传输的通道,但 AS_y 却希望其他周边的 AS 的分组通过自己的网络。例如,国内教育网中的站点在互相传输数据时,尽量不要经过电信网络,而且是直接在教育网内部传输。

因此,AS 之间的路由选择协议应当允许使用多种路由选择策略,这些策略包括安全、经济或政治等方面的考虑。具体策略由网络管理员针对具体的路由器进行设置,但这些策略并不是 AS 之间的路由选择协议的本身。使用这些策略是为了找出符合特定需求的较好路径,而不是由路由选择协议本身得出的最佳路径。策略干预了路由选择协议。

2. BGP 协议的工作原理

BGP 采用路径向量(path vector)路由选择协议,它与距离向量协议和链路状态协议之间存在很大的区别。在配置 BGP 时,网络管理员需要给每一个 AS 选择至少一个路由器作为该 AS 的"BGP 发言人"。BGP 发言人通常是 BGP 边界路由器(也可以不是 BGP 边界路由器），一般情况下位于不同 AS 中的两个 BGP 发言人之间通过一个共享网络连接在一起。一个 BGP 发言人与其他 AS 的 BGP 发言人交换路由信息时，需要先建立 TCP 连接（端口号为 179），然后在此连接上交换 BGP 信息以建立 BGP 会话（session）。利用 BGP 会话交换路由信息，其中包括增加新的路由、撤销过时的路由、报告出差错情况等。使用 TCP 连接能够提供可靠的服务，同时也简化了路由选择协议。

图 5-41 所示的是 BGP 发言人与 AS 之间的关系，图中标出了三个 AS 中的 5 个 BGP 发言人。从 BGP 发言人在网络中的位置可知，每一个 BGP 发言人除了必须运行 BGP 协议外，还必须运行该 AS 内部所使用的内部网关协议，如 RIP 或 OSPF。BGP 所交换的网络可达性信息就是到达某个网络所要经过的一系列 AS。当 BGP 发言人互相交换了网络可达性的信息后，各 BGP 发言人就根据所采用的策略从收到的路由信息中找出到达各 AS 的较好的路由。

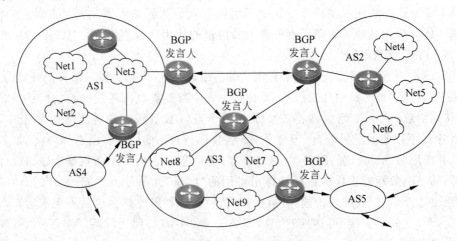

图 5-41　BGP 发言人与 AS 之间的关系

图 5-42 给出一个 BGP 发言人交换路径向量，从而构造出 AS 系统连接树状结构的例子。AS1 的 BGP 发言人通知共享网络（主干网）的 BGP 发言人：要到达网络 Net4、5、6 可经过 AS1。共享网络在接收到这个通知后，就给其他 BGP 发言人发出通知：要到达网络 Net4、5、6 可经过 AS0 和 AS1。与此相同，AS1 的 BGP 发言人也可能发出通知：到达 Net7、8、9 可经过 AS1，AS3 的 BGP 发言人发出通知：到达 Net13、14、15 可经过 AS3 等。

通过以上分析可以看出，BGP 协议交换路由信息的节点数是以 AS 数为单位的，这要比这些 AS 中的网络数少很多。要在许多 AS 之间寻找一条较好的路径，就是要寻找正确的 BGP 发言人（边界路由器），而在每一个 AS 中 BGP 发言人的数目相对于 AS 中的路由器数量是很少的。这样，便大大降低了 AS 之间路由选择的复杂性。另外，BGP 支持 CIDR，BGP 的路由表包括目的网络前缀、下一跳路由以及到达该目的网络所要经过的 AS 序列。

3. BGP 协议的工作过程

在 BGP 开始运行时，BGP 边界路由器与相邻的边界路由器交换整个的 BGP 路由表，但以后只需要在发生变化时更新有变化的部分，而不像内部网关协议那样周期性地进行更新，这种处理机制对节省网络带宽和减少路由器的系统开销是有好处的。

BGP-4 路由选择协议使用以下 4 种分组（在 RFC 4271 文档中进行了描述）：

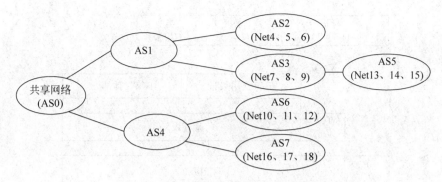

图 5-42　BGP 发言人交换路径向量的例子

(1) 打开(open)分组。用来与相邻的另一个 BGP 发言人建立联系,使通信初始化。

(2) 更新(update)分组。用来发送某一路由的信息(有新的路由产生),以及列出要撤销的多条路由信息。

(3) 保活(keepalive)分组。用来确认打开分组,并周期性地证实相邻边界路由器的存在。

(4) 通知(notification)分组。用来发送检测到的差错。

如果两个相邻边界路由器属于不同 AS,而其中一个边界路由器希望与另一个边界路由器定期地交换路由信息。这时,其中一个边界路由器向另一个边界路由器发送一个 open 分组,如果另一个边界路由器接受该请求,就用 keepalive 分组响应。这样,两个 BGP 发言人的相邻关系就建立了起来。

BGP 发言人的相邻关系建立后,还需要继续维护这种联系。为此,两个 BGP 发言人彼此周期性地交换 keepalive 分组(一般为 30s),以确认对方是存在的。Keepalive 分组只有 19 字节,因此不会造成网络上太大的开销。

update 分组是 BGP 协议的核心内容。BGP 发言人可以用 update 分组撤销它以前曾经通知过的路由(即告诉对方添加过的路由),也可以告诉增加新的路由。撤销路由时,一次可以撤销多条,但增加新路由时,每个 update 分组一次只能增加一条。

当某个路由器或链路出现故障时,由于 BGP 发言人可以从不止一个相邻路由器获得路由信息,因此很容易选择出新的路由。

4. BGP 协议的分组格式

图 5-43 给出了 BGP 分组的格式。虽然 BGP 存在 4 种分组类型,但其头部格式是完全相同的,其长度为 19 字节。下面介绍 BGP 通用头部的功能定义:

(1) 标记。用来鉴别收到的 BGP 分组。此功能可选,当不使用鉴别时,标记字段全部填入 1,当需要鉴别时填入相应的用于鉴别的字符。

(2) 长度。指出包括通用头部在内的整个 BGP 报文的长度,以字节为单位。最小值为 19 字节,最大值为 4096 字节。

(3) 类型。该字段值为 1~4,分别对应于 4 种不同的 BGP 分组中的一种。

本书仅对 BGP 通用头部各字段的功能进行了说明。4 种不同 BGP 分组的格式请读者查阅相关的文献资料。

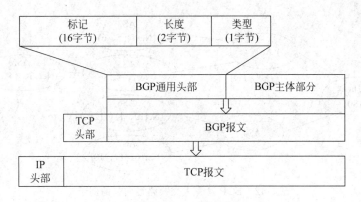

图 5-43　BGP 分组的格式

5.7　IP 组播与网际组管理协议(IGMP)

组播(multicast)也称为"多播",是一种一对多的数据通信方式,即一个站点可以将同一数据同时发给一组站点。IP 组播是在 TCP/IP 体系中通过相应协议的支持所实现的一种以 IP 数据报为对象的组播技术。IP 组播主要应用于 TCP/IP 网络的多媒体通信中。

5.7.1　IP 组播的基本概念

根据数据发送过程中发送站点与接收站点之间关系的不同,可以将站点之间的通信分为单播(unicast)、广播(broadcast)和组播三类。其中,单播属于"一对一"的通信方式,而广播和组播同属于"一对多"的通信方式;与广播不同的是,单播和组播通信都是可控的。所以在网络中用户数据的转发基本上不使用广播方式,而主要使用单播方式,在一定的环境中也可以采用组播方式。

1. 组播的特点

单播通信虽然可控,但占用资源较大。假设一个站点同时要向网络中的 100 个站点发送数据,如果采用单播方式,发送站点首先需要将要发送的数据复制 100 份,之后在每份数据的头部分别添加目的站点的地址,最后再将 100 份数据发送出去。此通信过程的实现,不但需要很大带宽的支持,而且对发送站点的数据处理能力也提供了很高的要求,很显然这种通信方式是不可取的,尤其是在数据量较大的多媒体通信中。但是,如果采用组播技术(如图 5-44 所示)后,每台组播路由器在接收到组播数据报时,首先根据要转发该组播数据报的组播路由器的数量(本例为三台)将组播数据报进行复制,复制后的数据报分别转发到下一台组播路由器。以此类推,直至到达目的主机所在的局域网为止。

从发送组播数据报的主机 A 开始,由组播路由器 1、2、3、4 构成了一个组播分发树,组播数据报只在组播分发树的分叉处(组播路由器 1)进行复制。

需要说明的是:由于局域网采用的是基于硬件地址的组播,局域网中不再对数据报进行复制,所以 IP 组播网络中数据报的复制操作到与局域网连接的组播路由器为止。在图 5-44 中,只有组播路由器 1 进行了数据报的复制操作,而组播路由器 2、3、4 分别与局域网 1、2、3 之间仍然采用单播方式。

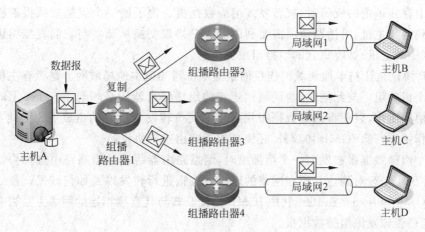

图 5-44　IP 组播的工作过程

通过以上分析,组播明显减轻了对网络通信宽带的占用。在 TCP/IP 体系中,组播操作在路由器上进行,但只有支持组播协议的路由器才能进行组播操作,将这类路由器称为组播路由器(multicast router)。在进行数据封装时,组播地址只有用于目的地址,而不能用于源地址。IP 组播的设计思想是:通过定义一个组地址(group address,D 类 IP 地址),发送者使用组地址发送组播数据报,接收者选择是否加入某一组播组来决定是否接收组播数据报。IP 组播定义了一个高效的数据传输模式。

在 TCP/IP 网络中进行的组播称为 IP 组播。IP 组播网络中所传输的数据报需要使用组播 IP 地址,即 IP 地址中的 D 类地址段。

2. 组播的工作原理

在组播中,"组"是一个重要的概念,在发送端组播数据报送入一个"组"目的主机(接收主机)。在 IP 组播中,每一个组播组都有一个 ID,称之为组播组 ID,一个组播组 ID 即一个 D 类 IP 地址。当组播数据报被发送时,组播组 ID 被用于识别某一特定的组。如果一台用户端的主机想要接收发向某一特定组的组播数据报,则需要通过某种办法监听发向该组的全部信息。

如果在某一组播组中,组播数据报的发送者和接收者位于同一个局域网(如以太网),将这种组播称为基于局域网的组播,基于局域网的组播是一种硬件组播。硬件组播的实现较为容易,当定义了某一组播组(确定了某一硬件组播地址)时,局域网中的主机可以通过该组播地址决定是否接收该组播数据。其实,在共享信道的局域网中,组播与单播在通信时没有区别,只是在主机接收到某一数据时,决定是否需要接收还是直接放弃。

如果在某一组播组中,组播数据报的发送者和接收者位于不同的局域网,组播数据报的转发就变得相对复杂。为了在 Internet 中解决组播数据报的路由问题,位于局域网中的主机需要通知与其直接连接的组播路由器(如图 5-44 中的组播路由器 2、3 和 4),请求加入(或离开)组播组。网际组管理协议(Internet Group Management Protocol,IGMP)就是专门被用于局域网中的主机与直接连接局域网的组播路由器之间完成组路由选择任务。同时,网络中的组播路由器利用 IGMP 协议获知其所在网络上的组播组的成员,并决定一个组播数据报是否应该被复制后转发。

一旦组播路由器接收到一个组播数据报,应检查该组播数据报的组 ID。当确定与其相连的网络上存在该组的成员时,就转发该组播数据报。为了使一个组播数据报能够从发送主机转发到接收主机,组播路由器需要利用 IGMP 协议交换从那些与它们直接相连的主机(或局域网中的主机)处收集到的组播组成员信息。

IGMP 协议是让与本地局域网连接的组播路由器知道本地局域网上是否有主机加入或退出了某个组播组。与此同时,与局域网连接的组播路由器还必须与 Internet 上的其他组播路由器协同工作,以便将组播数据报用最小的代价转发给所有的组成员。为此,Internet 上组播操作的进行除 IGMP 协议外,还需要组播路由选择协议。

当一个组播数据报被发向一个组播组时,组播路由器将通过组播路由选择协议获取路由信息,并决定是否对到达其所在网络的组播数据报进行转发以及如何转发。最后边缘组播路由器(leaf multicast router)利用 IGMP 协议获知与其直接相连的网络上是否有该组的成员,确定是否转发该组播数据报。

5.7.2 D 类 IP 地址与以太网组播地址之间的映射关系

在组播通信过程中,需要两种新型地址:一个 IP 组播地址和一个以太网组播地址。其中,IP 组播地址表示一组接收者,它们要接收发给这个组的组播数据。在以太网中,由于 IP 数据报封装在以太网帧中,所以还需要一个以太网组播地址。为使组播正常工作,主机应能同时接收单播和组播数据。

1. 组播地址

计算机网络中,在数据链路层和网络层分别提供了组播地址,用于在不同环境中实现组播操作。

(1) 数据链路层的组播地址。在"4.2.5 局域网 MAC 子层的物理地址"一节中介绍了物理地址(MAC 地址)的组成和分类方法。其中,48 位地址字段中第 1 字节的最低 1 位(Individual/Group 位)为 1 时,地址字段表示组播地址。组播地址占到整个 IEEE 注册管理机构可分配地址数的一半。其中,共有组播 OUI 数量 2^{23} 个,每个 OUI 可以有 2^{24} 个组播地址。

(2) 网络层的组播地址。在网络层,IP 地址的 D 类地址被定义为组播地址。其中 D 类地址的前 4 位为 1110,IP 地址范围为 224.0.0.0～239.255.255.255。可以用每一个 D 类地址标志一个组播组,这样共有 2^{28} 个组播组。D 类组播地址用于发送 IP 组播数据报。与使用 A、B、C 类 IP 地址的 IP 数据报相比,IP 组播数据报只有 IP 头部的目的 IP 地址字段不同,且 IP 组播数据报 IP 头部中的协议字段值为 2(表示使用 IGMP 协议),其他字段的功能两者相同。所以,IP 组播数据也是一种"尽力而为"的交付服务,并不保证交付的可靠性。

在 IP 组播地址中,有一部分地址被 IANA 预留做特殊用途,如 224.0.0.11 地址被用于移动代理的地址,224.0.1.1～224.0.1.18 地址段被预留给电视会议组播使用等,详细信息读者可以从 IANA 网站(http://www.iana.org)获得。

2. D 类 IP 地址与以太网组播地址之间的映射关系

为了实现 IP 组播,Internet 地址授权委员会(IANA)向 IEEE 注册管理机构注册的以太网 OUI 为 00-00-5E,这样 TCP/IP 体系中使用的以太网组播地址范围为 00-00-5E-00-00-00～00-00-5E-FF-FF-FF。由于以太网地址字段中的第一字节的最低位为 1 时表示组播地址,所以 IANA 实际拥有的以太网组播地址范围为 01-00-5E-00-00-00～01-00-5E-FF-FF-FF。在每一个地址中,实际使用的组播地址为 23 位。

23 位的以太网组播地址只能与 D 类 IP 地址中的 23 位存在一一对应关系。其中,D 类 IP 地址可供分配的有 28 位,这样前 5 位将不能用于构成以太网硬件地址,具体映射关系如图 5-45 所示。

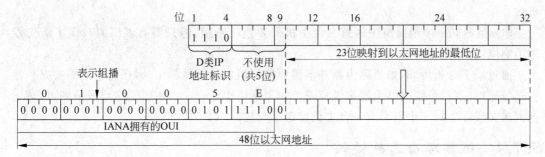

图 5-45　D 类 IP 地址与以太网组播地址之间的映射关系

如图 5-45 所示的映射关系是历史形成的,它导致了 $32(2^5)$ 个不同的 IP 组播地址被映射成同一个以太网地址。例如,IP 组播地址 224.128.30.80(E0-80-1E-50)和 224.0.30.80(E0-00-1E-50)转换成以太网地址后都是 01-00-5E-00-1E-50。这就给接收端带来了一些实现上的复杂性,因此接收到组播数据报的主机,还要在网络层利用软件进行过滤,把不是本机需要的组播数据报丢弃。

5.7.3　网际组管理协议(IGMP)

IGMP 协议运行在 IP 主机和它所在局域网的组播路由器之间,用来控制组播组成员的加入和退出。IGMPv1 版本在 RFC 1112 文档中进行了描述,1997 年推出的 IGMPv2 版本已成为 Internet 标准协议,具体在 RFC 2236 文档中进行了描述。

IGMP 使用 IP 数据报发送其报文,它是 IP 协议的一个组成部分。IGMP 协议的执行过程分为以下两个阶段:

(1) 组播组的加入。当某台主机要加入某一组播组时,主机向组播组发送一个 IGMP 报文,声明自己要加入该组。本地的组播路由器收到 IGMP 报文后,通过组播路由选择协议把这种组成员关系转发给 Internet 上的其他组播路由器。

(2) 组播组的退出。由于主机随时都可能加入或退出某一组播组,所以本地组播路由器必须定期向本地局域网发送探测报文,以便知道原来组播组中的主机目前是否还在。如果经过几次探测后仍然没有一个主机返回响应报文,组播路由器便认为本网络上的主机已经退出了这个组,所以不再把组成员关系转发给其他的组播路由器,其他组播路由器也不会把组播数据报发送给本地网络(其实是连接本地网络的组播路由器)。

为了避免组播控制信息给网络带来过大的带宽开销,IGMP 协议提供了以下功能:

(1) 组播路由器在探测组成员关系时,只需要对所有的组播组(同一网络中可以同时存在多个组播组)发送一个请求信息的查询报文,而不需要对每一个组播组发送一个查询报文。查询报文需要回复,请求信息的查询报文不一定回复。系统默认每 125s 发送一次请求信息的查询报文,通信流量很小。

(2) 当同一网络连接几个组播路由器时,组播路由器之间会快速选择出一台作为探测组成员关系的路由器。

（3）在 IGMP 的查询报文中有一个用于设置最长响应时间的参数 N（系统默认时间为 10s），主要在接收到一个查询时，会在 $0\sim N$ 之间随机选择一个时间作为发送响应的延时时间。这样，当一台主机同时加入了多个组播组时，主机可以对不同的组播组选择不同的随机数。

（4）虽然同一个组播组中的每一台主机都要监听响应，但只要有本组的其他主机先发送了响应，自己便不再发送。

通过以上分析可知，组播路由器并不需要保留组成员关系的记录，任何组只需要有一台主机发送响应，对于组播路由器来说只需要知道网络中还有一台主机是本组成员即可，对于查询报文实际上每一个组只有一台主机发送了响应。

5.7.4 组播路由选择协议

所有的路由器都支持单播路由选择协议，而组播路由器除支持单播路由选择外还支持组播路由选择协议。其中，单播路由选择协议主要在网络拓扑结构、流量发生改变时才进行路由更新，而组播路由选择协议需要动态地适应组播组成员的变化，而与网络拓扑、流量无关。目前，IP 组播路由协议只有建议标准，同时为了在 Internet 上实现组播的过渡，使用了"隧道"技术。

1. 组播路由选择协议

组播路由选择协议是通过一个将组播组中所有的主机关联在一起的一个组播转发树（也称为"组播生成树"），将组播信息从发送主机分发到所有接收主机的传输。不同的 IP 组播路由协议采用不同的算法构造组播转发树，一旦构造了一个树，所有的组播流就通过这棵树从根节点向叶节点分发。根据组播组的成员在整个网络上的预期分布，可将 IP 组播路由协议分为密集模式和稀疏模式两种类型。

（1）密集模式。密集模式假定组播组成员密集地分布在整个网络上（如分布在同一个局域网的不同主机上），并且有足够的带宽资源可以利用。密集模式的组播路由协议依靠泛洪（flooding）方式将组播信息传送给网上的所有组播路由器。密集模式路由协议包括距离向量组播路由协议（Distance Vector Multicast Routing Protocol，DVMRP）、组播开放最短路径优先（Multicast Open Shortest Path First，MOSPF）协议和协议无关组播协议-密集模式协议（Protocol Independent Multicast-Dense Mode，PIM-DM）。

（2）稀疏模式。稀疏模式假定组播组的成员稀疏地分布在整个网络上，并且不能保证有足够的带宽资源可供利用。稀疏模式的特点是组成员分布分散，不像密集模式那样集中分布在固定的网络中。稀疏并不意味组成员很少，而是组成员分布非常分散。在这种情况下，采用泛洪方式将会在网络中产生不必要的流量，占用网络带宽资源，影响网络的运行性能。因此稀疏模式组播路由协议必须采用更具选择性的方法构建和维持组播转发树。稀疏模式路由协议包括基于核心树协议（Core Based Trees，CBT）和协议无关组播协议-稀疏模式（Protocol Independent Multicast-Sparse Mode，PIM-SM）。

2. 隧道技术

隧道（tunneling）技术在计算机网络中的应用已非常广泛，例如两个同构网络（如 IPv6 网络）之间通过一个异构网络（如 IPv4 网络）互联时，由于异构网络根本不认识同构网络的分组。这时,可在连接同构网络的异构网络两端分别设置一个封装节点,当同构网络中的分组到达封装节点时,将其作为异构网络的净载荷,封装在异构网络的分组中传输。到达异构网络的另一端时,解除封装后交给同构网络进行处理。这类似于江上的渡轮,在岸边汽车开上渡轮(类似于封装),之后渡轮在江上行驶,到了对岸后汽车开离渡轮(类似于解除封装),继续在公路上行驶。

隧道技术可以应用于组播的过渡实现方案中。如图 5-46 所示,网络 1 和网络 2 都支持组播操作,但连接网络 1 和网络 2 的网络 3 却不支持组播,即网络 3 两端的路由器 A 和路由器 B 都不支持组播数据报的转发。为此,可以使用隧道技术,路由器 A 对组播数据报进行封装,将网络 1 中的分组填入网络 3 分组的净载荷,添加网络 3 的分组头部后形成网络 3 中的单播数据报在网络 3 中传输,当单播数据报到达路由器 B 时解除封装,将封装前网络 1 中的分组交给网络 2 进行发送。对于网络 1 和网络 2 来说,网络 3 中好像存在一条隧道,分组在隧道中的传输过程是透明的。

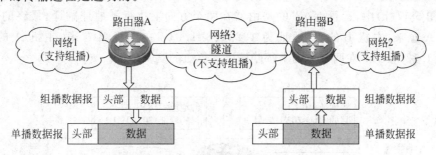

图 5-46　隧道技术在组播网络中的应用

5.8　网络地址转换(NAT)

随着 Internet 的迅速发展,目前使用的 IP 地址(IPv4)短缺和即将耗尽已成为一个十分突出的问题。为了解决这一问题,出现了多种解决方案,其中无类别域间路由(CIDR)和网络地址转换(Network Address Translator,NAT)是最有代表的两种技术。开发 CIDR 的目的是清除 IPv4 标准的 A、B 和 C 类地址及划分子网的概念,从而更加有效的分配 IP 地址空间。CIDR 已在本章前文进行了介绍。本节将介绍 NAT 的概念和应用。

5.8.1　NAT 的概念

本章前文介绍了 IP 寻址及私有 IP 地址的概念,私有 IP 地址只能用于企业内部,而不能用于直接访问 Internet 或外部网络,如何让局域网内部的计算机能够通过私有 IP 地址访问 Internet 呢?使用网络地址转换(NAT)技术解决了这个问题。NAT 可以将多个内部地址映射成少数几个甚至一个合法的公网 IP 地址,让内部网络中使用私有 IP 地址的计算机通过"伪 IP"访问 Internet 资源,从而更好地解决 IPv4 地址空间枯竭问题。同时,由于 NAT 对内部 IP 地址进行了隐藏,因此 NAT 也在一定程度上给内部网络带来了安全性。NAT 技术在 1994 年提出,分别在 RFC2663、2993、3022、3027、3225 文档中进行了说明,目前主流的路由器、防火墙及代理软件(如 Sygate、Wingate 等)都支持 NAT 技术。

NAT 将网络分成了内部(inside)和外部(outside)两部分,一般情况下内部是使用私有

IP 地址的局域网、外部为 Internet。如图 5-47(a)所示，位于内部网络和外部网络边界的 NAT 路由器执行着地址翻译的操作。

在图 5-47(a)中，主机 A 具有一个私有 IP 地址 10.1.1.1，当它向 Internet 发送信息时，IP 分组会先通过一个运行着 NAT 的路由器。路由器会将 IP 分组头部的源 IP 地址(10.1.1.1)替换成一个在 Internet 上合法的公网 IP 地址(218.91.1.126)，然后再将该 IP 分组发送出去。IP 分组到达目的主机 B 以后，主机 B 会发送一个目的 IP 地址为 218.91.1.126 的 IP 分组给路由器，当这个 IP 分组到达路由器时，路由器再根据 NAT 翻译表中的对应条目将它的目的 IP 地址替换成主机 A 的私有 IP 地址(10.1.1.1)。我们看到 NAT 可以隐藏 IP 地址。例如，主机 B 认为主机 A 的地址是 218.91.1.126，而实际上主机 A 的地址是 10.1.1.1，这个 10.1.1.1 对主机 B 来讲是"隐藏"的。

在以上这个例子中，使用 NAT 只对内部网络的主机地址作了翻译。其实 NAT 可以在两个方向上进行翻译，图 5-47(b)所示的就是一个在两个方向上执行 NAT 翻译的例子。

在图 5-47(b)中，运行 NAT 的路由器在两个方向上执行了地址翻译，最终的结果是：在主机 A 看来，主机 B 的 IP 地址为 192.168.1.91；在主机 B 看来，主机 A 的地址为 218.91.1.126，NAT 在两个方向上都隐藏了计算机的真实地址。

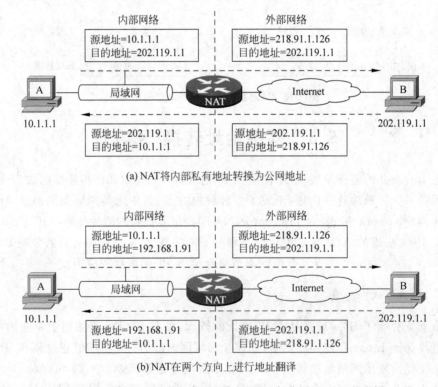

(a) NAT将内部私有地址转换为公网地址

(b) NAT在两个方向上进行地址翻译

图 5-47 利用 NAT 实现内网私有 IP 地址与公网 IP 地址的翻译

5.8.2 NAT 的地址翻译类型

NAT 的地址翻译类型可以分为静态 NAT 翻译、动态 NAT 翻译和端口地址翻译(PAT)三种，下面对这三种翻译类型分别介绍。

1. 静态 NAT 翻译

静态 NAT 翻译是一种比较简单的 NAT 翻译，它将内部地址和外部地址进行"一对一"的映射，即将内部网络中的某个私有地址永久地映射成外部网络中的某个合法的地址。一般情况下，如果内部网络中有 E-mail 服务器、FTP 服务器、Web 服务器时，这些服务器需要同时为内部和外部网络用户提供服务，当外部网络用户需要访问内部网络中的这些服务器时需要在路由器上进行设置，对这些服务器采用静态 NAT。

由于静态 NAT 采用"一对一"的内、外网 IP 地址映射关系，所以静态 NAT 并不能解决 IP 地址短缺问题，它只是让内部网络中的主机可以对外部网络用户提供服务。图 5-48 所示的是静态 NAT 翻译的工作原理：

在图 5-48 中，NAT 路由器将内部私有 IP 地址 192.168.1.1 和 192.168.1.2 分别静态地翻译成公网地址 202.119.23.8 和 202.119.23.9。具体工作过程如下：

（1）内部服务器 192.168.1.1 向外部主机 128.91.206.11 发送信息。

（2）NAT 路由器接收到 192.168.1.1 发来的 IP 分组，并且查询自己的 NAT 翻译表，发现翻译表中有关 192.168.1.1 的静态 NAT 条目，于是它将 IP 分组的源地址 192.168.1.1 替换成公网地址 202.119.23.8。

（3）IP 分组被传送到目的主机 128.91.206.11，目的主机接收此 IP 分组并且进行应答（应答报文的目标地址为 202.119.23.8）。

（4）NAT 路由器接收 IP 分组并且查询自己的 NAT 翻译表，然后将 IP 分组的目标地址替换成内部私有地址 192.168.1.1。

（5）外部主机响应的 IP 分组到达内部主机。

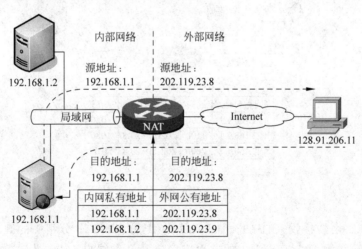

图 5-48 静态 NAT 的工作过程

2. 动态 NAT 翻译

动态 NAT 翻译通过定义 NAT 地址池（pool）以及一系列需要做翻译的内部私有 IP 地址，实现内网私有 IP 地址与公网 IP 地址之间的映射。其中，NAT 地址池是一组连续的公网 IP 地址，所有内部主机都可以使用地址池中的任何一个可用地址进行 NAT 翻译。

动态 NAT 是对静态 NAT 的一种改进，静态 NAT 实现的是"一对一"的固定 IP 地址之间的映射关系，而动态 NAT 实现的是"多对一，或多对多"的 IP 地址之间的动态映射关系。例如,具有 1000 个私有 IP 地址的内部地址通过动态 NAT 可同时使用 10 个外部 IP 地址。

动态 NAT 翻译的条目并不像静态 NAT 一样一开始就存在于路由器的 NAT 翻译表中,它是内部主机需要对外部进行通信时产生的。因此当这个通信结束后,这些用做翻译的地址就必须再次回到地址池中以供其他主机在进行地址转换时使用。

实际上,NAT 在生成每条动态映射条目时,都会为每个条目启动一个老化计时器,计时器的时间就是 NAT 翻译的超时时间(translations timeout)。以后 NAT 每次使用到该映射条目时,它会刷新这个老化计时器,如果在一段时间内路由器一直没有使用该条目而导致老化计时器超时时,NAT 将会从翻译表中去除该条目,这样地址就可以重新回到地址池中以便分配给其他的内部主机使用。

3. 端口地址翻译(PAT)

前面介绍的动态 NAT 其实也是"一对一"的映射关系,只不过是通过设置映射条目的老化来实现地址的复用,如果网络用户只拥有 1 个公网 IP 地址,将会发生什么情况呢?当一个内部主机的 IP 分组被 NAT 翻译以后,它可以对外部网络进行访问,但是内部其他主机就必须等待先前的映射条目超时后才能对外部网络进行访问,也就是说同一时间内,只能有一个内部主机可以访问外部网络。这种网络设计显然是低效的,如何充分利用现有的公网地址呢? 在这里便可以引入端口地址翻译的概念。端口地址翻译(Port Address Translations,PAT)允许把多个内部私有 IP 地址映射到同一个公网 IP 地址上。图 5-49 描述了 PAT 的工作过程。

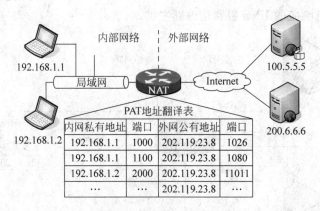

图 5-49 PAT 的原理

(1) NAT 路由器接收来自 192.168.1.1 的 IP 分组,将 IP 分组中的源 IP 地址替换成 202.119.23.8,并为 192.168.1.1 的这次连接分配一个端口 1000,为这次连接对应的公网 IP 地址 202.119.23.8 分配一个端口 1026,NAT 路由器通过"192.168.1.1:1000↔202.119.23.8:1026"这一映射关系建立了这次通信连接。

(2) NAT 路由器接收到来自 192.168.1.1 的另一个连接请求,NAT 路由器通过"192.168.1.1:1100↔202.119.23.8:1080"这一映射关系建立了另一个通信连接。

(3) NAT 路由器接收来自 192.168.1.2 的 IP 分组,将 IP 分组的源地址替换成 202.119.23.8,并且为 192.168.1.2 分配了一个 2000 端口,为 202.119.23.8 分配一个唯一的 11011 端口,以便与其他 PAT 映射区分。

（4）Internet 中的主机在接收到局域网中的 IP 分组时，认为都是从 202.119.23.8 这一主机发送过来的。当 Internet 中主机的应答 IP 分组到达 NAT 路由器时，路由器查看目的 IP 地址(202.119.23.8)对应的端口，然后再通过查找 PAT 地址翻译表便可知道将分组转发给主机 192.168.1.1 还是 192.168.1.2。

一个公网 IP 地址最多可以为内部用户提供 65 536(2^{24})个并发通信连接(注意：这里的 65 536 个并发通信连接不是并发用户连接，因为一个内网 IP 地址可能会使用不同的端口建立多个并发通信连接)。当内网用户数超过一定数量时，一个外网地址可能无法满足要求。这时，可以提供一个由多个连续公网 IP 地址组成的供 PAT 使用的地址池，路由器在用尽一个公网 IP 地址时，再从地址池中拿出另一个外网 IP 地址使用，以此类推。地址池中外网 IP 地址的数量，网络管理员可以通过对 NAT 路由器中翻译条目的观测来确定。

在进行 PAT 地址翻译时，所使用的端口即传输层的 TCP 端口或 UDP 端口，有关端口的概念在第 6 章介绍。

5.8.3 NAT 技术的特点

NAT 技术在一定程度上解决了 IPv4 地址短缺的问题，目前在单位局域网中得到了广泛应用。但 NAT 在具体应用中也暴露出了一些问题。

1. NAT 技术的优点

（1）将使用私有 IP 地址的内部网络连接到 Internet。一般情况下，许多局域网用户没有足够的合法公网 IP 地址分配给内部主机，使用 NAT 可以用少数几个甚至一个合法的公网 IP 地址映射多个内部私有 IP 地址，这样就可以大大减缓公网 IP 地址的耗尽。而且 NAT 修改了 IP 分组的原地址，使外部计算机看不到内部计算机的真实地址，因此网络的安全性也得到了增强。NAT 技术与 VPN(Virtual Private Network，虚拟专用网)技术有机结合，可以实现使用私有 IP 地址的局域网之间通过 Internet 进行安全互联。

（2）当局域网用户需要变更 ISP 时一般需要变更公网 IP 地址，但在使用了 NAT 技术后无需改变内部计算机的地址，只需在 NAT 路由器上进行相应的修改就可以方便地对网络进行调整。

（3）支持 TCP 负载均衡。通过使用 NAT，可以把内部的几台服务器捆绑成一台虚拟服务器，这些服务器在外部计算机看来只是一台服务器。当流量进入内部网络时，NAT 可以在这几台服务器之间自动进行分流，也增加了网络的可靠性。此内容本章不进行介绍。

2. NAT 技术存在的不足

虽然 NAT 为局域网用户带来的好处是明显的，但是 NAT 也带来了一些应用上的问题，主要反映在以下几个方面：

（1）NAT 路由器必须保持对每个连接状态的记录。对于每次的翻译信息，NAT 都必须记住其转换的地址和端口，所以当 NAT 路由器出现故障或 NAT 路由器邻近的链路出现故障时，路由难以快速收敛。NAT 也会耗费大量的 CPU 和内存资源，它影响了网络的性能和 IP 分组的处理，增大了分组转发时的延时。

（2）在进行一些网络安全设计和实施时，一些加密方法必须对 IP 分组头部的完整性进行校检，这样就要求分组头部在从源主机到目的主机之间传输时不能被改变。任何在路途中对分组头部的转换都会破坏完整性检查，而 NAT 重写了分组的头部信息，因此无法实现

IP 分组的完整性。例如,在做 IPSec VPN 时,IPSec 不能对 NAT 流量实施端到端的安全保护。

(3) NAT 支持的 IP 业务和应用主要有 HTTP、TFTP、Telnet、NTP、NFS、RCP、RSH、ARCHIE、FTP、ICMP、DNS 等。NAT 对一些 IP 业务和应用的支持尚存在缺陷,如 BOOTP、SNMP、NETSHOW、各种动态路由协议的路由表更新和 DNS 数据库的相互更新等。

5.9 路由器和三层交换机

路由器和三层交换机都是网络层的互联设备。路由器利用内建的路由表确定分组通过哪一端口转发出去,而三层交换除具有路由器的基本功能外,主要与 VLAN 技术结合实现不同 VLAN 之间分组的快速转发。

5.9.1 路由器的结构

路由器是一种具有多个输入、输出端口的专用计算机,其任务是转发分组。当分组从某一输入端口进入路由器后,路由器按照分组要到达的目的网络地址,把分组从路由器的某个合适的输出端口转发给下一跳路由器。下一跳路由器按照同样的方法处理接收到的每一个分组,直接分组到达目的网络为止。

1. 路由器的主要功能

最早使用的路由器就是普通的计算机,用计算机的 CPU 作为路由器的路由选择处理机,利用计算机的 I/O 设备作为路由器的输入、输出端口,当路由器的某个输入端口接收到一个分组时,就用中断方式通知路由选择处理机(即 CPU),然后分组就从输入端口复制到存储器中,路由选择处理机从分组头部提取网络的目的地址并查找路由表,然后将分组复制到合适的输出端口的缓存中,最后通过输出线路发送出去。现代路由器的工作原理与早期路由器基本相同,但处理分组的方式发生了变化。现代路由器的主要功能包括路由和转发两个部分:

(1) 路由。每一个路由器内部同时具备两个数据库:路由表数据库和网络路由状态数据库。其中,路由表数据库中保存有路由器每个端口对应连接的节点地址,以及其他路由器的地址信息。路由器通过定期与其他路由器和网络节点交换地址信息来自动更新路由表。除路由表外,路由器之间还需要定期地交换网络通信流量、网络拓扑和网络链路状态等信息,这些信息保存在网络路由器状态数据库中,具体实现方法已在前文进行了介绍。当分组达到路由器后,路由器查看路由表进行路由选择。

(2) 转发。转发提供网络间的分组转发功能。每当一个分组进入路由器时,路由器检查分组的目的地址,然后根据路由表数据库的相关信息,决定该分组应发给哪一个网络或主机,并完成具体的操作任务。

2. 路由器的结构

路由器的主要功能是在网络层完成分组的转发操作,图 5-50 给出了一个典型的路由器的结构示意图,整个路由器的功能可分为路由和转发两部分。其中,路由部分也称为"控制部分",其核心构件是路由选择处理机。路由选择处理机的任务是根据所选定的路由选择协议构造出路由表,同时经常或定期地和相邻路由器交换路由信息,不断更新和维护路由表;转发部分主要由交换结构、输入端口和输出端口三部分组成。有关路由表和路由选择协议的知识本章前文已进行了详细介绍,下面主要介绍分组转发的内容。

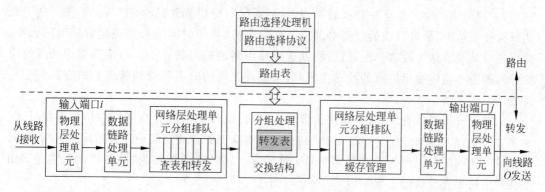

图 5-50 典型的路由器结构示意图

(1) 交换结构。交换结构(switching fabric)也称为"交换组织"或"交换矩阵",它的作用就是根据路由选择处理机得出的转发表(forwarding table)对分组进行转发处理,将从某个输入端口接收到的分组从一个合适的端口转发出去。从工作过程来看,交换结构本身就是一个由多输入端口和多输出端口组成的网络。

在路由选择处理机中,路由表由路由选择协议(如 RIP、OSPF、BGP 等)决定。路由选择协议涉及大量的路由器,这些路由器按照复杂的路由算法,得出整个网络的拓扑结构、流量的变化情况,因而动态地改变所选择的路由,并由此构造出整个路由表。路由表一般仅包含目的网络及对应的下一跳的映射。

交换结构的核心是转发表。转发表是从路由表得出的,包含完成转发功能所必需的信息。转发表的每一个条目必须包含从要到达的目的网络到输出端口的映射。由此可以看出,路由表给出了到达目的网络的下一跳地址(IP 地址),而转发表给出了到达目的网络的输出端口地址(如以太网 MAC 地址),路由强调逻辑寻址,而转发强调物理寻址。路由表用软件来实现,而转发表一般用特殊的硬件来实现。

(2) 输入、输出端口。输入、输出端口分别由物理层、数据链路层和网络层处理单元组成。其中,物理层进行比特流的接收和发送,数据链路层按照链路层协议传送承载分组的帧,而网络层把去掉帧头和帧尾后得到的分组送入分组处理模块进行处理。如果接收到的分组是路由器之间交换路由信息的分组(如 RIP 分组、OSPF 报文等),则把这类分组送给路由器的路由选择处理机;如果接收到的分组是用户数据分组,则按照分组头部中的目的地址查找转发表,根据得出的结果,分组便经过交换结构到达合适的输出端口。路由选择处理机负责为转发表进行更新。

3. 分组的排队队列

查找转发表和转发分组的过程虽然简单,但具体的实现过程却很复杂。每个分组在路由器中都会存在一定时间的停留,即路由器存在转发分组的速率。最理想的设计是路由器的分组处理速率等于输入端口的线路传送速率,这种速率称为"线速"(line speed)。例如,一条 2.488Gb/s 的 OC-48 链路,如果分组长度为 256B,当要求路由器的处理能力达到线速时,路由器每秒要能够处理约 120 万以上的分组,即路由器的分组处理速率达到 120 万 Mpps(million packet per second,百万分组每秒)。Mpps 是衡量路由器性能的主要参数。

为了提高分组转发速率,减小分组在路由器中的延时,路由器采用了排队队列的方法。在输入端口,当一个分组正在查找转发表时,后面又有分组到达这个端口,由于前面的分组还没有处理结束,所以后面的分组必须在队列中等待,等待时间的长短决定着延时的大小。输出端口从交换结构接收分组,然后将其送到路由器的输出线路上。当交换结构传送过来的分组的速率超过输出链路的发送速率时,来不及发送的分组就必须暂时存放在队列中等待发送。

从以上分析可以看出,分组在路由器输入、输出端口都可能会在队列中排队等待处理。如果分组处理的速率低于分组进入队列的速率,则队列的存储空间最终会被用尽,这将导致后面进入队列的分组因为没有存储空间而被丢弃。这种现象被称为"队列溢出",它是路由器在网络层丢弃分组的主要原因。

5.9.2　三层交换技术

进入 20 世纪 90 年代,随着以 Internet 为代表的互联网技术的发展,局域网在扩大自身规模的同时,开始接入互联网,以实现最大范围的数据共享和交换。在此情况下,交换机与路由器的结合成为必然。1996 年,Cisco 公司提出了虚拟局域网(VLAN)技术,该技术基于交换式局域网,通过创建虚拟网段缩小冲突域,提高网络的安全性,细化对网络的管理。但是,虚拟网段之间的通信必须依赖路由器。路由器虽然具有控制广播风暴、增强网络的安全性和智能地确定数据的最佳传输路径等功能。但是,路由器复杂的算法、较低的数据吞吐量、有限的连接端口、较高的端口价格等因素限制了路由器在网络中的应用。尤其在存在大量 VLAN 的局域网内部,路由器根本无法应对不同 VLAN 之间高数据量的交换。如何减少网络堵塞、优化网络结构、提高网络吞吐量、细化网络管理,三层交换技术应运而生。

1. 第三层交换的概念

第三层交换称为"网络层交换"或"基于路由功能的交换",是指在交换机内部完成不同子网间和虚拟网段(VLAN)间的互联,从而改变传统组网方案中由交换机外接路由器来完成局域网中不同子网(如 IP 子网、IPX 子网等)和虚拟网段的互联,以提高网络吞吐量,增加网络的整体性能。如图 5-51(a)所示的是早期的由多个网段组成的单位内部网络,由不同交换机构成的不同网段之间的通信必须经路由器转发,效率很低,扩展性很差。如图 5-51(b)所示的是采用三层交换机后的网络拓扑,以 VLAN 为网段,VLAN 的成员可以分散地分布在不同交换机上,三层交换机负责 VLAN 之间的数据交换,只有在网络出口处才使用路由器。使用三层交换机后,解决了不同网段之间数据转发时存在的瓶颈,适应了现代计算机网络 80/20 的规律,即 80%的流量产生在内部主机之间,只有 20%的流量产生在内部与 Internet 之间。内部网络的可扩展性强。当网络规模较大时,可以形成如图 5-51(c)所示的"接入+汇聚+核心"的三层架构,其中汇聚层交换机承担了部分网段之间的数据转发任务,分担了核心层交换机的压力。以学校为例,可以在学生计算机房、图书馆电子阅览室等上网计算机较集中的地方设置汇聚层交换机。

从原理上讲,第三层交换技术是将第二层交换机和第三层路由器的功能融合在一台设备中,并在每一层提供线速操作。在第二层交换机中,数据帧的转发由 ASIC(Application

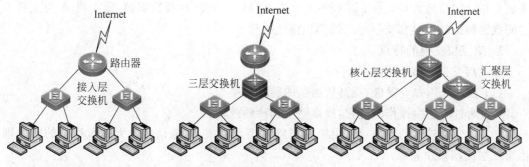

图 5-51 路由器和三层交换机在不同网络中的应用

Specific Integrated Circuit，专用集成电路芯片）专用硬件来处理，因而数据交换的效率很高。在第三层交换机中，将原来在路由器上以软件实现的第三层路由功能添加在交换机的高速背板/总线上，使三层路由模块和二层交换模块有机结合，相互间高速地交换数据。数据从输入端口经过共享的总线直接到达合适的输出端口，而不需要路由选择处理机的干预。

可以将第三层交换机定义为"交换机＋基于硬件的路由器"。对数据帧的封装和转发等占用资源较大的操作由硬件来完成，而第三层的路由信息更新、路由表的维护、路由计算和路由选择等操作，则由软件来完成。

2. 第三层交换的工作原理

假设，主机 A、主机 B 和主机 C 通过一台第三层交换机进行通信，其中主机 A 和主机 B 属于同一个子网（VLAN），而主机 A 和主机 C 属于不同的子网，主机之间利用 IP 地址进行通信。具体的通信过程如下：

（1）主机 A 把本机的 IP 地址与目的主机的 IP 地址进行与运算，并将计算结果与主机 A 上的"子网掩码"对比。如果对比结果相同，则主机 A 与目的主机属于同一子网；如果对比结果不同，说明主机 A 与目的主机属于不同的子网。

（2）因为目的主机 B 与主机 A 属于同一个子网，但主机 A 却不知道主机 B 的 MAC 地址。这时，主机 A 将向本子网内部的所有主机发送一个 ARP（地址解析协议）广播信息，用主机 B 的 IP 地址查寻对应的 MAC 地址。主机 B 在接收到该 ARP 广播信息后，将自己的 MAC 地址告知主机 A。主机 A 在得到主机 B 的 MAC 地址后，将该 MAC 地址作为数据帧的目标地址，进行数据帧的封装。同时，主机 A 将主机 B 的 MAC 地址保存在本机的缓存中，以备后用。当数据帧到达第三层交换机后，第二层交换模块通过查找 MAC 地址表，将数据帧通过指定的端口发送给主机 B。

（3）因为目的主机 C 与主机 A 属于不同的子网，所以主机 A 利用 ARP 广播信息查寻默认"网关"的 IP 地址对应的 MAC 地址（默认"网关"的 IP 地址必须事先设置）。默认"网关"的 IP 地址指向第三层路由模块。这时，如果在第三层路由模块的缓存中保存有主机 C 的 MAC 地址，第三层路由模块将向主机 A 回复主机 C 的 MAC 地址；否则，第三层路由模块根据路由表将向目标网络发送一个 ARP 查寻广播，主机 C 在接收到该广播信息后，将自己的 MAC 地址回复给第三层路由模块，第三层路由模块再将其回复给主机 A。同时，主机 A 和第三层路由模块将在缓存中保存主机 C 的 MAC 地址。通过这一过程，在主机 A 得到主机 C 的 MAC 地址后，主机 A 利用主机 C 的 MAC 地址封装数据帧，而主机 A 与主机 C 之间数据帧的转发全部交给第二层交换模块处理。

3. 第三层交换的特点

第三层交换具有以下的特点：

（1）通过采用专业硬件，提高数据帧的转发速率。

（2）通过对路由操作的优化，提高路由选择的效率。

（3）通信量较小的路由寻址由第三层路由模块完成，而通信量较大的数据帧的转发则由第二层交换模块完成。

（4）只要在源地址和目标地址之间存在一条第二层通路，就没有必要将数据上交给第三层进行路由处理。第三层交换使用第三层路由模块确定传送路径，此路径可以只用一次，也可以存储起来，供以后使用。之后，分组便可以通过一条内部虚电路绕过路由器模块快速发送，即"一次路由，多次交换"。

第三层交换技术的出现，解决了局域网中网段划分之后不同子网必须依赖路由器进行管理的局限，解决了传统路由器低速、复杂所造成的网络瓶颈问题。目前，第三层交换技术已非常成熟，相应的交换机产品也很丰富。

习　题

5-1　联系实际，简述分别在物理层、数据链路层和网络层进行网络互联时的差异性。

5-2　名词解释：网络、互联网、因特网、虚拟互联网络。

5-3　结合图 5-4，分析互联网的工作过程，并说明 MAC 地址与 IP 地址之间的区别及特点。

5-4　标准 IP 地址是如何分类的？有何特点？

5-5　如果已经分配给你一个 192.168.1.0 的标准 24 位 C 类地址。为了加强 IP 地址的管理，需要将其划分为不同的 4 个子网，请计算：①列出每个子网的地址范围；②列出所需要的子网掩码。

5-6　一个数据报的数据部分长度为 8000 字节（使用 20 字节长度的固定头部）。现在经过一个网络传输，该网络的 MTU 为 1420 字节，试求：①应分为几个数据报片？②各数据报片的数据字段长度？③各数据报片的偏移字段值？

5-7　结合图 5-25，分析分组在互联网中的转发过程。

5-8　试分析 ARP 和 RARP 协议的工作原理及应用特点。

5-9　网络管理员经常使用 Ping 命令来测试网络的连通性，结合 ICMP 工作原理，分析 Ping 命令的工作机制。

5-10　结合本章介绍的 IP 地址管理方法，试分析使用 CIDR 和 NAT 技术可以在一定程度上解决 IP 地址短缺的原因。

5-11　试分析静态 NAT、动态 NAT 和 PAT 的工作原理及应用特点。

5-12　什么是 IP 组播？在计算机网络中实现 IP 组播需要具备什么条件？

5-13　在 IP 组播技术的实现过程中，为什么要对 D 类 IP 地址与以太网地址之间进行映射操作？简述具体的实现过程。

5-14 名称解释：地址、路由、路由选择算法、路由选择协议、可路由协议、静态路由选择算法、动态路由选择算法、自治系统。

5-15 一个理想的路由选择算法应具有哪些特点？

5-16 结合 RIP 报文的结构及 RIP 的工作原理，试分析 RIP 协议的实现过程和应用特点。

5-17 结合内部网关协议 RIP、OSPF 的工作特点，试分析为什么在 Internet 中不能使用内部网关协议，而需要使用 BGP 协议。

5-18 简述路由器的结构及工作原理，并对比分析路由器与三层交换机之间的区别及应用特点。

第 6 章 传 输 层

传输层(transport layer)是整个网络体系结构中的关键层,其任务是在源主机与目的主机之间提供可靠的、性价比合理的数据传输服务,并且与当前所使用的物理网络完全独立。当网络中的两台主机通信时,从物理层算起,第一个涉及端到端的层便是传输层,所以传输层位于端系统,而不是通信子网。传输层提供了数据缓存功能,当网络层服务质量较差时,传输层通过提高服务质量,以满足高层的要求。当网络层服务质量较好时,传输层只需要做很少的工作。另外,传输层还可进行复用和分用功能,通过复用和分用可在一个网络连接上创建多个逻辑连接。本章将从进程之间的通信讲起,讨论传输层的基本功能、传输层向应用层提供的服务类型,以及实现这些服务所需要的 TCP 与 UDP 协议的基本内容。

6.1 传输层概述

在计算机网络体系结构中,网络层及以下各层实现的是主机之间的数据通信功能,即通信子网的功能。通过源节点通信子网将分组发送到目的节点。数据通信网络是一种承载网络,城域网和广域网中的承载网络是一种运营性网络,即由运营商负责建设和维护,并向用户提供有偿服务的网络。对于具体的用户之间的通信来说,只有数据通信服务是不行的,还需要提供进程之间的通信服务机制,以实现应用层的各种网络服务功能。

6.1.1 进程之间的通信

设计传输层的目的就是要实现分布式进程通信的任务,为实现应用层的网络服务功能提供服务保障。

1. 程序和进程的概念

在计算机网络中,面向用户的是各类应用(如 FTP 下载、Web 页面浏览、电子邮件收发等)程序,而面向通信的是应用进程。为此,在具体讨论传输层的功能之前首先介绍程序和进程的概念。

进程指正在执行的一个程序。当用户运行一个程序时,就启动了一个进程。由此可以看出,程序是时间上按照严格次序执行的操作序列,是编程人员要求计算机所要完成的功能应用采取的顺序步骤,是一个静态的概念。而进程是一个程序对某个数据集的执行过程,是动态的。

可以把并发的程序划分成若干个并发活动的进程。在单机操作系统中,这些进程统一由一个调度程序控制和管理,以保证协调地完成各种任务。不同进程不但要共享计算机资源(如 CPU、内存等),而且相互之间需要进行信息交换。这时,都有可能因为通信顺序不当或资源分配顺序不当而造成死锁,使得并发进程因等待资源而不能继续运行。为避免死锁的发生,在操作系统的控制下,进程调度程序按照一定的策略,动态地把处理机分配给处于就绪状态的某一个进程,并记录系统中所有进程的执行状态。操作系统的核心就是控制和协调进程的运行,解决进程之间的通信问题。

进程可以分为系统进程和用户进程。系统进程用于完成操作系统的各种功能,即处于运行状态下的操作系统本身;用户进程是指由用户根据具体需要启动的进程。系统进程是系统运行所必需的,而用户进程与用户的具体需要有关。进程是操作系统进行资源分配的单位。

2. 计算机网络中的进程通信

计算机网络环境中的进程通信是一种分布式进程通信方式。分布式进程通信与单机操作系统内部的进程通信方式的主要区别在于分布式进程通信中主机的高度自主性。

在计算机网络中,位于不同主机上的不同进程,没有一个统一的高层操作系统进行全局控制与管理,因此网络中的任何一台主机对其他主机的活动状态、各个进程的状态,以及这些进程希望什么时间参与网络活动,希望与网络中哪台主机的什么进程之间通信等,都一无所知。而不像单机操作系统中,所有进程统一由一个调度程序控制和管理。

为提供网络环境中进程之间的通信机制,需要解决三方面的问题:进程命名与寻址、多重协议识别及进程间的相互作用模式。其中,在 TCP/IP 协议体系中,进程间的相互作用模式主要采用客户机/服务器(Client/Server,C/S)模式,此内容将融入第 7 章应用层协议的介绍中,不再单独进行介绍。本节重点介绍进程命名与寻址和多重协议识别的概念和功能。

6.1.2 传输层的协议

在 TCP/IP 体系结构中,根据应用程序的不同要求,传输层主要提供了两个协议:传输控制协议(TCP)和用户数据报协议(UDP)。其中:TCP 是一个可靠的面向连接的协议,通过 TCP 协议传输的数据单元称为报文段(segment);UDP 是不可靠的无连接的协议,通过 UDP 协议传输的数据称为数据报。

另外,随着 IP 技术的发展尤其是 IP 技术在电信网络中的广泛应用,在传输层出现了一个新的协议,即流控制传输协议(Stream Control Transmission Protocol,SCTP),于 2000 年 10 月在 RFC 2960 文档中进行了描述。SCTP 综合了 UDP 和 TCP 的特点,提供可靠的面向报文的传输层服务。SCTP 像 UDP 一样保留了报文的边界,同时 SCTP 像 TCP 一样提供了数据检测、重传出错的数据以及对报文中的数据进行排序等功能。在此基础上,SCTP 还提供了一些新的特性。经过不断的扩展,SCTP 已经逐渐发展成为一种通用的传输层协议,并在许多网络操作系统(如 BSD、Linux 等)中得到了初步实现。有关 SCTP 的详细内容读者可参阅相关的文档资料。

由于传输层向高层用户屏蔽了网络拓扑结构、路由选择协议等通信子网的细节,为两个传输层实体之间创建了一条端到端的逻辑通信信道。根据应用需求的不同,这条逻辑通信信道可以分为两种类型:面向连接的 TCP 和无连接的 UDP。当传输层采用面向连接的 TCP 协议时,尽管下层协议仅仅提供了不可靠的通信服务(如网络层的协议提供的是一种"尽力而为"的 IP 数据报交付服务),但这条逻辑通信信道相当于一条全双工的可靠信道;当传输层采用无连接的 UDP 协议时,这条逻辑通信信道仍然是一条不可靠的信道。传输层选择 TCP 还是 UDP 协议,由应用层软件在具体实现时选择确定。

6.1.3 进程命名与寻址

命名是计算机网络中一种最基本的标识方法,命名的目的是为了便于寻址。例如,在计算机网络中,应用层的服务程序用名字表示,如 DNS、WWW 服务、文件传输服务等;在数据链路层以 MAC 地址对物理端口进行物理命名;在网络层用 IP 地址对端口(主要为物理端口,也包括逻辑端口)进行逻辑命名。而在传输层,对不同的进程也需要进行命名。

1. 复用和分用的概念

每个应用程序都会产生自己的数据流,这些数据流可以把目的主机上相应的服务程序看做自己的目的地。对于传输层来说,它只需要知道目的主机上的哪个服务程序来响应这个应用程序,而不需要知道这个服务程序具体是干什么的。严格地讲,两台主机之间的通信实际上是指两台主机中应用进程之间的通信,所以在两台主机之间可以实现多个应用进程的同时通信。分组可以通过 IP 协议送到目的主机,但 IP 协议无法将分组提交给主机中的应用进程,所以说 IP 地址仅是标识一个主机,而不能标识主机中的应用进程。

传输层一个很重要的功能就是复用和分用。传输层从应用层接收不同进程产生的报文,这些报文在网络层被复用后通过 IP 协议进行传输。当这些报文到达目的主机后,传输层便使用分用功能,将报文分别提交给应用层的不同进程。由此可以看出传输层与网络层之间的区别:传输层为应用进程之间提供逻辑通信;而网络层为主机之间提供逻辑通信。

为了在两台主机之间提供进程之间的逻辑通信,在传输层使用了一个抽象的端口(port)来标识不同的应用进程。端口是一个非常重要的概念,因为应用层的各种进程通过相应的端口与传输实体进行交互。当传输层接收到网络层提交的数据(TCP 报文段或 UDP 数据报)时,就要根据其头部的端口号来决定应通过哪一个端口上交给应该接收该数据的应用进程,图 6-1 说明了端口在进程之间的通信中所起的作用。

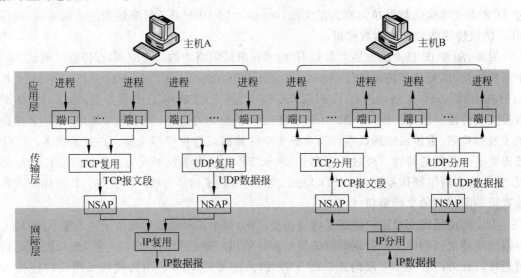

图 6-1 端口在进程之间的通信中所起的作用

通过复用和分用,传输层提供应用进程之间的逻辑通信。另外,传输层还要对接收到的报文进行差错检测。数据链路层需要对数据帧进行差错检测,如果发现出错则直接丢弃;

网络层需要对 IP 数据报的头部信息进行检测(但对数据部分不检测),发现出错后直接丢弃。虽然数据链路层和网络层都提供了差错检测功能,但对出错的数据单元并不进行纠错或要求对方重传处理,而是直接丢弃。为此,传输层需要提供较为完善的差错检测服务功能,为应用层提供高质量的服务。

对于面向连接的 TCP 服务,服务质量(Quality of Service,QoS)是一个重要的概念。对于具体的面向连接的传输层服务,衡量其 QoS 的重要指标有:连接建立延时/释放延时、连接建立/释放失败概率、传输延时、吞吐率、传输失败、残余误码率(指丢失或乱序的报文数占整个发送报文数的百分比)等。

2. 端口的概念

在传输层必须建立起进程名字与进程地址之间的映射关系,并且通过名字服务程序来完成进程名字与进程地址之间的转换。进程地址的编址方法与数据链路层、网络层的编址方法相同。进程地址即前文介绍的端口,不同的端口具有唯一的端口号(port number)。端口号是 TCP 和 UDP 协议与应用程序连接的服务访问点(SAP),是 TCP 和 UDP 协议软件的一部分。在图 6-1 中,NSAP 表示网络层服务访问点(这里沿用了 OSI 中的术语),同时也可以将端口理解为传输层服务访问点(TSAP)。

根据以上介绍可知:主机中的应用程序在发送报文之前,都必须确认端口号。那么,系统又是如何分配这些端口号呢?一般有两种情况:使用中央管理机构统一分配的端口号和使用动态绑定。

(1) 使用中央管理机构统一分配的端口号。应用程序的开发者们都默认在 RFC 1700 中定义的特殊端口号,在进行软件设计时,都要遵从 RFC 1700 中定义的规则,不能随便使用已定义的端口号。例如,任何 Telnet 应用中的会话都要使用标准端口号 23。

(2) 使用动态绑定。如果一个应用程序的会话没有涉及特殊的端口号,那么系统将在一个特定的取值范围内随机地为应用程序分配一个端口号。在应用程序进行通信之前,如果不知道对方的端口号,就必须发送请求以获得对方的端口号。

TCP/IP 的设计者们采用一种混合方式实现端口地址的管理。系统能够提供的端口号在 $0\sim65\,535(2^{16})$ 之间,目前端口号的分配情况可分为以下两种类型:

(1) 服务器端使用的端口号。又可分为三类:第一类是熟知端口号或公用端口号,这些端口号的值小于 255;第二类是公共应用端口号,是由特定系统应用程序注册的端口号,其值为 255~1023。表 6-1 列出了以上两类端口号中常用的部分端口号,其他相关的数值可在 http://iana.org 查询。当在 Internet 中有新的应用程序出现时,需要向 IANA 进行注册,让 Internet 上的应用进程知道,以便成为熟知端口。第三类端口号称为登记端口号,当在 Internet 中使用一个未曾用过的应用程序时,就需要向 IANA 申请注册一个其他应用程序尚未使用的端口号,以便在 Internet 中能够使用该应用程序,这类端口号的值为 1024~49 151。

(2) 客户端使用的端口号。这类端口号仅在客户端进程运行时临时选择使用,所以也称为临时端口号,其值为 49 152~65 535。在客户机/服务器(C/S)模式下,当服务器进程接收到客户端进程的报文时,就可以知道客户端进程所使用的端口号,因而可以把数据发送给客户端进程。当本次通信结束后,不管是服务器端还是客户端,刚才所使用过的客户端端口号已不复存在,这个端口号便可以提供给其他的客户端进程使用。

表 6-1 常用端口号的使用情况

常用的应用层协议或应用程序	端口号	
	UDP	TCP
FTP		21
Telnet		23
SMTP		25
DNS	53	
TFTP	69	
SNMP	161	
HTTP		80
DHCP	67	
RPC（远程过程调用）		135

下面举一个例子说明端口号的使用过程。如图 6-2 所示，主机 A（客户机）要利用 Telnet 程序远程登录到主机 B（服务器端）。主机 A 首先向 TCP 请求一个可用端口，这时 TCP 分配一个值为 51088 的临时端口号给该请求，主机 A 将目标端口号设置为熟知端口 23。主机 A 和 B 通信后，主机 B 看到 A 过来的端口号为 23，就知道这是一个 Telnet 应用进程，它会为它创建一个 Telnet 会话。

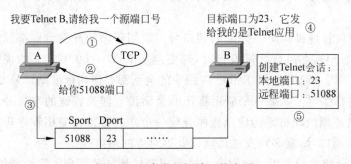

图 6-2 两台主机间端口的应用

假如同一系统中有多个 Telnet 用户，会发生什么情况呢？当主机 A 上第二个用户要 Telnet 到主机 B 时（其实是在主机 A 与主机 B 之间建立第二个 Telnet 进程），主机 A 的第二个用户进程向 TCP 发出请求时，TCP 会选出另外一个可使用的临时端口号（如 51099）给第二个 Telnet 用户。这时，在主机 B 上便会创建第二个 Telnet 会话，如图 6-3 所示。

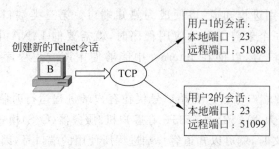

图 6-3 在两台主机间使用多个端口进行通信

所以在同一 IP 地址上具有不同端口号的两个连接是不同的。IP 地址和端口号被唯一地用来确定数据连接的途径。因此,端口号可以看做是网络环境中的进程标识。

6.1.4 多重协议识别

其实,在前文介绍进程的标识时已经提到了多重协议识别的问题。在计算机网络中,两台主机之间需要实现进程通信时,还需要约定好传输层的协议类型。例如,主机 A 与主机 B 必须在通信之前就确定都采用 TCP 协议,还是采用 UDP 协议。而不能是一端使用 TCP 协议,而另一端使用 UDP 协议,否则两台主机之间是无法工作的。这是因为不同的传输层协议(TCP 或 UDP)的报文格式、端口号分配的规定以及协议执行过程都不相同。

如图 6-4 所示的是两台客户机与同一台邮件服务器同时建立三个 SMTP 连接的示意图。其中主机 A 与邮件服务器之间同时建立了两个 TCP 连接,使用的端口号分别是 51080 和 51081;主机 B 通过端口 51080(此端口与主机 A 相同实属巧合)与邮件服务器建立了一个 TCP 连接。当客户机要与邮件服务器建立连接时,需要使用 SMTP,该协议的目的端口一般是常用端口 25。

针对图 6-4 所示的连接,前面仅从客户端考虑了与邮件服务器建立连接的过程。那么,对于邮件服务器来说,主机 A 和主机 B 分别使用了相同的端口 51080,如果单纯以端口作为区别,从邮件服务器到客户端的连接就会产生混淆。为此,TCP 在建立连接时并不仅仅依赖端口号,还必须将端口与 IP 地址结合起来。在传输层中将 IP 地址(32 位)和端口号(16 位)结合起来就形成了套接字(socket),套接字也称为插口。所以,在 Internet 中,在传输层通信的一对套接字必须是唯一的。

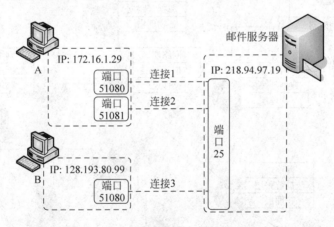

图 6-4 客户机与邮件服务器的 SMTP 连接

图 6-4 中的连接 1 所使用的一对套接字为:
    172.16.1.29:51080 对应 218.94.97.19:25
而连接 2 所使用的一对套接字为:
    128.193.80.99:51081 对应 218.94.97.19:25

在图 6-4 中对 TCP 的连接进行了介绍。如果使用的是 UDP,虽然在通信的两个主机的进程之间不存在一条虚连接,但每一个方向一定存在发送端口和接收端口,所以同样要使用套接字。

一台主机上的进程可以用传输层协议与套接字结合在一起形成的一个三元组(传输层协议＋本地 IP 地址＋本地端口号)来表示。但网络环境中的进程通信需要涉及两个不同主机的进程,因此一个完整的进程通信标识需要一个五元组(传输层协议＋本地 IP 地址＋本地端口号＋目的主机 IP 地址＋目的主机端口号)来表示。

6.1.5 端到端通信

通过前面的介绍可知,当位于网络边缘的两台主机进行端到端通信时,只有位于主机上的 TCP/IP 协议栈才有传输层,而提供数据通信功能的通信子网中的路由器在转发分组时只用到网络层及以下各层的功能。其中:

(1) 由物理层、数据链路层和网络层组成的通信子网为网络中的主机提供了"点对点"通信服务,传输层则为网络中主机的应用进程提供"端到端"进程通信服务。

(2) 通信子网只提供一台主机到另一台主机的数据通信,不会涉及程序或进程的概念。

(3) 端到端信道由一段一段的点对点信道构成,端到端协议建立在点对点协议之上,提供应用程序进程之间的通信手段。

如图 6-5 给出了传输层端到端通信的基本结构。

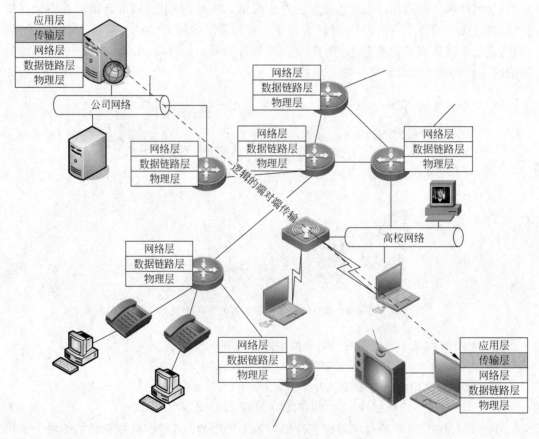

图 6-5 传输层提供的端到端传输服务

设计传输层的目的是弥补通信子网服务的不足,提高传输服务的可靠性和保证服务的质量。传输层是计算机网络体系结构中非常重要的一层,传输层提供源主机与目的主机进程之间端到端的数据传输,网络层及以下各层只提供相邻节点之间的点对点数据传输服务,如源主机到路由器、路由器到路由器、路由器到目的主机的数据传输服务。为了实现从点对点服务到端到端服务功能的提升,传输层引入了一些新的概念和机制。

6.2 用户数据报协议(UDP)

用户数据报协议(User Datagram Protocol,UDP)是 TCP/IP 协议栈中的一个无连接、不可靠的传输层协议。无连接是指 UDP 在通信之前不需要建立连接,不可靠是指 UDP 协议没有提供流量控制和确认机制,同时当检测出数据报中出现差错时就丢弃这个数据报。

6.2.1 UDP 概述

UDP 利用复用和分用方式实现进程到进程之间的通信工作,并提供有限的差错检测功能。UDP 的主要特点为:

(1) 设计 UDP 的目的是希望以最小的系统开销来实现网络中进程之间的通信过程。系统开销小是因为在发送数据之前不需要建立与目的主机之间的连接,当然在通信结束后也不需要释放连接。UDP 提供的是一种无连接的服务。

(2) UDP 发送出去的每一个报文是独立的。UDP 对应用进程交给的报文,不管报文有多大或有多小,都不进行拆分或合并处理,只是在添加了 UDP 头部后交给网络层,保留了原始报文的边界。也就是说,应用程序交给 UDP 多大的报文,UDP 都会包含在一个 UDP 用户数据报中发送出去。在接收方的传输层,当从网络层收到一个 UDP 用户数据报时,直接去掉其头部信息后将剩余部分原封不动地交给上层的应用进程,即 UDP 一次接收一个完整的报文。由于 UDP 用户数据报在网络层中都要封装在 IP 分组中传输,在连接两个不同 MTU(最大传输单元)的边界路由器上,如果 IP 分组的长度超过了下一个网络的 MTU 时,边界路由器就要进行分片操作,分片操作会降低 IP 分组的转发效率。为此,应用程序必须选择大小合适的报文。

(3) UDP 没有拥塞控制功能。在应用层中,如 IP 电话、视频会议这些实时性要求较高的通信过程,要求源主机以恒定速率发送数据,而且当网络出现拥塞时,允许在一定的范围内丢失数据,但不希望数据的延时太大。UDP 满足了这一应用需求。另外,因为 UDP 没有流量控制,所以也不使用窗口技术。当到达接收端的 UDP 数据报超出一定的范围时,有可能产生溢出。当接收端通过检查校验和发现有 UDP 用户数据报出错时,将其直接丢弃,也不将这一事件告诉发送端,发送端无法知道数据报被丢弃还是已成功交付。由于 UDP 缺乏流量控制和较强的差错控制措施,这就需要由应用层的协议来弥补这些不足。UDP 依靠上层协议提供可靠性,包括处理报文的丢失、重复、时延、乱序、连接失效等问题。如 Real 的流格式媒体就是使用应用层协议来保证数据的正确传输。

由于 UDP 具有的上述特征,所以应用层的 TFTP(简单文件传输协议)、NTP(网络时间协议)、DNS(域名系统)、BOOTP(引导协议)、RPC(远程过程调用协议)、SNMP(简单网络管理协议)、NFS(网络文件服务)、RIP(路由信息协议)及 VoIP(网络电话)在传输层都采用 UDP 进行封装。

6.2.2 UDP 队列

为了有效地控制发送方和接收方 UDP 用户数据报的传输，UDP 用户数据报提供了传输队列，并与 UDP 端口号相互关联。

1. 客户端用户队列

如图 6-6 所示，假设客户端与服务器端进行 DNS 通信，服务器端 DNS 进程的端口号为 53。当客户端进程开启时，UDP 将为该进程分配一个临时端口号（如 51108），同时分别创建一个输入队列和一个输出队列，将客户端创建的队列与分配给客户端进程的临时端口号建立对应关系。只要这一进程处于启用状态，输入、输出队列也将处于工作状态。当进程终止通信过程时，输入、输出队列就被撤销。

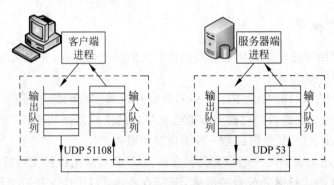

图 6-6 UDP 队列的工作原理

客户端进程发送数据报时，将其首先写入到对应的输出队列中。然后 UDP 逐个将数据报从队列中取出，加上 UDP 头部后交付给网络层。在此过程中，当进入输出队列的数据报过多时，输出队列可能出现溢出。如果发生了溢出，操作系统便要求客户端进程降低数据报的发送速率。

客户端进程接收到的来自服务器的数据报放入与该数据报进程的目的端口号相对应的输入队列中。当一个服务器端的数据报到达客户端时，UDP 检查该进程端口号对应的输入队列是否创建，如果已经创建，UDP 就将接收到的数据报放到该指定的队列的尾部。如果没有创建，UDP 就丢弃该数据报，并通过 ICMP 协议向服务器端发送"端口不可到达"的报文。像输出队列一样，输入队列也可能会溢出。如果发生溢出，客户端 UDP 就丢弃这个数据报，并通过 ICMP 协议向服务器端发送"端口不可到达"报文。

2. 服务器端用户队列

客户端使用的是临时端口号，而服务器端使用的是熟知端口号，服务器端创建队列的机制与客户端有所不同。与客户端不同的是，服务器在启动后一般都会启用相关的服务进程，如 DNS。当用户数据报到达服务器端时，UDP 检查该数据报目的端口号对应的输入队列是否已经创建，如果已经创建，UDP 就将接收到的数据报放入该队列的尾部。如果没有创建，UDP 便丢弃该数据报，并通过 ICMP 协议向客户端发送"端口不可到达"报文。所有发往该服务器特定队列的数据报，不管来自同样的或不同的客户端，都被放入同一个队列中。

输入队列可能出现溢出。如果发生溢出，UDP 就丢弃后到的数据报，并用 ICMP 协议向客户端发送"端口不可到达"报文。当服务器需要向客户端发送数据报时,应用进程就将报文发送到指定的输出队列。UDP 从输出队列中逐个取得报文,加上 UDP 头部信息后交付给网络层。输出队列也可能会出现溢出。如果发生溢出,要求服务器进程在继续发送数据报之前要等待。

6.2.3 UDP 用户数据报结构

与 TCP 报文段不同的是,UDP 用户数据报除提供了传输层头部信息外,为了实现差错检测,还提供了"伪头部"。

1. UDP 用户数据报的格式

如图 6-7 所示,UDP 用户数据报的格式非常简单,具体由源端口、目的端口、长度、校验和与数据共 5 个字段组成,每个字段的功能说明如下。

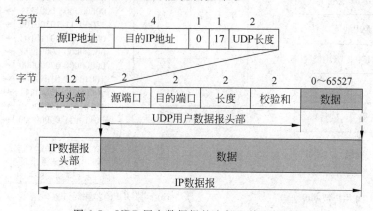

图 6-7 UDP 用户数据报的头部和伪头部组成

(1) 源端口(Source Port)。在源主机上调用的端口号,共占用 16 位。

(2) 目的端口(Destination Port)。在目的主机上调用的端口号,共占用 16 位。

(3) 报文长度(HLEN)。记录 UDP 用户数据报的总长度,以字节为单位。它包括 UDP 头部及 UDP 数据的长度。最小值为 8,此时 UDP 数据部分长度为 0,即 UDP 用户数据报中不包括上层协议的数据。

(4) 校验和(Checksum)。对整个 UDP 用户数据报计算的校验和,这个字段是可选的,目的是在高可靠性的网络上尽量减少开销,具体将在后文进行详细介绍。

(5) 数据(Data)。上层协议的数据。

2. UDP 校验和

UDP "校验和"字段属于 UDP 用户数据报的可选项,可选用来检验整个用户数据报在传输中是否出现差错。UDP 用户数据报是否选择校验和,主要取决于对应用进程通信效率的要求和对可靠性的要求,如果对通信效率的要求高于可靠性,则不选择使用校验和。如果对可靠性的要求高于通信效率,则选择使用校验和。

UDP 用户数据报头部中校验和的计算方法较为特殊。在计算校验和时,要在 UDP 用户数据报之前添加一个 12 字节的"伪头部"(pseudo header)。所谓伪头部,是因为这种后加的头部信息并不是 UDP 用户数据报真正的头部,它只是在计算校验和时临时与 UDP 用户数据报连接在一起使用,它既不向低层传输,也不向高层上交。

如图 6-7 所示,伪头部由源 IP 地址、目的 IP 地址、0、17 和 UDP 长度共 5 个字段组成。其中,"源 IP 地址"和"目的 IP 地址"分别是 UDP 用户数据报发送方和接收方的 IP 地址。而"0"表示该字段全部用 0 来填充,使伪头部的长度为 16 位(bits)的整数位。"17"表示的是"协议类型"为 UDP。"UDP 长度"指 UDP 用户数据报的长度,包括 UDP 用户数据报头和数据,但不包括伪头部。

为便于给读者介绍 UDP 校验和的计算方法,图 6-8(a)给出了带伪头部的 UDP 用户数据报结构,图 6-8(b)是对一个具体实例计算 UDP 校验和的方法,具体过程如下:

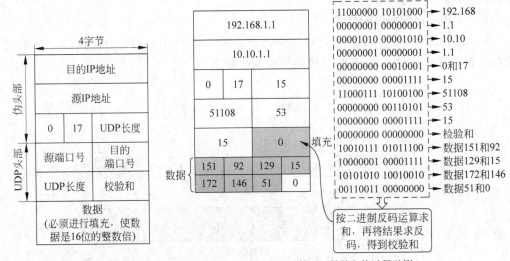

(a) 带伪头部的UDP用户数据报结构　　(b) 计算UDP检验和的过程举例

图 6-8　UDP 头部、伪头部结构及校验和的计算方法

(1) 在 UDP 用户数据报的发送端,首先将 UDP 头部的"校验和"字段填充 0。

(2) 计算"数据"区域的值是不是 16 位的整数倍(即必须是字节的偶数倍)。如果不是,在末尾 0 填充。

通过以上两步操作,包括数据、UDP 头部和伪头部在内的所有字段都有了具体的值。

(3) 将伪头部和 UDP 用户数据报看成是由 16 位的字串组成的,然后按二进制反码计算出这些 16 位字的和,再将得出的结果求反码。

(4) 将(3)得到的结果填入"校验和"字段,从而生成要发送的 UDP 用户数据报(注意:不包括伪头部)。

(5) 接收端在接收到该 UDP 用户数据报后,首先提取出"校验和"字值的值,然后采用与发送端相同的方法重新计算校验和的值。如果计算得到的校验和的值与提取出的校验和值相同,则说明 UDP 数据报在传输过程中没有出现差错,在去掉 UDP 头部后将结果交付给相应的进程。否则,说明 UDP 用户数据报在传输过程中出错,接收方便丢弃这个 UDP 用户数据报,或附上出错信息后将其上交给应用进程。

通过以上的介绍可以看出,UDP 用户数据报的差错检验方法既检测了 UDP 用户数据报的源端口号、目的端口号以及数据部分,又检测了 IP 数据报的源 IP 地址和目的 IP 地址,且实现简单,系统开销相对较小,效率较高,但检错能力不强。

6.3 传输控制协议(TCP)

UDP 为应用程序提供的是一种不可靠的、面向非连接的分组交付服务。当网络硬件失效或负载较大时，数据报可能会产生丢失、重复、时延、乱序等现象，这些都会导致通信不正常。如果让应用程序来担负差错检测工作，将会使应用程序变得非常复杂，所以使用独立的通信协议来保证某些通信的可靠性是非常有必要的，TCP 协议便是针对这一需要而开发的。

6.3.1 TCP 概述

传输控制协议(Transfer Control Protocol,TCP)在 RFC 793 文档中进行了定义，它是一个面向连接的可靠的通信协议。TCP 主要提供以下服务：

(1) 面向连接的虚电路。在开始传输数据之前，通信双方要进行"三次握手"来建立连接，以保证连接的可靠性。在传输过程中，通信双方的协议模块继续进行通信，以确保数据正确到达(例如接收方会用 ACK 应答发送方的报文段，发送方对未被应答的报文段提供重传)。如果在传输过程中通信失败了(例如传输路径上的某个网络接口失效)，通信双方都会收到错误报告。在通信结束时，通信双方会使用改进的三次握手来关闭连接。在 TCP 环境中，收发双方的应用进程之间好像存在着一个虚拟的"管道"，数据流通过这个虚拟的"管道"进行传输，等到传输结束后再终止。

(2) 面向流。当通信双方传输大量数据时，TCP 将整个报文看做一个个字节组成的数据流(stream)，然后对每一个字节进行编号。在连接建立时，双方要商定初始序号。TCP 就将每一次所传送的报文段中的第一个数据字节的序号放在 TCP 头部的序号字段中。

面向流是 TCP 不同于 UDP 的一个特点。虽然应用程序和 TCP 的交互是一次一个大小不等的数据块，但 TCP 把应用程序交下来的数据统一看成是连续的无边界的字节流。TCP 并不知道所传送的字节流的具体含义。TCP 接收方应用程序在收到字节流后，只要确保与发送方应用程序发出的字节流完全相同即可，而不要求发送方和接收方使用相同大小的数据块。

(3) 全双工通信。全双工意味着使用 TCP 的通信双方的应用进程在任何时候都能够发送数据。像 UDP 一样，TCP 的发送端和接收端分别创建了与应用进程的端口号相对应的输入、输出队列(或缓存)，用于临时存放待发送和已接收到但尚未交付的数据。在发送端，应用程序有数据发送时只需要将数据交给输出队列，而不管数据什么时候发送，TCP 会在合适的时候把数据发送出去。在接收端，TCP 把收到的数据暂时存放到输入队列，上层的应用进程会在合适的时候读取输入队列中的数据。

需要说明的是：UDP 和 TCP 都采用了输入、输出队列以缓存要发送和已收到的数据，但与 TCP 不同的是，UDP 是无连接的协议，在数据的发送方和接收方之间不存在虚拟的"管道"，所以即使 UDP 提供了输入、输出队列，却无法实现双全工的通信。

(4) 流量控制，避免拥塞。为了提高传输效率和减少网络通信量(协议之间的通信)，TCP 会尽量一次传输足够多的数据。同时，TCP 根据对方给出的窗口值和当前网络拥塞的程度来决定一个报文段应包含多少个字节，如果应用进程交给输出队列的数据块太长，TCP

将其划分成适应传输要求的数据块后再传输,如果应用进程一次交给输出队列的数据太小,TCP 也可以在积累到适合的长度后构成一个报文段再发送。而 UDP 发送的报文长度是由应用进程确定的。

(5) 每一条 TCP 连接唯一地被通信两端的两个端点所确定。TCP 连接是一种端到端连接方式,这里的端到端不是指主机到主机、IP 地址到 IP 地址、进程到进程或协议端口到协议端口,而是套接字(socket)到套接字。即:

$$\{socket_1, socket_2\} = \{(IP_1, port_1), (IP_2, port_2)\}$$

6.3.2 TCP 报文段的格式

根据应用层的要求,有一部分数据在传输层会被封装成 TCP 报文段。虽然 TCP 是面向字节流的,但 TCP 连接仍然用段实现数据的传送,段的最大长度取决于输出端口的最大报文长度或系统间协商的结果。TCP 报文段的格式如图 6-9 所示。

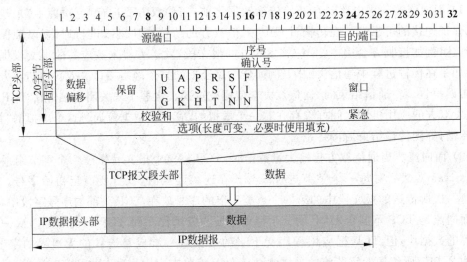

图 6-9 TCP 报文段的格式

TCP 头部在没有"选项"时共占用了 20 字节,有"选项"时可以达到 60 字节,所以 TCP 头部的固定长度为 20 字节,最大为 60 字节。下面介绍 TCP 头部每个字段的功能定义:

(1) 源端口(Source Port)。在源主机上调用的端口号,与 UDP 相同。

(2) 目的端口(Destination Port)。在目的主机上调用的端口号,与 UDP 相同。

(3) 序号(Sequence Number)。在 TCP 中,每一个字节都要按在报文中的顺序进行编号,序号标明每一个 TCP 报文段中的第一个字节的编号。由于序号共占用 4 个字节,所以序号的编号范围为 $0 \sim 2^{32}-1$。当报文中字节的数量超过 $2^{32}-1$ 时,下一个序号仍然从 0 开始编号,最大再到 $2^{32}-1$,依次循环。

编号的对象是一个完整的报文,而 TCP 每次只能发送其中的一段(即"报文段"),所以每个报文段中的字节都有在原来报文中对应的编号。在发送第一个报文段时,该报文段的起始字节的编号将填入到 TCP 头部的"序号"字段中。例如,一个报文段的字节编号为 4001~6500,那么在发送这个 TCP 报文段时,"序号"字段的值为 4001,下一个报文段的"序号"为 6501(如果还有的话)。

(4) 确认号(Acknowledgment Number)。定义了接收端期望从发送端接收的下一个 TCP 报文段的序号。如果接收端成功地接收了对方发来的字节编号为 x 的数据,接收端就会将确认序号设置为 $x+1$。当发送端接收到 $x+1$ 的确认序号时,就会知道:编号为 x 及以前的数据都被接收端成功接收;接收端还希望接收编号为 $x+1$ 及后面的数据。例如,接收端已经成功接收到了发送端编号为 5000 之前的数据,如果它还想接收后面的数据,就会在给发送端 TCP 报文段的头部"确认号"字段中填入 5001。当数据发送端接收到该 TCP 报文段时,就知道接收端已成功收到了编号为 5000 之前的数据,同时希望发送编号从 5001 开始的下一个报文段。

(5) 数据偏移。也称为"头长度"(HLEN),共占用 4 个字节。由于 TCP 报文段由 20 字节的固定头部和可能有的最大 40 字节的选项组成,所以具体的 TCP 头部长度是不固定的。因此,对于一个具体的 TCP 报文段来说,必须指出 TCP 头部的长度,即从 TCP 报文段的哪一个字节开始后面表示的是传送的数据,此功能由"数据偏移"字段来负责。

需要注意的是:"数据偏移"字段的值是以 4 字节(32 位)为单位来计算,由于 TCP 的头部长度在 20~60 字节之间,所以 TCP"数据偏移"字段的值为 5~15。

(6) 保留(Reserved)。置为 0,留待以后使用。

(7) URG(URGent,紧急)。URG 字段与"紧急"字段配合发挥作用,当 URG=1 时表示"紧急"字段有效。告诉接收端此 TCP 报文段是一个处理优先级高于传送普通数据的 TCP 报文段,当接收端接收到该紧急 TCP 报文段时,就将数据放在输入队列的最前面,使接收进程从队列中优先读取该数据。

例如,在用户使用 FTP 客户端软件向 FTP 服务器上传数据的过程中,如果突然要终止数据的上传。这时用户点击了软件的"取消"按钮或从键盘发出中断命令(Ctrl+C),所传送的便是紧急数据。

(8) ACK(ACKnowlegment,确认)。TCP 要求在连接建立后所有传送的 TCP 报文段都必须使 ACK 有效,即 ACK 字段的值为 1。

(9) PSH(Push,推送)。在正常 TCP 通信过程中,当接收端接收到数据时需要暂时保存在队列的缓存中,等待应用进程的调用。在某些情况下,当接收端接收到数据后应立即请求将数据上交给应用程序,而不是将其缓存起来。当接收端接收到 PSH=1 的报文段时,就立即交给应用程序。

需要说明的是:虽然 TCP 头部提供了 PSH 字段,但该字段的功能很少使用。

(10) RST(Reset,复位)。当因为主机崩溃等原因出现严重的 TCP 连接错误,需要释放已有连接,再重新建立 TCP 新连接时,就可以设置 RST=1。另外,当 RST=1 时,还用来拒绝接收一个非法 TCP 报文段或拒绝打开一个 TCP 连接。

(11) 同步(SYNchronization,SYN)。用于 TCP 连接建立时的同步"序号"。当 SYS=1 时,表示这是一个连接请求或连接接受报文段。例如,当 SYN=1 且 ACK=0 时,表示一个连接请求报文段;当 SYN=1 且 ACK=1 时,表示一个连接接受的响应报文段。

(12) 终止(Finish,FIN)。用于释放已创建的 TCP 连接。当 FIN=1 时,告诉对方数据已经发送结束,并要求释放 TCP 连接。

以上从(7)到(12)的 6 个字段统称为"编码位"(code bits),每个字段各占一位,用于 TCP 的流量控制、连接建立和终止以及数据传输的方式等方面。

(13) 窗口(Window)。确认接收窗口的大小,用来控制流量。窗口字段的值告诉对方:允许发送数据的最大值,如果超过这一值,我将无法接收。窗口字段占用2字节,窗口值为$0 \sim 2^{16}-1$。

(14) 校验和(Checksum)。对头部和数据计算的校验和,功能与 UDP 中相同,在具体计算时也需要在 TCP 报文段的前面加上 12 字节的伪头部,伪头部的格式与图 6-7 中的完全相同,但需要将第 4 个字段从 17 改为 TCP 的协议号 6,将第 5 个字段中"UDP 长度"改为"TCP 长度"。校验和在 UDP 中是可选的,但在 TCP 中是必选的。

(15) 紧急(Urgent Pointer)。只有当 URG 启用(URG=1)时才使用该字段。为了提高 TCP 的效率,只有当 TCP 数据缓存中的数据达到一定量时才一起发送,如果某一小量的数据要马上发送,就启用"紧急"字段。将要发送的数据的最后一个字节的编号放置在紧急字段中,要发送的数据段中最后一个数据的编号即为紧急字段的值。

(16) 选项(Option)。选项字段的值是可变的,最大为 40 字节。当没有选项字段时,TCP 的头部长度是固定 20 字节。选项字段目前已经定义了最大报文段大小(RFC 879)、窗口扩大和时间戳(RFC 1323)、选择确认(RFC 2018)。下面主要介绍最大报文段大小和窗口扩大可选项的功能,时间戳和选择确认将在"6.3.4 TCP 可靠传输的实现方法"一节进行专门介绍。

• 最大报文段大小(Maximum Segment Size,MSS)。MSS 是 TCP 最早使用的一种选项类型,它是指每个 TCP 报文段中"数据"部分的最大长度。使用 MSS 的目的是让收发双方在建立 TCP 连接时,分别确定各自能够传送的"数据"部分的大小。如果 MSS 的值很小,"数据"字段在整个 TCP 报文段中所占的比例也就很小,这样网络的利用率将很低。如果 MSS 的值很大,当承载 TCP 报文段的 IP 数据报到达通信子网时,在路由器上可能会因某些网络的 MTU 较小而出现对 IP 数据报的分片操作,分片操作会降低 IP 数据报的传输效率。因此,确定最佳的 MSS 对于提高网络利用率和 IP 数据报的传输效率都是非常重要的。但考虑到 Internet 环境的复杂性,MSS 的最佳值很难确定。如果主机未使用 MSS 字段,则系统默认的"数据"值是 536 字节,这样 TCP 报文段的长度为 556 字节(其中 20 字节为 TCP 报文段头部的固定长度)。

• 窗口扩大。TCP 头部中"窗口"字段占用 2 字节的长度,所以最大窗口大小为 64k 字节。这对于早期低带宽的网络来说已经足够了,但对于目前高带宽、高延时(如卫星通信)的网络来说,如果要获得高吞吐率就需要更大的窗口大小。窗口扩大可以满足这一应用需求。窗口扩大占用 3 字节,其中 1 个字节表示移位值 S,这样整个 TCP 报文段头部中表示窗口大小的值="窗口"值+"窗口扩大"值,即(16+S)。其中,S 允许的最大值为 14,这样所表示的窗口最大值将增大到 $2^{(16+14)}-1=2^{30}-1$。是否使用窗口扩大选项以及将 S 值定为多大,都在 TCP 连接建立时由收发双方经协商确定。

(17) 数据(Data)。上层协议的数据。

6.3.3 TCP 的传输连接管理

TCP 是传输层提供的一个面向连接的协议,TCP 传输连接的建立、维护和释放是每一次面向连接的通信中必不可少的三个过程。TCP 传输连接管理具体包括连接建立、数据传送和连接释放三个阶段。

1. TCP 连接的建立（三次握手）

TCP 是面向连接的，在建立连接的过程中需要确定通信双方的身份，对窗口值、是否使用窗口扩大选项、服务质量等参数进行双方协商，对如缓存大小、连接表中的项目等传输实体资源进行分配。TCP 连接的建立采用客户机/服务器(Client/Server,C/S)模式，主动发起连接建立的应用进程称为客户机(Client)，而被动等待连接建立的应用进程称为服务器(Server)。

建立连接的过程可以确保通信双方在发送用户数据之前已经准备好了传送和接收数据。对于一个要建立的连接，通信双方必须用彼此的初始化序列号 seq 和来自对方成功传输确认的确认序号 ACK 来同步（ACK 号指明希望收到的下一个字节的编号）。习惯上将同步信号写为 SYN，应答信号写为 ACK。整个同步的过程称为三次握手，图 6-10 说明了这个过程，其中主机 A 为客户机，主机 B 为服务器，即本次 TCP 连接由主机 A 主动发起，而主机 B 是被动打开连接。建立连接的具体过程如下：

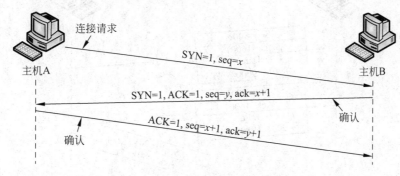

图 6-10 TCP 连接建立时的三次握手

第一次握手。主机 A 的 TCP 客户端进程首先创建传输控制模块(Transmission Control Block,TCB)，然后向主机 B 发送连接请求报文段，其中报文段头中的同步位 SYN=1，同时选择一个初始序号 seq=x。这时，TCP 客户端进程进入同步已发送(SYN-SENT)状态。

需要说明的是：当 SYN=1 时，报文段不携带数据，但需要使用掉一个序号。TCB 中存储了每一个连接中的 TCP 连接表、到发送和接收缓存的指针、到重传队列的指针、当前的发送和接收序号等重要信息。

第二次握手。主机 B 接收到主机 A 发送的连接建立请求报文段后，如果同意建立连接，则向主机 A 返回确认报文段。在确认报文段中，应使 SYN=1，ACK=1，且 ack=$x+1$（等待接收第 $x+1$ 号字节的数据流），同时也为自己选择一个初始序号 seq=y。这时，主机 B 进程进入同步收到(SYN RCVD)状态。

需要说明的是：主机 B（服务器）进程必须创建 TCB，而且服务器进程需要处于监听(listen)状态，这样才能时刻准备接受客户进程的连接请求。

第三次握手。主机 A 的 TCP 客户端进程在收到主机 B 的确认报文段后，还需要向主机 B 发送一个确认报文段。确认报文段的 ACK=1，确认号 ack=$y+1$，而自己的序号 seq=$x+1$。这时，TCP 连接已经建立，主机 A 进入已建立连接(established)状态。

同样，当主机 B 接收到主机 A 的确认报文段后，也进入已建立连接状态。

通过以上三次握手，TCP 连接建立，开始传输数据。

TCP 是一种点对点的通信方式，任何一方都可以开始或终止通信。任何主机上的 TCP 进程都能被动地等待握手或主动地发起握手。一旦连接建立，数据可以对等地双向流动。

一般情况下，TCP 使用最少量信息的报文段来实现三次握手，这对减少网络通信流量是有效的。总之，三次握手使通信双方做好了传输数据的准备，并且使通信双方统一了初始化序列号。

2. 数据传送

在连接建立后，TCP 将以全双工方式传送数据，在同一时间主机 A 与主机 B 之间可以同时进行 TCP 报文段的传输，并对接收到的 TCP 报文段进行确认。如图 6-11 所示，当通过三次握手建立了主机 A 与主机 B 之间的 TCP 连接后，现在假设主机 A 要向主机 B 发送 1800 字节的数据，主机 B 要向主机 A 发送 1500 字节的数据。

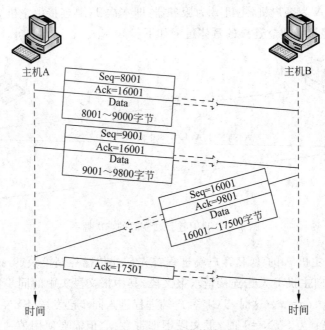

图 6-11　TCP 的数据传输过程

在 TCP 报文段的首部信息中有一个序号字段和一个确认序号字段，在数据传输过程中要用到这两个字段的功能特性。TCP 把一个连接中发送的所有数据都要按字节进行编号，而且在两个方向上的编号是互不影响的。当主机要发送数据时，TCP 从应用进程中接收数据，并将其暂时存储在发送缓存中，然后按字节进行编号，这也是为什么将 TCP 报文称为字节流的原因。编号并不一定从 0 开始，而是在 $0\sim(2^{32}-1)$ 之间取一个随机数作为第一个字节的编号。例如，在本例中主机 A 正好取了 8001 作为第一个字节的编号，由于数据总长度为 1800，所以字节的编号从 8001～9800。同理，主机 B 的字节编号假设为 16001～17500。

当对字节进行了编号后，TCP 就给每一个报文段分配一个序号，该序号即这个报文段中的第一个字节的编号。在本例中，主机 A 发送的数据被分成两个报文段（每 1000 字节为一段），由于第一个字节的编号为 8001，所以第一个报文段的序号 seq=8001。第二个报文段只有 800 字节，第二个报文段中的第一个字节的编号为 9001，所以第二个报文段的序号

seq=9001。主机 B 正好以 1500 字节为一个报文段,所以主机 B 发送给主机 A 的数据正好存放在一个报文段中,该报文段的序号 seq=16001。

每一个报文段可以选择不同的路径在网络中进行传输,在接收端需要对接收到的报文段进行确认。前文已经提到,在 TCP 中确认序号被定义为下一个希望接收到的字节的编号,所以在本例中当主机 B 成功接收到主机 A 发送过来的第二个报文段时,由于该报文段中的字节编号为 9001~9800,所以主机 B 发送给主机 A 的确认序号 ack=9801。

另外,在本例中还有三个问题需要进行说明:一是确认信息由发送信息同时捎带。每一个报文段中的 ack 序号就是对已成功接收到的报文段的确认;二是为了提高 TCP 的传输效率,主机并不会对接收到的每一个报文段发送确认信息,而是当同时接收到多个报文段后再发送确认信息,所以在本例中主机 B 只对主机 A 发送了一个确认信息;三是主机 A 在最后一次只发送了一个 ack=17501 的确认信息,表示已成功接收到了主机 B 发送过来的报文段。这是因为主机 A 在本次 TCP 连接中已经再没有数据进行发送。

3. 连接释放(改进的三次握手)

对于一个已经建立的连接,TCP 使用改进的三次握手来释放连接(使用一个带有 FIN 附加标记的报文段)。如图 6-12 所示,关闭 TCP 连接的过程如下所示:

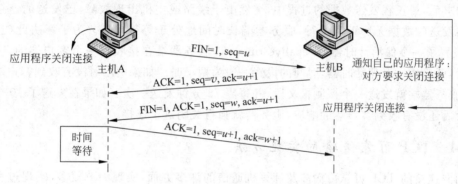

图 6-12　TCP 使用改进的三次握手来释放连接

(1) 当主机 A 的应用进程通知本机的 TCP:数据已经发送结束。TCP 向主机 B 发送一个带有 FIN 附加标记的报文段(FIN=1),FIN 表示英文 finish。其中,序号 seq=u,u 等于前面已经传送过的数据的最后一个字节的序号加 1。这时主机 A 进入终止等待状态(FIN-wait)。

(2) 主机 B 收到这个 FIN 的报文段之后,并不立即用 FIN 报文段回复主机 A,而是先向主机 A 发送一个确认序号 ACK(ACK=1),同时通知自己相应的应用进程:对方要求关闭连接(先发送 ACK 的目的是为了防止在这段时间内,对方重传 FIN 报文段)。其中,确认号为 ack=u+1,而主机 B 自己的序号为 v,v 表示主机 B 前面已传送的数据的最后一个字节的序号加 1。这时主机 B 进入关闭等待(close-wait)状态。

需要说明的是:在完成(2)步的操作后,主机 A 已经没有数据要发送给主机 B,但主机 B 如果有数据要发送给主机 A,主机 A 仍然要接收,即从主机 B 到主机 A 的连接尚未关闭。将这个状态称为"半关闭"(half-close)状态。

(3) 主机 A 在收到来自主机 B 的确认报文段后,进入终止等待状态,等待主机 B 发出的连接释放报文段。这时,如果主机 B 已经没有要向主机 A 发送的数据,其应用进程就通知 TCP 释放连接。其中主机 B 发出的连接释放报文段必须使 FIN=1。现在,假设主机 B 在半关闭状态向主机 A 发送了一些数据,其中 w 是所发送数据的最后一个字节的序号加 1。同时,主机 B 必须重复上次已发送过的确认号 ack=u+1。这时主机 B 进入最后确认 (last-ACK)状态,等待主机 A 的确认。

(4) 主机 A 在接收到主机 B 的连接释放数据报后,必须进行最后的确认。其中确认报文段中,ACK=1,确认号 ack=w+1,而自己的序号 seq=u+1。最后进入到时间等待状态 (time-wait)状态。

需要说明的是:到目前为止,TCP 连接还没有释放掉。在进入时间等待状态后,还必须在时间等待计时器设置的时间后,主机 A 才进入到关闭(closed)状态。等待计时器设置的时间一般为最长报文段寿命(Maximum Segment Lifetime,MSL)的两倍,MSL 一般为两分钟(RFC 793),即主机 A 在进入时间等待状态后还需要等待 4 分钟才释放 TCP 连接。但在具体实现中,可根据具体情况来设置 MSL 值。

根据前面的介绍,TCP 连接释放经过了 4 个过程,即 4 次握手。

最后还需要说明的是,前面所介绍的 TCP 连接的建立、数据传送和连接释放都是在正常情况下进行的。但在实际网络环境中,可能会存在一些非正常情况,例如当客户机发送了连接请求后,或正在发送数据的过程中,突然由于线路或主机出现故障,已发送的连接请求和正在发送的数据无法正常进行,服务器端长时间地处于等待状态。为了解决此类问题,TCP 设置了一个保活计时器(keepalive timer)。服务器端在接收到一个客户端的 TCP 报文段后,就启用一个保活时器,时间的设置一般为两小时。如果两小时没有收到客户端的报文段,服务器端就发送一个探测报文段,并每隔 75 分钟发送一次。如果在发送了 10 个探测报文段后还没有收到客户端的响应,服务器就强行关闭这个连接。

6.3.4 TCP 可靠传输的实现方法

面向连接的 TCP 可靠传输涉及计算机通信的许多方面,实现细节较多,实现过程非常复杂。

1. TCP 报文段的发送方式

TCP 是面向字节流的可靠传输方式。虽然传输层协议数据单元(TPDU)是 TCP 报文段,但 TCP 通信双方以组成报文段的字节为单位进行数据发送与接收的确认。TCP 将要传送的报文段看成由一个个连续的字节组成的数据流(即字节流),每个字节都分配一个序号。当通信双方建立了 TCP 连接时,双方通过协商确定初始序号。TCP 把每次要发送的报文段的第一个字节序号填写到头部的"序号"字段中。同时,TCP 提供了全双工的通信方式,通信双方采用传送数据时捎带确认的方法对已成功接收的数据进行确认,而不需要专门发送确认报文段,提高了传输层协议的效率。如图 6-13 所示的是 TCP 发送报文段的过程。为便于描述,图中假定数据传输从主机 A 到主机 B(即单向传送),而另一个方向的传输过程未标出。

需要说明的是:虽然 TCP 通信是全双工的,但在绝大多数情况下,数据只是从一台主机传送到另一台主机(例如 FTP 下载、发送电子邮件等),所以利用传送数据时捎带确认实际使用得并不多,多数情况下还是由接收端单独发送确认报文段。

从图 6-13 可以看出,主机 A 上的应用进程根据本机的运行情况(如硬件配置情况、网络

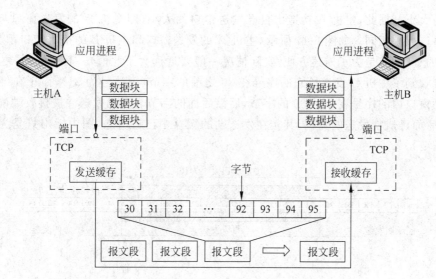

图 6-13 TCP 发送报文段的过程（只标出了单向传送过程）

连接带宽等）将应用程序产生的数据块一个个写入到发送缓存，每个数据块的长度可能不同。TCP 从发送缓存中读取数据块，在添加了 TCP 头部信息后形成 TCP 报文段。每个 TCP 报文段由连续的字节组成，TCP 为每个字节分配了序号。TCP 报文段在网络层后，还要添加 IP 头部信息，形成 IP 数据报，每个 IP 数据报在网络中独立的选择自己的路由进行传送。由于每个 IP 数据报在通信子网中可以选择不同的传输路径，这样就会导致 IP 数据报有可能不会按序到达主机 B，而且有些还会丢失。当主机 B 接收到 TCP 报文段后，首先将其暂存在接收缓存中，然后由主机 B 上对应的应用进程在合适的时间从缓存中将数据块逐个读取。图 6-13 中略去了对网络层及以下各层功能的描述。

通过以上分析可以看出，只要主机 B 上留有一定的缓存，主机 B 就接收报文段。但对于主机 A 来说，TCP 在什么时候来发送一个报文段呢？一般有以下三种方式：

（1）当发送进程送到发送缓存的数据达到 MSS（最大报文段长度）规定的字节时，TCP 就组成一个报文段发送出去。

（2）发送进程要求发送该报文段时，TCP 就立即发送。这种发送方式称为推送（push）操作。

（3）在发送端维持一个计时器，当发送端的等待时间达到计时器设置的时间时，TCP 就将当前发送缓存中已有的数据组成一个报文段发送出去。

由此可以看出，发送缓存用来存放发送端应用进程交给发送端 TCP 准备发送的数据，以及 TCP 已经发送出去但尚未收到确认的数据。接收缓存中用来暂时存放按序到达但尚未被接收端应用进程读取的数据，以及未按序到达的数据。

2. 面向字节流的滑动窗口

滑动窗口在数据链路层实现时是以帧为单位（具体见"3.3.2 连续 ARQ 协议和滑动窗口"一节），而在传输层实现时则以字节为单位。在计算机网络通信过程中，发送端发送数据的大小及何时发送数据，一般受接收端的控制。

假设主机 A 向主机 B 发送数据，主机 B 在给主机 A 的应答报文段中给出了主机 B 接收窗口的大小。据此，主机 A 构造出自己发送窗口的大小，即主机 A 的发送窗口与主机 B 的接收窗口大小相同。如图 6-14 所示，主机 A 的发送窗口和主机 B 的接收窗口都为 10 字节（这里的 10 字节是为了描述方便，实际情况一般要远远大于此值）。其中说明，主机 B 已经成功接收到了主机 A 发送给它的序号在 20 之前的字节（确认号为 21），而正在准备接收落在滑动窗口内的序号在 21～30 的字节，后沿后面的字节表示已发送并被接收端确认的数据（后沿后面已成功发送的数据，其实在发送端的缓存中已被清除，图中标出只是为了便于描述的需要）。

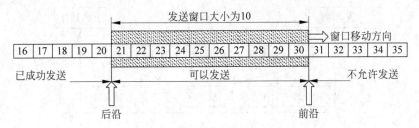

图 6-14　TCP 滑动窗口的组成

发送窗口大小表示在没有收到接收端的确认的情况下，发送端可以发送的字节数量。落在发送窗口中的字节，有可能没有发送出去，还有可能已经发送出去但还没有收到对方的确认。因此，凡是已经发送出去的数据，在未收到确认之前都必须暂时保留在发送缓存中，以便在超时或对方需要重传时使用。

发送窗口的大小决定了发送方在未得到确认之前一次最多能够发送的数据量。显然，发送窗口越大，传输效率越高。在通信过程中，当发送端接收到对窗口中某个字节编号的确认后，发送窗口就向前进行移动，移动大小等于确认号减去已成功发送的最后一个字节的编号。如图 6-15 所示，在图 6-14 的状态下，如果主机 A 接收到了主机 B 的确认号 26（主机 B 希望接收的序号为 26），而且发送窗口未发生变化。这时，发送窗口将向前移动 5 个字节，准备发送序号 31～35 的字节。

图 6-15　发送窗口正常向前移动 5 个序号

如果网络带宽、主机 A 和主机 B 的缓存未发生变化，滑动窗口会根据初始化时已确定的 10 为大小一直工作下去。但实际的通信环境并非这样，网络带宽、主机 A 和主机 B 的缓存有可能会发生变化。例如，当主机 A 接收到主机 B 新的确认，但主机 B 告诉主机 A 窗口缩小了。这时，主机 A 必须根据主机 B 提出的要求，重新设置发送窗口的大小，但一般不要求窗口的前沿往回移动。例如，在图 6-15 的基础上，主机 A 接收到了主机 B 对序号 30 的确认，表示序号 26～30 的数据都已成功接收到（主机 B 只对按序收到的数据中的最高序号进行确认),但窗口大小重新调整为5。这时,主机 A 发送窗口的后沿向前移动了5个序号,但前沿并没有变化,即窗口缩小了,且没有向前移动,如图 6-16 所示。这时,对于主机 A 来说,序号 31~35 的数据有可能已经发送出去了,有可能还没有发送出去。如果没有发送出去,主机 A 便可以正常发送位于窗口中的数据。如果已经发送出去,便需要进行等待,如果在设置的超时计时器的时间内没有收到主机 B 的确认就需要重新发送。

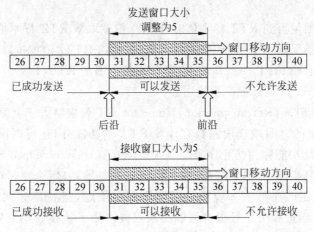

图 6-16 发送窗口大小根据接收窗口的大小进行了调整

当然,如果主机 A 在接收到主机 B 的新确认号后,发现窗口值增大了,这时主机 A 调整发送窗口大小到指定的值,并以新窗口大小发送数据。

通过以上滑动窗口的工作过程可以看出,如果接收端应用进程来不及读取收到的数据,接收缓存就会逐渐被用尽,使接收窗口逐渐变小直至为 0。如果接收端应用进程能够及时从接收缓存中读取数据,接收窗口就会逐渐增大,但最大不允许超过接收缓存的大小。

另外,对于接收端来说,当正确接收到一个报文段时应尽快给予确认,而不应拖延确认时间,否则会导致发送方不必要的重传。TCP 标准规定,确认延时最大不超过 0.5s。不管滑动窗口有多大,TCP 标准规定当收到一连串具有最大长度的报文段时,必须每隔一个报文段就要发送一个确认。

3. 超时重传时间

为了应对丢失或丢弃的报文段,TCP 的发送端在规定的时间内没有收到确认时就要重传已发送的报文段,等待时间由超时重传计时器来确定。当 TCP 发送报文段时,它就创建该报文段的重传计时器。此后,如果在计时器设置时间到达之前已经收到了该报文段的确认,则撤销此计时器。否则,TCP 重传该报文段,并将计时器复位。

两台建立 TCP 连接的主机,有可能位于同一个高速局域网内部,也有可能位于相隔很远且连接带宽很低的互联网的边缘。连接两台主机的信道,既可能是延时很小的万兆以太网信道,还有可能是延时非常大的卫星信道。因此,一个报文段传输所经历的路径长度和所使用的传输时间可能相差很大,TCP 不能对所有连接使用相同的重传时间。

TCP 采用了一种自适应算法,它记录一个报文段发出的时间,以及收到相应确认的时间。这两个时间差就是报文段往返时间(Round Trip Time,RTT)。RTT 的计算由 TCP 头部的选项提供。TCP 头部的选项可以用于设置时间戳。时间戳选项占用 10 字节,其中包括 4 字节的"时间戳值"字段和 4 字节的"时间戳回送回答"字段。发送端在发送报文段时，把当前时钟的时间值填入"时间戳值"字段，接收端在确认该报文段时把"时间戳值"复制到"时间戳回送回答"字段。因此，发送端在收到确认报文段后，就可以准确地计算出 RTT。

TCP 并没有直接使用 RTT 值，而是使用了基于 RTT 的加权平均往返时间 RTT_S（其中，S 表示 Smoothed，平滑），所以 RTT_S 也称为平滑的往返时间。RTT_S 值的计算方法如下：

(1) 当第一次测量得到 RTT 样本值时，RTT_S 值就取该 RTT 样本值。

(2) 以后每测量得到一个新的 RTT 样本值时，新的 RTT_S 值就按以下公式进行计算：

新的 RTT_S ＝ 旧的 RTT_S ＋ α(新的 RTT 样本值 － 旧的 RTT_S)

上式中，$0 \leqslant \alpha < 1$，TCP 标准推荐使用 $\alpha = 0.125$。

因此，超时重传时间(Retransmission Time Out，RTO)应略大于上面得到的 RTT_S。

另外，前面提供的时间戳选项除具有计算 RTT 的功能外，还可以用于处理 TCP 序号超过 2^{32} 时的情况，此功能称为防止序号绕回(Protect Against Wrapped Sequence numbers，PAWS)。因为 TCP 头部"序号"字段长度为 32bit，而每增加 2^{32} 个序号时就会循环使用原来用过的序号。这在低速网络环境中一般不会存在问题，但在高速网络环境下，在一次 TCP 连接的数据传输过程中序号很有可能出现重复。为了使接收端能够把新的报文段和延时到达的报文段区分开来，可以在报文段中加上这个时间戳。例如，在 1Gb/s 网络环境中，在 4.3s 内数据字节的序号就会出现重复。

4. 选择确认

如果接收到的报文段并没有出现差错，只是其中的部分字节块没有接收到。在这种情况下，可以利用 TCP 头部的"选择确认"(Selective ACK，SACK)选项来实现此功能。

如图 6-17 所示，某一个报文段的完整序号为 1000～8000，但其中序号为 1500～2000 和 6000～7000 两个数据块没有接收到。通过 SACK 功能，如果这些字节的序号都在接收窗口内，那么接收端就先接收下这些数据，同时把未接收到的数据块序号告诉给发送端，让发送端仅发送没有收到的两个数据块。

图 6-17 接收窗口中存在未接收到的数据块

在 RFC 2018 文档中规定，如果要使用 SACK，那么在建立 TCP 连接时，通过双方协商，需要在 TCP 头部的"选项"中添加"允许 SACK"的选项。在使用了 SACK 后，原来 TCP 头部的"确认号"字段的用法仍然保持不变。只是在 TCP 报文段的头部中多了 SACK 选项，以便报告未收到的数据块的序号。

由于 TCP 报文段头部选项的长度最大为 40 字节，而要说明一个连续数据的起始序号和结束序号分别需要 4 个字节，所以选项中最多只能指明 4 个数据块的信息。另外，还需要两个字节，其中一个字节用来指明是 SACK 选项，另一个字节用来指明这个选项要使用多少字节。

需要说明的是：虽然 RFC 2018 文档中提供了 SACK 选项，但具体应用目前还很少。在大多数情况下，当出现图 6-17 中的现象时，还是重传所有未被确认的整个报文段。

6.3.5 TCP 流量控制

流量控制（flow control）就是采用相应的机制，使数据发送和接收速率基本保持一致，不会造成数据的丢失，且使数据传送的时延控制在一定的范围内。利用可变窗口可以实现对 TCP 流量的控制。

当一个 TCP 连接建立时，收发双方都要分配一个缓存空间来存储等待发送和已接收但尚未向应用进程交付的数据，并将缓存空间的大小发送给对方。发送窗口在 TCP 连接建立时由双方协商确定。TCP 报文段头部的"窗口"字段用于标识向对方设置的窗口大小。TCP 的窗口大小是可变的，在具体的通信过程中，接收端可以根据自己的资源配置和使用情况，随时动态调整对方发送窗口的值。这种由接收端控制发送端的机制在网络中的应用很普遍。当数据的报文段到达时，接收端发送确认，其中包含自己剩余的缓存空间大小。接收端发送的每个确认中都含有一个窗口通告。

下面，以图 6-18 为例来说明滑动窗口机制对 TCP 发送端进行流量控制的实现过程。假设主机 A 向主机 B 发送数据，在 TCP 连接建立时，主机 B 向主机 A 通告窗口大小为 rwnd=600，即主机 B 的接收窗口大小为 600。由于发送窗口不能超过接收窗口的值，所以主机 A 在接收到主机 B 的此窗口通告后会设置自己的窗口值，最大设置为 600。再假设，主机 A 所发送的每个报文段的长度为 200 字节，接收端每接收到一个报文段后都要确认。其中 ACK 表示 TCP 报文段头部的"ACK"字段，而 ack 表示确认字段的值。

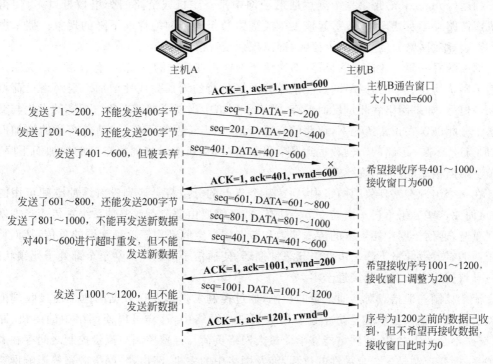

图 6-18 利用可变窗口对发送端进行流量控制

通过图 6-18 的操作过程可以看出，在建立 TCP 连接时主机 B 通告窗口为 600，表示接收端具有 600 字节的空闲缓存空间。在数据传送过程中，主机 B 通过确认接收窗口（rwnd）的值对主机 A 进行了三次流量控制。第一次为 rwnd=600，第二次为 rwnd=200，第三次为 rwnd=0，即不希望再接收到主机 A 发过来的数据。

当主机 B 发给主机 A 的报文段中 rwnd=0 时，主机 A 将不能再发送新的数据。但是，当过一段时间后，主机 B 的接收缓存又有了一些空闲空间，于是主机 B 向主机 A 发送了 rwnd≠0 的报文段（假设 rwnd=200）。然而，这个新的通告窗口报文段可能在传送过程中丢弃。但主机 A 一直在等待主机 B 发送的非零窗口的通告，以便将未发送完的数据发送给主机 B。当不采用其他的措施时，这种相互等待的状态会一直持续下去，最终导致死锁。

为了避免出现死锁，TCP 为每个连接使用一个持续计时器（persistence timer）。当发送端的 TCP 收到一个窗口大小为零的确认时，就启用持续计时器。当持续计时器达到预设时间时，发送端的 TCP 就发送一个仅携带 1 字节数据的特殊探测报文段。探测报文段提醒接收端的 TCP：确认已经被丢弃，必须重传。这时接收端便根据当前的窗口值，为发送端进行确认。如果窗口仍然为零，那么收到这个报文段的发送端就重新设置持续计时器，并重复前面的操作。如果窗口不为零，那么死锁被解除。

持续计时器的值一般与重传时间的数据相同。如果发送端没收到接收端发来的确认，则需要将持续计时器的值加位或复位，并继续发送探测报文段。持续探测报文段的最大值通常为 60s。此后，发送端每隔 60s 便发送一个探测报文段，直到窗口重新开放为止。

6.3.6 TCP 拥塞控制

拥塞（congestion）现象是指到达通信子网中某一主机或链路的分组数量过多，使得该主机或链路来不及处理，以致引起该主机或链路乃至整个网络性能下降的现象。拥塞严重时甚至会导致网络通信业务陷入停顿，即出现死锁现象。

网络的吞吐量与通信子网负荷（即通信子网中正在传输的分组数）有着密切的关系。当通信子网负荷比较小时，网络的吞吐量随着网络负荷的增加而线性增加。当网络负荷增加到某一值后，如果网络吞吐量反而下降，则表示网络中出现了拥塞现象。拥塞的发生与交通堵塞十分相似。在正常情况下，道路的交通流量（相当于网络吞吐量）随着车辆的增加而增加，但当进入某一道路的车辆数达到一个限制值时，交通流量将随着车辆的增加而下降，直到整个道路被堵死（即出现死锁）。

在一个出现拥塞现象的网络中，到达某个节点的分组将会遇到没有缓冲空间可用的情况，从而使这些分组不得不由前一节点重传，或者需要由源节点或源端系统重传。当拥塞比较严重时，通信子网中相当多的传输能力和节点缓存空间都用于这种无谓的重传，从而使通信子网的有效吞吐量下降。由此引起恶性循环，使通信子网的局部甚至全部处于死锁状态，最终导致网络有效吞吐量接近于零。

流量控制一般指点对点通信量的控制，通过控制发送端发送数据的速率使接收端能够来得及接收。拥塞控制就是防止过多的数据进入网络中，这样可以使网络中的主机、路由器、链路不会产生过载，使网络能够承受最大网络负荷。拥塞控制与流量控制之间存在着密切关系，拥塞控制是一个全局性的过程，涉及网络中的主机、路由器、网络链路等影响网络传输性能的所有因素，而流量控制解决的是点对点的问题。

TCP 提供了 4 种拥塞控制的具体算法(在 RFC 2581 文档中进行了描述):慢启动、拥塞避免、快速重传和快速恢复,下面分别进行介绍。

1. 慢启动

前面在介绍流量控制时,主要由接收端的接收窗口值来控制发送端的发送窗口大小。其实,发送端在确定发送窗口大小时,不仅仅要考虑接收端的接收窗口值,还要考虑网络当前是否发生了拥塞。即在发送端应同时存在由接收端根据其接收能力确认的"通告窗口"(advertised windows)和由发送端根据当前网络拥塞情况确定的"拥塞窗口"(congestion windows,cwnd)。发送端在确定发送窗口时,应取通告窗口和拥塞窗口中较小的值。在没有发生网络拥塞的稳定工作状态下,通告窗口和拥塞窗口保持一致。

为此,在 TCP 中除由接收端控制发送端的流量外,还由发送端通过确定当前网络是否发生拥塞或网络的拥塞状态确定发送端的流量,即发送端 TCP 数据报的流量由接收端和发送端共同决定。下面为了便于对具体的拥塞算法进行分析,假定接收端总是有足够的缓存空间,因而发送窗口的大小由网络拥塞状况来决定。

慢启动(slow start)算法的思路是:当主机发送数据时,在不清楚网络负荷的情况下,如果一开始就发送大量数据字节到网络中,就有可能引起网络拥塞。一种可行的办法是:由小到大逐渐增大发送窗口,即由小到大逐渐增大拥塞窗口值。具体地讲,当建立新的 TCP 连接时,拥塞窗口(cwnd)初始化为一个最大报文段 MSS 的值。而每收到一个对新的报文段的确认后,把拥塞窗口增加一个 MSS 的值。通过这种方法,发送端逐渐增大 cwnd,可以使分组进入网络的速率逐渐趋于合理。

例如,当开始建立 TCP 连接时,可以设置 cwnd=1,发送报文段 M1。发送端在接收到接收端对 M1 的确认后,设置 cwnd=2,于是发送报文段 M2 和 M3。接收方在接收到 M2 和 M3 的确认后,设置 cwnd=4,可以发送 M4~M7 共 4 个报文段。以此类推,最后达到一个稳定的 cwnd 值。由此可以看出,每经过一个报文段往返时间(RTT),拥塞窗口 cwnd 就会加倍,即 cwnd 随着 RTT 呈指数增长。

2. 拥塞避免

拥塞避免(congestion avoidance)算法的思路是:让拥塞窗口 cwnd 的值按线性规律缓慢增长,而不是像慢启动那样呈指数增长。即每经过一个 RTT 就把发送端的 cwnd 加 1,而不是加倍。由此可见,拥塞避免算法比慢启动算法的拥塞窗口增长速率缓慢得多。

在具体应用中,通过一个慢启动阈值 ssthresh 状态变量在慢启动与拥塞避免状态之间进行必要的选择。其中,ssthresh 的初始值一般设置为 65 535 字节。ssthresh 的用法如下:

- 当 cwnd<ssthresh 时,使用慢启动算法。
- 当 cwnd>ssthresh 时,停止使用慢启动算法,而改用拥塞避免算法。
- 当 cwnd=ssthresh 时,既可使用慢启动算法,也可以使用拥塞避免算法。

无论在慢启动阶段还是在拥塞避免阶段,只要 TCP 发送端判断网络出现了拥塞(分组超时,或接收到三个相同的 ACK 报文段),就把慢启动阈值 ssthresh 根据以下方法进行设置:

$$ssthresh = \max\{2MSS, cwnd/2\}$$

然后将重新设置 cwnd=1,并开始执行慢启动算法。这样做的目的就是要迅速减少主机发送到网络中的分组数量,使得发生拥塞的主机有足够时间把队列中来不及处理的分组处理掉。

3. 快重传和快恢复

快重传(fast retransmit)的思路是：接收端每收到一个乱序报文段(即未按顺序到达的报文段)后，就立即发送确认，使发送端尽早知道有报文段没有到达对方，发送端在接收到该确认后，知道有报文段在发送过程中丢失，所以会立即发送丢失的报文段。

快重传的具体实现思路是：发送方只要连续收到三个重复确认，就立即重传对方尚未收到的报文段，而不必继续等待报文段重传计时器到期。如图 6-19 所示，主机 A 发送了报文段 M1 和 M2，同时分别收到了相应的确认。现在假设报文段 M3 在发送过程中出错，使接收端在接收到报文段 M4 时还没有收到报文段 M3，即报文段 M4 为一个乱序报文段。按照快重传算法的规定，接收端应及时发送对报文段 M2 的重复确认，以便让发送端及时发送报文段 M3。由于发送端发送窗口允许发送后面的报文段，所以发送端随后发送了报文段 M5、M6 和 M7。主机 B 在接收到 M4 以后的报文段时，都要向主机 A 发送一个对报文段 M2 的重复确认。当主机 A 连续接收到三个有关报文段 M2 的重复确认后，就认为报文段 M3 已经丢失，并立即发送 M3，而不必等到 M3 的重传计时器到期后再发送。

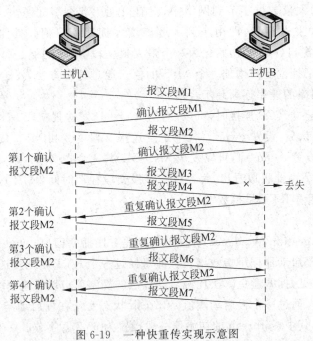

图 6-19　一种快重传实现示意图

需要说明的是：为了表述清楚，在图 6-19 中发送报文段和确认(包括重复确认)报文段之间在时间上都是分开的，但在实际的应用中，它们之间存在时间上的交叉。

快恢复(fast recovery)算法是与快重传算法配套使用的。快恢复算法的思路包括以下两点：

(1) 当发送端收到连续的三个重复确认时，就认为出现了网络拥塞，并将慢启动阈值 ssthresh 减半，并执行慢启动算法，此时设置 cwnd＝1。这样可以大大减少进入网络的分组数量，可有效缓解网络拥塞。

(2) 因为发送端能够连续接收到三个重复确认，这说明网络很有可能没有发生拥塞。

因此,与慢启动算法不同,现在不需要设置 cwnd=1,而是设置 cwnd=ssthress/2,即将拥塞窗口 cwnd 设置为慢启动阈值 ssthresh 减半后的数值。然后开始执行拥塞避免算法,使拥塞窗口缓慢增大,以防止网络过早出现拥塞。

另一种快恢复算法是把开始时的拥塞窗口设置为 cwnd=ssthresh+3MSS,其理由是:既然发送端收到了三个连续的重复确认,这表明有三个分组已到了接收端,并存放在接收端的缓存中,这三个分组已不再消耗网络资源。为此,可以将拥塞窗口设置得大一些。

本节简要介绍了几种拥塞控制的算法及实现方法,采用这些拥塞控制方法可以使 TCP 的性能明显改进。

6.3.7 TCP 差错控制

TCP 是一个面向连接的、可靠的传输层协议。TCP 负责从发送端的应用进程接收数据流,然后将数据流按序、无差错、无丢失、无重复地交付给接收端的应用进程。由于 TCP 建立在无连接、不可靠的 IP 协议的基础上,所以 TCP 必须通过差错控制来提供可靠性。差错控制包括检测受损的报文段、丢失的报文段、无序的报文段和重复的报文段,以及检测到差错后的处理方法。TCP 具体通过检验和、确认号和超时来检测报文的差错。

1. 对受损和丢失报文段的处理

受损的报文段是指在传输过程中出错,由接收端的传输层检测出来差错的报文段。受损报文段由接收端进行丢弃。丢失的报文段是指发送端发送的报文段,在某一中间节点上丢失,没有到达接收端的报文段。例如,在数据链路层对承载报文段的帧进行检测发现差错后被丢弃,或在网络层对承载报文段的 IP 数据报进行检测发现差错后被丢弃。对于丢失的报文段,接收端应用进程不对其进行确认,只有在设置的重传计时器到期后,由发送端重新发送该报文段。

如图 6-20 所示,一个应用层大小为 8500 字节的报文在发送端的传输层被分成了 5 个报文段,前 4 个报文段 M1~M4 的长度都为 2000 字节,第 5 个报文段 M5 只有 500 字节。这 5 个报文段在发送过程中,其中报文段 M2 在中途丢失,报文段 M4 受损。由于接收端对丢失和受损的报文段不进行确认,所以只有在发送端设置的超时计时器到期后,分别由发送端进行重传。

2. 对重复报文段的处理

重复报文段主要是由发送端 TCP 造成的。当发送端发了一个报文段后,同时启用了该报文段的超时计时器,并等待接收端对该报文段的确认。如果在超时计时器到期时,该报文段的确认还没有接收,发送端 TCP 就从发送缓存中读取该报文段进行重新发送,同时再重新启用该重发报文段的超时计时器。直到接收到确认后,发送端便从发送缓存中删除该报文段的副本。

接收端 TCP 处理重复报文段的方法很简单。当接收端 TCP 判断同时存在相同序号的报文段时,丢弃重复的报文段,只保存其中一个。

3. 对乱序报文段的处理

TCP 报文段封装在 IP 数据报中在通信子网中传送,而 IP 是一种无连接的"尽力而为"的不可靠的服务。在分组交换网络中,每一个 IP 数据报独立地选择适合自己的传输路径,这样不同的 IP 数据报可能会沿着不同的路径到达同一台目的主机,将会导致组成同一个报

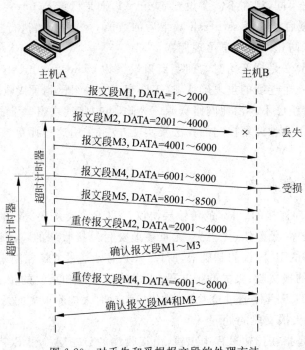

图 6-20 对丢失和受损报文段的处理方法

文的多个 TCP 报文段有可能不按照顺序到达目的主机,即出现 TCP 报文段的乱序现象。

接收端 TCP 处理乱序报文段的方法是:对乱序报文段不进行确认,直到接收到它前面的所有报文段为止。

4. 对确认丢失报文段的处理

确认是由接收端 TCP 发出的,可能在传送过程中出现丢失。TCP 的确认机制采用累计确认办法,即当接收端接收到多个按顺序到达的报文段时,只需要对其中一个报文段进行确认,表明该确认之前的所有报文段已经正确接收。累计确认方法在图 6-18 中已经讨论过。由于 TCP 连接能够提供全双工通信,因此在实际的 TCP 通信过程中,通信双方可以不发送专门的确认报文段,可以在传送数据的同时以"捎带确认"方式完成确认过程,这样做可以提高系统的工作效率。

确认报文段丢失后,在超时计时器到期之后被确认的报文段认为已丢失,这时发送端将重传认为丢失的报文段。

习　题

6-1 名词解释:程序、进程、复用、分用、端口、套接字。

6-2 试分析单机操作系统与网络环境中进程之间通信的特点与管理机制。

6-3 与数据链路层和网络层的差错检测机制相比,传输层的差错检测机制有何特点?

6-4 在 UDP 协议中什么要使用伪头部?

6-5 结合校验和的计算方法,分析 UDP 协议是如何检测 UDP 用户数据报是否在传输过程中出错的。

6-6　结合实际应用,简述 TCP 连接的建立、数据传送和连接释放过程。

6-7　回顾第 3 章介绍的数据链路层滑动窗口的概念,联系传输层 TCP 的工作机制,介绍滑动窗口是如何实现 TCP 传输可靠性的。并分析,如何适当地调整窗口大小,才能提高数据传送的效率。

6-8　"选项"是 TCP 头部提供的可选字段,结合本章介绍的 MSS、窗口扩大、时间戳、选择确认功能的实现和应用,分析如何通过对"选项"字段的应用,扩展 TCP 的功能。

6-9　分析基于滑动窗口技术的 TCP 流量控制的实现原理,并结合图 6-18 描述其实现方法。

6-10　什么是拥塞控制? 简述分组流量控制与拥塞控制之间的关系。

6-11　简述慢启动、拥塞避免、快速重传和快速恢复算法的实现原理,并分析 TCP 拥塞控制的实现方法。

6-12　试分析受损、丢失、重复、乱序报文段的产生原因,可分别采取什么方式来解决这些问题?

第 7 章　应　用　层

应用层(application layer)是网络体系结构的最高层,在应用层之上不存在其他的层,所以应用层的任务不是为上层提供服务,而是为最终用户提供服务。每一种应用层协议都是为了解决某一类问题,而每一类问题都对应一类应用程序,在应用层中运行的每一个应用程序称为一个应用进程。应用层的具体内容就是规定应用进程在通信时所遵循的协议。本章在简要介绍应用层的基本功能后,重点介绍目前 Internet 中主要的应用层协议的功能及实现原理。

7.1　应用层概述

在具体学习应用层协议之前,有必要先了解网络环境中应用进程之间通信时的相互作用模式,清楚应用程序与操作系统之间的关系。

7.1.1　应用进程之间的相互作用模式

每个应用层协议主要解决某一类应用问题,而应用问题的解决通常是通过位于不同主机中的多个应用进程之间的通信和相互协作来完成的。应用层研究的重点是分析和掌握应用进程在通信时所遵循的协议。

应用层的大量协议都是基于客户机/服务器(Client/Server,C/S)模式的。随着计算机网络技术和应用的发展,传统的 C/S 模式也在应用中不断发展和变化。为此,现代计算机网络中的 C/S 模式,其客户端和服务器已不再是以传统的设备为对象来定义,而是以具体通信过程中的身份来确定,即将提供服务的进程称为服务器,而请求服务的进程为客户机。客户机与服务器的区分是进程之间服务与被服务关系的区分。

浏览器/服务器(Browser/Server,B/S)模式是随着 Web 应用的兴起出现的一种网络结构模式,是一种特殊的 C/S 模式。B/S 模式统一了客户端软件,在客户机上只需要安装一个浏览器(Browser)就可以访问所有的 Web 服务器,浏览器是一种通用的客户端软件,如 Internet Explorer、Mozilla Firefox 等。B/S 将系统功能实现的核心部分集中到服务器上,简化了系统的开发、维护和使用,服务器安装 Oracle、SQL Server 等数据库,浏览器通过 Web Server 同数据库进行数据交互。

P2P(Peer-to-Peer,点对点)是一种让用户端计算机直接连接到网络上的其他计算机进行文件共享与交换的技术。在 P2P 网络中,每个节点的身份都是相同的,同时具备客户机和服务器双重特性,可以同时作为服务提供者和服务访问者。P2P 并不是单纯的全新技术,而是对传统 C/S 模式的改变,将传统的集中的服务分散开来,不再进行统一的处理。从进程之间通信的角度来看,P2P 就是一种可变身份(客户端或服务器)的 C/S 模式。

7.1.2 系统调用

本章随后介绍的应用层协议都是在 Internet 中广泛使用的标准化协议。Internet 能够得以快速发展的原因之一便是对新应用的广泛接纳,而新应用的实现不可能直接使用已标准化的协议,而是通过系统调用来为程序员提供网络环境中进程之间的通信服务。

1. 系统调用的概念

读者在学习编程语言时都熟悉程序设计中函数调用的概念。所谓函数调用是指将一个较大的程序根据实现功能划分成一个主程序和若干个子程序,程序由函数来完成,由主函数调用子函数,子函数之间也可以相互调用。

系统调用(system call)与函数调用非常相似,只是系统调用实现的是应用程序与操作系统之间控制权的调用,即应用进程将控制权移交给操作系统的过程。系统调用的实现需要中间环节,即系统调用接口。当某个应用进程启用系统调用时,控制权便从应用进程移交给系统调用接口。系统调用接口再把控制权移交给计算机操作系统。操作系统把这个调用传给某个内部过程,由内部过程执行应用进程请求的操作。当内部过程执行结束后,控制权又通过系统调用接口回到应用进程。由此可以看出,当建立一次网络通信时,该通信的应用进程需要从操作系统中获得资源,将控制权移交给操作系统,操作系统在执行完操作后将控制权返还给应用进程。

2. 应用编程接口的概念

系统调用过程中需要用到系统调用接口。系统调用接口其实就是在应用进程与操作系统之间交换控制权时所使用的一个接口,即应用编程接口(Application Programming Interface,API)。应用进程通过 API 定义的许多标准的系统调用函数来得到操作系统的服务,API 为应用进程调用操作系统上的服务提供了接口功能。

目前,主流的操作系统都有支持 TCP/IP 协议,TCP/IP 协议软件已融合到操作系统中,运行不同操作系统(如 Windows、Linux、Novell NetWare 等)的计算机之间可以利用 TCP/IP 协议相互通信,系统设计者能够选择适合操作系统的 API 实现应用进程与 TCP/IP 软件之间的连接。现在可供应用程序使用 TCP/IP 的 API 主要有基于 UNIX 和 Windows 操作系统的 API,其中基于 UNIX 操作系统的 API 也称为套接字接口(socket interface)或插口接口,而基于 Windows 操作系统的 API 称为 Windows Socket,简称为 WinSock。为此,在具体讨论应用进程与 TCP/IP 协议之间的接口时常常使用套接字(socket)。

图 7-1 所示的是主机 A 与主机 B 应用进程之间的通信方式,其中主机的应用进程与传输层协议之间通过套接字连接,套接字形成应用进程与传输层协议之间的接口。套接字已成为目前操作系统内核的重要组成部分,其中套接字以上部分由主机的应用程序控制,而套接字以下受操作系统控制。对于程序员来说,在开发基于 TCP/IP 的应用程序时,需要通过套接字来请求得到操作系统提供的服务。其中,当传输层使用 TCP 协议时,在通信子网中将形成一条 TCP 虚电路。

3. 套接字描述符

在网络环境中当一台主机上的应用进程需要与另一台主机上的应用进程进行通信时,本次通信的发起端首先向本地操作系统发出套接字调用请求,当操作系统接收到该请求后

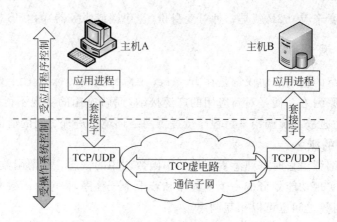

图 7-1　套接字为应用进程与传输层协议之间提供接口

便为其创建一个套接字。之后,本地操作系统将把本次通信所需要的缓存空间大小、CPU时间、网络带宽等系统资源分配给该应用进程。操作系统将这些系统资源的总和用套接字描述符来表示,每个套接字描述符用一个小的整数号码来具体表示。当操作系统为某一个应用进程分配了资源后,将相应的套接字描述符返回给应用进程,应用进程将从套接字描述符中获得操作系统中的资源,随后应用进程所进行的连接建立、收发数据、调整网络通信参数等网络操作,都使用这个套接字描述符。

在具体的网络系统调用中,套接字描述符作为套接字的首要参数。例如,在处理系统调用时,通过套接字描述符,操作系统就可以识别出应该使用哪些资源来完成应用进程所请求的服务。通信结束后,应用进程通过一个关闭(close)套接字的系统调用通知操作系统收回与该套接字描述符相关的所有资源。由此可见,套接字是一种应用进程与操作系统之间的交互机制,其目的是让应用进程获得网络通信所需要的服务资源。

如图 7-2 所示的是套接字描述符与套接字数据结构之间的关系。由于同一台主机上可能会有多个应用进程在工作,所以需要有一个表来存放所有的套接字描述符,这个表称为套接字描述符表。其中,套接字描述符表中的每一个套接字描述符通过一个指针指向存放套接字的地址。

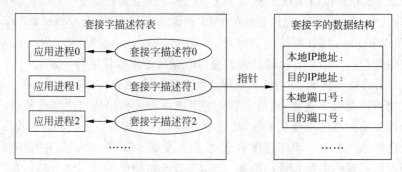

图 7-2　套接字描述符与套接字数据结构之间的关系

4. 系统调用过程

下面以服务器为了接受客户端发起的 TCP 连接请求而进行的一系列系统调用为例,介绍常用的系统调用方法。

(1) 当建立连接时,本地应用进程通过发送 socket 请求从服务器获得资源。之后,应用进程通过调用 bind(绑定)将本地地址(本地 IP 地址、本地端口号)绑定到套接字。因为当套接字刚刚被创建时,其端口号、IP 地址都是空的,所以客户端应用进程需要调用 bind 来指明套接字的本地地址(也可由操作系统内核自动分配一个动态端口号),而服务器通过调用 bind 把熟知端口号和本地 IP 地址填写到已创建的套接字中。

(2) 当服务器端在调用 bind 后,将启用 listen(监听)把套接字设置为被动状态,正在等待接受客户端的服务请求(如果是 UDP,则不使用 listen 系统调用)。

(3) 当服务器端接收到远程客户端进程发来的连接请求后,便调用 accept(接受),接受客户端进程的请求(如果是 UDP,则不使用 accept 系统调用)。

如图 7-3 所示,由于一台服务器需要与多个客户端建立连接,所以当服务器进程(称为主服务进程)调用 accept 后,就需要为每一个新连接请求创建一个新的套接字,并把这个新创建的套接字描述符返回给发出连接的客户端。与此同时,服务器进程还要创建一个从属服务器进程来处理新建立的连接。这样,从属服务器进程用这个新创建的套接字和客户端进程建立连接,而主服务器进程用原来的套接字重新调用 accept,继续接受下一个连接请求。在已建立的连接上,从属服务器进程就使用这个新创建的套接字收发数据。数据通信结束后,从属服务器进程将关闭这个新创建的套接字,同时这个从属服务器也被撤销。

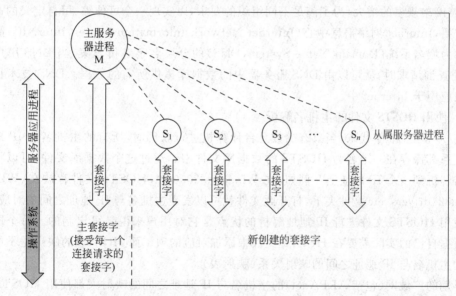

图 7-3 主服务器进程与从属服务器进程之间的关系

从图 7-3 可以看出,对于一台服务器来说,总有一个主服务器进程和多个(也可以没有)从属服务器进程在工作。主服务器进程通过原有的套接字(主套接字)接受远程客户端的连接请求,而从属服务器进程用新创建的套接字和相应的客户端建立连接并可进行全双工数据传送。

以上介绍的是服务器端发起的一些系统调用。现在看客户端的系统调用情况。当使用 TCP 协议的客户端通过调用 socket 创建了套接字后,客户端进程便调用 connect(连接),以便主动和远程服务器建立连接,其中 connect 调用中必须指明远程地址(远程服务器的 IP

地址和对应的端口号）。

当连接建立后，客户端和服务器端都使用 send 系统调用传送数据，使用 recv 系统调用接收数据。通常，客户端使用 send 发送请求，而服务器端使用 send 发送回答。服务器端使用 recv 接收客户端用 send 调用发送的请求。客户端在发送完请求后用 recv 接收回答。

当数据传送过程结束后，客户端和服务器端分别调用 close 来释放连接，并撤销套接字。

7.2 域名系统（DNS）

网络中的主机直接通过 IP 地址进行通信。但是，当网络规模较大时，使用 IP 地址就不太方便了，所以在早期便出现了主机名（host name）与 IP 地址之间的一种对应解决方案，可以通过使用形象易记的主机名（而非 IP 地址）进行网络的访问，这比单纯使用 IP 地址显然要方便得多。

7.2.1 主机名与 IP 地址之间的映射关系

主机名与 IP 地址之间的映射关系，在小型网络中最早多使用 HOSTS 文件来完成。后来，随着网络规模的增大，为了满足不同组织的要求，以实现一个可伸缩、可自定义的命名方案的需要，Internet 网络信息中心（Internet Network Information Center，InterNIC）制订了一套称为域名系统（Domain Name System，DNS）的分层名字解析方案，当 DNS 用户提出 IP 地址查询请求时，就可以由 DNS 服务器中的数据库提供所需的数据。DNS 技术目前已广泛地应用于 Internet 中。

1. 使用 HOSTS 文件的主机名解析

在 20 世纪 70 年代末，当只有少数几台计算机进行联网时，所有的主机名和 IP 地址的映射关系都保存在一个名为 HOSTS 的数据库文件中。通过这个数据库文件，可以将一个主机名解析到一个 IP 地址上。例如，在 Windows 2000 中，HOSTS 文件存放在\WINNT\System32\drivers\etc 文件夹下，打开此文件就可以发现主机名与 IP 地址之间的对应关系。

使用 HOSTS 文件进行 IP 地址解析的优点是它对用户来说是可定制的。每个用户都可以根据自己的实际需要在 HOSTS 文件中添加对应的项。而 HOSTS 的缺点是不能存储大量的主机名与 IP 地址之间的映射关系（映射表）。

早期的广域网（包括 ARPAnet）的主机名与 IP 地址之间的映射大都使用 HOSTS 文件方式，当时需要远程互联的主机都要使用 HOSTS 数据库文件，该文件保存在斯坦福研究所网络信息中心（SRI-NIC）的主机中。任何人要更新他们的 HOSTS 文件都要到 SRI-NIC 的主机中下载最新的 HOSTS 文件。这种方式持续了很长一段时间，直到参与互联的计算机规模急剧增大时，管理 HOSTS 文件变得越来越困难。

2. DNS 的功能

DNS 的基础是 HOSTS，DNS 最初的设计目标是"用具有层次名字空间、分布式管理、扩展的数据类型、无限制的数据库容量和具有可以接受的性能的轻型、快捷、分布数据库取代笨重的集中管理的 HOSTS 文件系统"。从 1983 年开始，因特网就开始采用 DNS，其标准在 RFC 1034 和 RFC 1035 文档中进行了描述。

DNS 是一组协议和服务,它允许用户在查找网络资源时使用层次化的对用户友好的名字取代 IP 地址。当 DNS 客户端向 DNS 服务器发出 IP 地址的查询请求时,DNS 服务器可以从其数据库内寻找所需要的 IP 地址给 DNS 客户端。这种由 DNS 服务器在其数据库中找出客户端 IP 地址的过程叫做"主机名称解析"。该系统已广泛地应用到 Internet 和 Intranet 中,如果在 Internet 或 Intranet 中使用 Web 浏览器、FTP 或 Telnet 等基于 TCP/IP 协议的应用程序时,就需要使用 DNS 的功能。

简单地讲,DNS 协议的最基本的功能是对主机名与对应的 IP 地址之间建立映射关系,这种映射在 Internet 中称为地址解析(resolve)。例如,新浪网站的 IP 地址是 202.106.184.200,几乎所有浏览该网站的用户都是使用 www.sina.com.cn,而并非直接使用 IP 地址来访问。使用主机名(域名)比直接使用 IP 地址具有以下两点好处:

(1) 主机名便于记忆,如:sina.com.cn。
(2) 数字形式的 IP 地址可能会由于各种原因而改变,而主机名可以保持不变。

DNS 的工作任务是在计算机主机名与 IP 地址之间进行映射。完整的 DNS 系统由 DNS 服务器、区域、解析器(DNS 客户端)和资源记录组成,DNS 同时采用 UDP 和 TCP 的 53 号端口进行通信,其中 DNS 服务器同时侦听 UDP 和 TCP 的 53 号端口,DNS 客户端与 DNS 服务器之间的解析请求和应答使用 UDP 53 号端口,而 TCP 53 号端口则用于 DNS 服务器之间区域数据的复制。

7.2.2 DNS 的组成

DNS 是为 TCP/IP 网络提供的一套协议和服务,是由名字分布数据库组成的。它建立了称为域名空间的逻辑树结构,是负责分配、改写、查询域名的综合性服务系统。该空间中的每个节点或域都有一个唯一的名字。

组成 DNS 系统的核心是 DNS 服务器,它是回答域名服务查询的计算机,它允许为使用 TCP/IP 的企业内部网络和连接公共 Internet 的用户提供并管理 DNS 服务,维护 DNS 名字数据并处理 DNS 客户端主机名的查询。DNS 服务器保存了包含主机名和相应 IP 地址的数据库。例如,如果提供了名字 sina.com.cn,DNS 服务器将返回新浪网站的 IP 地址 202.106.184.200。

DNS 是一种看起来与磁盘文件系统的目录结构类似的命名方案,域名(domain name)是一个全网统一且唯一的层次结构名字,它由位于不同层次空间且对应有序的标号(label)组成,标号之间用符号"."隔开。但是,当定位一个文件位置时,是从根目录到子目录再到文件名,如 C:\winnt\win.exe;而当定位一个主机名时,是从最终位置到父域再到根域,如 sina.com.cn。DNS 规定,域名中的标号由英文字母、数字和连字符"-"组成,且每个标号不超过 63 个字符,不区分大小写,由多个标号组成的一个完整域名总共不超过 255 个字符。近年来,随着 Internet 的迅猛发展,DNS 原有的规定被逐渐打破,例如现在 Internet 中的 DNS 已支持中文域名,详细内容参阅信息产业部 2006 年 2 月 6 日公布的"中华人民共和国信息产业部关于中国互联网络域名体系的公告"。

图 7-4 显示了顶级域的名字空间及下一级子域之间的树型结构关系,图中的每一个节点以及其下的所有节点叫做一个域。域可以有主机(计算机)和其他域(子域)。例如,在图 7-4 中,pc1.sd.cninfo.net 就是一个主机,而 sd.cninfo.net 则是一个子域。一般在子域中含有多个

主机,例如,ah.cninfo.net 子域下就含有 pc1.ah.cninfo.net 和 pc30.ah.cninfo.net 两台主机。

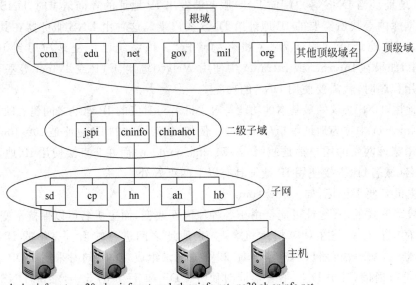

图 7-4　Internet 的域名结构

(1) 根域。代表域名命名空间的根,这里为空。

(2) 顶级域。直接处于根域下面的域,代表一种类型的组织和一些国家。在 Internet 中,由 InterNIC 进行管理和维护,表 7-1 和表 7-2 分别列出了 Internet 中常用到的一部分顶级域名和国家的代码。

表 7-1　部分 Internet 顶级域名及含义

域　名	含　义
Com	商业组织(Commercial Organization)
Edu	教育、学术研究部门(Educational Institution)
Gov	政府机构(Government Agencies)
Mil	军事机构(Military Agencies)
Net	网络服务机构(Network Support Center)
Org	除上面所述以外的组织,为非营利机构(Non-profit Organization)
Int	国际组织(International Organization)

表 7-2　部分 Internet 国家代码及含义

域　名	含　义
Au	澳大利亚(Australia)
Cn	中国(China)
Hk	中国香港特别行政区(Hong Kong)
Jp	日本(Japan)
Tw	中国台湾省(Taiwan)
Uk	英国(United Kingdom)
Us	美国(United States)

(3) 二级域。在顶级域下面,用来标明顶级域以内的一个特定的组织。在 Internet 中,也是由 InterNIC 负责对二级域名进行管理和维护,以保证二级域名的唯一性。

(4) 子域。在二级域的下面所创建的域,它一般由各个组织根据自己的要求自行创建和维护。

(5) 主机。是域名命名空间中的最下面一层,它被称为完全合格的域名(Fully Qualified Domain Name,FQDN)。

7.2.3 DNS 服务器

在网络中提供地址解析服务的是 DNS 服务器(也称为"域名服务器"),DNS 服务器位于 DNS 树型结构的各个非末梢节点上(位于末梢节点的一般为用户端计算机),遍布在世界各地。出于提供快速查询的需要,DNS 采用区域(zone)来提高运行效率。区域是整个域中的一部分,是一个 DNS 服务器所负责管辖的范围。例如,当某一单位创建了一个 DNS 服务器后,该单位的所有计算机都注册到该 DNS 服务器中,由该 DNS 服务器为用户提供地址解析服务,这时该 DNS 服务器的管辖范围便形成一个相对独立的区域。Internet 上的 DNS 服务器也是按照层次管理的,每一个 DNS 服务器仅针对 DNS 体系中的一部分主机(既可能是用户端计算机,也可能是其他 DNS 服务器)进行管理。根据在 DNS 体系中所发挥作用的不同,可以将 DNS 服务器分为以下 4 种类型。

1. 根域名服务器

根域名服务器(root name server)位于整个树型结构的根部,是 DNS 体系中最重要的域名服务器。在 DNS 体系中,所有的顶级域名服务器的信息(IP 地址+域名)都必须注册到所有的根域名服务器中。

为什么说根域名服务器是最重要的域名服务器呢? 这是因为当最接近用户的本地域名服务器无法为用户提供地址解析时,都要直接求助于根域名服务器。目前,Internet 中共提供了 13 个(而不是"台")不同 IP 地址的根域名服务器,它们的名字由一个英文字母命名,从 a 到 m(即英文字母表中的前 13 个字母),其域名分别为 a. rootservers. net、…、m. rootservers. net。13 个根域名服务器中,只有一个设置在美国的主根域名服务器,其他 12 个都是辅助根域名服务器,其中 9 个设置在美国,英国、瑞典和日本各一个。所有的根域名服务器都由设置在美国的 ICANN(互联网名称与数字地址分配机构)统一管理。

需要注意的是:为了方便用户使用,使世界范围内的 DNS 服务器都能够就近找到一个根域名服务器,同一个根域名服务器由多台分别位于不同地理位置(也可能分布在不同国家或地区)的机器组成。截止到 2006 年底,分布在世界各地的根域名服务器和根域名镜像服务器共 123 个。

中国没有根域名服务器,所以对于.com、.net 待顶级域名的访问,原则上会转发到国外的根域名服务器进行解析。但是,从 2003 年开始中国逐渐拥有了多个根域名镜像服务器,为国内用户提供访问这些国际域名的解析服务,提高了国内用户的访问效率。

还需要注意的是:在许多情况下,当 DNS 查询请求到达根域名服务器时,根域名服务器并不直接向终端用户提供查询结果(所访问域名的 IP 地址),而是告诉本地域名服务器应该到哪一个顶级域名服务器去找。

2. 顶级域名服务器

顶级域名服务器(Top Level Domain Server)负责管理在该顶级域名服务器上注册的所有二级域名。截止到 2006 年底,全球拥有 265 个顶级域名(而非域名服务器),共分为以下三类:

(1) 国家顶级域名(nTLD)。如.cn(表示中国)、.us(表示美国)、.uk(表示英国)等。国家顶级域名也称为 ccTLD,其中 cc 表示国家代码(country-code)。在顶级域名中,国家顶级域名所占的份额较多,截止到 2006 年底共有 247 个。

(2) 通用顶级域名(gTLD)。如.com(表示商业组织)、.gov(表示政府机构)、.biz(表示公司和企业)等。截止到 2006 年底共有 18 个。

(3) 基础结构域名(infrastructure domain)。基础结构域名只有一个,即.arpa,称为反向域名,提供反向域名解析,即通过 IP 地址查询对应的域名。

需要说明的是:所有在国家顶级域名下注册的二级域名(子域名)的运营管理权属于该国家,不同的国家可能采取不同的管理方式。例如,日本将其国家顶级域名.jp 下注册的二级域名.ac 用于教育机构,二级域名.co 用于企业组织,而中国则将其国家顶级域名.cn 下注册的二级域名.edu 表示教育机构,二级域名.com 用于企业组织等。

另外,中国将在国家顶级域名.cn 下注册的二级域名分为"类别域名"和"行政区域名"两类,其中类别域名包括.ac(表示科研机构)、.com(表示商业组织)、.edu(表示教育机构)、.gov(表示政府机构)、.mail(表示国防机构)、.net(表示提供互联网服务的机构)和.org(表示非营利组织)共 7 个,行政区域名用于中国的各省、自治区、直辖市,共 34 个,如.js(表示江苏)、.bj(表示北京)等。

3. 权限域名服务器

权限域名服务器(authoritative name server)负责对一个区域的域名进行集中管理的服务器。权限域名服务器的主要功能是对其下注册的域名进行管理,一般不直接向 DNS 客户端提供查询服务器。DNS 客户端的查询服务一般由本地域名服务器负责,只有当本地域名服务器查询不到时再将 DNS 查询请求提交给它的上级域名服务器,即权限域名服务器。当一个权限域名服务器还不能给出最后的查询结果时,便会告诉到哪一个权限域名服务器去继续查询。其中,权限域名服务器既可能是根域名服务器和顶级域名服务器,还可能是二级、三级服务器。

4. 本地域名服务器

本地域名服务器(local name server)位于 DNS 体系中域名服务器的最外层,是最靠近用户,为 DNS 客户端直接提供查询服务器的服务器。例如,当用户在运行 Windows XP 操作系统的本地计算机上设置上网功能时,在"Internet 协议(TCP/IP)"属性的"使用下面的 DNS 服务器地址"中设置的 IP 地址所指的 DNS 服务器即为本地域名服务器。目前,每一个 Internet 服务提供商(ISP)、大学、大中型企业等一般都拥有一个本地域名服务器,为所管辖的区域内的用户端计算机提供 DNS 查询服务器。

7.2.4 DNS 的解析过程

现在假设客户端 Web 浏览器要访问网站 www.sina.com,整个访问过程如图 7-5 所示。具体描述如下:

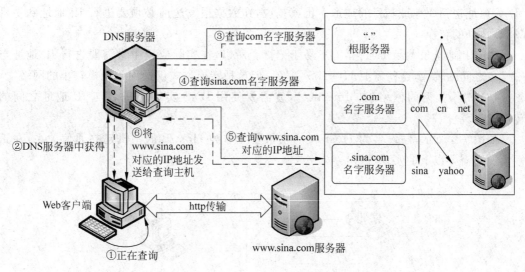

图 7-5 Internet 上对 www.sina.com 的访问过程

① Web 浏览器调用 DNS 客户端程序(该程序称为"解析器"),先在本地的 DNS 缓存中查询是否有 www.sina.com 的记录。如果有该记录(例如,Web 浏览器刚刚访问过 www.sina.com,缓存中的记录系统还没有删除),则直接访问。

② 如果在本地的缓存中没有找到相关的记录,客户端就会根据已设置的 DNS 服务器记录,向 DNS 服务器发出查询请求,图中的"DNS 服务器"负责管理所有将 DNS 地址解析指向自己的 DNS 客户端。如果该 DNS 服务器正好是创建 www.sina.com 记录的服务器,或在特定的时间段内处理过相同的查询,那么它就会从自己的区域记录或缓存中检索到该域名相应的资源记录(Resource Record,RR),并返回给客户端。

③ 否则,DNS 服务器就将查询转发给根域名服务器,由根域名服务器找到 com 名字服务器地址,并发送给 DNS 服务器。

④ DNS 服务器向 com 名字服务器继续发出查询 www.sina.com 地址的请求,com 名字服务器在找到 sina.com 的地址后,将结果发送给 DNS 服务器。

⑤ DNS 服务器向 sina.com 名字服务器发出查询 www.sina.com 的请求,sina.com 名字服务器检索到 www.sina.com 对应的 IP 地址,并将结果发送给 DNS 服务器。

⑥ DNS 服务器将 www.sina.com 对应的资源记录发送给 Web 客户端,Web 客户端利用 IP 地址访问相应的主机。

同时,在以上的递归查询过程中,Web 客户端、DNS 服务器以及各级的名字服务器都会记录这一次查询结果,以便下一次查询时直接调用。

7.2.5 地址转换

至此,已经学习了 IP 地址、HOSTS、DNS、MAC 地址和主机名,在具体的通信过程中,它们之间又存在什么关系呢?

(1) 在 TCP/IP 网络中,IP 地址是主机在网络中的唯一标识。发送端,在网络层中形成的数据报还需要在数据链路层加上 MAC 地址后,以 MAC 帧的形式发送到网络上;其中

MAC 地址包括源地址和目的地址。也就是说,在数据报发送前必须要进行 IP 地址到主机 MAC 地址的转换。

(2) IP 地址虽然易于通信,但不易于记忆。所以,在实际应用中常需要进行 IP 地址与主机名之间的转换,这就需要 HOSTS 文件。但这种转换方式仅适用于规模较小的网络。

(3) 对于大型的网络(如 Internet),就需要使用 DNS 实现主机名与 IP 地址之间的转换。

如图 7-6 所示,假设名为 Host-A 的主机要与名为 Host-B 的主机建立通信关系,在正常情况下需要以下的实现过程:

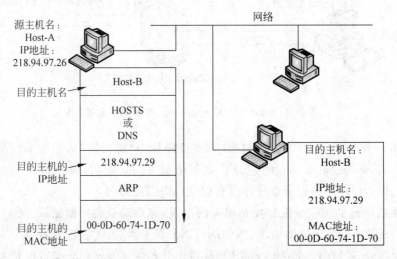

图 7-6 主机名、IP 地址、DNS(或 HOSTS 文件)及 MAC 地址之间的关系

(1) 主机 Host-A 通过 HOSTS 文件或 DNS,找到目的主机 Host-B 的 IP 地址 218.94.97.29。

(2) 通过 ARP 协议,从已知的 IP 地址(218.94.97.29)找到对应的 MAC 地址 00-0D-60-74-1D-70。如果这两个主机通过广域网连接,则通过 ARP 协议找到的是 Host-B 在广域网上的物理地址。

需要说明的是:Host-B 在广域网上的物理地址一般不是自己的 MAC 地址,而是靠近 Host-A 的一个主机(Host-A 的网关)的 MAC 地址。因此,同一个主机在广域网上的物理地址是不唯一的。

(3) 两台主机之间通过 MAC 地址进行通信。

从以上两台主机之间建立通信的过程来看,ARP 协议起到了十分重要的作用。其实,每一台主机中都存在一个 ARP 高速缓存区(ARP cache),里面存放了该主机已经知道的其他主机的 IP 地址和物理地址(如局域网中的 MAC 地址)的映射关系。当一台主机要与其他主机通信时,首先获得其 IP 地址,然后在本机的 ARP 高速缓存区中找到该 IP 地址对应的 MAC 地址,然后再将对方的 MAC 地址写入 MAC 帧中,通过局域网发送到目的主机。

以上介绍的是在 Host-A 中已经有 Host-B 的相关记录的情况。那么,当 Host-A 还没有 Host-B 的相关记录时(如 Host-B 刚刚加入网络),Host-A 如何才能与 Host-B 之间建立通信呢?具体方法如下:

（1）Host-A 在本地网络上广播一个 ARP 请求分组，该分组中包括有 Host-B 的 IP 地址，同时也写入了 Host-A 的 IP 地址和 MAC 地址。

（2）在本地网络上的所有主机上运行的 ARP 进程都收到该 ARP 请求分组。

（3）Host-B 在该 ARP 请求分组中发现了自己的 IP 地址，便向 Host-A 返回一个 ARP 响应分组，并写上自己的 MAC 地址。同时，Host-B 也将 Host-A 的 IP 地址和 MAC 地址的映射写入自己的 ARP 高速缓存区中。

（4）Host-A 在收到 Host-B 的 ARP 响应分组后，就在 ARP 高速缓存区中写入 Host-B 的 IP 地址与 MAC 地址的映射。

另外一个实例是无盘工作站网络，无盘工作站在启动时只知道自己的 MAC 地址，而不知道 IP 地址。不过，在无盘工作站的网卡上都有一个 Boot-ROM 芯片，无盘工作站在每次启动时都会运行该芯片中的程序代码，该程序代码可以从网络中的服务器(无盘工作站服务器)上传、下载所需的操作系统和 TCP/IP 通信软件，但这些通信软件同样不知道 IP 地址。但在 Boot-ROM 芯片中都会有一个反向地址解析协议(RARP)软件，通过 RARP 协议就可以从服务器上获得 IP 地址。

具体过程为：无盘工作站在启动时，会运行网卡上 Boot-ROM 芯片中的 RARP 协议，并向网络中发送一个 RARP 请求分组，在该请求分组中包含有本机的 MAC 地址；网络中的 RARP 服务器在收到该请求分组后，就从映射表中找出 MAC 地址对应的 IP 地址(一般情况下，RARP 服务器事先会将所有无盘工作站的 MAC 地址与对应的 IP 地址写入其映射表中)。然后将 IP 地址写入 RARP 响应分组，并发给无盘工作站。无盘工作站在 RARP 响应分组中获得 IP 地址。

7.3 文件传输协议(FTP)

文件传输协议(File Transfer Protocol,FTP)是一个用于简化 IP 网络上系统之间文件传送的协议，它是 Internet 中最早使用而且当前仍然在广泛使用的网络服务功能之一，具体实现在 RFC 959 和 RFC 1635 文档中进行了描述。

7.3.1 FTP 概述

文件传输服务是由 FTP 应用程序提供的，而 FTP 应用程序遵循 TCP/IP 协议栈中的文件传输协议 FTP，采用 FTP 协议可使用户高效地从 Internet 上的 FTP 服务器下载大信息量的数据文件，以达到资源共享和传递信息的目的。在 Interne 发展早期，FTP 应用所占用的通信量比电子邮件和 DNS 之和还要多，只是到了 20 世纪 90 年代中后期，WWW 的通信量开始超过 FTP，近年来随着视频传送的快速普及，各类 P2P 应用占据了通信量的主要份额。

一个 FTP 站点可以是公用的、私有的或者两者兼有。我们可以为 FTP 账号定义权限，让它可以访问整个 FTP 服务的目录结构，或者只是特定的区域(目录结构中的部分文件夹)。FTP 服务器可以设置为允许任何人连接和传输文件，这种访问方式被称为匿名访问。当用户使用匿名方式登录到 FTP 站点时，系统默认使用"anonymous"作为用户名，用"guest"或某个电子信箱地址作为密码。

采用 FTP 传输文件时，不需要对文件进行复杂的转换，所以 FTP 的工作效率比较高。FTP 屏蔽了不同计算机系统的细节，因而适合于在异构网络中任意计算机之间传送文件。FTP 的另一个特点是当要访问某一个文件时，必须将整个文件复制到本地。如果要远程修改某一个文件，也必须先用 FTP 下载到本地主机，然后再将修改后的内容回传到原节点。

与 FTP 不同的另一个文件共享协议是 NFS(Network File System，网络文件系统)。NFS 最早在 UNIX 操作系统中实现目录(文件夹)和文件的共享，利用 NFS 可使本地计算机共享远程资源，就像这些资源位于本地计算机上一样。NFS 的这种特性称为联机访问(on-line access)，即允许多个程序同时对一个文件进行访问。与数据库系统不同之处是，用户不需要调用一个特殊的客户端进程，而是由操作系统直接提供对远程共享文件的访问服务，就如同对本地文件进行操作一样。这样，当用户调用某一文件时，不需要考虑这个文件具体存放在何处，而是由操作系统中的文件系统提供透明访问。透明访问的特点是：将原来用于处理本地文件的应用程序用来处理远程文件时，不需要对该应用程序进行修改。

7.3.2 FTP 的工作原理

FTP 的基本应用是通过网络将文件从一台计算机复制到另一台计算机。这一过程看起来简单，但实现起来却非常复杂，因为不同的计算机硬件和软件厂商研制出的文件系统的种类很多，而且差异性很大。例如，不同计算机存储数据的格式可能不同，不同文件的目录结构和文件命名规则可能不同，不同操作系统访问相关文件时使用的命令可能不同，不同操作系统的访问控制方式可能不同等。

FTP 使用 TCP 可靠的传输层服务，提供网络环境中文件的传送服务，同时消除或减少不同操作系统下处理文件的不兼容性。

1. FTP 服务的控制连接和数据连接

FTP 采用 C/S 工作模式。由于一台 FTP 服务器需要同时为多个 FTP 客户端提供远程文件下载服务，所以 FTP 进程可以分为一个主服务器进程和若干个从属服务器进程，主服务器进程负责接受 FTP 客户端的连接请求，而从属服务器进程负责与 FTP 客户端的数据传送。

如图 7-7 所示，FTP 服务同时使用了两个 TCP 连接：控制连接和数据连接。每个 TCP 连接对应一个从属服务器进程，从属服务进程也分为两类：控制进程和数据传送进程。这种工作模式类似于广域网的通信方式：除数据通道之外，还提供一个信令通道。

(1) 控制连接。控制连接用于传递 FTP 客户端的命令和服务器端对命令的响应，它使用服务器上 TCP 协议的 21 端口。控制连接在整个会话期间一直保持打开状态，但控制连接并不用于传送文件。

(2) 数据连接。服务器端的控制进程在接收到 FTP 客户端发来的文件传输请求后就创建数据传送进程和数据连接。数据连接用于传输文件和其他数据，例如目录列表等。这种连接在需要数据传输时建立，而一旦数据传输结束就关闭，每次使用的端口不一定相同。而且，数据连接既可能是客户端发起的，也可能是服务器端发起的。

2. FTP 服务数据连接的主动模式和被动模式

FTP 服务数据连接也存在两种模式：主动模式和被动模式。主动(Port)模式是从服务器端向客户端发起连接；被动(Pasv)模式是客户端向服务器端发起连接。

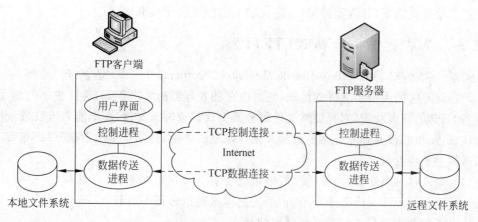

图 7-7　FTP 中的控制连接和数据连接

当 FTP 被设置为主动模式时，它的连接过程如图 7-8(a)所示：首先客户端向服务器的 FTP 端口(默认为 21)发送连接请求，服务器接受连接，建立一条控制连接。当需要传输数据时，客户端在控制连接上用 Port 命令告诉服务器："我打开了××××端口，你来连接我。"于是服务器从 TCP 协议的 20 端口向客户端的××××端口发送连接请求，最后建立一条数据连接来传输数据。

当 FTP 被设置为被动模式时，它的连接过程如图 7-8(b)所示：首先客户端向服务器的 FTP 端口(默认是 21)发送连接请求，服务器接受连接，建立一条控制连接。当需要传输数据时，服务器在控制链路上用 Pasv 命令告诉客户端："我打开了××××端口，你来连接我。"于是客户端向服务器的××××端口发送连接请求，最后建立一条数据连接来传输数据。

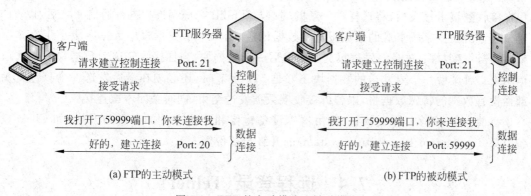

图 7-8　FTP 的主动模式和被动模式

当进行 FTP 连接时，Internet Explore 通常被设置为被动模式，而 FTP 客户端软件（如：FlashFXP、CutFTP 等）一般为主动模式。如果服务器和客户端之间存在防火墙，主动模式经常会引起一些麻烦。例如，客户端位于防火墙之后，通常防火墙允许所有内部(FTP 服务器)向外部的连接通过，但是对于外部向内部发起的连接却存在很多限制。在这种情况下，客户端可以正常地和服务器建立控制连接，而如果使用主动模式的数据连接，一些数据传输命令就很难成功运行，因为防火墙会阻挡从服务器向客户发起的数据传输连接。因此在使用主动模式的FTP数据连接时,防火墙上的配置会比较麻烦。

7.3.3 简单文件传输协议(TFTP)

简单文件传输协议(Trivial File Transfer Protocol,TFTP)是基于UDP的应用。TFTP在设计时是用于小文件的传输,它对内存和处理器的要求很低,速度快。但是TFTP不具备FTP的许多功能,它只能从文件服务器上获得或写入文件,而不能列出目录,也不能进行认证,所以它没有建立连接的过程及错误恢复的功能,适用范围也不像FTP那么广泛。TFTP的主要特点包括:

(1) 除最后一次外,每次传送的数据报文中有512字节的数据(净载荷)。如果某个数据报文的数据长度不足512个字节,说明这是本次通信过程中的最后一个数据块。为此,不足512字节的数据字段正好是文件结束的标志。

(2) 数据报文按序编号,具体编号从1开始。

(3) 支持ASCII码或二进制传送。

(4) 可对文件进行读或写操作。

(5) 使用很简单的头部格式。

TFTP的工作很像"停止等待协议"的工作过程。每当发送完一个文件块后就要等待对方的确认,确认数据报中应标明所确认的数据块的编号。当在规定的时间内得不到确认时,就需要重发数据块。当发送确认数据报的一方在规定时间内收不到下一个数据块时,也要重发确认数据报。通过这种机制,就可以保证文件的传送不会因为某个数据报的丢失而失败。

TFTP的工作过程为:TFTP客户端进程发送一个读操作请求报文(或写操作请求报文)给TFTP服务器进程,TFTP服务器进程使用的UDP熟知端口为69。TFTP服务器进程在接收到请求报文后,将选择一个新的端口与TFTP客户端进程进行通信。之后,以512字节大小的数据字段形成的数据报进行数据传送,当某一个数据报中数据字段小于512字节时,告诉接收端:这是要发送报文中的最后一个数据块,当你接收完这个数据块后本次通信结束;当最后一个要发送的数据块正好是512字节时,还必须在最后发送一个只包含头部而没有数据的特殊数据报,以告诉接收端数据发送结束,同时关闭本次连接。

目前,TFTP多用于交换机、路由器等设备镜像和配置文件的备份与升级,如Cisco设备IOS(Internetwork operating system)的升级与备份等。

7.4 远程登录(Telnet)

远程登录Telnet是一个简单的远程终端通信协议,也是最常用的远程登录软件,同时是一种典型的客户机/服务器模式通信协议,具体在RFC 854文档中进行了描述。用户使用Telnet协议,可以通过TCP连接登录到远程的另一台主机上,然后将本地用户所使用的计算机变成远程主机系统的一个终端。因此,Telnet又称为终端仿真协议。

7.4.1 Telnet概述

具体地说,Telnet提供了以下三种基本服务:

(1) Telnet 定义一个网络虚拟终端(Network Virtual Terminal,NVT)为远程系统提供一个标准接口。客户端程序不需要详细了解远程系统,只需使用标准接口的程序。

(2) Telnet 包括一个允许客户机和服务器选项协商(Option Negotiation)的机制,而且它还提供一组标准选项,使客户机使用更多的终端功能。

(3) Telnet 能够将用户的击键命令传送到远程的主机,同时也能够将远程主机的输出信息通过 TCP 连接显示在本地用户的屏幕上。而且这种服务是透明的,因为对于用户来说,所有的操作都好像直接在本地主机上进行。

为了实现多个操作系统间的 Telnet 交互操作,就必须详细了解不同的计算机硬件和操作系统。例如,在一些操作系统中,每行 ASCII 文本在结束时需要使用回车控制符(CR);另一些系统则可能需要使用 ASCII 换行符(LF);还有一些系统则需要使用两个字符,回车-换行(CR-LF);还有,大多数操作系统为用户提供了一个中断程序运行的快捷键,但这些快捷键在各个系统中有可能不同,有些系统使用 Ctrl+C 组合键,而另一些系统使用 Esc 键。如果不考虑系统间的差异性,那么在本地发出的字符或命令,传送到远程主机并被远程系统解释后很可能会不准确或者出现错误。

7.4.2 Telnet 的工作原理

为了适应不同的硬件和软件环境,Telnet 定义了数据和命令在 Internet 上的传输方式,即网络虚拟终端 NVT,如图 7-9 所示。具体通信方式如下:

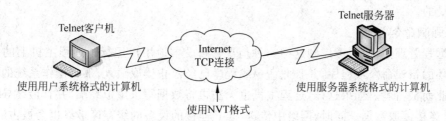

图 7-9 数据和命令在 Internet 上以 NVT 方式传输

(1) 在客户端,客户端软件把来自用户终端的击键和命令序列转换为 NVT 格式,并在 Internet 上以 TCP 连接发送到远程服务器。服务器软件将收到的数据和命令,从 NVT 格式转换为服务器系统需要的格式。

(2) 对于返回的数据,远程服务器将数据从服务器系统格式转换为 NVT 格式并通过 Internet 传送到客户机,而本地客户机将接收到的 NVT 格式数据再转换为本地的格式。

关于 NVT 格式的详细定义,有兴趣的读者可以查阅相关资料。

1. Telnet 控制命令的远程传送方式

为了方便操作,绝大多数操作系统都提供了各种快捷键来实现相应的控制命令。当用户在本地终端上输入这些快捷键时,本地系统将执行相应的控制命令,而不会把这些快捷键作为输入信息来处理。那么对于 Telnet 来说,它是用什么方式实现控制命令的远程传送呢? Telnet 同样使用 NVT 来定义如何从客户机将控制功能命令传送到远程服务器。

ASCII 字符集包括了 95 个可打印字符(如字母、数字、标点符号)和 33 个控制字符。当用户从本地输入普通的可打印字符时,NVT 将按照其原始含义传送;当用户输入表示命令的快捷键(包括组合键)时,NVT将它转化为特殊的ASCII字符在网络上传送,并在其到达远程服务器后转换为相应的控制命令。将正常ASCII字符集与控制命令区分传输主要有两个原因:

(1) 使Telnet具有更大的灵活性。它可在客户机与服务器间传送所有可能的ASCII字符以及实现所有的控制功能。

(2) 这种区分使得客户机可以指定专门的字符用于信令,而不会产生控制功能与打印字符的混乱。

2. Telnet的数据流向

将Telnet设计为应用级软件存在一个缺点:效率不高。这是为什么呢?这是由Telnet中的数据流向的单向性所决定。

在Telnet中,数据信息被用户从本地键盘输入并通过操作系统传到客户机程序,客户机程序将其处理后返回操作系统,并由操作系统经过网络传送到远程主机(Telnet服务器),远程主机的操作系统将接收到的数据传给服务器程序,并经服务器程序再次处理后返回到远程主机操作系统上的虚拟终端入口点。最后,远程操作系统将数据传送到用户正在运行的应用程序。这便是一次完整的输入过程。输出将按照同一通道从服务器传送到客户机。

因为在每次输入和输出操作中,主机都要切换好几次进程环境。在网络中,这个开销是很大的。不过,在Telnet中用户的输入速率并不算太高,所以这个缺点在实际应用中还是能够接受的。

3. 强制命令

在远程管理中,应该考虑到这样一种情况:假设本地用户运行了远程主机上的一个处于死循环的错误命令或程序,并且此命令或程序已经停止读取输入,那么操作系统的缓存区可能因此而被占满。如果这样,远程主机也无法再将数据写入虚拟终端,并且最终导致停止从TCP连接读取数据。同时,网络中传送TCP连接的设备的缓存区最终也会被占满,从而导致网络拥塞。如果发生了以上故障,那么本地用户将失去对远程主机的控制。

为了解决此问题,Telnet协议必须使用带外信令以强制服务器读取一个控制命令。TCP用紧急数据机制实现带外信令传输:Telnet在发送的TCP报文段中附加一个被称为数据标记(data mark)的保留8位组,此8位组称为紧急数据。携带紧急数据的报文段将绕过流量控制直接到达远程主机。作为对紧急信令的响应,远程主机将读取此数据,并找到相应的数据标记。远程主机在遇到数据标记后将返回正常的处理过程。

4. 选项协商

为了适应不同的硬件和操作系统,并使远程登录具有更多的管理功能,Telnet采用了选项协商机制。

Telnet的选项可以扩展其应用范围,同时这些选项的功能大小也存在差异。例如,其中一个选项可以控制Telnet以半双工还是全双工模式工作,另一个选项可以允许远程主机上的服务器决定用户终端类型等。

Telnet选项的协商方式也很灵活,它对于每个选项的处理都是对称的,即任何一方都可以发出协商请求,任何一方都可以接受或拒绝这个请求。另外,如果一方试图协商另一方不了解的选项,接受请求的一方可简单地拒绝协商。这样,就可以保证不同Telnet版本之间的兼容性。

目前，Telnet 的应用较为广泛，几乎所有的防火墙、可网管的交换机、路由器等网络设备和部分操作系统都支持 Telnet，以便于用户的远程管理。

7.5 动态主机配置协议（DHCP）

动态主机配置协议（Dynamic Host Configuration Protocol，DHCP）是将 IP 地址和一些 TCP/IP 配置参数自动分配给网络中的计算机的一项服务和协议。它克服了手动配置 TCP/IP 客户端及维护 IP 地址的局限性。在 RFC 1533/2131/2132/3396/3442 文档中分别对 DHCP 标准进行了详细描述。

7.5.1 DHCP 概述

DHCP 是 Bootstrap Protocol（引导协议，简称为 BOOTP）的扩展。虽然 RARP 能够提供从 MAC 到 IP 的解析服务，但 RARP 只能用于同一个物理网络，如以太网等。为了适应由多个网络互联后不同网络之间地址解析的服务，出现了 BOOTP。但 BOOTP 的主要不足是管理员必须手动为每个客户端在服务器上输入配置信息，主要包括客户端的 MAC 地址与所分配的 IP 地址的对应关系。DHCP 对 BOOTP 进行了改进，在 DHCP 中专门设计了一个地址池（address pool），通过地址池来动态地为客户机分配 IP 地址和 TCP/IP 配置参数（如子网掩码、网关 IP 地址、DNS 服务器的 IP 地址等）。用 DHCP 有以下几点好处：

（1）DHCP 省去了很多维护工作，管理员无须到每台客户机上去配置 TCP/IP 的相关属性，无须维护 IP 地址分配表。

（2）当网络中的 IP 配置需要更改时（例如 IP 地址从 192.168.1.0/24 更换成 10.10.0.0/16 或者 DNS 服务器地址需要更换等），使用 DHCP 只需在 DHCP 服务器上更改相应的设置就可以方便完成网络参数的更改。

（3）DHCP 大大降低了 IP 地址冲突的可能性。

（4）DHCP 可以有效地节约 IP 地址的使用，提高 IP 地址的利用率。

7.5.2 DHCP 的工作原理

一台 DHCP 服务器可以是一台运行 Windows 2003 Server、UNIX 或 Linux 操作系统的计算机，也可以是一台路由器或交换机。DHCP 的工作过程如图 7-10 所示。

（1）DHCP 客户端首次初始化时会使用 UDP 的 68 端口向 DHCP 服务器发送一个请求报文（DHCP DISCOVER），请求获得 IP 地址信息，这个地址信息包括 IP 地址、子网掩码、默认网关、DNS 服务器地址等，请求中同时也包含了客户机自己的 MAC 地址信息。DHCP DISCOVER 以广播形式发送，网段上的所有设备都会收到这个请求。其中，DHCP DISCOVER 请求报文中的目的 IP 地址为全 1，即 255.255.255.255，而

图 7-10　DHCP 的工作过程

源 IP 地址为全 0，即 0.0.0.0。

（2）当 DHCP 服务器接收到请求时，它会使用 UDP 的 67 端口从自己的地址池中选择一个 IP 地址分配给客户机，并且把其他 TCP/IP 配置一起发送过去（DHCP OFFER）。DHCP OFFER 报文以单播形式发送，因为它是针对某个具体主机的消息，DHCP 服务器可以从 DHCP DISCOVER 消息中获得客户机的 MAC 地址。

（3）当客户端接收到服务器所提供的信息时，它又以广播方式发送一个 DHCP REQUEST 消息，指明：我需要得到你的服务。

需要注意的是：为什么还要以广播形式发送 DHCP REQUEST 消息呢？这是因为如果一个网段上存在多个 DHCP 服务器，那么 DHCP 客户端可能会收到多个 DHCP 服务器响应的 DHCP OFFER 消息，DHCP 客户端只会选择最先收到的那个 DHCP OFFER 消息。所以，以广播方式发送 DHCP REQUEST 消息有两个作用：一是通知那个服务器：我已经收到你所提供的 IP 地址，我需要你的服务；二是通知网络上其他 DHCP 服务器：我拒绝你们提供的 IP 地址信息。

（4）DHCP 服务器接收到 DHCP REQUEST 消息后，它会将所提供的 IP 地址和其他设置交给数据库，并且向 DHCP 客户端以单播形式发送一个 DHCP ACK 报文，确认 DHCP 过程已经完成。

经过以上几个步骤，这个 IP 地址就会租给这个客户端一段时间，在租用期（lease period）内，客户端每次登录时都会向服务器发出这个 IP 地址的续定请求（DHCP REQUEST）。如果租用期到了，但是客户端没有续租，这个 IP 地址就会退回到 DHCP 服务器的地址池中等待重新分配。

租用期的长短可在 DHCP 服务器上进行设置，一般在 IP 地址充裕时，租用期可以设置得长一些，当 IP 地址紧缺时，租用期可以设置得短一些。租用期的时间长短在 RFC 1533 文档中进行了规定：租用期用 4 字节的二进制数表示，以秒为单位。因此，DHCP 中可以选择的租用期在 1 秒到 136 年之间。

DHCP 报文格式如图 7-11 所示，表 7-3 对报文的组成字段分别进行了描述。

操作码(8 位)	硬件类型(8 位)	硬件长度(8 位)	跳数(8 位)
事务标识(32 位)			
秒数(16 位)	F	未使用(15 位)	
客户端 IP 地址(32 位)			
新的 IP 地址(32 位)			
服务器 IP 地址(32 位)			
网关 IP 地址(32 位)			
客户端硬件地址(16 字节)			
服务器名称(64 字节)			
引导文件名(128 字节)			
选项			

图 7-11　DHCP 的报文格式

表 7-3　DHCP 报文中各字段的功能说明

名　称	描　述
操作码	表示 DHCP 报文的类型：请求报文为 1，响应报文为 2
硬件类型	表示物理网络的类型。每一种类型的局域网都有一个唯一的类型，如以太网为 1
硬件长度	表示物理地址的长度，以字节为单位，如以太网为 6
跳数	表示分组所能够经过的最大跳数
事务标识	是客户端配置，用于对请求的应答进行匹配。服务器在应答中返回相同的值
秒数	表示从客户端发起请求所经过的最大时间，以秒为单位
标志(F)	该字段占用 1 位，是 DHCP 与 BOOTP 唯一的不同之处。使客户端指明从服务器的强制广播应答。如果应答是以单播方式发给客户端，则该分组的目的 IP 地址为分配给客户端的 IP 地址；如果应答是以广播方式发送，则每一台主机都接收并处理这个广播数据报
客户端 IP 地址	客户端的 IP 地址。如果客户端没有 IP 地址，则该字段的值为 0
新的 IP 地址	是服务器在应答报文中为客户端的请求分配的 IP 地址
服务器 IP 地址	是服务器在应答报文中指明的服务器 IP 地址
网关 IP 地址	是服务器在应答报文中指明的网关 IP 地址
客户端硬件地址	客户端的物理地址
服务器名称	是服务器在应答报文中指明的服务器名称
引导文件名称	所使用的引导文件的名称
选项	用于确认 IP 地址的租用时间等扩展功能

7.5.3　DHCP 中继代理

由于 DHCP DISCOVER 报文以广播方式发送，但广播信息一般只有在同一网段内传送，而无法直接穿过路由器等网络层设备到达其他网段。这样，就需要在每一个网段中分别配置一个 DHCP 服务器。对于一个由多网段组成的规模较大的网络来说，这种现象所带来的浪费和管理上的不便是很明显的。为了解决此问题，DHCP 提供了 DHCP 中继代理 (rely agent)。

如图 7-12 所示，在一个网络中只需要配置一个 DHCP 服务器，向全网络中的所有 DNS 客户端提供 IP 地址及相关配置参数分配服务。在其他网段分别设置一个 DHCP 中继代理，DHCP 中继代理与 DHCP 服务器之间存在相互对应关系。

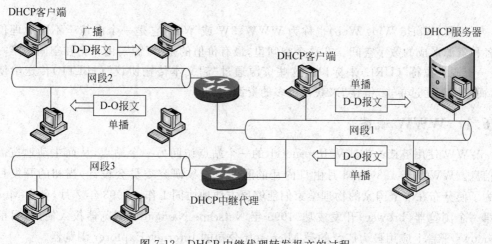

图 7-12　DHCP 中继代理转发报文的过程

DHCP 中继代理在接收到本网段中的 DCHP DISCOVER 报文(图中简写为"D-D 报文")后,将以单播方式将其转发到 DHCP 服务器,并等待 DHCP 服务器的回答。DHCP 中继代理在收到 DHCP 服务器的 DHCP OFFER 报文(图中简写为"D-O 报文"),将其以单播方式传送给 DHCP 客户端。在实际应用中,DHCP 中继代理一般设置在一台路由器或三层交换机(在局域网中几乎都使用三层交换机)上。

DHCP REQUEST 报文的处理方式与 DHCP DISCOVER 报文相同,而 DHCP ACK 报文的处理方式与 DHCP OFFER 报文相同。

另外,细心的读者可能会产生这样的疑问:DHCP OFFER 报文是如何到达 DHCP 客户端的呢?由于 DHCP DISCOVER 报文中用于标识 DHCP 客户端身份的源 IP 地址为 0.0.0.0,当将该地址作为目的地址时,报文是没有办法从 DHCP 服务器到达 DHCP 客户端的,这似乎说明 DHCP OFFER 报文是无法到达 DHCP 客户端的。其实不然,因为 DHCP OFFER 报文在数据链路层要封装在数据帧中传送,数据帧通过物理地址(MAC 地址)进行寻址,而 DHCP DISCOVER 广播报文在封装成数据帧时便携带了 DHCP 客户端的物理地址。

7.5.4 DHCP 地址的分配类型

DHCP 的核心功能是分配 IP 地址,这个 IP 地址对于每个客户机都必须是唯一的。下面定义了两种类型的 IP 地址分配方法:

(1) 静态分配。管理员将某个 IP 地址固定地分配给某个主机,服务器接收到该主机的请求时就将该地址提供给这个主机,并且该地址只能分配给该主机。静态分配一般用于为网络中的服务器或者固定主机分配 IP 地址。

(2) 动态分配。管理员首先在 DHCP 服务器上定义一个 IP 地址池。当服务器收到 DHCP 请求报文时,它从地址池中取出一个 IP 地址分配给客户端(租借)。如果租用期到期,并且客户端没有续租,这个 IP 地址就会退回到 DHCP 服务器的地址池中等待重新分配,它有可能会分配给另外的主机。因此,处于动态 DHCP 分配作用下的主机的 IP 地址不是固定的。

DHCP 还可以帮助客户端指定网关、子网掩码、DNS 服务器、WINS 服务器等相关参数。

7.6 万维网(WWW)

万维网(World Wide Web)也称为 WWW、3W 或 Web,它是一个由位于不同地理位置的各种资源形成的数字空间。在这个空间里,最有价值的是"资源",由一个在空间中唯一的"统一资源定位符"(URL)来标识。这些资源通过"超文本传输协议"(HTTP)传送给使用者,而使用者通过单击"链接"来获得更多的资源。

7.6.1 WWW 概述

WWW 使用链接的方式从 Internet 上的一个站点访问另一个站点,从而主动地按需获取信息。WWW 于 1989 年 3 月由日内瓦的欧洲原子核研究委员会设计,当初的开发目的是为了使分布在多个国家的物理学家们能够更方便地协同工作。1993 年 2 月,名为 Mosaic 的第一个浏览器(browse)开发成功,1995 年 Netscape Navigator 浏览器投入使用,目前在 Windows 平台上应用最为广泛的是 Microsoft 公司的 Internet Explorer 浏览器。

WWW 是一个分布式的超媒体(hypermedia)系统，它不但可以表示仅包含文本信息的超文本(Hypertext)信息，而且还能够表示像图形、图像、声音、动画及视频等信息。

WWW 以浏览器/Web 服务器(Browse/Web Server)方式工作。浏览器就是运行在客户机上的 WWW 客户端程序，客户端需要访问的信息则运行在 Web 服务器上。客户端程序通过 TCP 向 Web 服务器发出请求，Web 服务器向客户端程序返回所需的 WWW 文档，并显示在客户端窗口中，此显示文档称为页面(page)。

在 Internet 中，WWW 通过以下的方式解决以下的几个问题：

(1) 为了标识分布在 Internet 上的各种文档，WWW 使用统一资源定位符(Uniform Resource Locator,URL)，每个 WWW 文档的 URL 在整个 Internet 中具有唯一性。

(2) 使用超文本传输协议(Hypertext Transfer Protocol,HTTP)使 WWW 的客户端程序与 Web 服务器端程序之间进行交互，HTTP 是一个应用层的面向对象的协议，它使用 TCP 连接进行可靠的传送，适用于分布式超媒体信息系统，如图 7-13 所示，Web 客户端与 Web 服务器之间使用一个或多个 TCP 连接进行通信，通常 Web 服务器使用 TCP 的 80 号端口。一个 Web 服务器可以通过超文本链接"指向"另一个 Web 服务器，同时超文本链接也可以指向其他类型的服务器(如 FTP 服务器)，如图 7-14 所示。

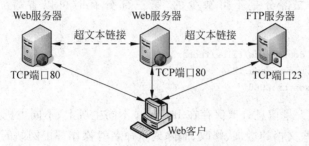

图 7-13　WWW 中的 HTTP 服务

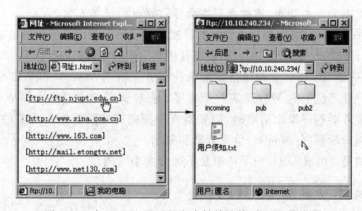

图 7-14　在 Web 上通过超文本链接连接到 FTP 服务器

(3) 为了使数量众多、风格各异的 WWW 文档都能在 Internet 上的不同主机上显示出来，而且能够清楚地告诉使用者在什么地方存在超级链接，WWW 使用超文本标记语言(HyperText Markup Language,HTML)来实现。

(4) 为了使用户能够很方便地找到所需要的信息，在 WWW 上使用了各种功能丰富的搜索工具。

WWW 的出现,使 Internet 逐渐被普通用户接触和接受,Internet 上的网站数量开始呈指数级地增长,Internet 上的资源不断丰富。为此,WWW 的出现和应用是 Internet 发展史上又一个重要的里程碑。本节随后的内容,将重点介绍 WWW 中的一些重要概念。

7.6.2 统一资源定位符(URL)

URL(Uniform Resource Location,统一资源定位符)是 TCP/IP 上用来描述信息资源的字符串,主要用在各种 Web 客户端与 Web 服务器之间的通信。采用 URL 可以用一种统一的格式来描述文件和目录等各种信息资源。URL 的格式由下列三部分组成:

<协议>://<主机>/<端口>/<路径>

第一部分是协议(或称为服务方式),如 http、FTP 等;

第二部分是存放该资源的主机名称(既可以直接使用主机的 IP 地址,也可以使用 DNS 域名)及对应的端口号(系统默认的端口号输入时可以省略);

第三部分是主机资源的具体路径,包括目录和文件名等。

其中,第一部分和第二部分之间用"://"符号隔开,第二部分和第三部分用"/"符号隔开。第一部分和第二部分是不可缺少的,第三部分有时可以省略。以下是几种常用的 URL:

file://ftp.sina.com.cn/pub/files/foobar.tx
gopher://gopher.banzai.edu:1234
http://www.tup.com.cn:8080

由于 WWW 把大量信息分散保存在 Internet 不同主机上,不同主机上的文档都独立运行和管理。对于这些文档的增加、修改、删除或重命名等操作都由网站的网络管理人员独自进行,不存在将任何改动通告给 Internet 上所有其他主机或用户的机制。所以,WWW 上已存在的文档可能会发生变更,这种变更将会导致原有的链接失效。

URL 存在的主要缺点是:当信息资源的存放地点或访问该信息资源的域名发生变化时,必须对 URL 作相应的改变,否则将会出现"链接中断",即经常遇到的"HTTP 404 错误"。

URL 其实就是 Internet 上指向特定资源的指针。由于 WWW 采用 B/S 模式,浏览器就是运行在用户计算机上的 WWW 客户端程序。存放资源的主机称为 WWW 服务器。当客户端程序向服务器程序发出请求时,服务器程序便向客户端返回所需要的 WWW 文档,文档的内容由用户端程序(浏览器)负责解释和显示。

需要说明的是:组成 URL 的字符串是不区分大小写的。

7.6.3 超文本传输协议(HTTP)

超文本传输协议 HTTP 是互联网上应用最为广泛的一种网络协议,最初设计 HTTP 的目的是为了提供一种发布和接收 HTML 页面的方法,目前所有的 WWW 文档都必须遵守这个标准,例如图片、音频文件(MP3 等)、视频文件(rm、avi 等)、压缩包(zip、rar 等)基本上只要是文件数据都可以利用 HTTP 进行传输。

1. HTTP 的工作过程

HTTP 协议是 WWW 客户端进程(浏览器)与 WWW 服务器进程之间通信时所使用的

应用层协议,它建立在 TCP 协议之上,使用的熟悉端口为 80。在 WWW 中,服务器进程通过应用进程与传输层之间的接口不断监听 TCP 的 80 端口,看是否有浏览器向它发送连接建立请求。一旦监听到有连接建立请求,并建立了 TCP 连接后,浏览器开始向服务器发送访问某一个页面的请求,服务器通过响应方式给浏览器返回所请求的页面,最后 TCP 连接被释放。在此过程中,对于浏览器的请求报文和服务器的响应报文,都必须制定一个报文格式,同时确定一个彼此之间的交互规则,这些格式和规则便是 HTTP。

下面,以用户通过浏览器访问页面 http://www.tup.com.cn/sub_press/2/index.htm 来说明 HTTP(具体为 HTTP 1.0)的工作过程:

(1) 用户直接在浏览器中输入要访问页面的 URL,即 http://www.tup.com.cn/sub_press/2/index.htm,或用鼠标单击已打开页面的链接(链接地址为 http://www.tup.com.cn/sub_press/2/index.htm)。

(2) 浏览器向 DNS 请求解析 URL 中主机域名 www.tup.com.cn 对应的 IP 地址。

(3) DNS 系统解析出主机域名的 IP 地址后,返回其中一个对应的 IP 地址(一个域名可能同时对应多个 IP 地址)124.17.26.243。

(4) 浏览器与服务器之间建立 TCP 连接,其中服务器端使用 TCP 熟知端口 80。

(5) 浏览器向服务器发送访问 index.htm 页面文件的请求,具体命令为:GET /sub_press/2/index.htm。

(6) 服务器 www.tup.com.cn 给出响应,把文件 index.htm 发送给浏览器。

(7) 释放 TCP 连接。

(8) 浏览器显示文件 index.htm 的文本信息。

需要说明的是:在第(6)步中,为什么使用服务器 www.tup.com.cn,而不使用服务器 124.17.26.243?这两种表示似乎是相同的,因为 IP 地址 124.17.26.243 对应的域名就是 www.tup.com.cn。但其实质不同,因为由同一 IP 地址所指向的某一服务器上可能同时运行着多个使用不同域名的站点,即在 Internet 中允许同一个 IP 地址指向多个不同的域名(这种现象很普遍),当直接使用 IP 地址时,服务器将不知道返回哪一个域名对应的文件。

虽然 HTTP 使用 TCP 服务,并从 HTTP 1.1 开始支持 TCP 的持久性(系统默认)连接,但 HTTP 本身是一种无状态(stateless)的协议。不同"请求/响应报文对"之间的操作相互独立,不对其连接状态进行维护和管理。在 HTTP 中,所有的请求报文都由 WWW 客户端发起,WWW 服务器对每一个请求报文独立地产生一个响应报文。因此,HTTP 协议实现中不必考虑每次 HTTP 服务之间的相互影响,简化了 HTTP 服务实现的复杂程度,但却缺少对一次完整通信过程中多个 HTTP 通信之间的关联管理,这与 FTP 的工作方式之间形成鲜明的对比。

2. HTTP 1.0

Internet 上一个 WWW 服务器每天都可能要接收到成千上万的 Web 客户端(WWW 客户端)请求。为了提高系统的效率,HTTP 1.0 规定浏览器与服务器只保持短暂的连接,浏览器的每次请求都需要与服务器建立一个 TCP 连接,服务器在完成响应报文的发送后就立即断开 TCP 连接,而且不再跟踪每个客户端,也不记录已经完成的连接信息。这种工作机制在早期几乎以文本组成的页面访问时非常有效,但今天这种由纯文本组成的页面已很少见,大量页面文件中嵌入了许多图片、视频页面的 URL 链接。当浏览器访问这些页面时,浏览器首先要发出针对该页面文件的请求,当浏览器解析 Web 服务器(WWW 服务器)返回的该页面文档中的 HTML 内容时,发现其中的图片、视频等标签后,浏览器将根据标签中指定的 URL 地址再次向 Web 服务器发出下载图片、视频等数据的请求。操作过程如图 7-15 所示。其中,页面文档中包含了两个图片和一个视频文件,与主页面一起总共需要 4 次请求和响应,而且每次请求与响应都需要建立一个独立的 TCP 连接,每次连接只用于传输一个文档,上一次和下一次请求完全分离。由于 TCP 连接的建立需要通过三次握手过程才能完成,所以即使文本页面中嵌入的图片和视频文件都很小,要将整个页面的内容全部下载和显示出来,需要较长的时间。当页面文档中包含 Applet、JavaScript、CSS 等内容时,也都要分别建立各自对应的 TCP 连接。

3. HTTP 1.1

为了克服 HTTP 1.0 协议的不足,HTTP 1.1 协议提供了持续连接(persistent connection)方式。所谓持续连接是指 Web 服务器在发送响应后仍然在一段时间内保持这条连接,使同一个 Web 客户(浏览器)和该服务器可以继续在这条连接上传送后续的 HTTP 请求报文和响应报文,以减小建立和关闭连接的消耗和延时。这样,如图 7-15 所示的原本由 4 个连接才能完成的操作,现在可以由一个连接完成。HTTP 1.1 还允许客户端不用等待上一次请求的响应报文到达,就可以发送下一次请求,但服务器端必须按照接收到的客户端请求的先后顺序依次返回响应报文,以保证客户端能够区分出每次请求的响应内容。HTTP 1.1 协议的客户端与服务器端的信息交换方式如图 7-16 所示。

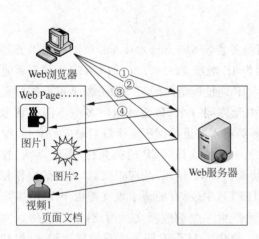

图 7-15 Web 浏览器打开包含了两个图片和一个视频的页面的过程

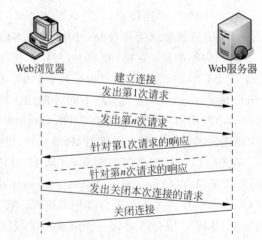

图 7-16 HTTP 1.1 协议的客户端与服务器端的信息交换方式

HTTP 1.1 通过增加更多的请求报文头部和响应报文头部信息来扩展 HTTP 的功能。例如,由于 HTTP 1.0 不支持"主机"(Host)请求头字段,Web 浏览器将无法使用主机头名来明确表示要访问服务器上的哪个页面,这样就无法使用 Web 服务器在同一个 IP 地址和端口号上配置多个虚拟 Web 站点。HTTP 1.1 中增加了"主机"请求头字段后,Web 浏览器可以使用主机头名来明确表示要访问服务器上的哪个页面(即哪个 Web 站点),同时实现了在一台 Web 服务器上可以用同一个 IP 地址和端口号通过使用不同的主机名来创建多个虚拟 Web 站点。

其实，HTTP 1.1 的持续连接功能的实现也是通过扩展请求报文的头部信息来实现的。另外，HTTP 1.1 还提供了与身份认证、状态管理和缓存(Cache)等机制相关的请求报文和响应报文的头部信息。目前所使用的主流浏览器(如 IE 6.0 及以上版本)都支持 HTTP 1.1 协议。

4. 代理服务器

代理服务器(Proxy Server)也称为万维网高速缓存(Web cache)，是互联网应用中一种特殊的服务器，多放置在局域网(Intranet)内部，且与因特网(Internet)连接。

如图 7-17 中的链路①所示，一般情况下，当局域网用户使用浏览器访问 Internet 上站点中的内容时，是直接与要访问站点的 WWW 服务器建立连接，然后由目的 WWW 服务器向用户返回信息。局域网中的每一个用户都是直接向 Internet 中的服务器发送请求报文，同时 Internet 中的服务器也是独立地向局域网中的用户返回响应报文，这样有限的局域网与 Internet 之间的连接带宽很快就会被大量局域网用户的流量用尽，使得延时增大。

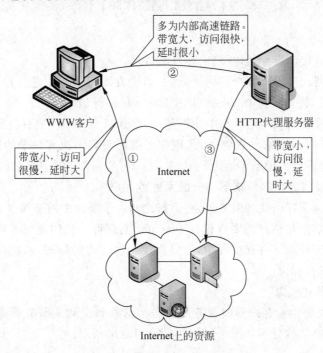

图 7-17 通过 HTTP 代理服务器优化网络访问

代理服务器是介于 WWW 客户端和 WWW 服务器之间的另一台服务器。当使用了代理服务器后，浏览器不是直接与 WWW 服务器之间建立通信连接，而是向代理服务器发出请求，请求报文先送到代理服务器，由代理服务器来进行判断并做出选择：如果代理服务器上有这个请求，便直接向用户返回响应报文，而不需要按 URL 地址访问 Internet 上的资源；如果代理服务器上没有这个请求，代理服务器将按 URL 地址访问 Internet 上的资源，并将响应报文转发给用户，同时将这次请求与响应报文存放在代理服务器的缓存中，以备下次使用。如图 7-17 中的链路②所示，局域网中大量的请求直接从代理服务器处获得，只有代理服务器中没有的少量的请求需要通过链路③得到响应(其中，链路③与链路①是等效的)，这样便提高了局域网用户的访问速率，减小了访问延时。

当客户端同网络代理服务器建立连接后,代理服务器将收到请求命令,这时代理服务器应该截取 URL 中的主机名部分进行域名解析,并同该主机建立连接,同时将去掉主机名部分的请求命令转发给它,等待它做出响应,然后将得到的响应转发给客户端,最后断开连接。其模型如图 7-18 所示。

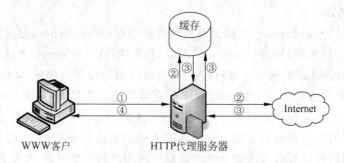

图 7-18　带有缓存数据库的 HTTP 协议代理模型

其中:

① 客户端连接代理服务器,并发出客户端请求。

② 代理服务器在接收到客户端的请求后,首先在本地缓存中进行检索,当本地缓存中无此请求的资源时,将连接到 Internet,通过 Internet 进行访问。

③ 代理服务器要么从本地缓存中获得请求,要么从 Internet 上获得所请求的资源。如果从 Internet 上获得所请求的资源时,代理服务器需要将本次客户端的请求和从 Internet 获得的资源同时保存在代理服务器上。

④ 代理服务器将客户端所请求的资源发送给客户端。

作为 Web 高速缓存的代理服务器,在运行之初由于缓存中尚未保存有关的请求和响应信息,所以大量的客户端请求需要直接从 Internet 上获得。当代理服务器运行了一段时间后,大量常用的访问资源保存在缓存中,可以直接为客户端提供服务,提高了客户端的访问速率,减小了访问的延时。

5. HTTP 的报文结构

HTTP 的报文分为从客户端向服务器发送的请求报文和从服务器向客户端应答的响应报文两种类型,其结构分别如图 7-19(a)和图 7-19(b)所示。

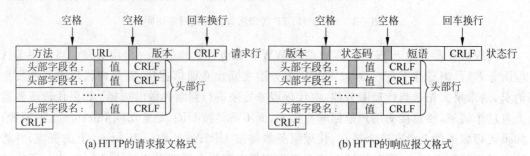

(a) HTTP 的请求报文格式　　　　　　　　(b) HTTP 的响应报文格式

图 7-19　HTTP 的报文格式

HTTP 报文中的每一个字段都由 ASCII 码字符串组成,而且各个字段的长度都不确定。HTTP 报文主要由请求行(或状态行)和头部行两部分组成,其中请求报文为请求行,响应报文为状态行,请求行和状态行不同。请求报文的方法、URL 和版本字段之间用一个空格分开,响应报文的版本、状态码和短语字段之间也用一个空格分开。请求报文和响应报文的头部行的组成完全相同。

1) HTTP 请求报文的特点

其中,"方法"指对请求的对象进行的操作,具体为一些操作命令。表 7-4 中列出了一些常用的操作命令。

表 7-4 HTTP 请求报文的一些操作命令

操作命令（方法）	具体含义	操作命令（方法）	具体含义
Option	请求一些选项的信息	Put	在指明的 URL 下存储一个文档
GET	请求读取由 URL 所标识的信息	Delete	删除指明的 URL 所标识的资源
Head	请求读取由 URL 所标识的信息的头部	Trace	用来进行环路测试的请求报文
Post	给服务器添加信息(如注释)	Connect	用于代理服务器

"CRLF"中的"CR"表示回车,而"LF"表示换行。另外,"URL"和"版本"的内容已在前文进行了说明。下面是 HTTP 请求报文"请求行"的一个例子:

GET http://www.tup.com.cn/sub_press/2/index.htm HTTP/1.1

下面是一个请求报文的例子:

GET /sub_press/2/index.htm HTTP/1.1 (注:该请求行使用了相对 URL)
Host: www.tup.com.cn (注:头部行的开始,本行给出了主机的域名)
Connection: close (注:告诉服务器,在发送完请求的文档后就可释放连接)
User-Agent: Mozilla/4.0 (注:表示用户代理使用 IE 浏览器)
Accept-Language: cn (注:用户希望优先得到中文文档)

在本例中,请求行的开始使用了相对 URL(即省略了主机的域名)是因为紧接着的头部行给出了主机的域名。第三行的"Connection:close"表示客户端告诉服务器不使用持续连接,服务器在传送完客户端所请求的对象后立即关闭 TCP 连接。

2) HTTP 响应报文的特点

WWW 服务器在接收到一个客户端的请求报文后,都要返回一个响应报文。响应报文的第一行为状态行,由 HTTP 的"版本"、"状态码"和解释状态码的"短语"组成。其中,"状态码"由三位数字组成,分为 5 大类共 33 种。例如:

1×× 表示通知信息,如告诉客户端请求收到了,或正在进行处理。
2×× 表示成功,如接受或知道了。
3×× 表示重定向,如要完成请求还需要进行进一步的操作。
4×× 表示客户的差错,如请求中有错误的语法,或不能完成。
5×× 表示服务器的差错,如服务器失效,或无法完成请求。

下面是响应报文中经常见到的几种状态行:

HTTP/1.1 202 Accepted (注:接受)
HTTP/1.1 400 Bad Request (注:错误的请求)
HTTP/1.1 404 Not Found (注:未找到)

以"HTTP/1.1 202 Accepted"为例,其中"HTTP/1.1"为"版本","202"为"状态码",

"Accepted"为简短的"短语"。

在日常应用中,经常会遇到页面跳转现象,即用户不管输入哪一个 URL,都会转移到一个指定的 URL 上,则响应报文的状态行和头部行可以表示成下面的形式:

HTTP/1.1 301 Moved Permanently　（注：永久性地转移）
Location: http://www.jsonline.com/portal/index.html　（指定的 URL）

7.6.4　Cookies

目前,Web 应用已成为网络应用方式的主流,大量应用系统都以 Web 方式向用户提供访问服务。Web 应用的实现基础是应用层协议 HTTP,而 HTTP 本身是一种无状态、无连接的协议,采用 HTTP 无法实现 Web 站点之间的交互。为弥补 HTTP 存在的不足,推出了 Cookies 这一状态管理机制。Cookies 是对 HTTP 功能的扩展,可以实现对 Web 客户端与 Web 服务器端连接状态的管理。

1. Cookies 概述

Cookies 技术最先被 Netscape 公司引入到 Navigator 浏览器中。之后,World Wide Web 协会支持并采纳了 Cookies 标准,微软公司也在其浏览器 Internet Explorer 中使用了 Cookies。现在,绝大多数浏览器都支持 Cookies 或兼容 Cookies 机制的使用。

根据 Netscape 的定义,Cookies 是指在 HTTP 协议下,服务器或脚本可以维护客户端计算机上信息的一种方式。具体来讲,Cookies 是用户在浏览 Web 站点时,由 Web 服务器的 CGI(Common Gateway Interface)、ASP(Active Server Pages)等脚本创建并发送给浏览器的体积很小的纯文本信息,在 Web 浏览器未关闭之前它保存在客户端计算机的内存中(此种 Cookies 称为 session Cookies),当 Web 浏览器关闭后可作为文件保存在客户端的硬盘中(此种 Cookies 称作 persistent Cookies)。当创建了 Cookies 后,只要在其有效期内,当用户再次访问同一个 Web 服务器时浏览器首先要检查本地的 Cookies,并将其原样发送给服务器。这种状态信息称为"persistent client state http cookie",简称为 Cookies。

由于 Cookies 所具有的保存用户访问页面时相关信息的特征,Cookies 在 Internet 中得到了广泛使用。例如,当用户第一次访问某一个基于 Web 的应用系统时,需要输入用户名和密码,而之后的一段时间内再次访问该系统时,则直接进入,避免了再次输入用户名和密码的烦琐操作;再如,许多购物网站采用 Cookies 来跟踪用户的网上行为,当用户登录具体的购物网站时,系统要求用户输入用户名和密码对其身份进行验证,验证通过后,用户可以在不同的页面中选取不同的物品,并将其放入"购物车"中,以便于统一结算。

2. Cookies 文件

存储在硬盘中的 Cookies 文件格式为:用户名@网站地址［数字］.txt,例如 lifujuan@mail.jspi［2］.txt。Cookies 文件的存放位置与操作系统和浏览器相关,这些文件在 Windows 操作系统中称为 Cookies 文件,在 Macintosh 操作系统中称为 Magic Cookies 文件。在 Windows XP 操作系统中,Cookies 文件存放在 C:\Documents and Settings\用户名称(用户登录账号)\Cookies 文件夹下。

3. 由 Web 服务器端生成的 Set-Cookies 格式

服务器生成的 Cookies 称为 Set-Cookies Header,其内容由"名称-值"对(name-value pairs)组成,其基本格式如下:

```
NAME = VALUE;Expires = Date;Path = PATH;Domain = DOMA IN_NAME;Secure
```

其中,不同的项之间用";"分开,在所有的项中,除了第一项 NAME=VALUE 是必选项外,其他部分均为可选项。每一项的说明如下:

(1) NAME=VALUE。该项是每一个 Cookies 都必须有的组成部分。其中,NAME 是该 Cookies 的名称,VALUE 是该名称的值。需要注意的是,在 NAME=VALUE 项中不含分号、逗号和空格等字符。

(2) Expires=DATE。该选项是一个只写变量,它确定了 Cookies 时间的有效期。其书写格式为:星期几,DD-MM-YY HH:MM:SS GMT(其中,GMT 表示格林威治时间)。

需要强调的是:该变量可以省略。如果省略该变量时,则 Cookies 的属性值不会保存在用户的硬盘(称作 persistent Cookies)中,而是保存在内存(称为 session Cookies)中,Cookies 信息将随着浏览器的关闭而自动消失。

(3) Domain=DOMA IN_NAME。Domain 是指该 Cookies 所在的主机名或域名,一般为域名。Domain 确定了哪些 Intranet 或 Internet 域中的 Web 服务器可读取客户端 Web 浏览器中所存取的 Cookies 信息。该选项是可选的,缺省时系统自动设置 Cookies 的属性值为该 Web 服务器的域名。

(4) Path=PATH。Path 定义了 Web 服务器上能够获取 Cookies 的路径,即 Web 服务器上的哪些页面可获取服务器设置并创建的 Cookies。如果 Path 属性的值为"/",则该 Web 服务器上所有的 WWW 资源均可读取该 Cookies。该选项的设置是可选的。如果缺省时,则 Path 的属性值为 Web 服务器传给浏览器的资源的路径名。通过对 Domain 和 Path 这两个变量的有机结合,可有效地控制 Cookies 文件被访问的范围。

(5) Secure。当 Cookies 中存在该变量时,表明只有当浏览器和 Web 服务器之间的通信协议为加密认证协议时浏览器才向服务器提交相应的 Cookies。目前所采用的安全加密协议一般为 SSL/TLS。

在具体操作中,一个 HTTP 响应报文中可以同时发送多个 Set-Cookies 信息。例如,CGI 程序通过调用 GetCookie()函数读取 HTTP 报头中的 Cookies,通过调用 SetCookie()函数对 HTTP 报头中的 Cookies 进行设置。

4. 由 Web 客户端生成的 Cookies 格式

由客户端生成的 Cookies Header 由"NAME=VALUE"对组成,其格式为:

```
NAME1 = VALUE1[;NAME2 = VALUE2]…[;NAMEi = VALUEi]
```

其中,NAMEi 表示第 i 个 Cookies 的名称,VALUEi 表示其值。这里的 NAME 和对应的 VALUE 与 Set-Cookies 中的相同。

Web 客户端可以通过 VBScript、JavaScript 等脚本程序来对 HTTP 报文中的 Cookies 进行读写操作。例如,在 ASP 中,Cookies 是附属于 Response 对象和 Request 对象的数据集合,使用时只需要在前面加入 Response 和 Request 即可。

Cookies 机制对 Web 客户端存放的 Cookies 在数量和文件大小上都进行了限制。其中,每一个 Web 客户端存放的 Cookies 数量不超过 300 个,每一个 Cookies 不超过 4KB,针对每一个域名最多保存 20 个 Cookies。

5. Cookies 的工作原理

Cookies 使用 HTTP 头部(Header)来传递和交换信息。Cookies 机制定义了两种

HTTP 的报文头部：Set-Cookies Header 和 Cookies Header。其中，Set-Cookies Header 存放在 Web 服务器站点的响应头部(Response Header)中，当用户通过 Web 浏览器首次打开 Web 服务器的某一站点时，Web 服务器先根据用户端的信息创建一个 Set-Cookies Header，并添加到 HTTP 响应报文中发送给 Web 客户端；Cookies Header 存放在 Web 客户端的请求头部(Request Header)中，当用户通过 Web 浏览器再次访问 Web 服务器的站点（其实是 Web 页面）时，Web 浏览器根据要访问的 Web 站点的 URL 从客户端的计算机中取回 Cookies，并添加到 HTTP 请求报文中发送给 Web 服务器。Cookies 的工作过程如图 7-20 所示，具体描述如下：

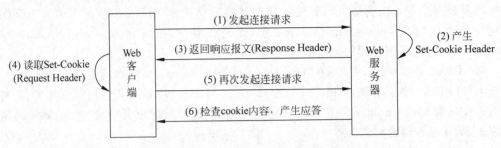

图 7-20 Cookies 的工作过程示意图

（1）Web 客户端通过浏览器向 Web 服务器发起连接请求，通过 HTTP 报文请求行中的 URL 打开某一 Web 页面。

（2）Web 服务器接收到请求后，根据用户端提供的信息产生一个 Set-Cookies Header。

（3）将生成的 Set-Cookies Header 通过 Response Header 存放在 HTTP 报文中回传给 Web 客户端，建立一次会话连接。

（4）Web 客户端收到 HTTP 应答报文后，如果要继续已建立的这次会话，则将 Cookies 的内容从 HTTP 报文中取出，形成一个 Cookies 文本文件存储在客户端计算机的硬盘中或保存在客户端计算机的内存中。

（5）当 Web 客户端再次向 Web 服务器发起连接请求时，Web 浏览器首先根据要访问站点的 URL 在本地计算机上寻找对应的 Cookies 文本文件或在本地计算机的内存中寻找对应的 Cookies 内容。如果找到，则将此 Cookies 内容存放在 HTTP 请求报文中发给 Web 服务器。

（6）Web 服务器接收到包含 Cookies 内容的 HTTP 请求后，检索其 Cookies 中与用户有关的信息，并根据检索结果生成一个客户端所请求的页面应答传递给客户端。

Web 浏览器的每一次页面请求（如打开新页面、刷新已打开的页面等），都会与 Web 服务器之间进行 Cookies 信息的交换。

为了使用户灵活地使用 Cookies，用户通过对浏览器的设置来决定是否使用 Cookies。例如，在 IE 6.0 中，可以选择"工具→Internet 选项"，在打开的对话框中选取"隐私"，就可以设置 Cookies 的使用。

7.6.5 WWW 页面

WWW 页面也称为 Web 网页(web page)，简称为网页，它是 Web 客户端程序(Web 浏览器)主窗口上所显示的 WWW 文档。Web 客户端程序向 Web 服务器程序发出访问请求，Web 服务器端程序在得到响应后便向 Web 客户端程序发回所需要的信息，该信息以网页形式在 Web 客户端程序的主窗口上显示出来。

1. 超文本标记语言(HTML)

计算机中不同格式文档信息的显示必须提供相应的标准语言，超文本标记语言(HyperText Markup Language,HTML)就是一种为 WWW 页面的制作和显示所制定的标准语言。HTML 标准由 W3C(WWW Consortium)负责制定,兼容不同体系结构的计算机,易于掌握和管理。

当通过 Web 浏览器打开主页面时,打开的便是超文本(hypertext)文档。超文本文档中除包含文本信息外,还可以内嵌图片、动画等多媒体对象,同时可以在不同的超文本文档间建立"超级链接"。超文本文档的具体内容和格式由 HTML 语言来描述,Web 客户端程序负责解释这些超文本,最终生成浏览者看到的页面形式。HTML 语言是基于 SGML (Standard Generalized Markup Language,标准通用标记语言)开发的,它通过各种各样的"标签"向 Web 浏览器说明页面外观、文字格式、超级链接目标、图片属性等内容。HTML 无法像 Microsoft Word 那样对行距、页边距、图片大小等文档格式提供"所见即所得"那样的精确控制,所有这些文档格式都是由 Web 浏览器决定的。因此,Web 页面没有特定的外观,当使用不同的 Web 浏览器时可能会看到不同的显示页面。HTML 语言的这种设计思想,可以减少网络中传输的流量,也使得 HTML 具有更好的跨平台适应能力。

HTML 定义了许多用于页面排版的命令,这些命令在 HTML 中称为"标签"(tag)。例如,当 Web 浏览器遇到<title>标签时开始显示文档的标题名称,当遇到</title>标签时文档标题名称的显示结束等。虽然这些标签是每一个 HTML 文档都应该具有的,但是即使没有这些标签,Web 浏览器在解释时也不会显示出错,而是按照默认的方式解释代码内容并显示页面。下面介绍 HTML 文档中几对重要的标签。

(1) HTML 文档标签<html>…</html>。<html>标签表示这是 HTML 文本文档,基本 HTML 页面以<html>标签开始,以</html>标签结束。在它们之间,文档一般还包括"标题"和"正文"两部分内容。

(2) 文档头标签<head>…</head>。这个标签表示文档头的描述,包含一个不在自己页面中出现的页面信息。例如,文档的"标题名称"(title)、一些有关浏览器的定义和说明等。

(3) 文档标题名称标签<title>…</title>。定义页面的标题名称,标签之间的文字在被访问时将出现在浏览器窗口标题的位置。

(4) 文档主体<body>…</body>。用于显示页面的内容。主页面上所显示的东西都包含在这对标签中。在它的起始标签中可以包括一些页面属性,它们在整个页面显示中有效,如:

background：背景图片文件名。

bgcolor：背景颜色。

link：超级链接的颜色,一般浏览器默认为蓝色。

text：设定本页面文档的颜色。

vlink：已经点击过的超级链接的颜色,默认为紫色。

下面是一个简单的 HTML 文档的内容：

```
<html>
    <head>
        <title>这是一个简单的 HTML 页面</title>
    </head>
    <body>
    <body bgcolor = "#ff0000">
    <H1>掌握 HTML 语言是学习网页制作的基础</H1>
    <P> HTML 语言是基于 SGML 语言开发的</P>
    </body>
</html>
```

HTML 文档是标准的 ASCII 文本文档，可以用任何文本编辑器编写 HTML 代码，如 Windows 下的"记事本"、Linux 下的 vi 等，也可以使用 Frontpage、Dreamweaver 等专门的网页制作工具。HTML 文件的后缀为.htm 或.html。图 7-21 所示的是在 IE 中打开该文件后显示的页面。

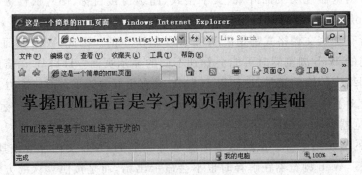

图 7-21　在 IE 中显示的一个 HTML 文档的页面

2. 静态页面与动态页面

根据 Web 服务器端 HTML 文档内容生成方式的不同，将 HTML 文档生成的页面分为静态页面和动态页面两种类型。

所谓静态页面是指生成该页面的 HTML 文档静态地保存在 Web 服务器上，当 Web 客户端访问该文档时，每次打开的页面内容完全相同。静态页面的工作原理如图 7-22（a）所示。静态页面一般具有以下的特点：

（1）在浏览器中，静态页面一般以.htm、.html、.shtml 或.xml 等格式为后缀。

（2）每个静态页面对应着一个保存在 Web 服务器上的独立的 HTML 文档。

（3）静态页面的内容相对稳定，容易被搜索引擎检索。

（4）静态页面不需要后台数据库的支持，编写简单，但维护量大。

（5）静态页面的功能单一，且交互性差。

所谓动态页面是指生成该页面的 HTML 文档是在 Web 浏览器访问 Web 服务器时，由服务器端的应用程序动态产生的。动态页面的工作原理如图 7-22（b）所示。动态页面一般具有以下的特点：

（1）在浏览器中，动态页面一般以.asp、.jsp、.php、.perl 或.cgi 等格式为后缀，并且在

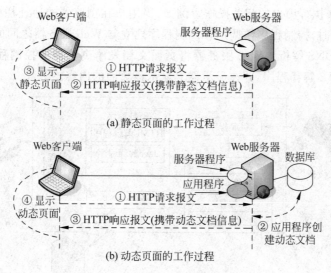

图 7-22 HTML 页面的工作过程

URL 中有一个标志性的符号"?",如 http://part.jspi.cn/xsc/ShowNews.asp?id=335。

(2) 每个动态文档由 Web 服务器动态产生。页面内容存放在 Web 服务器端的数据库中,当 Web 服务器接收到一个 Web 客户端的 HTTP 请求报文时,启用服务器上的一个应用程序。应用程序与后台数据库建立联系,根据 Web 客户端的要求从数据库中获得数据,并动态生成一个 HTML 文档。动态 HTML 文档通过 HTTP 响应报文发送到 Web 客户端。

(3) 动态页面具有交互性,可用于天气预报、股市行情等需要动态获取最新信息的环境中。

(4) 与静态页面相比,动态页面在 Web 服务器上增加了一个应用程序,用来处理 Web 客户端的请求数据,并创建动态文档。

(5) 动态文档的开发不是简单的编写文本文档,而需要编写用于生成动态文档的应用程序,这就要求开发人员需要掌握编程技术,所以动态页面的开发相对要复杂。

需要说明的是:动态页面和静态页面的主要区别在 Web 服务器端,而从 Web 客户端来看这两种页面并没有区别,两者的内容都遵循 HTML 语言所规定的格式,如果仅从浏览器中显示的内容是无法判断页面是动态的还是静态的。例如,在制作静态网页时,可以在 HTML 文档中嵌入.gif 动画文件或 Flash 动画,使页面产生动态效果,但这种视觉上的动态效果并非由动态文档产生的。

7.6.6 WWW 浏览器

浏览器是 B/S 结构中客户端的重要组成部分。如图 7-23 所示,浏览器一般由控制程序、解释程序和客户端程序三部分组成。

1. 控制程序

控制程序负责对解释程序和客户端程序的管理,是浏览器的核心。当用户在浏览器窗口中进行相关操作时,键盘和鼠标产生的输入指令传输给控制程序,经控制程序负责解释后再调用有关组件来执行用户的相关操作。例如,当用户在浏览器的地址栏中输入一个Web站点的URL地址时,控制程序便调用客户端程序建立与Web服务器之间的连接(此过程中一般还需要进行DNS解析),Web服务器将页面文档发给浏览器的控制程序后,再由控制程序转发给HTML解释程序,并在显示器上显示该页面的内容。

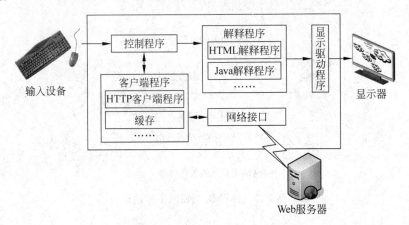

图 7-23 浏览器主要组成示意图

2. 解释程序

控制程序通过客户端程序接收页面文档,页面文档的内容只有经过解释程序(interpreter)处理后才能输出到显示器上供用户浏览。所有的浏览器都必须支持HTML解释程序,有些浏览器还支持Java等解释程序。解释程序的功能是将符合某一语法标准的指令逐条进行解释,转换成适合在特定输出设备上的命令,并显示页面信息。

以HTML解释程序为例,其输入是符合HTML语法的文档,解释程序把HTML语法格式转换为与显示器硬件相匹配的命令后显示页面信息。Web页面最大的特点之一是提供了便捷的链接功能,通过链接可以实现不同Web页面之间的快速浏览。Web页面中的链接可以分为远程链接和本地链接两种类型,远程链接的对象是远程Web服务器上的页面,一般为页面的URL,而本地链接的对象是本地主机上的一个页面或本页面中的某一处。HTML解释程序会对文档中的链接信息以特定方式进行解释,链接信息一般为文字或图片。以文字为例,在设置了链接后,该文字将用特定的颜色显示(一般情况下,Web页面中的文字用黑色显示,而设置了链接信息的文字用蓝色显示),当鼠标移动到链接信息的位置时,形状将发生变化(一般变为小手的形状)。当单击了链接信息时,该链接将被激活,并自动跳转到指定的链接对象。HTML解释程序保存了页面中所有的链接信息。

早期的浏览器只支持HTML解释程序,而现在的主流浏览器还同时支持Java解释程序。Java解释程序是由美国Sun公司开发的在浏览器上执行的一种"小应用程序"(applet),它嵌入在HTML页面内,当该页面被浏览时在浏览器中运行。浏览器中的Java小应用程序必须能够与HTML解释程序和HTTP客户端程序进行通信,所以运行Java解释程序的浏览器必须同时支持HTML解释程序。Java小应用程序在丰富了页面应用功能的同时也带来了页面信息的安全隐患,为此目前大量的浏览器对Java小应用程序的应用进行了一些限制,用户可根据具体需要进行设置。

3. 客户端程序

客户端程序主要负责调用所需要的页面文档,主要包括 HTTP 客户端程序、客户端缓存等,目前一些浏览器还同时支持 FTP 等客户端程序。这里重点介绍客户端缓存的功能,其他客户端程序在本章中都已进行了介绍。

浏览器中设置缓存的主要目的是改善浏览器的性能。当用户第一次访问某一个页面时,返回页面文档的一个副本将保存在本地缓存中,这样当用户再次访问同一个页面时,控制程序将直接从缓存中调入,而不再到远程 Web 服务器上读取,大大提高了访问页面的速度。但在实际使用中,由于在同一个浏览器中打开同一个页面的几率并不是很高,另外同一个动态页面在不同时间打开时可能会显示不同的内容,这样浏览器缓存的功能反而不能发挥优化网络应用的作用。为此,目前主流的浏览器都允许用户对缓存进行必要的设置,例如,用户可设置缓存的空间大小和时间,当达到限制时间后缓存中保存的页面副本文件将被自动删除。

7.6.7 WWW 搜索引擎

对于互联网中的页面,如果知道其 URL,便可以在浏览器地址栏中直接输入该 URL 来访问。但是,在绝大多数情况下用户并不知道要访问信息的页面 URL,需要在海量的信息中查询到所需要的特定信息。WWW 搜索引擎(search engine)则是在互联网上快速、方便地进行信息查询的工具,目前主要的互联网搜索引擎有 google、百度、雅虎、搜狐、网易等。

1. 搜索引擎的概念

搜索引擎是互联网中用于信息查询的一种系统工具,它以特定的策略在页面上进行信息搜索,以发现用户感兴趣的信息,并对搜索到的信息进行处理和组织后,为用户提供信息查询服务。

几乎所有的搜索引擎都提供了一个主页面,当用户在该主页面的指定位置输入要查询的关键词后,搜索引擎将返回一个与输入内容相关的信息列表。这个列表的每一个条目代表一个相关的页面。每个条目一般至少包含以下三个组成部分:

(1) 标题。页面的标题,即搜索引擎在 HTML 页面的<title>…</title>标签中抽取到的内容。

(2) URL。互联网中该页面所对应的唯一的访问地址。

(3) 信息摘要。页面内容的摘要。一般情况下是将该页面内容的最前面部分信息抽取出来作为信息摘要。

用户通过对以上三个组成部分的综合判断,便可以确定要访问的页面。

2. 搜索引擎的原理

搜索引擎是一种复杂的工具软件,主要由搜索器、控制器、索引器、检索器、用户接口和日志分析器 6 部分组成,如图 7-24 所示。

(1) 搜索器。搜索器(Spider)俗称网络"蜘蛛"或网络"爬虫",是一个自动收集页面的系统程序。搜索器通过页面的链接地址来寻找页面。具体方法是:从网站的某一个页面开始,读取页面的内容,找到在页面中的其他链接地址,然后通过这些链接地址寻找下一个页面,这样循环下去,直到把这个网站所有的页面都"抓取"完为止。这个过程可以形象地想象为一个蜘蛛(spider)在蜘蛛网(Web)上爬行(crawl),把所有的路径(链接)都爬一遍。

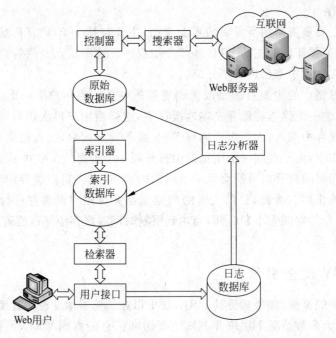

图 7-24 搜索引擎体系结构示意图

在搜索过程中,为什么要选择将"链接"作为条件呢?这里因为链接反映的是页面之间的信任关系,即如果一个页面指向另外一个页面,则表示该页面对被链接页面是信任的。参照科技文献重要性的评估方式,其核心思想是"被引用多的就是重要的",这里的"引用"概念与搜索引擎中的"链接"在功能上是等价的。

沿着页面中的链接,搜索器收集页面的主要方式可以分为广度优先、深度优先和用户提交三种类型。其中,广度优先是一种横向的页面抓取方式,先从页面较浅层开始抓取页面,直至抓取完同层次的所有页面后才进入下一层;深度优先首先跟踪浅层页面中的某一链接,从此链接开始逐步抓取深层页面,直至抓取完最深层的页面后再返回浅层页面,然后再跟踪其另一链接,继续向深层页面抓取,是一种纵向页面抓取方式;用户提交是由网站管理员把网站中页面 URL 按照一定的格式制作成文件,提交给搜索引擎,搜索引擎即可通过该文件对网站中页面进行抓取及更新,或由搜索引擎主动向那些网站派出"蜘蛛"程序,扫描和收集该网站的所有页面。

(2) 控制器。控制器(controller)的作用是将搜索器从互联网中收集到的大量信息可靠地提交给搜索引擎的原始数据库,控制器需要综合解决效率、质量和"礼貌"的问题。其中,效率是指如何尽可能少的占用计算机设备、网络带宽、时间等资源来完成预定的页面搜集任务;质量是指在有限的时间内尽量搜集到用户认为"重要"的页面,例如 Google 的 PageRank(页面排序)中规定,一个网站从首页开始向下,按照链接的深度将页面组织成"上下层"结构,统计时位于上层的页面要比下层的页面重要,即较靠近主页的页面 PageRank 值较高;"礼貌"是指搜索引擎对网站上页面的抓取不能影响网站的正常访问,绝大多数网站都愿意被搜索引擎索引,从而可能得到更多的访问流量,但网站也不希望由于搜索引擎频繁、密集的抓取活动而影响用户的正常访问,使用户感觉到网站访问速度慢而不再光顾。如果不加控制地对网站进行抓取,将会导致网站的 DoS(Denial of Service,拒绝服务)现象。

(3) 索引器。索引器(Indexer)的功能是通过对搜索器得到的原始数据库的分析处理,建立供用户进行查询访问的索引数据库。原始数据库中的信息无法直接提供给用户来索引,必须经过索引器对搜集回来的原始页面进行分析,提取相关页面信息,根据相关度算法进行大量复杂计算,得到每一个页面针对页面内容及链接中每一个关键词的相关度,然后用这些信息建立页面索引数据库,供用户索引使用。

(4) 检索器。检索器(Searcher)的功能是针对用户查询请求在索引数据库中快速检索出文档,并以一定排列顺序在检索页面上呈现给用户来访问。当用户在搜索引擎中对某一个关键词进行检索时,页面上显示结果的先后顺序是非常重要的,一般排在最前面的页面用户会优先访问。因此,一个搜索引擎是否会被用户喜欢使用,很大程度上与检索结果有关,用户总是希望想要(重要)的页面尽可能出现在检索结果页面的前面。由于每个人的喜好和要求不同,搜索引擎也不可能做到尽善尽美,而是采取折中的方案。以 Google 为代表的搜索引擎认为一个重要的页面会被其他页面链接,其他网站认为某个页面具有参考价值时才会链接到该页面。因此,Google 的 PageRank 以页面被指向的链接数量为基础计算页面的权值。当然,PageRank 不只是看一个网站的链接数量,它也分析链接网站的重要性,链接网站的重要性会影响这个链接的权值,还有链接文字在页面中所处的位置和字体特征等都会影响链接的权值。

(5) 用户接口。用户接口(User Interface)的作用是输入用户查询信息,并显示查询结果,需要时提供用户相关性反馈机制。Google 等搜索引擎还提供了可在第三方应用程序中调用的集成 API(Application Program Interface,应用程序接口),以方便用户使用。

(6) 日志。日志(log)记录了系统中重要操作的详细内容,可以使系统管理员随时掌握系统相关环节的信息,如 Web 用户的访问信息。通过对日志信息的整理分析,可以优化系统的内容和设计,使其更加满足用户的要求和习惯。

3. 搜索引擎的分类

根据应用功能的不同,目前使用的搜索引擎主要分为全文检索搜索引擎、分类目录搜索引擎和元搜索引擎三类。

(1) 全文检索搜索引擎。全文检索搜索引擎是利用"蜘蛛"程序在互联网的各网站收集信息,对搜集到的每一个页面 URL 建立一个索引,指明该 URL 在互联网中出现的次数和位置,当用户查询时,检索程序就根据事先建立的索引数据库进行查找,并将查找的结果反馈给用户。Google、百度是目前使用最为广泛的全文检索搜索引擎。

(2) 分类目录搜索引擎。分类目录搜索引擎不需要搜集网站上页面的信息,而是利用各网站向搜索引擎提交的网站信息(主要有网站描述),经过人工审核和编辑后,输入到分类目录数据库中,供用户进行在线查询。分类目录数据库中被收录的是网站首页的 URL,而不是具体的页面。分类目录的好处是用户可以根据网站设计好的目录有针对性地逐级查询所需要的信息,查询时不需要输入关键词,只是按照分类逐级进行,准确性较高,但信息量有限。雅虎、新浪、搜狐、网易是目前典型的分类目录搜索引擎。

(3) 元搜索引擎。元搜索引擎(Meta Search Engine)是一种调用其他独立搜索引擎的引擎。检索时,元搜索引擎根据用户提交的检索请求,调用其他搜索引擎进行搜索,对搜索结果进行汇集、筛选、删除等优化处理后,以统一的格式在同一界面集中显示。元搜索引擎既没有网页搜寻机制,也没有独立的索引数据库,但在搜索速率、对搜索结果的智能化、个性化搜索等方面具有较大的优势。

7.7 电子邮件

电子邮件(E-mail)是互联网中应用最为广泛的一种非实时通信方式。与基于电路交换原理的电话通信方式相比,电子邮件的收发不需要占用固定的电路,也不要求收发邮件双方同时在线。由于电子邮件解决了电话、电报等实时通信方式存在的一些弊端,自从互联网技术产生以来,便成为最受用户欢迎的一种应用。

7.7.1 电子邮件系统概述

电子邮件的功能类似于纸质邮件,都是为了传递用户信息,但两者的工作方式不同。纸质邮件的传递方式主要依赖信封上的收信人地址,邮政部门根据收信人地址逐级进行投递,直到送达收件人为止。而电子邮件的传递只依赖于两个用户端计算机和两个邮件服务器,其中发件人从一台计算机将邮件发送到发送方邮件服务器,发送方邮件服务器利用互联网将邮件传送到接收方邮件服务器,收件人利用一台计算机从接收方邮件服务器上取回自己的邮件,整个过程如图7-25(a)所示。

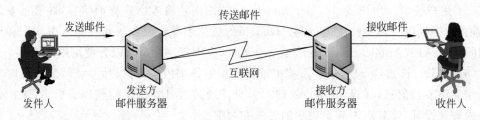

(a) 电子邮件的收发方式

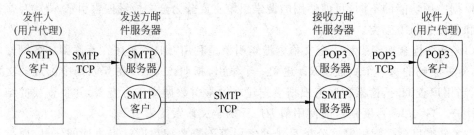

(b) 电子邮件系统的主要组成

图 7-25 电子邮件系统的组成和工作原理示意图

1. 电子邮件系统的组成

电子邮件于1982年问世,并在ARPAnet中得到应用。如图7-25(b)所示,一个电子邮件系统由用户代理、邮件服务器和邮件收发协议三部分组成。

(1) 用户代理。用户代理(User Agent,UA)是用户与电子邮件系统之间的接口,该接口定义了用户(收件人和发件人)计算机与邮件服务器之间以SMTP(Simple Mail Transfer

Protocol,简单邮件传输协议)和 POP3(Post Office Protocol3,邮局协议 3)或 IMAP(Internet Message Access Protocol,因特网报文访问协议)协议通信时的标准,这些协议具体体现在电子邮件客户端软件上,如 Outlook Express、Foxmail 等。

　　SMTP 客户和 POP3 客户分别是发件人和收件人用户代理的重要组成部分,其中 SMTP 客户负责将邮件从发件人计算机发送到发送方邮件服务器,而 POP3 客户负责从接收方邮件服务器上取回自己的邮件。在此过程中,有几点需要注意:一是发件人必须在发送方邮件服务器上拥有合法的电子邮箱(mail box),收件人必须在接收方邮件服务器上拥有合法的电子邮箱,这里的合法是指用户在邮件服务器上所拥有(需要申请)的电子邮箱在该邮件服务器上是唯一的,而且每一台邮件服务器所使用的域名在互联网上也是唯一和注册的;二是当发送方邮件服务器接收到一个需要转发(如果收件人和发件人使用相同的邮件服务器时,不需要进行转发)的邮件时,直接将邮件利用 SMTP 协议传输到接收方邮件服务器,而不需要再经过其他任何邮件服务器;三是发送方邮件服务器在接收到待转发的邮件时,首先将该邮件放在缓存中排队,除特殊要求外(需要对发送方邮件服务器进行特别设置)一般不需要将该邮件保存在发件人的电子邮箱中;四是当邮件到达接收方邮件服务器后,该邮件将保存在收件人的电子邮箱中,收件人可通过 POP3(或 IMAP)协议随时在接收方邮件服务器上收取邮件,所以收件人是否在线与邮件是否发送成功没有直接的关系,这就是邮件系统所具有的非实时通信的优势。

　　(2) 邮件服务器。邮件服务器是负责发送和接收邮件,并向发件人报告邮件传送结果的计算机。为了保证邮件传送的可靠性,用户代理与邮件服务器之间的 SMTP 和 POP3(或 IMAP)全部建立在 TCP 连接之上,同时还提供了对邮件传送结果的报告功能,这里的报告包括已提交、被拒绝、已丢失等结果。互联网中的邮件服务器需要 7×24 小时不间断运行,并提供大容量的存储空间。由于邮件服务器需要同时负责邮件的接收和发送,所以需要同时提供两种不同的协议,一种用于用户代理向邮件服务器发送邮件或在邮件服务器之间传送邮件,主要有 SMTP 协议,另一种用于用户代理从邮件服务器上读取邮件,主要有 POP3 协议和 IMAP 协议。

　　由此可以看出,邮件服务器同时充当了 SMTP 客户和 SMTP 服务器的身份。例如,当一份邮件从邮件服务器 A 传送给邮件服务器 B 时,A 为 SMTP 客户,B 为 SMTP 服务器。与此同时,当有一份邮件从 B 传送给 A 时,B 则成为 SMTP 客户,A 则成为 SMTP 服务器。

　　(3) 邮件收发协议。应用软件功能的实现需要紧紧依赖于相关的应用层协议,传统的电子邮件系统提供了两类应用层协议,即邮件发送协议 SMTP 和邮件接收协议 POP3 或 IMAP。

2. 电子邮件的收发过程

　　下面,以图 7-25 为例,介绍电子邮件的收发过程:

　　(1) 发件人在计算机上打开电子邮件客户端软件(即调用用户代理进程),撰写或编辑要发送的电子邮件。

　　(2) 当发件人点击了"发送邮件"按钮后,邮件的发送工作将交给用户代理。首先,位于发件人计算机上的 SMTP 客户与位于发送方邮件服务器上的 SMTP 服务器建立 TCP 连接,将邮件发送到发送方邮件服务器的缓存中。

　　(3) 发送方邮件服务器调用 SMTP 客户进程,并与接收方邮件服务器上的 SMTP 服务器进程之间建立 TCP 连接,之后从缓存队列中读取邮件,传送给接收方邮件服务器,并保存在收件人的电子邮箱中,等待收件人读取。在此过程中,有几点需要引起重视:一是邮件从发送方邮件服务器与接收方邮件服务器的传送过程中,不会驻留在其他任何一台邮件服务器上,这与路由器之间传送分组的方式不同;二是如果发件人一次有多份邮件要同时发送到发送方邮件服务器,在 SMTP 客户与 SMTP 服务器之间只需要建立一个 TCP 连接;三是如果发送方邮件服务器上的 SMTP 客户暂时无法与接收方邮件服务器上的 SMTP 服务器之间建立连接,那么要发送的邮件便继续保存在发送方邮件服务器的缓存队列中,并在设置的时间内再进行连接尝试,如果尝试失败,发送方邮件服务器便将这一事件告知发件人。

(4) 收件人在计算机上打开邮件客户端软件(即调用用户代理),调用 POP3(或 IMAP) 客户进程,与位于接收方邮件服务器上的 POP3(或 IMAP)服务器进程之间建立 TCP 连接,从位于接收方邮件服务器的自己的电子信箱中读取邮件。

3. 电子邮箱的格式

发给收件人的电子邮件在收件人未读取之前暂时保存在收件人的电子邮箱中,电子邮箱是建立在接收方邮件服务器上的与收件人信息相对应的一个文件夹。一些发送方邮件服务器提供了对已成功或未成功发送的电子邮件的保存功能,即发件人发给发送方邮件服务器的邮件除暂时保存在缓存队列中之外,还将副本保存在发件人的邮箱中。

电子邮件与邮局的信件类似,也包括信封(电子邮件头部,E-mail header)和内容(电子邮件体,E-mail body)两部分。其中,电子邮件头部由发件人电子邮箱地址(From:)、收件人电子邮箱地址(To:)、抄送人电子邮箱地址(Cc:)、邮件发送时间与日期(系统自动添加)和邮件主题(发件人填写)等部分组成;而电子邮件体指实际要发送的内容,早期的电子邮件系统只能发送纯文本的内容,而目前 Internet 中广泛使用的 MIME(Multipurpose Internet Mail Extensions,多用途因特网邮件扩充)的电子邮件系统不但能够发送各种文本信息,而且能够发送图片、视频、声音、动画等多媒体信息。

每个电子邮箱都有一个唯一的邮箱地址,即电子邮件地址(E-mail address)。互联网中电子邮件地址在整个网络中是唯一的,其格式也是固定的。用户的电子邮件地址格式为:

用户名@电子邮件服务器的主机名

其中,"用户名"是邮件使用者自己定义的字符串标识符,它在同一个邮件服务器上是唯一的;"电子邮件服务器的主机名"是互联网中拥有合法 IP 地址的邮件服务器的主机名,多使用主机的域名;符号"@"读作英文"at"。例如,电子邮箱 wqga@yeah.net 表示用户 wqga 在域名为 yeah.net 的电子邮件服务器上创建了一个用户的电子邮箱。

7.7.2 发送电子邮件的协议——SMTP

1982 年推出的 SMTP(具体在 RFC 821 文档中进行了描述)和因特网文本报文格式(具体在 RFC 822 文档中进行了描述)已经成为今天 Internet 上电子邮件系统中的正式标准。由于早期的 SMTP 只能传送可打印的 7 位 ASCII 码的邮件,因此在 1993 年又推出了新的电子邮件标准 MIME。本节重点对 SMTP 进行介绍。

SMTP 是在 TCP/IP 网络环境中传输电子邮件的协议,它运行在 TCP 协议上,使用熟知的 25 号端口。SMTP 之所以称为"简单"邮件传输协议的原因是它使用简单的命令传输邮件。SMTP 规定了 14 条命令和 21 种响应信息，其中命令的关键字大都是由 4 个字母组成，而每一种响应信息一般只有一行内容，由一个三位数字的代码开始，后面附上（也可以不附）简单的说明内容。

SMTP 使用客户机/服务器(C/S)工作模式，发送邮件的 SMTP 进程为 SMTP 客户，接收邮件的 SMTP 进程为 SMTP 服务器。SMTP 规定了在 SMTP 客户与 SMTP 服务器进程之间进行信息交换的具体方式。SMTP 的命令和响应信息都是基于 ASCII 码文本，并以 <CRLF>.<CRLF> 表示结束输入，响应信息包括一个表示返回状态的三位数字代码。

下面通过一个实例进行说明。在本例中，假设邮件从名为 wqga@yeah.net 的发件人电子邮件箱（运行 SMTP 客户进程，具体显示为 C）传送到名为 wjj@tsinghua.edu.cn 的收件人电子信箱（运行 SMTP 服务器进程，具体显示为 S），具体的命令和响应信息如下：

```
S:   （注：等待连接 TCP 的 25 号端口，该端口对应 SMTP 服务）
C:   （注：打开与服务器的连接）
S: 220 tsinghua.edu.cn SMTP Service ready   （注：服务器的 TCP 连接就绪）
C: HELO yeah.net
S: 250 tsinghua.edu.cn says hello
C: MAIL FROM: < wqga@yeah.net >
S: 250 OK
C: RCPT TO: < wjj@tsinghua.edu.cn >
S: 250 OK
C: DATA
S: 354 Start mail input;end with < CRLF > . < CRLF >
C: ... sends body of mail message...
C: ... Dear wjj,...
C: < CRLF > . < CRLF >
S: 250 OK
C: QUIT
S: 221 tsinghua.edu.cn Service closing transmission channel
```

以上所示的是一个简单的 SMTP 交换过程，包括了连接建立、邮件传送和连接释放三个具体过程：首先建立 TCP 连接，SMTP 调用 TCP 协议的 25 号端口监听连接请求，客户端发送 HELO 命令以标识发件人自己的身份，服务器做出响应。然后，客户端发送 MAIL 命令，服务器以 OK 作为响应，表明准备接收。客户端发送 RCPT 命令以标识电子邮件的收件人，可以有多个 RCPT 行，即一份邮件可以同时发送给多个收件人。服务器端则表示是否愿意为收件人接受邮件。协商结束后，客户端用 DATA 命令发送信息，以 <CRLF>.<CRLF> 表示结束输入内容。最后，控制交互的任一端可选择终止会话，为此它发出一个 QUIT 命令，另一端用命令 221 响应，表示同意终止连接，双方将关闭连接。

SMTP 交换过程中服务器端发出的"250 OK"含义是一切都好。与使用其他协议一样，程序只读缩写命令（其中，HELO 为 HELLO 的缩写）和每行开头的三个数字，其余文本是用于帮助用户调试邮件软件。在命令成功时，服务器返回代码 250，如果失败则返回代码 550（命令无法识别）、451（处理时出错）、452（存储空间不够）、421（服务器不可用）等，354 则表示开始信息输入。

7.7.3 接收电子邮件的协议——POP3 和 IMAP

目前，在互联网中使用的邮件读取协议有两个：邮局协议（POP3）和因特网报文访问协议（IMAP），下面分别进行介绍。

1. 邮局协议（POP3）

1984年推出的POP协议（在RFC 918文档中进行了描述）是一个非常简单、功能有限的邮件读取协议，该协议在经过多次修订后于1996年形成POP3协议（在RFC 1939文档中进行了描述），并成为Internet中的正式标准。

与SMTP一样，POP3也使用客户机/服务器（C/S）工作模式，并使用TCP的110端口号。在收件人的计算机上运行POP3客户，而在接收方邮件服务器上运行POP3服务器（当然，在邮件服务器上还必须同时运行SMTP服务器，用于接收从发送方邮件服务器传送过来的邮件）。

当邮件到达收件人的电子邮箱后，收件人可以使用各种邮件接收软件（POP3客户）将接收方服务器上的邮件取回本地计算机并阅读其内容。POP3协议有助于减轻邮件服务器上多个持续连接的负担，POP3客户通过与POP3服务器建立短而快的连接，避免了给POP3服务器添加过多持续连接的负担，在连接期间把邮件从服务器上下载到本地计算机。POP3协议的工作大体可以分为以下三个过程：

（1）授权过程。首先进行初始时，POP3服务器通过侦听TCP的110端口号，等待POP3客户的连接请求。用户需要读取电子邮件时，需要建立与POP3服务器之间的TCP连接。当连接成功建立后，POP3服务器要求输入用户名和密码，对用户身份进行验证，以实现对用户电子邮件读取的授权访问。授权不但方便POP3服务器能够"不受打扰"地工作，同时保护了用户电子邮箱中的邮件。

（2）传输过程。POP3客户和服务器成功连接后，POP3服务器便进入了传输过程。POP3服务器首先启动"无响应自动退出计时器"，如果POP3客户在规定的时限内没有和POP3服务器进行通信，POP3服务器便自动和客户断开TCP连接，等待下一次连接。POP3客户每当成功与POP3服务器通信一次，"无响应自动退出计时器"自动清零。在传输过程中，POP3客户首先得到的是邮件服务器检索到的有关邮件的基本信息（例如邮件的份数），每当成功传输完一份邮件之后，POP3服务器便对该邮件做上一个删除标记。如果整个传输过程没有出现差错，最后将直接进入更新状态。否则，返回出错信息，POP3服务器保留未传输的邮件，等待以后再次读取。

（3）更新状态。当顺利传送邮件之后，或是因为某种原因致使传输过程中断时，POP3服务器都会进入更新状态。在这个过程中，POP3服务器将删除信箱中已做了删除标记的邮件，以节约邮件服务器的存储空间，同时保留那些未能成功传送的电子邮件。

POP3协议的一个特点是只要用户从邮件服务器上读取了邮件，该邮件将从服务器上删除。这种机制虽然有利于节约邮件服务器的存储空间，但在许多情况下是不利于用户使用的。为了解决这一问题，RFC 2449建议标准对POP3进行了功能扩充，让用户通过事先设置使被读取的电子邮件仍然存放在用户的电子邮箱中。

2. 因特网报文访问协议（IMAP）

另一个从用户电子邮箱中读取邮件的协议是因特网报文访问协议IMAP。与POP3相同，IMAP也采用客户机/服务器（C/S）工作模式，其中IMAP客户运行在收件人计算机上，IMAP服务器运行在接收方邮件服务器上，IMAP使用TCP的143端口号。IMAP协议于1986年由美国斯坦福大学开发，目前最新版本为2003年修订的IMAP 4（在RFC 3501文档中进行了描述)。在 IMAP3 及之前版本中,IMAP 的英文全称为 Interactive Mail Access Protocol(交互邮件访问协议),见 RFC1064/1176/1203 文档。

与 POP3 一样,IMAP 也定义了授权过程、传输过程和更新状态三个过程(阶段)。当用户通过基于 IMAP 协议的电子邮件客户端软件(如 Outlook、Foxmail 等)读取邮件时,调用收件人计算机上的 IMAP 客户,与接收方邮件服务器上的 IMAP 服务器进程建立 TCP 连接,进入对用户身份验证过程,需要输入收件人电子邮箱的用户名和密码。当通过身份验证后,服务器就打开用户的电子邮箱,之后进入传输过程。此时,用户在本地计算机上便可以对邮件服务器上的邮件进行操作,与对本地计算机进行操作时相同。首先用户可以看到邮件中的邮件列表信息,如果用户需要打开某个邮件,则该邮件便传送到用户计算机上。与此同时,用户可以根据需要为自己的邮箱创建便于管理的层次结构的邮件目录(子文件夹),并且在不同的邮件目录中移动邮件,用户还可以根据不同的设置条件来查找邮件。在用户未删除邮件之前,邮件一直保存在 IMAP 服务器的邮箱中。最后,进入更新状态,连接将中断,通信过程结束。

与 POP3 相比,IMAP 最大的应用优势是可以将用户的电子邮箱作为暂时或长期存放邮件的网络空间。这样,用户不需要下载所有的邮件,可以根据需要通过客户端直接对服务器上的邮件进行操作。另外,IMAP 可以只显示邮件的主题,而不需要将整个邮件内容都下载下来,当用户需要通过邮件客户端软件阅读邮件时再下载邮件的内容。IMAP 改进了 POP3 存在的不足,它除了支持 POP3 的离线(脱机)操作模式外,还支持在线(联机)和断连操作模式。IMAP 允许多个用户同时连接到一个共享邮箱,并能够感知到其他当前连接到这个共享邮箱的用户所进行的操作。

目前较新版本的 Foxmail、Outlook 邮件客户端软件都支持 IMAP,21CN、腾讯QQ、126、163、yeah 等主流邮件系统都提供 IMAP 服务功能。

7.7.4 多用途因特网邮件扩充(MIME)

在多用途因特网邮件扩充 MIME 出现之前,互联网电子邮件主要遵循 RFC 822 标准,电子邮件一般只用来传送基本的 ASCII 码文本信息。MIME 在 RFC 822 的基础上对电子邮件规范做了大量的扩展,引入了新格式规范和编码方式,在 MIME 的支持下,图像、动画、声音等二进制文件都可以方便地通过电子邮件来传送,极大地丰富了电子邮件的功能。目前,Internet 上使用的电子邮件系统基本都遵循 MIME 规范,HTTP 协议中也使用了 MIME 规范。

1. MIME 概述

随着多媒体技术的发展,电子邮件的内容已不再局限于 ASCII 码文本信息,仅遵循 RFC 822 标准的电子邮件系统的缺陷在应用中逐渐显现出来。为了在邮件中能够传送多媒体内容,推出了 MIME 规范(分别在 RFC 2045~2049 文档中进行了描述)。其中,MIME 并没有排斥或取代 SMTP,而是在继续使用目前 RFC 822 规范的基础上,增加了邮件体(E-mail body)的结构,并定义了传送非 ASCII 码的编码规则。由此可以看出,MIME 并不是一个独立的全新标准,而是对 SMTP 功能的扩展,MIME 邮件可以在现有的 SMTP/POP3(或 IMAP)电子邮件程序和协议下传送。具体来说,MIME 对 SMTP 在以下三方面进行了扩展:

(1) 对照 RFC 822 中的定义,MIME 在电子邮件报文的头部增加了 5 个新字段,这些字段提供了有关邮件体的信息。

- MIME-Version。用于标识 MIME 规范的版本,目前为 1.0。
- Content-Type。说明邮件体的数据类型和子类型。
- Content-Transfer-Encoding。说明在传送时邮件体的编码方式。
- Content-ID。邮件的唯一标识符。
- Content-Description。说明该邮件体的内容,包括图像、声音、动画等。

(2) 通过对一些邮件内容格式进行定义,为多媒体电子邮件的应用提供了标准。

(3) 定义了邮件传送的编码方案。通过具体的编码,可对邮件内容的任何格式进行转换,使其符合 RFC 822 标准,而不影响对现有基于 RFC 822 标准的电子邮件系统的使用,即 RFC 822 标准的电子邮件系统"感知"不到 MIME 的存在。

MIME 的特点主要反映在 MIME 邮件报文头部所定义的 5 个字段中,其中 MIME-Version、Content-ID 和 Content-Description 这三个字段的功能已较清楚,本节重点介绍 Content-Type 和 Content-Transfer-Encoding 字段的功能定义。另外,Content-ID 和 Content-Description 两个字段在使用中是可选的。

2. MIME 内容类型(Content-Type)

MIME 规范的 Content-Type 字段定义了邮件中所包含的各种内容的类型(type)和子类型(subtype),其格式为:

Content-Type: [type] / [subtype]

表 7-5 中列出了 MIME 定义的 7 个基本类型和 15 个子类型(表中内容涉及范围较广,感兴趣的读者可分别查阅相关技术文献资料)。

表 7-5 MIME Content-Type 说明中的类型及字类型说明

内容的类型	子类型	功能说明
Text(文本)	plain	由可打印 ASCII 码组成的无格式的纯文本
	richtext	带有少量格式命令的文本(如粗体字、下划线等)
Image(图像)	gif	gif 格式的静态图像
	jpeg	jpeg 格式的静态图像
Audio(音频)	basic	使用单通道 8 位 ISDN mu-law 编码
Video(视频)	MPEG	符合 ISO 11172 格式的动态 MPEG 视频
Application(应用)	octet-stream	任意的二进制字节流
	postscript	PostCript 可打印文档
Message(报文)	rfc822	RFC 822 标准的邮件报文
	partial	邮件报文的一部分(为适应传输需要,将邮件分成不同的部分)
	external-body	实际邮件报文的指针,而邮件必须从网上获取
Multipart(多部分)	mixed	允许单个报文包含多个相互独立的子报文,每个子报文可以拥有自己的类型和编码
	alternative	允许单个报文包含有同一数据的多种表示。例如,同一文本可以同时用 ASCII 纯文本和格式化的文本发送,允许拥有不同显示功能的计算机用户查看
	parallel	允许单个报文包含有可同时显示的多个部分。例如,在一个报文中可同时包含图像和视频等内容
	digest	允许单个报文包含有一组其他报文

例如，Content-Type：multipart/mixed 可以使用户能够在单个邮件报文中附上文本、图像、声音或额外的数据报，使邮件增加了灵活性。为了确保 Content-Type 值在一个有序的状态下使用，MIME 通过 IANA（the Internet Assigned Numbers Authority，因特网数字分配机构）对其进行集中注册和管理。对于尚未在 IANA 注册的 subtype 值，为了避免在使用中产生混淆，需要在前面加上"x-"，如 Content-Type:application/x-gzip 等。

3. MIME 内容传送编码（Content-Transfer-Encoding）

MIME 通常包含文件附件和图像、视频、声音等其他非 ASCII 数据。由于 RFC 822 标准指定的邮件内容中的所有字符都必须是 ASCII 码字符，所以需要使用一定的编码规则对非 ASCII 数据进行转换，然后内嵌在 RFC 822 标准邮件中进行传送。编码方式存储在邮件头部的 Content-Transfer-Encoding 字段中。Content-Transfer-Encoding 的格式如下所示：

```
Content-Transfer-Encoding: [mechanism]
```

目前，MIME 规范中的内容传送编码主要有 7bit、quoted-printable 和 base64 这三种机制（mechanism），下面分别进行介绍。

(1) 7bit 编码。7bit（位）ASCII 码是一种最简单的编码方案，每行不允许超过 100 个字符，MIME 对由 7bit ASCII 生成的邮件体不进行任何转换。

(2) quoted-printable 编码。欧洲国家的一些文字和 ASCII 码字符集中的部分字符相同，当邮件内容包含这些国家的文字时，所传送的部分内容为 ASCII 码，部分内容为非 ASCII 码。quoted-printable 编码主要应用于这种环境。这种编码的规则为：对于所有可打印的 ASCII 码，除符号"＝"外，都不进行转换。符号"＝"、不可打印的 ASCII 码和非 ASCII 码数据的转换原则为：将每个字节的二进制代码用两个十六进制数表示，然后在前面加上一个"＝"。例如，汉字"邮件"为非 ASCII 码，它转换为二进制编码后为：00110011 00101010 00011100 01011110（共 32 位），其十六进制表示为：332A1C5E。用 quoted-printable 编码规则表示为：＝33＝2A＝1C＝5E（共 12 位），这些字符都是可打印的 ASCII 码。另外，符号"＝"的二进制码为：00111101，用十六进制表示为 3D，所以符号"＝"的 quoted-printable 编码为＝3D。

从以上的转换规则可以看出，两个汉字转换为二进制数后变为 32 位，转换为 quoted-printable 编码后变为 96(12×8)位，是原来 32 位的三倍。这种转换对系统的开销较大。

(3) base64 编码。对于任意的二进制数据可以使用 base64 编码。base64 是一种将任意二进制的 0、1 序列转换为 ASCII 码字符的编码方案，这种编码的规则为：先把二进制序列划分为一个个 24 位等长的段，然后把每一个 24 位段划分为 4 个 6 位组。每一个 6 位组按以下方法转换成 ASCII 码：6 位的二进制数共有 2^6＝64 种不同的值，范围为 0～63。其中，用 0 表示字符 A，用 1 表示字符 B，以此类推，共有 26 个英文大写字母；接下来，再排 26 个英文小写字母，用 26 表示字符 a，用 27 表示字符 b 等；再后面的是从 0～9 共 10 个数字，即用 52 表示数字 0，用 53 表示数字 1，依次往后排；然后，用 62 表示符号"＋"，用 63 表示符号"－"；最后，当最后一个段只有 8 位时，用符号"＝＝"表示，而最后一个段只有 16 位时用符号"＝"表示。另外，所有回车和换行都被忽略，它们可以在任何需要的地方插入。图 7-26 所示的是一个 base64 编码的应用实例。

其中一段(24位二进制数)	00110011	00101010	00011100	
划分为4个6位组	001100	110010	101000	011100
对应的十进制数	12	50	40	28
对应的base64编码	I	u	m	c
用ASCII编码发送	01001001	01111001	01101101	01100011

图 7-26 一个 base64 编码的转换实例

从以上转换规则可以看出，一个 24 位的二进制代码利用 base64 编码转换后将变成 32 位，系统开销为 25%。

编码和解码是一个互逆的过程，前面介绍了 MIME 内容传送时的不同编码方法，在另一端(一般为收件人)使用相同的规则进行解码后，就可以得到转换前的内容。

需要说明的是：在同一份邮件中可能会同时存在多个 Content-Transfer-Encoding 字段，每个字段分别对应邮件不同部分内容的编码方式。

7.7.5 基于 Web 的电子邮件——WebMail

WebMail 是一种把电子邮件和 Web 结合在一起，使用户以 Web 方式读取邮件服务的系统。WebMail 是目前 Internet 上最受欢迎的服务之一，也是很多邮件系统必备的功能之一。大多数电子邮件系统(如 163、263、tom、sohu、yahoo 等)都同时支持 Web 和 SMTP/POP3(或 IMAP)两种访问方式。由于 WebMail 系统操作简单、通用性好，并且在收取邮件时用户的邮件不需要下载到本地计算机上，对于不具备网络专业知识或者没有固定计算机而只能在公共机房上网的用户来说，使用 WebMail 系统比使用传统的 SMTP/POP3 收件更方便、更具保密性。

如图 7-27 所示的是 WebMail 的工作过程。当用户需要发送或接收电子邮件时，不需要在本地计算机上运行专门的电子邮件客户端软件，而是直接使用 Web 浏览器登录到邮件服务器，此过程需要输入用户电子邮箱的用户名和密码，当系统通过用户的身份验证后，就可以在本地 Web 浏览器中撰写、删除、发送或读取电子邮件。与基于 SMTP/POP3 的电子邮件系统相比，WebMail 具有以下明显的特点。

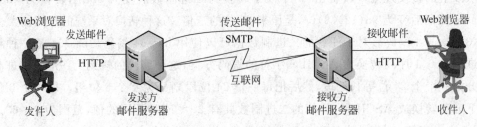

图 7-27 WebMail 的工作过程

（1）用户在接收或发送电子邮件时，不需要在自己的计算机上使用电子邮件客户端软件，只需要运行 Web 浏览器。

（2）发件人向发送方邮件服务器发送邮件时，不再使用 SMTP 协议，而是直接使用 HTTP 协议。同样收件人在从接收方邮件服务器读取邮件时，也不需要使用 POP3(或 IMAP)协议，而是直接使用 HTTP 协议。

(3) 发送方邮件服务器与接收方邮件服务器之间仍然使用 SMTP 协议进行邮件的传送。

(4) 用户可以通过 Web 浏览器修改邮箱的密码,设置自动转发、自动回复等功能。

(5) 用户可以随时了解自己邮箱的空间大小,并及时删除不需要的邮件,防止邮箱爆满。

(6) 用户端的操作界面直观、友好,不需要借助客户端,免除了用户对电子邮件客户软件进行配置时的麻烦。

7.8 简单网络管理协议(SNMP)

SNMP(Simple Network Management Protocol,简单网络管理协议)是目前应用最为广泛的网络管理协议,主要用于对路由器、交换机、防火墙、服务器等主要设备(网元)的管理。

7.8.1 SNMP 概述

网络管理涉及的范围很广,既包括技术因素,也包括非技术因素。仅从技术因素来看,网络管理是一个复杂的工作,它涉及的对象是一个非常复杂的分布式系统。

1. 网络管理的概念

按照国际标准化组织(ISO)的定义,网络管理是指规划、监督、设计和控制网络资源的使用和网络的各种活动,以使网络的性能达到最优。通俗地讲,网络管理就是通过某种方式对网络状态进行调整,使网络能正常、高效地运行,使网络中的各种资源得到更加高效的利用,当网络出现故障时能及时做出报告和处理,并协调、保持网络的高效运行等。通常,对一个网络管理系统还需要定义以下内容:

(1) 系统的功能。即一个网络管理系统应具有哪些功能。

(2) 网络资源的表示。网络管理中有很大一部分是对网络中资源的管理,网络中的资源是指网络中的硬件、软件及所提供的服务等。而一个网络管理系统必须在系统中将网络资源表示出来才能对其进行管理。

(3) 网络管理信息的表示。网络管理系统对网络的管理主要依靠系统中网络管理信息的传递来实现。网络管理信息应如何表示、怎样传递、传送所采用的协议是什么?这都是一个网络管理系统必须考虑的问题。

(4) 系统的结构。即网络管理系统的结构是怎样构建的。

2. 网络管理的一般模型

为了实现网络管理的目标,目前各类网络管理系统普遍采用如图 7-28 所示的标准模型。其中,管理进程(manager)负责发出所有的控制和管理命令,管理进程发出各种命令的依据则依赖于各管理对象(Managed Object,MO)所处的状态,而管理对象则是指网络中的各种物理资源(通信设备和设施)的抽象;管理代理(agent)负责解释管理操作命令,完成管理操作,并向管理系统发送反馈信息(进行响应);管理协议负责传送管理操作命令和响应,并对其格式和编码进行约定。所以,一个网络管理系统从逻辑上可以认为是由以下 4 个部分组成:

(1) 管理进程(Manager)。

(2) 管理协议(Management Protocol)。
(3) 管理代理(Agent)。
(4) 管理信息库(Management Information Base, MIB)。

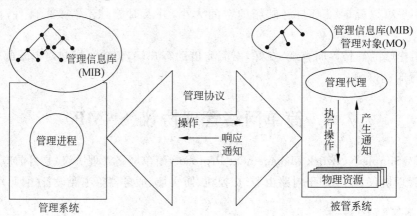

图 7-28 网络管理系统的模型

网络管理的实际操作模式一般类似于如图 7-29 所示的管理方式。在被管理系统(被管系统)中直接管理被管理对象的是代理(agent),如图 7-28 所示。在网络管理中起核心作用的是管理进程(manager),管理进程利用一定的通信手段,通过代理来管理各被管理对象。管理进程与代理进程之间的通信一般采用客户机/服务器方式,客户机(管理进程)发出请求,服务器(代理进程)作出应答。

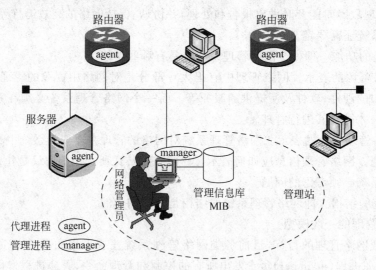

图 7-29 通过管理进程和代理进程进行网络管理

另外,我们可以使用统一的方法在一个异构网络中管理多个厂商生产的网络硬件和软件资源,将这种管理方法称为综合网络管理(Integrated Network Management, INM)。

3. SNMP

SNMP 标准于 1988 年推出,其基本功能包括监视网络性能、检测分析网络差错和对网络设备进行远程配置等。经过 20 多年的发展,SNMP 在不断修订和完善,目前最新版本为

SNMPv3。SNMP虽然追求"简单",但其协议非常庞大,RFC 3411~3418 文档中分别进行了描述。

SNMP 的工作方式如图 7-30 所示。网络管理员需要从设备中获取数据,此过程一般有两种方式:一是管理员向设备发出读数据的指令;二是被管理设备定期向管理员(其实是管理机)发回需要的数据。但对于管理员或管理主机来说,都要进行一个读的操作。所以,SNMP 需要提供读操作的功能。管理员在对设备进行配置时,需要由 SNMP 提供写操作,这样才能够完成对设备的远程管理。在设备运行过程中,出于安全考虑管理员经常需要设置一些策略,例如可设置当交换机的某一端口的流量达到某一阈值时,交换机会自动关闭(shutdown)该端口,以保护交换机的正常运行。为了让管理员及时了解交换机的工作状态,在交换机自动关闭某一端口的同时,还需要将这一事件信息发送给管理机。所以,当设备在某一时刻发生状态的改变时,需要由 SNMP 提供 trap 操作。

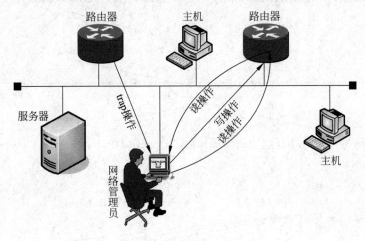

图 7-30　SNMP 的工作方式

由此可以看出,SNMP 是网络管理中实现各类操作的一种通用协议,其功能是保证各类操作的正常进行。SNMP 的基本思想是:为不同厂商的不同类型及不同型号的设备定义一个统一的接口和协议,使得管理员可以使用统一的方式对这些设备进行集中管理,在大大提高网络管理效率的同时,简化网络管理员的工作。SNMP 的目的是:使网络管理变得简单,同时 SNMP 本身也要简单。

SNMP 运行在 TCP/IP 网络上,使用面向非连接的 UDP 数据报进行数据的传输。SNMP 系统由 SMI(Structure of Management Information,管理信息结构)、MIB(Management Information Base,管理信息库)和协议(SNMP)共三部分组成。

7.8.2　管理信息库(MIB)

管理信息库(MIB)是网络管理协议访问的管理对象数据库,它包括 SNMP 可以通过网络设备上的代理进行设置的变量。管理信息库指明了网络元素所维持的变量,即能够被管理进程查询和设置的信息,它还给出了一个网络中所有可能的被管理对象的集合的数据结构。如图 7-31 所示,SNMP 的管理信息库采用和域名系统(DNS)相似的树型结构,它的根在最上面,根没有名字。在这个树型结构里,SNMP 协议消息通过遍历 MIB 树型目录中的节点(Object Identifier,OID)来访问网络中的设备。MIB 树的每个节点被指定为一个数字(非负数),同一层的节点用不同的数字区分。这些节点数字由标准组织指定。MIB 树中的任何一个节点由其所处的位置来命名,同一层的节点数字都不相同,这样到达某个节点的路由可以由从树根到此节点所经过的节点的数字串来表示。这个数字串称为对应于 MIB 对象的对象标识符(OID)。例如,ODI,1.3.6.1.2.1.1 代表的对象是从命名为"1"的顶级节点开始,后续的下级节点"3",再下一级是"6",以此类推。

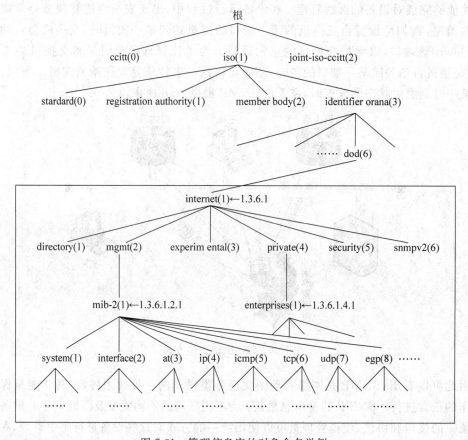

图 7-31　管理信息库的对象命名举例

如图 7-31 所示,该对象命名树的顶级对象有三个,即 ISO、CCITT 和这两个组织的联合体。在 ISO 的下面有 4 个节点,其中的一个(标号 3)是被标识的组织。在其下面有一个美国国防部(Department of Defense)的子树(标号是 6),再下面就是 Internet(标号是 1)。在只讨论 Internet 中的对象时,可只画出 Internet 以下的子树(图中方框中的部分),并在 Internet 节点旁边标注上{1.3.6.1}即可。

在 Internet 节点下面的第二个节点是 mgmt(管理),标号是 2。再下面是管理信息库,原先的节点名是 mib。1991 年定义了新的版本 MIB-Ⅱ,故节点名现改为 mib-2,其标识为{1.3.6.1.2.1}或{Internet(1).2.1}。这种标识称为对象标识符。

最初的节点 mib 将其所管理的信息分为 8 个类别,如表 7-6 所示。现在的 mib-2 所包含的信息类别已超过 40 个。

表 7-6 最初的节点 mib 管理的信息类别

类别	标号	所包含的信息
system	(1)	主机或路由器的操作系统
interfaces	(2)	各种网络接口及它们的测定通信量
address translation	(3)	地址转换(例如 ARP 映射)
ip	(4)	Internet 软件(IP 分组统计)
icmp	(5)	ICMP 软件(已收到 ICMP 消息的统计)
tcp	(6)	TCP 软件(算法、参数和统计)
udp	(7)	UDP 软件(UDP 通信量统计)
egp	(8)	EGP 软件(外部网关协议通信量统计)

应当指出，MIB 的定义与具体的网络管理协议无关，这对于设备制造商和用户来说都是有利的。设备制造商可以在产品(如路由器、交换机等)中包含 SNMP 代理软件，并保证在定义新的 MIB 项目后该软件仍遵守标准。用户可以使用同一网络管理软件来管理具有不同版本的 MIB 的多个设备。

这里要提一下 MIB 中的对象{1.3.6.1.4.1}，即 enterprises(企业)，其所属节点数已超过 3000。例如 IBM 为{1.3.6.1.4.1.2}，Cisco 为{1.3.6.1.4.1.9}，Novell 为{1.3.6.1.4.1.23}等。世界上任何一个公司、学校只要用电子邮件发往 iana-mib@isi.edu 进行申请即可获得一个节点名。这样各设备制造商就可以定义自己的产品的被管理对象名，使它能用 SNMP 进行管理。

7.8.3 管理信息结构(SMI)

管理信息结构(Structure of Management Information, SMI)用于定义存储在 MIB 中的管理信息的语法和语义，对 MIB 进行定义和构造。SMI 确定了可用于 MIB 中的数据类型并说明对象在 MIB 内部的表示和命名。SMI 的宗旨是保持 MIB 的简单性和可扩展性，从而简化管理，加强互操作性，满足协同操作的要求。

SNMP 网络管理的基础是含有被管理信息的数据库，如交换机、路由器、防火墙、服务器等，它们各自维护着一个含有自身运行状态的树型结构(如图 7-31 所示)，其中每一个叶子节点代表一个信息、变量或配置，设备对这棵树中的变量(叶子节点)进行赋值，以反映自己的状态。管理站读取相应的变量以获取网络节点设备的状态信息，管理站也可以通过修改某些值从而实现简单的控制功能。

如图 7-32 给出了 MIB 的信息组结构。从 mib-2(1)节点往下展开，下层的中间节点代表的子树是与每个网络资源或网络协议相关的信息集合，例如有关 IP 协议的管理信息都放置在 ip(4)子树中，这样沿着树层次访问相关信息就很方便。

为了规范不同厂商在其设备上的 MIB，使不同厂商在写 MIB 时遵循统一的标准，避免不同厂商的设备在 SNMP 管理中可能出现的麻烦，就需要一种机制来规范 MIB 的定义，这就是 SMI。SMI 是 ASN.1 的一个子集，约定了使用到的语法、类型、宏、数据格式等。有关 SMI 的定义可参考 RFC 1155 和 RFC 1212 文档。

由于 SNMP 系统的设计目标之一是简化网络管理，所以 SMI 也对 ASN.1 进行了限制和简化，只用到其中很小的部分。因此，MIB 只能存储标量和标量的二维数据等简单的数据类型。SMI 不支持复杂数据结构的创建和检索。

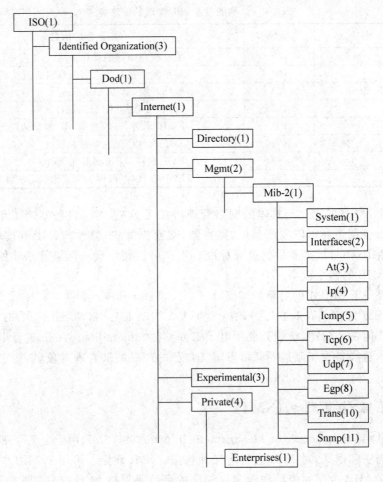

图 7-32 MIB-Ⅱ 的结构

7.8.4 简单网络管理协议(SNMP)

SNMP 为应用层协议,是 TCP/IP 协议族的一部分。它通过用户数据报协议(UDP)来操作。在独立的管理站(即网络管理系统,NMS)中,管理站进程对位于管理工作站中的 MIB 访问进行控制,并提供网络管理接口。管理站进程通过 SNMP 完成网络管理。SNMP 在 UDP、IP 及有关的特殊网络协议(如 Ethernet、FDDI、X.25)之上实现。每个代理也必须实现 SNMP、UDP 和 IP,另外应有一个解释 SNMP 的消息和控制代理 MIB 的代理进程。

SNMP 的协议环境如图 7-33 所示,首先从管理站发出三类与管理应用有关的 SNMP 的消息 GetRequest、GetNextRequest、SetRequest。三类消息都由代理用 GetResponse 消息应答,该消息被上交给管理应用进程。另外,代理可以发出 Trap 消息,向管理站报告有关 MIB 及管理资源的事件。

在 SNMP 系统中 SNMP 协议属于 MIB 和 SMI 的下层,管理站从设备 MIB 中读取的数据要被 SNMP 协议封装,然后再封装为 UDP 数据报,最后再封装在 IP 分组中进行传输。由此可以看出两点:一是 SNMP 协议的功能是完成管理站与设备(其实是代理)之间数据

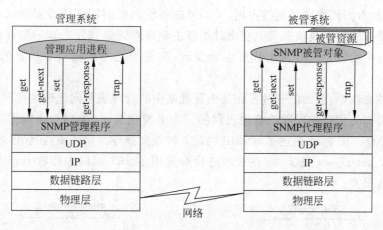

图 7-33 SNMP 的协议环境

的有效传送;二是在 TCP/IP 的传输层中 SNMP 数据被封装成为面向非连接的 UDP 数据报,而 UDP 协议是不可靠的。那么,在 SNMP 系统中为什么要使用 UDP 而没有使用 TCP,这主要是考虑到 TCP 对系统的开销较大,不利于网络管理环境的要求。虽然 UDP 数据报的传输不可靠,但 UDP 非常高效,在网络繁忙时照样能够正常工作。当然,UDP 数据报也存在一些不足,如事件报警(trap)有可能无法按时发送到管理进程等。这些不足在此不再详述,有兴趣的读者可参看相关的技术文档。

7.8.5 SNMP 的工作机制

管理进程和管理代理之间以及管理代理与本地 MIB 之间,都是通过 SNMP 协议进行通信的。SNMP 的操作很简单,仅仅是对变量的修改和检查,共定义了以下 5 类管理操作:

(1) GetRequest。读对象操作,使管理进程向代理发起读的操作读取管理对象的值,以获取设备或网络的运行数据以及配置信息等。

(2) GetNextRequest。读取当前对象的下一个可读取的对象实例值。因为 SNMP 不支持一次读取一张表或表中的一行数据,为了解决这一问题便提供了 GetNextRequest 操作:首先对对象标识(OID)进行 GetNextRequest 操作,将收到下一个可读取对象的实例标识,接着对这个实例标识执行 GetNextRequest,会得到再下一个实例标识,这样不断执行下去就可以读取完整的一张表。

(3) SetRequest。管理进程更新代理中对象的值。在网络管理中,当需要对设备的一些参数、配置、状态等进行重新配置时,就需要用到 SetRequest 操作。SetRequest 可以对 MIB 中权限为只写(write-only)和可读写(read-write)的对象进行操作。这样管理进程就可以使用 SetRequest 操作改变设备的配置。

(4) GetResponse。代理进程对 GetRequest/GetNextRequest/SetRequest 这三种操作的应答。

(5) Trap。代理进程向管理进程发送事件值。SNMP 中的 GetRequest/GetNextRequest/SetRequest 都由管理进程主动发起,由于网络中设备的数量较多,当管理进程轮询一次时需要一段时间,如果某一设备的数据或状态在一次轮询到来前已经发生了变化,但由于轮询时间间隔是固定的,所以导致管理进程无法及时掌握到这一事件信息,使事件失去了实效性。另一方面,考虑到网络带宽的占用,又不可能将轮询的时间间隔设置得太小。所以,就需要一种当设备的数据或状态发生变化时能够主动向管理进程发送这一事件信息的机制,trap 实现了这一功能。trap 是由代理主动发起,向管理进程通报设备信息的重要改变的操作。

在这 5 种操作中,前面的三种操作是由管理站中的管理进程向代理中代理进程发出的,后面的两个操作是代理进程发给管理进程的。为了简化起见,前面三个操作称为 get、get-next 和 set 操作。图 7-34 描述了 SNMP 的这 5 种报文操作。请注意,在代理进程端使用了 161 端口接收 get 或 set 报文,而在管理进程端使用了 162 端口来接收 trap 报文。另外,trap 没有响应报文。

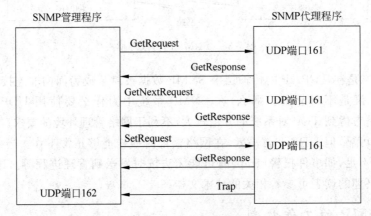

图 7-34　SNMP 的 5 种报文操作方式

7.8.6　SNMP 的报文格式

SNMP 定义了 5 种协议数据单元 PDU(也就是 SNMP 报文),用于管理进程和代理进程之间的信息交换。图 7-35 是封装成 UDP 数据报的 5 种操作的 SNMP 报文格式。可见一个 SNMP 报文共有三个部分组成:公共 SNMP 首部、get/set 首部和变量绑定。

1. 公共 SNMP 首部

公共 SNMP 首部共占用三个字段:

(1) 版本。标识 SNMP 的版本号,具体写入时为 SNMP 版本号减 1,例如 SNMPv1 则应写入 0。

(2) 共同体(community)。共同体就是一个字符串,作为管理进程和代理进程之间的明文口令,目前许多系统缺省的共同体名为"public"。SNMP 用共同体来定义一个代理(agent)和一组管理进程(manager)之间的认证、访问控制和代理的关系。共同体是一个在被管理设备中定义的本地概念。被管理设备为每组可选的认证、访问控制和代理特性建立一个共同体。每个共同体被赋予一个在被管理设备内部唯一的共同体名,该共同体名要提供给 SNMP 系统内的所有管理进程,以便它们在 get 和 set 操作中应用。概括地讲:共同体的功能类似于管理进程与代理进程之间建立通信连接时的身份认证口令,而且该口令以明文方式传送。

(3) PDU 类型。根据 PDU 的类型,填入 0~4 中的一个数字,其对应关系如表 7-7 所示。

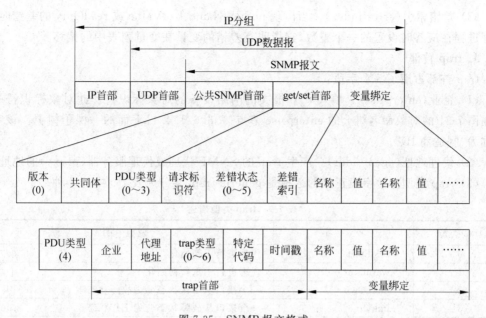

图 7-35 SNMP 报文格式

表 7-7 PDU 类型

PDU 类型	名　称	PDU 类型	名　称
0	get-request	3	set-request
1	get-next-request	4	trap
2	get-response		

2. get/set 首部

get/set 首部共占用三个字段：

（1）请求标识符（request ID）。这是由管理进程设置的一个整数值。代理进程在发送 get-response 报文时也要返回此请求标识符。管理进程可同时向许多代理发出 get 报文，这些报文都使用 UDP 传送，先发送的有可能后到达。设置了请求标识符可使管理进程能够识别返回的响应报文对应于哪一个请求报文。

（2）差错状态（error status）。由代理进程应答时填入 0～5 中的一个数字，具体描述如表 7-8 所示。

表 7-8 差错状态描述

差错状态	名　字	说　明
0	NoError	一切正常
1	TooBig	代理无法将应答装入到一个 SNMP 报文之中
2	noSuchName	操作指明了一个不存在的变量
3	BadValue	一个 set 操作指明了一个无效值或无效语法
4	ReadOnly	管理进程试图修改一个只读变量
5	GenErr	某些其他的差错

(3) 差错索引(error index)。当出现 noSuchName、badValue 或 readOnly 的差错时,由代理进程在应答时设置的一个整数,它指明有差错的变量在变量列表中的偏移。

3. trap 首部

trap 首部占用了 5 个字段：

(1) 企业(enterprise)。填入 trap 报文的网络设备的对象标识符。此对象标识符一定是在图 7-31 的对象命名树上的 enterprise 节点{1.3.6.1.4.1}下面的一棵子树上。该字段也称为"制造商 ID"。

(2) 代理地址(agent-addr)。产生 trap 的 SNMP 代理或代理服务器(proxy)的地址。

(3) trap 类型。该字段正式的名称是 generic-trap,共分为表 7-9 中的 7 种。

表 7-9 trap 类型描述

trap 类型	名字	说明
0	coldStart	代理进行了初始化
1	warmStart	代理进行了重新初始化
2	linkDown	一个接口从工作状态变为故障状态
3	linkUp	一个接口从故障状态变为工作状态
4	authenticationFailure	从 SNMP 管理进程接收到具有一个无效共同体的报文
5	egpNeighborLoss	一个 EGP 相邻路由器变为故障状态
6	enterpriseSpecific	代理自定义的事件,需要用后面的"特定代码"来指明

当使用上述类型 2、3、5 时,在报文后面变量部分的第一个变量应标识响应的接口。

(4) 特定代码(specific-code)。指明代理自定义的时间(如果 trap 类型为 6),否则为 0。

(5) 时间戳(timestamp)。指明从代理进程初始化到 trap 报告的事件发生所经历的时间,单位为 10ms。例如时间戳为 100 表明在代理初始化后 100ms 发生了该事件。

4. 变量绑定(variable-bindings)

指明一个或多个变量的名称和对应的值。在 get 或 get-next 报文中,变量的值被忽略。

习　　题

7-1　分别以 C/S、B/S 和 P2P 模式为例,分析分布式环境中进程之间的通信方式和特点。

7-2　名称解释：系统调用、应用编程接口和套接字描述符。

7-3　以服务器为例,分析系统调用的实现过程。

7-4　以图 7-4 为例,结合 Internet 中的具体应用,描述 DNS 的组成。

7-5　以图 7-5 为例,结合 Internet 中的具体应用,描述 DNS 的解析过程。并分析 DNS 解析中可能存在的安全隐患及相应的解决方法。

7-6　结合本章前文介绍的主服务器进程与从属服务器进程之间的关系,分析 FTP 服务器同时为若干个 FTP 客户端提供远程文件下载服务的实现过程。

7-7　在 FTP 中,控制连接和数据连接在功能和使用方式上有何不同?

7-8　名词解释：WWW、URL、超文本、超媒体、链接、HTTP、页面。

7-9　联系实际应用,试分析 HTTP 1.0 和 HTTP 1.1 协议的不同。

7-10 什么是 Cookies？简述 Cookies 与 HTTP 协议之间的关系，如何设置 IE 实现对浏览器 Cookies 的管理？

7-11 HTML 语言有何特点？自己编写一个简单的静态页面文件，并通过浏览器测试其显示效果。

7-12 简述浏览器的主要组成及其功能。

7-13 简述在互联网信息查询中搜索引擎的功能，分析搜索引擎的组成及主要部分的功能。

7-14 电子邮件系统由哪几部分组成，简述每一组成部分的功能及相互之间的关系。

7-15 联系电子邮件发送过程，简述电子邮件系统的工作原理和过程。

7-16 从实现原理和应用特点等方面，综合分析 POP3 与 IMAP 协议之间的异同。

7-17 与 SMTP/POP3 相比，WebMail 有何特点？

7-18 结合 RFC 822 标准，对比分析 MIME 规范的特点及主要实现方式。

7-19 一个 SNMP 系统有哪三部分组成？并介绍每一部分的功能。

7-20 介绍 MIB、SMI 和 SNMP 之间的关系。

7-21 介绍 SNMP 的 5 个操作 GetRequest、GetNextRequest、SetRequest、GetResponse 和 Trap 的功能。

第 8 章　无 线 网 络

1901 年,意大利人马可尼等人利用电磁波进行远距离无线电通信取得了成功,从此拉开了无线网络应用的序幕。从早期的无线电报、无线电广播,到现在的手机等移动终端设备、无线网络设备,无线通信技术得到了快速发展。目前,随着无线通信技术的不断成熟,无线网络已不再像开始那样仅仅只是对有线网络在应用上的补充,已能够独立进行组网,并且在许多方面表现出了有线网络所不具备的优势。本章在介绍无线网络中的相关概念、标准、应用等基本知识的基础上,以 IEEE 802.11 无线局域网为重点,对其技术标准和实现原理进行系统的分析。

8.1　无线通信基本原理

1901 年马可尼使用 800kHz 频率的信号实现了从英国到北美纽芬兰的世界上第一次横跨大西洋的无线电波的通信实验,开创了人类无线通信的新纪元。经过 100 多年的发展,无线通信技术不断完善和成熟,在社会各个领域得到了广泛应用。

8.1.1　电磁波的产生与传输

无线传输是指在自由空间利用电磁波来传输信号的方式。电磁波(electromagnetic wave)也称为电磁辐射,是电场与磁场连续不断地交替出现所形成的一种物理能量,是电磁场的一种运动形态。将电磁波这种能量传递方式与数据传输有机结合起来,便形成了无线通信方式。

首先来看电磁波是如何产生和传输的。根据电子学理论,电流流经导体时,导体周围会形成磁场;交变电流流经导体时,导体周围会形成交变的电磁场,称为电磁波。如图 8-1 所示,变化的电场产生变化的磁场,变化的磁场则产生变化的电场,两者之间构成了一个不可分离的统一的场,这就是电磁波。电磁波的磁场、电场及其传输方向三者之间互相垂直,所以电磁波为横波(沿波的传输方向横向传输)。振幅沿传播方向的垂直方向周期性地交替变化,其强度随着传输距离的增大而逐渐减弱。

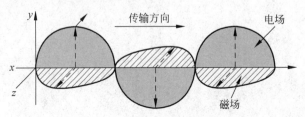

图 8-1　电磁场的转换过程

电磁波的属性主要包括振幅、频率、强度、相位、极化、速度和波长 7 个方面，这里只介绍强度和极化这两个新的概念。其中，强度用于表示电磁波在传播过程中能量的大小。电磁波携带的能量会随着传播距离的增大而衰减，具体衰减的数量会因为频率的不同而不同。目前无线通信中使用的电磁波（射频波）传播的一般规律遵循平方反比定律：$1/x^2$，其中 x 代表传播距离，即电磁波的强度与它的传播距离的平方成反比；极化表示电磁波的电场相对它的磁场的方向。波可以分为垂直极化、水平极化和圆极化三类，其中垂直极化和水平极化称为线性极化。如果波的电场方向垂直于地面，那么这个波就是垂直极化。如果波电场方向平行于地面，那么这个波就是水平极化。如果电场方向在空间形成的轨迹为一个圆，即电场是围绕传播方向的轴线不断地旋转，则称为圆极化波。圆极化方式又分左旋圆极化和右旋圆极化两种类型。

8.1.2 无线通信

如图 8-2 所示的是一种利用电磁波作为传输介质的无线通信方式，它由发送设备、接收设备和传输介质三部分组成。其中，发送设备负责把要发送的电信号转换成为电磁波，并发送到无线介质（空气）中，而接收设备负责接收电磁波，并将其还原为原来的电信号。在实际的无线通信系统中，发送设备和接收设备集成在一起，称为收发设备。

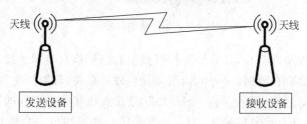

图 8-2 无线通信系统的组成示意图

天线是收发设备的重要组成部分。我们可以将最简单的天线看成是一根裸露的金属导线，当电流通过金属导线时，便在周围形成电磁波，当金属导线接收到电磁波时，又在导线中形成电流。为此，天线也分为发射天线和接收天线两种类型，发射天线是将导线中的电流转换为电磁波后发射（辐射）出去，而接收天线则是将检测到的电磁波转换为电流。实际应用中的天线同时具有发射和接收功能。

天线发射和接收电磁波的能力与电磁波的频率有关。当电磁波的频率较低时，由于电场和磁场之间的转换比较慢，其能量几乎全部返回到天线而没有能量辐射出去，所以低频率的电磁波主要借助于有形的导体才能传输，即只能在有线介质中传输。当电磁波频率升高时，电磁转换非常快，能量不可能全部返回天线，于是电能、磁能随着电场与磁场的周期变化以电磁波的形式向空气中传播出去。高频电磁波既可以在空气中传输，也可以被束缚在导体内传输，所以电磁波除用于无线通信外，还用于有线通信。

射频（Radio Frequency，RF）代表的是频率范围从 300kHz～30GHz 之间的电磁波。一般将每秒变化小于 1000 次的交流电称为低频电流，大于 10000 次的称为高频电流，射频采用高频电流所产生的电磁波，射频提供了远距离传输能力。射频除用于无线传输外，还用于有线传输，例如有线电视系统就是采用射频传输方式。现在的无线通信多使用射频通信。

多径传播是无线信号传播过程中存在的一种现象,它是无线通信所遇到的主要问题之一。所谓多径传播是指无线信号在发射机与接收机之间传输时没有单一的路径,从发射机发出的携带数据的信号可能经过多条不同的路径到达接收机。如图 8-3 所示,辐射到空间中的信号有些可能直接到达接收机,而有些信号则受到建筑物、树木、岩石、水面等物体反射后到达接收机。一般在办公室中,多径传播引起的信号延迟会达到 50ns,而在大型建筑内部,延时会达到 300ns 甚至更高。

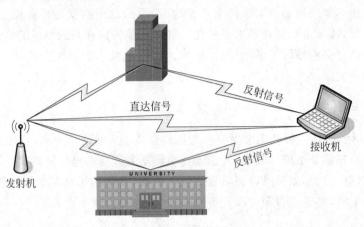

图 8-3　多径传播示意图

由于多径传播现象的存在,并非所有携带数据的信号都直接到达接收机,到达接收机的数据信号之间可能会存在延时。另外,由于多径传播的存在,辐射到空气中的承载同一数据的不同信号可能会通过反射到达同一个接收机,使接收机接收到相同的数据信号。还有,多径传播的存在,还会导致信号的叠加,当一个数据信号叠加到另一个数据信号上时,信号的波形将会发会畸变,当然接收机也就无法正确接收数据。无线通信系统必须通过相应的措施解决多径传播问题。

需要说明的是:在许多情况下,大家习惯于将空气(大气)作为无线传输介质,即将无线网络定义为使用空气接口,这种习惯带有片面性。这是因为电磁波除能够在空气中传播外,还可以在真空环境下传播。为了描述上的完整性,经常将空气和真空两种环境统称为"自由空间"。

8.1.3　用电磁波传输数据

利用电磁波传输数据的网络称为无线数据网络。根据无线通信的工作原理,在利用无线电磁波传输数据时,首先要将 0、1 序列的二进制数转换为电流,电流进一步转换为电磁场,以利于在空气中传输。

当数据要通过如图 8-2 所示的网络进行传输时,首先要经过发送设备中的发射机对原始数据进行处理。对于一个无线通信系统来说,通信发射机的功能是把终端输入的数据经过基带处理,按一定的调制方式调制到规定的载波上,然后经功率放大,从天线发射出去。发射机的基本组成包括基带信号处理电路、载波发生器、调制器、高频功率放大器和天线 5 部分,如图 8-4 所示。其中,基带信号处理电路负责对导入的数字信号(如果是模拟信号,还需要进行模/数转换)编码、加密、成帧(形成能够在数据链路层传输的数据帧)等处理;调制器用于将处理过的数据信号按一定的方式调制到高频载波上；高频功率放大器将已调制的高频波进行功率放大，使发射机的输出功率满足要求；高频电信号导入发射机的天线后转换成电磁波，并辐射到自由空间；载波发生器将根据信号的调制要求生成所需要的载波。因为一般要发送的数字信号的工作频率很低，低频信号不利于或无法以电磁波的方式在空气中传输，所以需要将低频信号加载到高频载信号上，让高频信号承载着低频信号来传输。无线通信网络中一般使用调幅（AM）和调频（FM）两种信号调制方式。

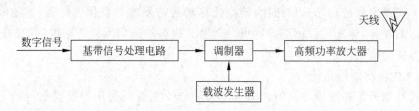

图 8-4 发射机基本组成结构图

发射机通过调制载波信号的振幅或频率，将数据信号加载到载波信号上，并且将调制后的信号送到天线。接收机是一个译码设备，它通过解调从载波信号中提取数据信号。在实际应用中，很少存在单独的发射机和接收机，而是将两者的功能集成在一起，形成"收发机"，也称为"收发信机"。

在无线网络（如无线局域网）中，无线网卡、AP（访问点）等设备上的收发机负责无线信号的发送和接收。由于收发机既负责信号的发射，又负责信号的接收，所以它通常工作在半双工模式下，即在发送信号时不能接收，反之亦然。这也是为什么无线网卡、AP 通常工作在半双工下的原因。

8.2 无线通信技术概述

无线网络是指无需布线即可实现计算机之间或各类通信终端之间互联的网络，它是无线电技术、通信技术和计算机技术相融合的产物。目前所使用的无线网络系统主要分为无线蜂窝系统和无线数据通信系统两大类。

8.2.1 无线蜂窝系统

无线蜂窝系统是采用蜂窝无线组网方式，在终端和网络设备之间通过无线通道连接起来，进而实现终端在移动过程中可相互通信。无线蜂窝系统可以提供话音、数据、视频图像等多种通信业务，其发展过程到目前已经过了以下几个阶段。

1. 第 1 代移动通信系统

第 1 代移动通信系统即 1G（first generation），属于模拟网络。在模拟网中，信号以模拟方式进行调制，规定的频段为 905～915MHz，每 25kHz 为一个信道，每一个信道同时仅支持一对用户通话。主要系统有北美的高级移动电话系统（AMPS）、欧洲的 TACS（Total Access Communications System）、北欧的 Nordic 移动电话（NMT）等。中国的模拟网分为有 A 网（Motorola 设备）和 B 网（Ericsson 设备）两类，后来实现了 A 网与 B 网之间的互通。

模拟网的特点是信号失真度小，通话音质较好，缺点是其信道数量相对较少，保密性差。

中国于2001年底关闭了第1代模拟移动通信网络。

2. 第2代移动通信系统

第2代移动通信系统即2G(second generation)，属于数字网络，且以语音传输为主。主要系统有美国的时分多址(TDMA)和码分多址(CDMA)，日本的个人数字蜂窝(PDC)，欧洲的全球移动通信系统(GSM，又称"全球通")等。中国使用的2G系统主要为GSM和CDMA。

与第1代模拟蜂窝移动通信相比，第2代移动通信系统具有保密性强、频谱利用率高、能提供丰富的业务、标准化程度高等特点。但第2代移动通信系统所提供的通信速率有限，无法满足当前的应用需求。

3. 第3代移动通信系统

第3代移动通信系统即3G(3rd Generation)，3G系统可为用户提供更好的语音、文本和数据服务。2G网络提供的速率为9.6~14.4kb/s，而3G网络提供了多种带宽选择，其中在快速移动环境下最高速率可达到144kb/s(最低也可以达到14.4kb/s)，从室外到室内步行状态下最高速率可达到384kb/s，而在室内环境下最高速率可达到2Mb/s。3G总共包括了5个大的标准，目前经国际电信联盟(ITU)认可的3G无线传输技术主流标准共有三种，分别是欧洲的 IMT-2000 CDMA-DS(即 WCDMA)，美国的 IMT-2000 CDMA-MC(即 CDMA 2000)，以及中国的 TD-SCDMA。目前，这三种3G技术在中国同时使用，其系统分别被中国联通、中国电信和中国移动所建设和运营。

3G技术的主要优点是能极大地增加系统容量、提高通信质量和数据传输速率。此外，利用在不同网络间的无缝漫游技术，可将无线通信系统和Internet连接起来，从而可对移动终端用户提供更多更高级的服务。

4. 第2.5代移动通信系统

2.5G是一种介于2G与3G之间的过渡技术。2.5G突破了2G电路交换技术对数据传输速率的制约，引入了分组交换技术，从而使数据传输速率得到提高，2.5G可提供56kb/s的传输速率。由于3G工程过于浩大和复杂，所以在2G与3G之间便出现了一个过渡技术2.5G。2.5G技术主要有通用分组无线业务(GPRS)、高速线路交换数据(HSCSD)、增强型数据速率GSM演进技术(EDGE)等。

例如，现在手机无线通信业务(如手机上网)中就使用了GPRS技术。GPRS是一种基于GSM的分组交换技术，提供了56~114kb/s的速率。GPRS的特点是其设备一直和网络连接，但只有数据需要传输时才会占用网络带宽。

在业界大力推广3G应用的过程中，4G标准的制定工作早已提上了日程，国际电信联盟(ITU)原打算在2010年左右完成全球统一的4G标准的制定工作。目前关于4G的定义尚无定论，ITU对4G的描述为：移动状态下能够达到100Mb/s的传输速率，静止状态下能够实现1Gb/s的速率。

8.2.2 无线数据通信系统

本节所介绍的无线数据通信系统是指纯粹的数据通信系统，不考虑语音通信的要求。以IEEE制定的无线标准为例(如图8-5所示)，本节重点介绍几种有影响力的无线数据通信网络技术。

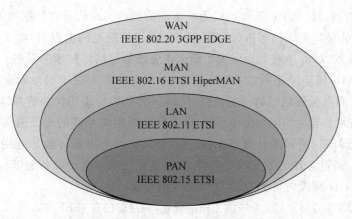

图 8-5　IEEE 制定的无线标准层次示意图

1. 无线局域网

无线局域网（WLAN）是用无线通信技术构建的局域网，虽不采用缆线，但也能提供传统有线局域网的所有功能。与有线局域网相比，WLAN 具有移动性好、灵活性高、组网迅速、管理方便、扩展能力强等优点。无线局域网技术目前主要有两大阵营，即 IEEE 802.11 系列标准和欧洲的 HiperLAN。其中以 IEEE 802.11 系列标准中的 802.11 b/g/n 产品在目前占主导地位。IEEE 802.11 无线局域网是本章介绍的重点。

IEEE 802 于 20 世纪 80 年代后期开始进行无线局域网标准的制订。在 Hays 主席（一位来自美国 NCR 公司的工程师）的领导下，IEEE 802.11 工作组提出了无线局域网介质访问控制和物理层规范。1997 年 6 月 26 日，IEEE 802.11 标准制订完成，1997 年 11 月 26 日正式发布。1998 年各供应商推出了大量基于 802.11 标准的无线网卡和访问节点。以后，无线局域网技术得到了快速发展，带宽已从当初的 2Mb/s 提高到现在的 600Mb/s。另外，WiFi（WirelessFidelity，无线相容性认证）是 IEEE 802.11 产品（最早为 IEEE 802.11b）在市场推广中使用的名称。

2003 年 5 月 2 日，中国发布了无线局域网（WLAN）国家标准：无线局域网认证和保密基础设施（Wireless Authentication and Privacy Infrastructure，WAPI）。WAPI 是针对 IEEE 802.11 中 WEP（Wired Equivalent Privacy，有线等效加密）的安全问题，在中国 WLAN 国家标准 GB15629.11 中提出的安全解决方案。WAPI 采用国家密码管理委员会批准的公开密钥体制中的椭圆曲线密码算法和分组密码算法，实现身份鉴别、链路验证、访问控制和用户信息在无线传输下的加密保护。

2. 无线个域网

无线个域网（Wireless Personal Area Network，WPAN）指能够在便携式消费电器和通信设备之间进行短距离连接的网络，例如：一台能够连接无线鼠标、无线键盘、无线打印机、手机、PDA 等设备的计算机便是一个 WPAN。WPAN 的覆盖范围比 WLAN 小，一般在 10m 半径以内。目前，最具代表性的 WPAN 标准主要有 HomeRF 和蓝牙（Bluetooth）。

（1）HomeRF 技术。HomeRF 是由 HomeRF 工作组开发的，适合家庭区域范围内，在 PC 和用户电子设备之间实现无线数字通信的开放性工业标准，为网络中的设备（如笔记本电脑、PDA 等）访问 Internet 提供了相关的技术。在美国联邦通信委员会（FCC）正式批准

HomeRF 标准之前,HomeRF 工作组已为在家庭范围内实现语音和数据的无线通信制定了一个规范,这就是共享无线访问协议(SWAP)。SWAP 规范问世以后,除了扩展高性能、多波段无绳电话技术以外,还极大地促进了低成本无线数据网络技术的发展。但是,HomeRF 占据了与 802.11b 和蓝牙相同的 2.4G 频段,并且在功能上过于局限家庭应用,再考虑到 802.11b 在家庭和办公领域已取得的地位,HomeRF 技术的应用优势越来越低。

(2) 蓝牙技术。蓝牙(Bluetooth)是一种适宜于短距离互联的无线通信技术,包括移动电话、PDA、无线耳机、笔记本电脑等外围设备,彼此之间可以通过蓝牙连接起来,省去了传统的电缆连接。通过芯片上的无线接收器,配有蓝牙技术的电子设备能够在 10m 距离内彼此相通,在 2.4GHz 频段内可实现最大 1Mb/s 的传输速率。

1999 年,IEEE 802.15 无线个域网工作组成立,到目前已有 IEEE 802.15.1、IEEE 802.15.2、IEEE 802.15.3 和 IEEE 802.15.4 共 4 个任务组,分别致力于相关技术标准的制定工作。

蓝牙系统的网络拓扑结构有两种形式:微微网和分布网络。其中,微微网是由几个蓝牙设备(即采用蓝牙技术的设备)以点对点或点对多点的方式组成的网络。在同一个微微网中,所有蓝牙设备需要使用同一个信道,其中一个蓝牙设备作为主设备,其他蓝牙设备作为从设备。根据组成微微网的蓝牙设备数量的不同,微微网的工作模式又分为如图 8-6(a)所示的点对点模式和如图 8-6(b)所示的点对多点模式。微微网对联网蓝牙设备的数量虽然没有作严格的限制,但只允许一台主设备和 7 台从设备同时工作。当联网的蓝牙设备没有数据收发时将会处于休眠状态(也称为"省电状态")。处于休眠状态的蓝牙设备只能是从设备,它不参与数据传输,但却与主设备之间保持着状态同步,当主设备需要有数据发送时,将激活休眠设备。或者当集成有蓝牙设备的终端设备需要发送数据时,也会自动激活处于休眠状态的蓝牙设备,作为从设备与主设备之间进行通信。

由多个独立的非同步的微微网可以组成一个分布式网络,如图 8-7 所示。其中,一个微微网中的主设备可以是另一个微微网中的从设备,一个微微网的从设备可以是另一个微微网的主设备(此类蓝牙设备称为"主从设备"),但一个微微网中只能有一个主设备。不同的微微网可以选择自己的工作频率,它们之间不需要在时间和频率上保持同步,但同一个微微网中的蓝牙设备之间必须在时间和频率上保持同步。

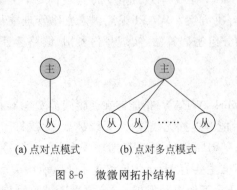

图 8-6 微微网拓扑结构

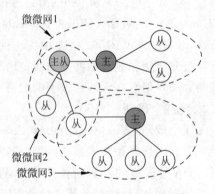

图 8-7 蓝牙分布式网络拓扑结构

3. 无线城域网

为了建立一个全球统一的宽带无线接入标准,以便让宽带无线接入技术更快地发展,

IEEE 于 1999 年成立了 IEEE 802.16 工作组,将基于 IEEE 802.16 系列标准的网络称为无线城域网(WMAN)。

IEEE 802.16 标准的研发初衷是在城域网领域提供高性能的、工作于 10~66GHz 频段的宽带无线接入技术,其正式名称是"固定宽带无线接入系统空中接口",是一个点对多点的网络接入技术,只能应用在视距(LOS)环境中。由于 IEEE 802.16 不利于固定宽带接入技术的推广,IEEE 又于 2003 年 4 月发布了扩展协议 IEEE 802.16a,使得固定宽带接入技术也能支持非视距(NLOS)传输,工作频率范围为 2~11GHz。之后,为了提高通信速率,并加大对多媒体业务传输的能力,IEEE 于 2004 年 7 月对 IEEE 802.16a 协议进行了再次改进,提出了融合性 IEEE 802.16 REVd 协议,也称为 IEEE 802.16—2004 协议。2005 年 11 月颁布的 IEEE 802.16e 协议作为固定接入技术的扩展,在原有基础上增加了终端用户的移动性功能,从而使移动终端能够在不同基站间进行切换和漫游。802.16e 工作在 2~6GHz 频段,覆盖范围为几公里,能在 5MHz 信道上提供 15Mb/s 的速率。

WiMAX 的中文名称是微波存取全球互通,是 IEEE 802.16 技术在市场推广时采用的名称,也是 IEEE 802.16d/e 技术的别称。WiMAX 技术涉及两个国际组织:IEEE 802.16 工作组和 WiMAX 论坛。其中,IEEE 802.16 工作组是标准的制定者,主要针对无线城域网的物理层和 MAC 层制定规范和标准。而 WiMAX 论坛是 IEEE 802.16 技术的推广者,旨在对基于 IEEE 802.16 标准和欧洲 ETSI(欧洲电信标准协会)的 HiperMAN 标准的宽带无线接入产品进行一致性和互操作性认证。该认证为不同厂商的产品互通及一个可运营网络的搭建,提供必要的技术支撑。WiMAX 论坛成立于 2001 年 4 月 9 日,是一个非营利组织,其成员单位包括众多业界领先的设备制造商、部件供应商(芯片、射频、天线、软件和测试服务等)、服务供应商和系统集成商。

4. 无线广域网

传统的蜂窝移动通信系统具有良好的可移动性,但数据传输速率低,难以满足高速下载和多媒体应用的要求。而无线局域网(IEEE 802.11)等宽带无线接入方式,虽然拥有较高的数据传输速率,但其移动性较差。IEEE 802.20 技术集成了传统蜂窝通信和高速数据传输的功能,在高速移动环境中提供了高速数据下载的功能。

IEEE 802.20 标准称为"移动宽带无线接入"(Mobile Broadband Wireless Access,MBWA),也称为"Mobile Fi",是一个宽带无线接入系统的空中接口规范。IEEE 802.16 工作组为了实现在高速移动环境的高速率数据传输,经弥补 IEEE 802.1x 协议族在移动性上的劣势,于 2003 年 3 月提出了 MBWA 标准。同年 9 月,MBWA 从 IEEE 802.16 工作组中脱离出来,成立了 IEEE 802.20 工作组,致力于 IEEE 802.20 标准的制定和应用推广工作。

1) IEEE 802.20 的主要特性描述

由于 IEEE 802.20 技术的出现时间远远迟于 3G 和其他的 IEEE 802.x,所以 IEEE 802.20 借鉴和吸收了现有的大量技术优势。IEEE 802.20 标准的主要技术特性如下:

(1) 在空中接口中不存在电路域和分组域的区分,全面支持实时和非实时业务,可满足不同的应用需求。

(2) 支持与其他无线技术(IEEE 802.11 和 802.16)之间的切换,提供了各个网络间的开放接口。

(3) 支持服务质量(QoS)。

(4) 同时支持 IPv4 和 IPv6 协议。

(5) 为上下行链路快速分配所需要的资源,并根据信道环境的变化自动选择最优的数据传输速率。

(6) 可与现有的蜂窝移动通信系统共存,降低网络部署成本。

2) IEEE 802.20 的系统性能

表 8-1 列了 IEEE 802.20 系统的主要性能指标。

表 8-1 IEEE 802.20 系统主要性能指标

指标名称	指标值	
移动性	最高达 250km/h	
工作频率	<3.5GHz 的许可频段	
单小区覆盖半径	<15km(属于广域网)	
安全模式	AES(高级加密标准)	
双工模式	FDD(频分双工模式)和 TDD(时分双工模式)	
MAC 帧往返时延	<10ms	
带宽	1.25MHz	5MHz
用户峰值速率(下行)	>1Mb/s	>4Mb/s
用户峰值速率(上行)	>300kb/s	>1.2Mb/s
单小区峰值速率(下行)	>4Mb/s	>16Mb/s
单小区峰值速率(上行)	>800kb/s	>32Mb/s

通过以上的主要指标可以看出,IEEE 802.20 在移动性上具有很大的优势,已达到 2G 和 3G 等传统移动通信技术的性能。在非视距(NLOS)环境下 IEEE 802.20 系统单个小区的覆盖半径达到 15km,属于广域网技术,而 IEEE 802.16 的单小区半径只达到 5km,属于城域网技术。由于 IEEE 802.20 标准 MAC 帧的往返时延小于 10ms,完全满足了 ITU-T 在 G.114 中所规定的电话语音传输最大往返时延(<300ms)的要求,完全可以利用 IEEE 802.20 提供优质的无线 VoIP 语音业务。在下行链路,IEEE 802.20 提供大于 1Mb/s 的峰值速率,远远高于 3G 技术中规定的步行环境下 384kb/s 和高速移动环境下 144kb/s 的性能指标。

IEEE 802.20 秉承了 IEEE 802 协议族的纯 IP 架构,而 3GPP(第三代合作伙伴计划)和 3GPP2 等 3G 则提供的是全 IP 架构。在纯 IP 架构中核心网和无线接入网都基于 IP 传输,而全 IP 架构只有核心网为 IP 传输。

8.3 无线局域网

传统意义上的局域网,其各类网络设备被网络连线所禁锢,无法实现可移动的网络通信。随着便携式计算机等可移动通信工具的广泛应用,计算机网络又面临着新的要求,无线局域网(Wireless LAN,WLAN)在这种情况下应运而生。无线局域网克服了传统网络的不足,实现了可移动的数据交换,为局域网开辟了一个崭新的技术和应用领域,它的产生,真正体现了通信系统的 5W(Whoever,Whenever,Wherever,Whomever,Whatever)特点。

8.3.1 无线局域网概述

所谓无线网络,是指无需布线即可实现计算机之间互联的网络。无线网络的适用范围非常广泛,它不但能够替代传统的物理布线,而且在传统布线无法解决的环境或行业中,都能够方便地组建无线网络。同时,在许多方面,无线网络比传统的有线网络具有明显的优势。

1. 无线局域网的发展历史

1971年,夏威夷大学的一项研究课题ALOHANET,首次将网络技术和无线电通信技术结合起来。ALOHANET使分散在4个岛上的7个校园里的计算机可以利用新的方式和位于瓦胡岛的中心计算机通信,而且不再使用现有的低质高价的电话线路。ALOHANET通过星型拓扑将中心计算机和远程工作站连接起来,提供双向数据通信。远程工作站之间通过中心计算机相互通信。

1985年,美国联邦通信委员会(FCC)授权普通用户可以使用"工业、科技、医疗"(Industrial Security and Medical,ISM)频段,ISM频段的应用使无线局域网开始向着商业化发展。ISM的工作频率在902MHz~5.85GHz之间,具体使用2.4GHz(2.4~2.4835GHz频段)和5GHz(4.9~5.825GHz频段)两个频段。其中,2.4GHz工作频带正好位于移动电话频段的上面。ISM频段为无线网络设备供应商提供了产品频段,而且终端用户无需向FCC申请就能直接使用设备,所以也称为UNII(无许可国家信息基础设施)频段。ISM频段对无线产业产生了巨大的积极影响,保证了无线局域网元件的顺利开发。

2. 无线局域网的特点及主要应用

使用无线局域网的用户在访问共享信息时,不需要寻找接入节点;网络管理员也无须进行线路的安装和移动。作为一种灵活、方便的数据通信系统,无线局域网是对传统有线网络的延伸。与传统的有线局域网相比,无线局域网具有:可移动性、组网灵活快捷、网络的运营费用较小、易扩展、性能可靠等优点。

正因为无线局域网具有许多有线网络所不具备的优点,极大地方便了难以布线、可移动通信以及临时组网等环境的需要,所以无线局域网技术从问世开始就引起了网络界的普遍关注,在医疗、零售、制造、仓储、生产、运输和教育等环境中得到了广泛应用。而且,随着技术的不断发展和产品的不断丰富,无线局域网已从家庭和小型办公室等环境下的简单应用开始向企业、高校及城市的无线覆盖扩展。目前无线局域网主要应用于:商场、仓库管理、医院、校园网、移动办公环境、家庭网、无线城市等环境。

当然,由于无线局域网目前存在着标准不统一,安全性和可靠性低于有线网络等缺点,所以也在一定程度上影响了其大范围的普及和在关键业务中的应用。

8.3.2 无线局域网的拓扑结构

无线局域网与有线局域网的最大区别主要是传输介质与MAC协议。从应用的角度来看,无线局域网既可以独立使用,也可以与现有的有线局域网互联使用。IEEE 802.11委员会将无线局域网的拓扑结构分为基本服务集(Basic Service Set,BSS)和扩展服务集(Extended Service Set,ESS)两大类型。

1. 基本服务集

基本服务集由无线站点和可能存在的无线访问节点(Access Point,AP)组成。一个基本服务集确定了一个基本服务区域,同一基本服务区域内的站点之间可以相互通信。

根据基本服务集中是否存在AP,基本服务集又分为独立基本服务集(Independent Basic Service Set,IBSS)和基础结构型网络(Infrastructure Network)两类。其中,IBSS由多个无线站点组成,任意两个无线站点之间可以组成对等网络,如图8-8(a)所示。IBSS也称为自组织网络(ad hoc network),主要用于临时性的少数几个无线站点之间的联网。基础结构型网络是指该网络中包含有 AP 的基本服务集,如图 8-8(b)所示。在基础结构型网络中,AP 是整个网络的核心,负责所有无线站点的通信,任何一个无线站点如果要与该网络中其他的无线站点通信,必须由 AP 负责数据的中转。首先,由初始对话的工作站将帧传递给 AP,然后由 AP 将此帧转送给目的地。由于在基础结构型网络中所有的通信都必须通过 AP,所以所有的移动站点都必须位于 AP 信号的覆盖范围之内。另外,AP 还可以协助移动站点实现休眠功能,AP 可以记住有哪些站点处于休眠状态并且为其暂时保存帧,当站点恢复通信功能后,AP 中暂时保存的帧再转给站点,休眠功能对那些以电池供电的站点非常重要。一个 AP 信号的覆盖范围称一个小区(cell)。

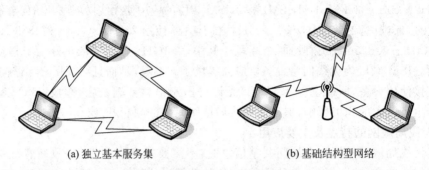

(a) 独立基本服务集　　　　　　　　(b) 基础结构型网络

图 8-8　基本服务集网络的两种类型

在基础结构型网络中,工作站必须先与 AP 建立关联(associate),才能得到网络的服务。关联是指移动站点加入指定 AP 的过程,必须由站点发起连接 AP 的请求,在得到 AP 的准许后该站点便与 AP 之间建立了通信关系。一个站点在同一时间内只能关联到一个 AP。

2. 扩展服务集

扩展服务集由具有 AP 的多个基本服务集组成。在扩展服务集(ESS)中,不同基本服务集(BSS)中的 AP 通过有线局域网(以太网或令牌网等)进行互联。在通信过程中,同一个 BSS 中不同移动站点之间的通信由该网络中的 AP 负责交换,不同 BSS 中的站点在通信时需要由数据交换中心转发,如图 8-9 所示。数据交换中心也称为分配系统,实际应用中的具体产品名称为无线控制器。

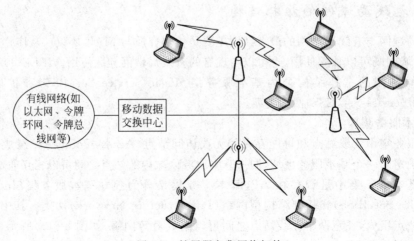

图 8-9　扩展服务集网络拓扑

由于一个无线站点在同一时间内只能与一个 AP 关联,所以在 ESS 中,当某个站点已经与一个 AP 关联时,其他 AP 必须能够得知此关联信息,即 ESS 中的任何一个 AP 都能够知道与自己和其他 AP 关联的站点信息。通过这种机制,保证位于同一 ESS 中的站点之间能够相互自由通信。

8.3.3 无线局域网的协议结构

与有线局域网标准一样,IEEE 802.11 只涉及 OSI 网络模型中的最低两层:物理层(PHY)和数据链路层(DLC),网络结构相对简单。根据需要,数据链路层一般又划分为逻辑链路控制(LLC)子层与介质访问控制(MAC)子层,IEEE 802.11 标准只定义了 MAC 子层和物理层的相关规范,网络协议结构如图 8-10 所示。LLC 子层隐藏了 IEEE 802 各个标准之间的差异,使得不同的 IEEE 802 网络标准为网络层提供相同的服务。MAC 子层定义了两个站点之间建立和维持数据传输,并将数据流无差错地提供给上层的功能协议。物理层定义了无线连接所必需的机械和电气特性。

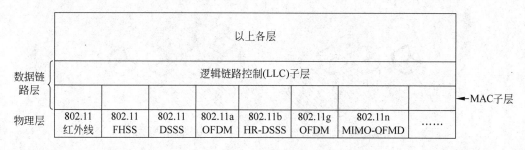

图 8-10 IEEE 802.11 无线局域网协议结构

无线局域网的传输介质和频段分配由物理层确定。1997 年,IEEE 802.11 标准规定了在物理层上允许三种传输技术:红外线、直接序列扩频(DSSS)和跳频扩频(FHSS)。其中,直接序列扩频和跳频扩频统属于扩频工作方式,工作在 2.4GHz 的 ISM 频段,提供的传输速率分别为 1Mb/s 或 2Mb/s。之后 IEEE 又陆续发布了多个改进版本,包括 1999 年 IEEE 802.11a 和 IEEE 802.11b。其中 IEEE 802.11a 定义了一个在 5GHz ISM 频段上提供 54Mb/s 传输速率的物理层规范,而 IEEE 802.11b 定义了一个在 2.4GHz ISM 频段上提供 11Mb/s 传输速率的物理层范围。2003 年 IEEE 802.11g 标准发布,可以在 2.4GHz 的 ISM 频段上达到 54Mb/s 的传输速率。而于 2008 年 10 月发布的 IEEE 802.11n 标准其传输速率为 100~600Mb/s 之间,采用智能天线及传输技术,使无线网络的传输距离可以达到数公里。采用独特的双频段工作模式(同时支持 2.4GHz 和 5GHz 两个工作频段),确保与之前的 IEEE 802.11a/b/g 等标准兼容。

8.3.4 无线局域网的 MAC 子层协议

MAC 子层位于物理层的基础上,以帧为操作对象,控制数据的传输。与以太网一样,WLAN 也采用了 CSMA(载波监听多路访问)介质访问控制方式来共享信道。不过,为了避免冲突(collisions)造成的资源浪费,WLAN 并没有采用以太网的 CSMA/CD(载波监听多路访问/冲突检测),而是采用了 CSMA/CA(载波监听多路访问/冲突避免)。

1. 隐藏站点和暴露站点问题

与以太网等有线网络相比,无线网络 MAC 层的操作相对要复杂。在 WLAN 中,首先要考虑的是隐藏站点的问题。由于在一个 BSS 中,并不是所有的站点都能够在其他站点的信号覆盖范围之内,所以当一个站点在向另一个站点发送数据时,其他站点可能不会感知到这一通信过程,从而产生冲突。例如,在如图 8-11(a)所示的网络中,站点 A 正在向站点 B 发送数据,但此时站点 C 也想发送数据给 B。当站点 C 在监听信道时,由于不知道站点 A 正在与站点 B 在通信,所以得出错误的结论:站点 B 空闲,现在可以发送数据给站点 B。其结果是导致冲突。

与隐藏站点相反的一个现象是暴露站点问题。由于大多数 WLAN 设备只能在半双工模式下工作,这就使得站点不能在同一个频率上既传输数据,又监听信道。如图 8-11(b)所示,站点 A 正在与站点 D 通信,这时站点 B 想发送数据给站点 C,但由于站点 B 在站点 A 的信号覆盖范围内,站点 A 发送的数据也会传输给站点 B。所以,这时站点 B 得出错误的结论:信道忙,暂时不能发送数据。

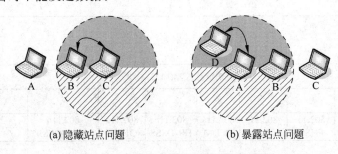

(a)隐藏站点问题　　　　　　　(b)暴露站点问题

图 8-11　隐藏站点问题与暴露站点问题

2. 分布式协调功能与点协调功能

为了解决隐藏站点和暴露站点带来的问题,IEEE 802.11 中采用了分布式协调功能(Distributed Coordination Function,DCF)和点协调功能(Point Coordination Function,PCF)。其中,所有 IEEE 802.11 设备都必须支持 DCF,但不一定要支持 PCF(其中 ad hoc 网络不支持 PCF),而且在使用 PCF 的网络中也可以同时使用 DCF。

1) DCF 中的 CSMA/CA 介质访问控制

当采用 DCF 时,IEEE 802.11 使用了 CSMA/CA 介质访问控制协议。CSMA/CA 采用虚拟信道监听方式来避免冲突。下面以如图 8-12(a)为例,介绍 CSMA/CA 的工作过程。假设:站点 A 要发送数据给站点 B,其中站点 C 位于站点 A 的信道覆盖范围内,站点 D 位于站点 B 的信道覆盖范围内。站点 A 向站点 B 发送数据的过程如下:

(1) 站点 A 首先向站点 B 发送一个 RTS(Request to Send,请求发送)帧,希望得到站点 B 的许可。这时,如果有其他的站点也发送 RTS 帧,则会产生冲突。冲突产生后,可采用与以太网相似的二进制指数退避算法后退一段时间后再发送 RTS 帧。

(2) 站点 B 在接收到站点 A 的 RTS 帧后,如果空闲,就向站点 A 返回一个 CTS(Clear to Send,清除发送)帧。

(3) 站点 A 在接收到站点 B 的 CTS 帧后,开始向站点 B 发送数据。同时,启动一个 ACK 计时器,该计时器的预设时间为站点 A 在发送数据后得到站点 B 的 ACK 帧的时间。

(4) 正常情况下,站点 B 在接收到数据后,会给站点 A 返回一个 ACK 的应答帧。

(5) 站点 A 在接收到站点 B 的 ACK 帧后,表明该数据已被站点 B 成功接收到。并开始发送下一个数据,直到全部数据发送结束,便终止这一次的 RTS/CTS 协议。

在以上 RTS/CTS 协议的一次工作过程中,我们只考虑了站点 A 和站点 B 之间的通信,而忽视了站点 C 和站点 D 甚至其他站点的存在。

下面介绍站点 C 和站点 D 存在时的情况。如图 8-12(b)所示,由于站点 C 在站点 A 的信号覆盖范围内,所以当站点 A 发送了 RTS 帧后,该帧也可能会被站点 C 接收到。如果站点 C 接收到了站点 A 的 RTS 帧,站点 C 便知道站点 A 要发送数据。为了使站点 A 的数据能够发送成功,站点 C 在随后的一段时间内不会发送任何信息,直到站点 A 的数据发送结束。站点 D 虽然没有接收到站点 A 发送的 RTS 帧(因为站点 D 不在站点 A 的信号覆盖范围内),但它却接收到了站点 B 发送的 CTS 帧。这时,站点 D 便知道网络中有其他的站点需要发送数据,所以在随后的一段时间内不会发送任何信息。

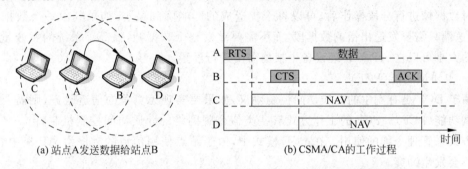

图 8-12 站点 A 与站点 B 之间通过 CSMA/CA 协议的数据传输过程

在以上通信过程中,站点 C 和站点 D 通过虚拟载波监听方式确保在接收到 RTS 帧和 CTS 帧后的一段时间内不发送任何信息。其中,虚拟载波监听方式是通过 NAV(Network Allocation Vector,网络分配适量)来实现的。在 IEEE 802.11 的 MAC 帧中存在一个 Duration(持续时间)字段,通过该字节来设置 NAV 的持续时间。NAV 本身就是一个用来设置信道占用时间的计时器,以微秒为单位,此时间在站点接收到 RTS 帧或 CTS 帧时确定。对于任何一个站点来说,如果 NAV 的值未到 0,说明信道正忙,如果 NAV 的值变为 0,说明信道空闲。

需要注意的是:NAV 信号存在于站点内部,并不会发送出去。另外,DCF 没有采用任何中心控制手段,是一种类似于以太网的工作方式,当多个站点需要同时发送数据时会产生冲突。

2) 数据帧的分段操作

在如图 8-12 所示的数据传输过程中,为了发送一个数据(帧),必须通过 RTS、CTS、数据传输和 ACK 应答 4 个过程,如图 8-13(a)所示。由于无线信道容易受外界噪声源的干扰,所以不见得每一个数据帧都会被成功发送,而且发送失败的概率随着帧的增大而增大。为了解决此问题,CSMA/CA 提供了对数据帧的分段操作功能。

一个数据帧在发送之前被分割成多个容量较小的数据段,每一个数据段都有唯一的编号,并具有自己的检验和。在采用了分段方式后,发送站点和接收站点只需要利用一个 RTS 帧和 CTS 帧,就可以完成所有数据段的传输。如图 8-13(b)所示,站点 A 要发送数据给站点 B,只要成功完成 RTS 帧和 CTS 帧的交换后,就可以进入数据段的发送。数据段的发送采用"停止-等待"协议,每一个数据段对应一个 ACK 应答。直到同一数据帧中的所有数据段发送结束后,完成一个 RTS/CTS 操作过程。

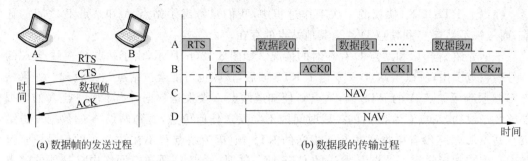

图 8-13　IEEE 802.11 数据帧的发送过程

对数据帧进行分段操作后,可以将干扰造成的影响降到最小,如果其中一个数据段出错,发送端只需要发送出错的数据段,而不需要重发整个数据帧,提高了系统的吞吐量。数据段的大小可以在 AP 等管理设备中根据需要进行设置。

3) 点协调功能(PCF)

由于 DCF 是有竞争的介质访问控制协议,如果要实现无竞争的信道服务,则需要使用点协调功能(PCF)。PCF 的工作方式有些类似令牌网络的介质访问控制机制,由 AP 按一定的方式来管理令牌的使用。在 PCF 模式中,由于站点使用信道的顺序由 AP 集中管理,所以不会发生冲突。

PCF 属于 IEEE 802.11 标准的可选项,可以用于存在 AP 的网络中,ad hoc 网络中无法使用 PCF 模式。IEEE 开发 PCF 的一个重要原因是在 DCF 系统中,能够实现移动站点与 AP 之间的交互操作。例如,当位于 AP 信号覆盖范围内的某一站点处于休眠状态时,其他站点发给该休眠站点的数据将保存在 AP 中,等站点休眠结束后再由 AP 发送给该站点。有关 PCF 的详细内容感兴趣的读者可查阅相关的技术文档。

4) 帧间间隔

虽然 DCF 采用分布式控制机制,而 PCF 采用中心控制机制,但 DCF 和 PCF 可以在同一网络中协同操作。实现 DCF 和 PCF 共存于同一网络的具体方法是定义帧与帧之间的时间间隔(即帧间间隔)。当某一站点发送完一个帧后,网络中的其他站点必须等待一段特定的时间后才能发送帧,这一段特定的时间称为死亡时间(dead time)。

帧间间隔为不同的传输类型提供了不同的优先级服务功能。由于 IEEE 802.11 的 MAC 子层提供了避免冲突的功能,所以当信道空闲时,可以让优先级高的数据帧优先使用信道,实现 MAC 子层的 QoS 服务。帧间间隔越小,服务优先级越高。在发送帧之前必须经过帧间间隔确定的时间段,在该时间段结束后,就会有一个相应优先级的站点获得信道的使用权,进行帧的发送。IEEE 802.11 提供了以下 4 种帧间间隔(帧间间隔之间的关系如图 8-14 所示):

(1) 短帧间间隔(Short InterFrame Spacing,SIFS)。用于优先级最高的操作,如 RTS/CTS 及 ACK 应答等需要立即响应的动作。

(2) PCF 帧间间隔(PCF InterFrame Spacing,PIFS)。用于由 PCF 模式确定的无竞争

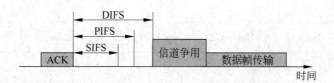

图 8-14 不同帧间间隔之间的关系

环境中,其优先级高于任何有竞争的传输。使用 PIFS,可以使有数据需要发送的站点在 PIFS 确定的时间段结束后进行数据的发送。例如,使用 PIFS 机制,当一个数据帧被分割成多个数据段后,可以使数据段连续地发送出去,而不需要与其他站点进行信道的竞争。

(3) DCF 帧间间隔(DCF InterFrame Spacing,DIFS)。用于由 DCF 模式确定的有竞争环境中。使用 DIFS 时,AP 不参与对站点信道的管理,而是由站点争用信道的使用权,在获得信道的使用权后再发送数据。如果信道的空闲时间大于 DIFS,站点将立即对信道进行访问。如果产生冲突,则采用二进制指数退避算法。

(4) 扩展帧间间隔(Extended InterFrame Spacing,EIFS)。用于报告出现错误的帧,当站点接收到被损坏的帧或未知帧时才会使用 EIFS。因为 EIFS 并未有固定的时间间隔,所以在图 8-14 中未标出。

如图 8-15 所示的是帧间间隔的一个应用实例。其中,在站点 A 向站点 B 发送数据的过程中,接收站点 B 会在 SIFS 之后进行 CTS 和 ACK 操作,而发送站点 A 会在 SIFS 之后发送数据。站点 C 的 NAV 是由站点 A 的 CTS 产生,所以在图中标为 NAV(RTS);而站点 D 的 NAV 是由站点 B 的 CTS 产生,所以在图中标为 NAV(CTS)。任何试图在 RTS/CTS/ACK 这一过程结束之后使用信道的站点,必须等待一个 DIFS,随后进入信道争用阶段。

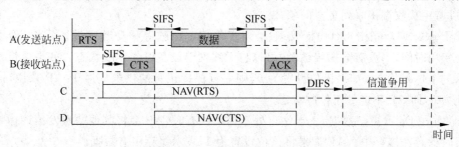

图 8-15 帧间间隔应用实例

8.3.5 无线局域网的帧结构

由于无线网络必须考虑有线网络所没有的帧类型及管理方式,所以与以太网的帧相比 IEEE 802.11 的帧结构要复杂得多。IEEE 802.11 的 MAC 帧分为数据帧、管理帧和控制帧三种类型。当 MAC 帧到达物理层时都要加上控制信息,以便于在相邻站点之间进行传输。但这些控制信息绝大多数用于处理相关的调制技术,在这里不再讨论。

1. 数据帧

IEEE 802.11 数据帧的结构如图 8-16 所示。其中:

(1) Frame Control(帧控制)。所有帧的头部都有帧控制部分,帧控制又分为以下 11 个子域:

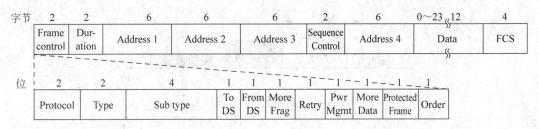

图 8-16 IEEE 802.11 数据帧的结构

① Protocol Version(协议版本)。显示帧的版本号。目前 IEEE 802.11 的 MAC 子层只有一个版本,版本号为 0。如果将来 IEEE 会推出新的 MAC 版本,才可能会出现其他的版本号。

② Type(类型)。说明帧的类型。当 Type=00 时,表示为管理帧;当 Type=01 时,表示为控制帧;当 Type=10 时,表示为数据帧。

③ Subtype(子类型)。说明帧的功能。例如,在控制帧中,当 Subtype=1011 时,表示 RTS 帧;当 Subtype=1101 时,表示 ACK 帧等。Type 和 Subtype 字段组合应用,说明某一帧的具体类型的功能。

④ To DS(到 DS)。说明帧发送到分布式系统(Distribution System,DS)。

⑤ From DS(从 DS)。说明帧来自于分布式系统。

⑥ More Frag(更多数据段)。在数据帧分割成数据段后,最后一个数据段会将这一位设置为 0,而前面的数据段都设置为 1。

⑦ Retry(重传)。如果某一帧是由发送端重传的帧,会将该位设置为 1。使用 Retry 字段,可以避免接收端接收到重复的帧。

⑧ Power Management(电源管理)。对于笔记本电脑等移动数字设备来说,为了延长电池的使用时间,当没有数据传输时,可以将无线网卡设备设为休眠状态。如果该位设置为 1,表示进入休眠状态;如果该位设置为 0,则一直保持正常的供电。对于 AP 来说,该位的值必须为 0,即 AP 不能处于休眠状态。

⑨ More Data(更多数据)。当站点处于休眠状态时,AP 会将其他站点发给该休眠站点的帧暂时保存在缓存中。AP 如果将该位设置为 1,表示缓存中有数据。

⑩ Protected Frame(保护帧)。如果这一位设置为 1,表示数据帧进行了加密。在 IEEE 802.11 早期的版本中,该位直接设置为 WEP(有线等效加密)。

⑪ Order(顺序)。当一个帧被分割为多个数据段后,如果要以数据段编号的先后顺序来逐个发送数据,该位应设置为 1。

(2) Duration(持续时间)。说明帧及其确认帧(ACK 帧)将会占用信道的时间长短。该字段同样会出现在控制帧中,其他站点通过该字段的值来确定 NAV 的时间及信道共享方式(如 PCF)等。

(3) Address(地址)。IEEE 802.11 提供了 4 个地址字段,地址字段的具体使用与网络类型有关。Address 1 和 Address 2 分别代表帧的目的地址和源地址,而 Address 3 和 Address 4 主要用于 AP 中。因为有些帧可能需要通过一个 AP 进入其他 AP 的信号覆盖区域,对于这种跨区域的通信,Address 3 和 Address 4 分别表示目的 AP 和源 AP 的地址。

(4) Sequence Control(顺序控制)。用于对数据段进行编号。在 16 位中,12 位标识数据帧,4 位用于标识分割后的数据段。

(5) Data(数据)。由 LLC 帧转下来的数据,大小在 0~2312 字节之间。

(6) FCS(帧校验序列)。表示检测接收到的帧的完整性。对于以太网来说,未通过校验的帧需要丢弃或交给上层协议进行处理。而对于 IEEE 802.11 网络来说,所有的帧都要到达接收端。如果是正确的帧,接收端会返回一个 ACK 的确认信息;如果是出错的帧,由接收端丢弃,同时不会给发送端返回 NAK 的非确认信息。当发送端在确定的时间内没有收到某一帧的 ACK 信息时,就重传该帧。

2. 管理帧

管理帧的结构与数据帧非常类似,只是管理帧少了一个有关 AP 的地址,因为管理帧被严格地限制在一个区域内。管理帧用于管理站点和 AP 之间的通信,其功能主要涉及站点与 AP 之间的关联管理,例如请求建立、请求响应、重关联、取消关联及身份鉴别等。关联是指站点与 AP 之间建立连接的过程。

3. 控制帧

控制帧比数据帧简单,除必须有一个如图 8-16 中的标准 Frame Control 字段外,还有一至两个 Address 字段、Duration 及 FCS 字段,没有 Data 和 Sequence Control 字段。控制帧主要用于协助数据帧的传输,可用来管理对无线介质的访问,以提供 MAC 层的可靠性。控制帧的功能定义主要由 Frame Control 字段中的 Subtype 子字段来确定,如 RTS、CTS、ACK 等。

8.3.6 无线局域网的物理层

IEEE 802.11 物理层的主要功能是将一个 MAC 帧从一个站点(或 AP)发送到另一个站点(或 AP)。到目前为止,IEEE 802.11 提供了 6 种物理层规范。不同的物理层,所采用的技术及提供的数据传输速率各不相同。由于无线局域网的物理层操作涉及无线通信领域的大量技术,所以本节就相关的技术特点进行简要描述,对于技术细节感兴趣的读者可参阅相关的技术文档。

1. 红外线

凡是自身温度高于热力学零度的物体都会产生红外线。因此,红外线的应用十分广泛,例如在夜晚可以使用红外线夜视仪看清黑暗中的物体,家电、VCD、DVD、空调等家用电器的遥控器都是采用红外线来传输控制信息等。除此之外,红外线可以被用于传输数据,IEEE 802.11 标准中的红外线物理层使用了 0.85mm 或 0.95mm 波段,采用漫射方式进行传输,并提供了 1Mb/s 和 2Mb/s 两种速率,最大覆盖范围可以达到 20m。在较小的区域内使用红外线传输数据时,由于在房间或建筑物内红外线无法穿过诸如墙壁之类的不透明物体,从而可以保护数据信号,使数据传输的可靠性提高。另外,一般的噪声源(如微波炉、无线电接收器等)也不会干扰红外线信号。无线局域网中使用的红外线传输可分为直接传输和间接传输两种。其中,在应用中又分为点对点红外线局域网、漫射红外线局域网和反射式红外线局域网三种类型。

2. 直接序列扩频(DSSS)

根据香农(Shannon)定理 $C = W \log_2(1 + S/N)$,在信号的平均功率 S 和噪声的平均功率被确定时,信道容量 C 与频带 W 成正比,也就是说在信道容量 C 确定后,如果增加信道的频带 W,可以在较低信噪比(S/N)的情况下进行数据的传输。扩频(Spread Spectrum, SS)技术是将所传输的数据带宽扩展很多倍后再发送出去,这时发送信号所占用的信道带宽远远大于数据本身所占用的带宽,同时发射到空间的无线电功率也较小。直接序列扩频(Direct Sequence Spread Spectrum,DSSS)和跳频扩频(Frequency Hopping Spread Spectrum,FHSS)是最常使用的两种扩频技术。

最早的 IEEE 802.11 标准中确定的直接序列扩频物理层的数据速率为 1Mb/s 和 2Mb/s。使用 DSSS 时,发送站点使用"Barker Sequence"(巴克序列)作为扩频码,将要发送的每一位数据转换为被称为码片编码(ship code)的 11 位序列后发送出去,在接收端根据相同的编码规则再还原为原始的数据位。扩频码也称为伪随机噪声码(PN code)。DSSS 采用移相键控调制技术,如果每一个波特携带一位数据,则提供的传输速率为 1Mb/s;如果每一个波特携带两位数据,则提供的传输速率为 2Mb/s。

IEEE 802.11 采用 11 位的扩频码,其 Barker Sequence 为$\{+1,-1,+1,+1,-1,+1,+1,+1,-1,-1,-1\}$,其中 +1 代表 1,−1 代表 0。因此,Barker Sequence 就变成 10110111000。利用 Barker Sequence 对要发送的每一个用户数据位进行模 2 运算,生成 11 位的码片编码。如果要发送的数据为 0,Barker Sequence 中的每一位都不发生变化;如果要发送的数据为 1,Barker Sequence 的每一位都要发生变化,即从 0 变为 1,或从 1 变为 0。Barker Sequence 的编码规则如图 8-17 所示。通过直接序列扩频,将 1 位用户数据扩展(调制)成 11 位 0 和 1 组成的码片编码后,通过发射机发送出去。

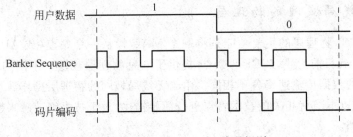

图 8-17 Barker Sequence 编码规则

接收机的工作频率与发射机相同,它通过查看收到的位序列中 0 和 1 的个数来确定用户数据 0 或 1。Barker Sequence 的 11 个位中,共有 6 个 1 和 5 个 0,只要接收到的 11 个位序列中包含 6 个 1 就代表接收到的是用户数据 0;如果其中包含 6 个 0,则代表所接收的是用户数据 1。

3. 跳频扩频(FHSS)

跳频扩频是最先得到广泛运用的物理层技术。所谓跳频就是以一种预定的伪随机序列快速变换传输频率,即通过不断地在频道之间切换载波信号来发射或接收信号,工作原理如图 8-18 所示。其中,纵轴代表频率,将可用频段划分为多个子频段,每个子频段称为一个频隙(frequency slot);横轴代表时间,分为一个个时间段(即时隙,time slot)。时隙和频隙的选择由具体的跳频模式确定,图 8-18 中所采用的跳频模式为$\{3,6,4,8,1\}$。接收机和发射机必须随时保持同步(相同的频率),才能正确收发信号。

跳频通信的工作原理可以简单地概括为:多频、选码、移频键控。从时域上看,跳频信号是一个多频率的移频键控信号；从频域上看，跳频信号的频谱是一个在较宽的频带上随机跳变的宽带信号。

跳频扩频可以使多个系统共享相同的频段。在这种环境下，只需要为每一个系统指定不同的伪随机序列即可。在同一时间内，每个跳频系统必须使用不同的频隙。只要两个系统不使用相同的频隙，就不会产生相互之间的干扰。如图 8-19 所示，一个系统使用的跳频模式为{3,6,4,8,1}，而另一个系统使用的跳频模式为{5,1,7,3,5}。这两个系统之间不会在相同时间发生跳频序列的重叠，将这一现象称为正交(orthogonal)。当在同一范围内使用多个 IEEE 802.11 无线局域网时，正交跳频序列可以使网络的总吞吐量达到最高。

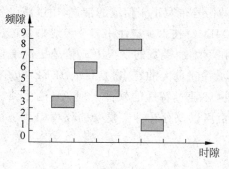

图 8-18　跳频扩频工作原理

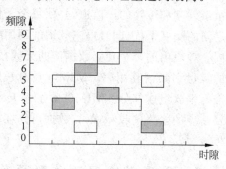

图 8-19　正交跳频扩频工作原理

IEEE 802.11 中的 FHSS 使用了 96 个不同频率的信道，每一个信道的频段为 1MHz，用中心频率来定义，信道 0 的中心频率为 2.400GHz、信道 1 的中心频率为 2.401GHz，以此类推，直到中心频率为 2.495GHz 的信道 95。并不是这 96 个信道都会使用，具体要根据不同国家和地区所采用的标准来定，例如美国(FCC)和加拿大定义的可用信道为 2~79(2.402~2.479GHz)，日本定义的可用信道为 73~95(2.473~2.495GHz)等。

使用 FHSS 时，发送站点在一个预先设置好的频率上按照编码序列规定的顺序离散地跳变，从而扩展发射频谱。FHSS 是使载波在一个频率范围内按伪随机序列控制方式进行跳变，接收端首先从发送来的跳频信号中分离出跳频同步信号，使接收机的伪随机序列控制的频率跳变与接收到的跳频信号同步(即发送方和接收方在传输过程中同步的转移频率)，输出的被同步后的载波经解调后，获得发送方送来的信息。

FHSS 的突出特点是保密性好，抗干扰能力强，其缺点是提供的带宽较低，在速率较高的无线局域网标准中已不再使用。

4. 正交频分多路复用(OFDM)

正交频分多路复用(Orthogonal Frequency Division Multiplexing，OFDM)是 IEEE 802.11a 标准中提出的一项技术，可以在 5GHz 频段上提供 54Mb/s 的速率。OFDM 也称为多载波调制，它使用了不同频率的多个载波信号，并在每一个信道上发送一些数据位。OFDM 总共有 52 个频率，其中 48 个用于传输数据，另外 4 个用于同步，类似于 ADSL 的工作过程。由于多个传输过程同时在多个频率上同时进行，所以 OFDM 也被认为是一种扩频技术。

5. 高速直接序列扩频(HR-DSSS)

高速直接序列扩频(High Rate Direct Sequence Spread Spectrum，HR-DSSS)工作在

2.40~2.48GHz 频段,与 DSSS 相同。但是,为了在相同的频率和码片编码方式上提供更高的速率,HR-DSSS 使用了补码键控(CCK)调制技术。CCK 的技术较为复杂,其基本原理是:波特率为 1.375,每一个波特携带 4 位或 8 位数据,所以 HR-DSSS 提供的传输速率为 5.5Mb/s 或 11Mb/s。IEEE 802.11b 标准中为 11Mb/s,HR-DSSS 兼容 DSSS。

6. 多重输入多重输出正交频分多路复用(MIMO-OFDM)

多重输入多重输出正交频分多路复用(Multiple Input Multiple Output Orthogonal Frequency Division Multiplexing,MIMO-OFDM)是多重输入多重输出(MIMO)技术与正交频分多路复用(OFDM)技术的有机结合。其中,OFDM 技术的核心是将信道分成许多进行窄带调制和传输的子信道,并使每个子信道上的信号带宽小于信道的带宽,用以减少各信道之间的相互干扰,同时提高频谱的利用率。而 MIMO 技术是指使用多个天线来发送和接收同一频段内的多个独立数据流的无线技术,能在不增加带宽的情况下成倍地提高通信系统的容量和频谱利用率。MIMO 具有长距离以及吞吐量大的特点,是目前 IEEE 802.11n 标准的重要组成部分。MIMO 除了多天线技术外,还通过特殊的软件实现 AP 的多路输出以及站点的多路接收和解码,数据可以在较长的距离以及存在冲突复杂的环境中实现稳定的传输。

8.3.7 无线局域网的关联操作

无线局域网在组网方式、工作模式(只能工作在半双工模式下)、数据传输方式、网络管理方式等方面都与有线网络不同,其中关联操作反映了无线局域网的基本工作特点。

1. 关联

不管采取什么结构类型,当任意两个无线节点(无线站点或 AP)之间通信前,必须首先建立两者之间的关联,关联是无线节点之间发现、识别、请求和接受的过程。

以 BSS 为例,AP 会周期性地广播一个用于告知自己存在的称为"信标"(beacon)的特殊帧,当该 AP 范围内的无线站点在接收到信标帧时,确定是否加入该 AP。其中,在信标帧中包含了一个 32bit 的 SSID(Service Set Identifier,服务集标识)字段,用于对 AP 进行标识(ID)。无线站点和 AP 的 SSID 必须相同方可通信,即当一个无线站点需要加入 AP 时必须得到其 SSID。无线网卡设置了不同的 SSID 就可以进入不同网络,SSID 通常由 AP 广播出来,通过操作系统自带或与无线网卡配套的扫描软件可以查看到当前位置周围的 SSID。每个 AP 在出厂时都自带了默认的 SSID,管理人员可以根据需要对 AP 的 SSID 进行手工配置。

出于安全考虑,通过配置可以让 AP 不广播 SSID(即设置为隐形模式),此时用户就需要在无线站点上手工设置 SSID 才能进入相应的网络。在对 AP 进行配置时,一般都提供了是否允许"SSID 广播"的功能项。

如图 8-20 所示的是无线站点与 AP 之间建立关联的过程:

(1) 无线站点广播一个探测请求帧,期待覆盖范围内的任何一个 BSS 中的 AP 做出响应。该探测请求帧中可能包含一个特定的 SSID,也可能不包含 SSID。如果包含 SSID,则希望与特定的 AP 之间建立关联,否则会探测覆盖范围内所有可能存在的 AP。

(2) AP 以探测响应帧进行应答,报文中包括自己的 SSID。探测响应帧也以广播方式发送。

(3) 根据从探测响应帧中得到的信息,无线站点向确定的 AP 发送一个认证请求帧,并等待 AP 的确认。出于安全考虑,AP 对接入自己的无线站点需要进行认证。最简单的认证方式为"用户名+密码"。

(4) AP 向无线站点发送认证响应帧,接受或拒绝该无线站点的加入请求。

(5) 无线站点发送一个关联请求帧,等待加入无线网络。

(6) AP 向无线站点发送一个关联响应帧,完成关联的建立过程。

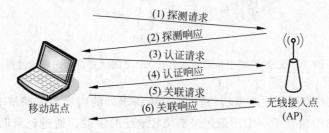

图 8-20　BSS/ESS 网络中移动站点与 AP 之间建立关联的过程

关联是一种记录的建立和保持过程,它让网络能够记录每一个移动站点的位置(属于哪一个 AP),以便将传送给移动站点的帧转送给正确的 AP。当 AP 所接收到的帧的目的地址为与之关联的移动站点时,便将该帧直接转发给该移动站点;如果该移动站点处于休眠状态时,AP 则缓存该帧,等待该无线站点唤醒后再转发给它;如果该帧的目的地址不在与该 AP 关联的移动站点上,则转发该帧到指定的 AP,并交其处理。

2. 重新关联

重新关联(reassociation)即大家习惯上讲的漫游(roaming),它是一个将关联关系从原来的 AP 转至新 AP 的过程。如图 8-21 所示,当无线站点从一个 AP 的覆盖范围(一个小区)移动到另一个 AP 的覆盖范围时就会进行重新关联操作。通过重新关联操作,使网络能够知道移动站点的具体位置,即具体的移动站点关联到哪一个 AP 上。

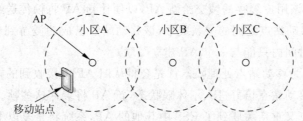

图 8-21　由三个小区组成的无线局域网

重新关联必须建立在已关联的基础上,即在开始重新关联之前,移动站点必须已经关联到某个 AP。移动站点会持续监测从当前 AP 及同一个 ESS 的其他 AP 所收到的信号质量,一旦认为其他 AP 是较好的关联对象时,便会启动重新关联操作。移动站点决定是否需要进行重新关联的依据,在 IEEE 802.11 标准中未进行严格规定,可取决于所使用的软硬件,由各厂商自行决定。其中,有些移动站点会选择在无线网卡刚刚开启时所接收到最强信号的 AP,之后会一直与它保持关联,只有当完全接收不会信号时才会选择其他的 AP;有些移动站点会随时选择信号最强的 AP 进行重新关联;有些移动站点会记录已关联过的 AP,当需要在两个信号强度相当的 AP 之间进行选择时,会优先选择已关联过的 AP,以避免在两个 AP 之间不断切换。

重新关联的操作可分为以下几步(如图 8-22 所示):

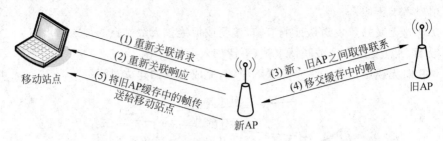

图 8-22 ESS 网络中移动站点与新 AP 之间建立重新关联的过程

(1) 移动站点对新 AP 发送重新关联请求,该请求帧的内容与关联请求帧相同,唯一的差别是重新关联帧中包含了一个用来记录旧 AP 地址的字段。通过记录旧 AP 地址的字段告诉新 AP:之前我已于某 AP 建立了关联。由图 8-20 所示的操作过程可知,在关联建立的过程中需要对移动站点的身份进行认证。在同一个 ESS 中,只需要对同一用户的身份认证一次,即一次认证多次(多个 AP)登录。当新 AP 接收到重新关联帧时,会提取旧 AP 地址,然后与旧 AP 联系,查看该用户是否存在。如果无法验证用户身份的存在,新 AP 就会响应一个称为"解除身份验证"的帧,同时终止整个过程。

(2) 新 AP 开始处理重新关联请求,处理方式与关联请求类似。如果获准该重新关联请求,新 AP 将返回一个重新关联响应帧,并在该帧中告诉新 AP 的关联地址;如果未得到获准(如新 AP 未能够从旧 AP 中获得用户身份信息),新 AP 将返回一个重新关联失败的响应帧,并终止整个过程。

(3) 新 AP 与旧 AP 取得联系,以完成整个重新关联操作。并要求旧 AP 将缓存区中可能保存的该用户的帧发给新 AP。

(4) 旧 AP 把为该用户缓存的帧交给新 AP,以便让新 AP 将帧传送给移动站点。之后,旧 AP 终止其与该移动站点之间的关联关系,该移动站点已成功漫游到新 AP 上(注意:一个移动站点在同一时间内只能与一个 AP 建立关联)。

(5) 新 AP 开始为移动站点处理帧。首先会将从旧 AP 中接收到的帧传送给移动站点。如果在传送帧之前移动站点恰好进入了休眠状态,新 AP 将缓存这些帧。

如果该移动站点又重新关联到了 ESS 中其他的 AP,系统将重复以上的重新关联操作。

重新关联采用"先断开再连接"的操作顺序,即移动站点在与新 AP 建立重新关联之前,已断开与旧 AP 的连接。此操作过程将会导致移动站点与网络连接之间的暂时中断,中断时间的长短与设备性能和网络运行环境有关。

需要说明的是:以上的重新关联建立在无线局域网的第二层,即在数据链路层完成的重新关联。这时,对于 TCP/IP 网络来说,只是移动站点从 ESS 中的一个 AP 重新关联到另一个 AP,但移动站点所拥有的 IP 地址并未发生变化。反映到应用层时,原来建立的应用层连接并未因为重新关联而发生中断。每一个 ESS 相当于一个 IP 子网(一个 VLAN),如果要在不同 ESS 的 AP 之间建立重新关联,移动站点的 IP 地址将会发生变化,原来建立的应用层连接将会发生中断。

8.3.8　无线局域网的信道定义

在无线通信系统中,信道(channel)是指一个通信频段,是通过无线信号来传输数据的通道。对于无线电磁波来说,在发送端与接收端之间不存在有形的通道,而且传播路径也不唯一。但在具体的通信过程中,为了形象地描述发送端与接收端之间信号传输,我们想象两者之间有一条连接通道,这条想象中的通路称为信道。信道具有一定的频率范围,即频段。

常用的 IEEE 802.11b/g 工作在 2.4～2.4835GHz 频段,所定义的每一个信道代表一个中心频率,两个中心频率之间相隔 5MHz,即每个信道占有 5MHz 频段。采用直接序列扩频传输时,所使用的频段会宽于指定的 5MHz,大部分的能量分布在 22MHz 的频段(如图 8-23 所示)。理想的情况下,每个信道之间不要产生信号频率的重叠。根据这一传输特性,IEEE 802.11b/g 仅有三个有效的信道,分别为图 8-23 中的信道 1、6 和 11。当在某一信号覆盖范围内存在两个以上的 AP 时,需要为每个 AP 设定不同的频段,以免共用信道时发生冲突。

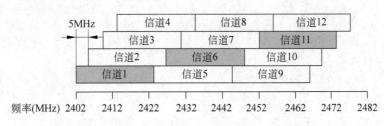

图 8-23　一种 IEEE 802.11b 标准定义的信道

并不是所有的无线局域网设备都提供 12 个信道。根据不同国家和地区所采用标准的不同,所提供的信道数量和每个信道的频段划分也不尽相同。例如,北美采用 2.412～2.462GHz 频段,共 11 个信道,其中信道 1、6 和 11 之间不存在频率重叠;欧洲采用 2.412～2.472GHz 频段,共有 13 个信道,其中信道 1、6 和 13 之间不存在频率重叠等。

IEEE 802.11a 工作在 5GHz 频段,提供了 12 个有效信道,可以为 AP 提供更多的信道选择,以便有效降低各信道之间的冲突。

在部署无线局域网时,需要综合考虑每个 AP 提供的总带宽以及所连接的移动站点数量。IEEE 802.11a 提供 12 个非重叠的信道,最大传输速率为 54Mb/s,所以总带宽最大为 $54 \times 12 = 648$Mb/s;而 802.11g 提供了三个非重叠的信道,最大传输速率也为 54Mb/s,所以总带宽最大为 $54 \times 3 = 162$Mb/s。所以,当接入同一 AP 的移动站点数量较少(≤3)时,分辨不出 802.11a 和 802.11g 在连接速率上的区别,但是随着接入站点数量的增大(≥4)时,802.11a 的优势就会表现出来。

要将信道的重叠程度降到最低,通常需要对 AP 的放置位置进行调整,有时还要借助外接天线,是一项费时费力的工作。

习　题

8-1　简述无线网络利用电磁波进行通信的基本实现原理。
8-2　名词解释:振幅、频率、强度、相位、极化、速度、波长、多径传播。

8-3 什么是无线网络?结合实际应用,分析无线网络与有线网络之间的区别。

8-4 从网络拓扑、通信频率、通信速率等方面分析蓝牙通信的原理和特点。

8-5 综合分析 IEEE 802.1x 系列标准(IEEE 802.11、802.15、802.16 和 802.20)的基本实现原理及相互之间的不同。

8-6 什么是关联?描述无线局域网中的关联方法和过程。

8-7 什么是无线局域网的信道?从无线局域网的信道划分的原理说明:为什么随着接入 AP 的用户数量的增加,网络性能会急剧下降。

第 9 章　IPv6

IPv4(Internet Protocol version 4,互联网协议版本 4)是目前互联网上广泛使用的网络层协议。从 20 世纪 80 年代以来,它伴随着互联网的发展不断完善和成熟,已成为 Internet 的基础协议。但是,随着近年来 Internet 应用的爆炸式发展,IPv4 存在的问题已经暴露出来,而且有些问题已经成为影响 Internet 持续发展的瓶颈。IPv6(Internet Protocol version 6,互联网协议版本 6)是网络层协议的第二个标准化版本,也称为 IPng(IP next generation,下一代互联网),是 IETF(Internet Engineering Task Force,Internet 工程任务小组)制定的一整套规范,其目的是解决 IPv4 中存在的问题,并最终取代 IPv4。本章通过与 IPv4 的对比分析,介绍了 IPv6 的概念、原理、实现过程和应用特点。

9.1　IPv6 概述

IPv4 存在的主要问题表现在:IP 地址已经枯竭、NAT 技术的应用破坏了 IP 之间端到端的通信、Internet 主干路由器中路由表的条目过于庞大、QoS(服务质量)无法满足应用需求、IPv4 协议自身存在一些不安全因素。这些问题的存在,直接导致了 IPv6 的出现和应用。

9.1.1　IPv6 的产生与发展

历经 30 多年的实践证明,IPv4 是一个非常成熟的协议。但成熟并不是说就不存在缺陷,这些缺陷有些是技术上的,而有些则是管理上的。例如,IPv4 协议安全、NAT 实现、QoS 管理等存在的应用问题是由 IPv4 技术本身所决定,只要继续使用 IPv4 网络,不管采取何种补救措施,只能减小因缺陷产生的影响,而无法完全消除缺陷。而有些缺陷则是因管理制度的不合理而产生的,例如 IPv4 地址的分配方法是非常低效和不合理的。在 20 世纪 80 年代初,美国作为 Internet 最早应用的国家,几乎所有的大学和大型公司都拥有至少一个完整的 A 类或 B 类地址,并一直保持到现在,造成非常大的地址浪费。与此形成对比的是,其他地区和国家拥有的 IP 地址数量非常有限,而且申请非常困难,甚至无法申请到 IP 地址。在目前整个 IP 地址分配空间中,美国拥有大约 60%,亚太地区和欧洲拥有 30%,非洲和拉美地区只拥有不到 10%。尤其是近 10 多年来,全球通信领域在基本完成了从模拟到数字的升级后,各类应用逐渐向 IP 网络转化(称为"IP 化")已成为潮流。随着 IP 设备数量的快速增长,IPv4 地址紧缺问题更加突出。

当人们越来越依赖一个存在各种应用缺陷的 IPv4 网络时,不得不寻找新的解决途径。IPv6 在继承了 IPv4 成熟技术和成功应用经验的基础上,解决了 IPv4 中存在的主要(而非全部)问题,为 Internet 的发展提供了一定的空间。1993 年 12 月,IETF 在 RFC 1550 文档中对 IPng 方案提出了具体目的和要求:

(1) 支持几乎无限大的地址空间;
(2) 减小路由表的大小,使路由器能更快地处理报文;
(3) 提供更好的安全性,实现 IP 级的安全;
(4) 支持多种服务类型,并支持组播;
(5) 支持自动地址配置,允许主机不更改地址便可实现异地漫游;
(6) 允许新、旧协议共存一段时间;
(7) 协议必须支持可移动主机和网络。

之后,出现了许多 IPng 提案,其中一种称为 SIPP(Simple IP Plus)提案。SIPP 的实现思路是:去掉 IPv4 数据报头部的一些字段,使头部变小,并且采用 64 位地址。IPv4 将"选项"字段作为头部可选部分,而 SIPP 将原来 IPv4 数据报头部的"选项"字段进行了隔离,新数据报头部不再包含"选项"字段,原来的"选项"字段单独放在了传输层协议单元与新数据报之间。使用了 SIPP 方案后,路由器只有在需要时才会对"选项"字段进行处理,这样便提高了数据的处理能力。

1994 年 7 月,IETF 决定以 SIPP 作为 IPng 的基础,同时将地址从 64 位增加到 128 位,新的 IP 协议称为 IPv6,此讨论见 RFC 1752 文档。1995 年 12 月,IETF 在 RFC 1883 文档中正确定义了 IPv6。IPv6 侧重于网络的容量和性能,并非仅仅是增加地址空间。IPv6 与 IPv4 之间不兼容,但 IPv6 兼容 TCP/IP 协议族中的其他协议。

自从 1993 年 IETF 成立 IPng 工作组从事下一代互联网的研究以来,IPv6 在标准建设和应用推广等方面的进展非常顺利。其中,中国对 IPv6 标准的制定和应用研究做出了突出贡献,在 IPv6 进程中已赢得了一席之地。2003 年国家发改委等部门启动了下一代互联网示范工程(CNGI)项目,2004 年 12 月 CERNET2 主干网初步建成,目前已经有 200 多个大学和科研院所接入骨干网,而这个数字还在不断增加。

9.1.2 IPv6 的新特性

IPv6 继承了 IPv4 的优点,摒弃了 IPv4 的缺点。与 IPv4 相比,IPv6 的新特性主要表现在以下几个方面。这些特性的详细内容还将在本章随后的内容中进行介绍。

1. 提供巨大的地址空间

IPv4 采用 32 位编址,提供大约 43 亿个 IP 地址,其中 12% 的 D 类和 E 类地址不能作为公共网络中的单播地址来分配,另有 2% 是不能直接使用的特殊地址(如私有 IP 地址、环路测试地址等)。IPv6 采用 128 位编址,其地址空间非常巨大,有夸张的说法是:可以让地球上每一粒沙子拥有一个 IP 地址。在实际应用中,根据特定的编址方案,IPv6 的地址空间不会达到理论的 2^{128},但其可用地址空间还是非常大。

在 IPv4 中,为了缓解 IP 地址紧缺带来的困境,大量采用 NAT 机制。通过 NAT 协议,可以在不同网段之间共享和重新使用相同的地址空间,但 NAT 为网络设备和应用程序增加了负担,并破坏了 IP 与 IP 之间端到端的通信方式。在 IPv6 中,不再需要直接使用 NAT 机制,这为 Internet 中大量端到端的应用提供了地址保障。

2. 提高了数据报的处理效率

IPv6 数据报的头部虽然比 IPv4 要大,但 IPv6 的头部结构更简洁。IPv6 数据报头部包括基本头部和扩展头部两部分,其中 IPv6 数据报基本头部的大小是固定的,将原来 IPv4 中的一些基本字段包含了进来,并去掉了 IPv4 中头长度(Internet Header Length)、标识(Identification)、标志(Flag)、段偏移(Fragment Offset)、头校验和(Header Checksum)和填充(Padding)等字段。原来 IPv4 中的"选项"字段被迁移到 IPv6 的扩展头部中。

IPv6 数据报头部结构,利于对 IP 数据报的处理。这样,网络中的路由器在处理 IPv6 数据报协议的头部时,无需处理不必要的信息,提高了路由器的处理效率。另外,IPv6 数据报头部所有字段均为 64 位对齐,充分利用了当前 64 位处理器的性能优势。

IPv6 数据报在基本头部之后增添了扩展头部,提高了 IPv6 功能的可扩展性。IPv4 数据报头部的"选项"字段只有 40 字节,而 IPv6 的扩展头部长度没有这个限制。

3. 提高了路由选择的效率

IPv4 的地址空间一开始时便采用一种扁平结构,缺乏层次和地址块的可聚合性,使得 Internet 主干路由器必须维护非常大的路由表。虽然 CIDR(无类别域间路由)技术的使用增强了地址空间的层次性,可以实现地址块的聚合,但全球没有一个组织能够在 Internet 上有效部署 CIDR。

IPv6 充足的地址空间与层次化的编址方案,可通过网络前缀对大量的连续地址块进行聚合。对于 Internet 服务提供商(ISP)或大型企业来说,可以将所有客户(或内部用户)的网络前缀聚合到一个单独的前缀中,一个聚合后的前缀在 Internet 的路由器上只需要一条路由表信息。为此,IPv6 的多层次地址划分体系的实施,减小了路由表的条目,提高了路由选择的效率。

4. 提供即插即用的自动配置功能

IPv4 中设备 IP 地址的配置分为手动配置和自动配置两种方法,其中手动配置需要手工为每一台设备分配 IP 地址及相关参数(如子网掩码、DNS 服务器 IP 地址、网关 IP 地址等),而自动配置多采用 DHCP(动态主机配置协议)来为网络中的设备分配 IP 地址及相关参数。手动配置需要使用者掌握一定的计算机网络操作知识,而部署 DHCP 服务器不但给网络管理增加了负担,而且带来了一些安全隐患。

IPv6 提供了地址的无状态地址自动配置机制,它是 IPv6 内置的基本功能。利用无状态地址自动配置机制,节点可以根据本地链路上相邻的 IPv6 路由器发布的网络信息,自动配置 IPv6 地址和默认路由。这种即插即用的 IP 地址自动配置方式完全不需要人为干预,也不需要部署 DHCP 服务器,简单易行,使网络节点的迁移和增减变得更加自由,并且显著降低了网络的管理维护成本,为 PDA、移动电话及各种数字终端的应用带来了便利。

5. 提供更好的服务质量

IPv4 也提供了 QoS(服务质量),对实时多媒体、IP 电话等需要 IP 网络在时延、抖动、带宽、差错等方面有严格要求的网络通信业务提供一定的服务质量保障。但由于 IPv4 本身存在着地址层次结构不合理、路由不易聚合、路由选择效率不高、IP 数据报头部格式不固定等缺陷,使得节点难以通过硬件来实现数据流识别,从而使得 IPv4 无法提供很好的 QoS。

IPv6 的设计充分考虑到当前及未来 Internet 应用,对传输时延、抖动等有严格要求的实时网络通信提供了良好的 QoS 保障。为了区别处理不同的数据流,IPv4 在其数据报头部通过三位的服务类型(Type of Service)字段来提供服务质量,在 IPv6 数据报头部中采用 8 位的通信流类别(Traffic Class)字段来代替 IPv4 中的服务类型字段,网络中的各个节点利用该字段来识别和区分 IPv6 数据流的类型和优先级。另外,IPv6 在数据报头部还增加了一个 20 位的流标签(Flow Label)字段,使得网络中的路由器不需要读取数据报的内层信息,就可以对不同的 IPv6 数据流进行区分和识别。同时,IPv6 还通过提供永久连接、防止服务中断以及提高网络性能等方法来改善服务质量。

另外,IPv6 还提供了许多新的特性,如用 ND(Neighbor Discovery,邻居发现)协议来有效管理相邻节点之间的交互、支持移动 IP(Mobile IP)、用组播地址代替广播地址、用内置 IPSec 协议来提高安全性等,部分内容将在本章随后进行详细介绍。

9.2　IPv6 基础知识

在学习和掌握了 IPv4 知识的基础上,本节将介绍 IPv6 的一些基本内容,主要包括 IPv6 地址、IPv6 报文结构、ICMPv6 等。

9.2.1　IPv6 编址

IPv4 采用 32 位编址提供大约 43 亿个地址空间,而 IPv6 采用 128 位编址提供海量的地址空间。IPv6 通过多层次地址划分体系提供了良好的聚合性,解决了 IPv4 扁平化编址存在的弊端。

1. IPv6 地址格式

在 IPv6 编址结构的定义(参见 RFC 4291 文档)中,IPv6 有首选格式、压缩格式和内嵌 IPv4 地址的 IPv6 地址格式共三种表示方式。

1) 首选格式

首选格式也称为"冒号十六进制表示法",即将 128 位地址划分为长度为 16 位的段,共有 8 段,然后将每段用一个 4 位的十六进制数来表示,段与段之间用冒号":"分隔。格式如下:

×:×:×:×:×:×:×:×　(其中×表示一个 4 位的十六进制数)

下面是一个用二进制表示的 IPv6 地址(分成 8 个大小为 16 位的段):

1001011000111101　1000100011100101　0000111100101010　0000000011100011
1111110000110001　1000000110011110　0100100000111110　0001100010011110

将每个 16 位的段转换为 4 位的十六进制数后,段与段之间用冒号":"分隔,便形成了如下所示的 IPv6 的地址表示方式:

963D:88E5:0F2A:00E3:FC31:819E:483E:189E

IPv6 编址方案规定:每段中最前面的 0 可以去掉,但每段至少要保证有一个数字。去掉每个段前面的 0 后,上述地址可以表示为:

963D:88E5:F2A:E3:FC31:819E:483E:189E

2) 压缩格式

当一个或多个连续的段中的每一位都由 0 组成时,用双冒号"::"来代替这个或这些连

续的段。压缩格式可以缩短地址表示的长度,但一个 IPv6 地址只允许压缩一次。例如如下地址:

```
2001：DB8：0：0：20：900：200C：215E
FF01：0：0：0：0：0：0：109
0：0：0：0：0：0：0：0
```

分别被压缩为:

```
2001：DB8：：20：900：200C：215E
FF01：：109
：：
```

根据 IPv6 地址的压缩规则,以下的地址表示是错误的:

```
：：AEF1：：101
2001：：20：900：：216C
```

需要注意的是:使用地址压缩格式时,不能将其他非全 0 段内有效的 0 压缩掉。例如,不能将 FE01:1000:0:0:0:0:1EA3:2EF1 压缩为 FE01:1::1EA3:2EF1。

3) 内嵌 IPv4 地址的 IPv6 地址格式

这是兼容 IPv4 地址表示的一种格式,整个 IPv6 的地址段分为前后两部分:前 6 个段仍然采用"冒号十六进制表示法",而后两个段借用 IPv4 中的"十进制表示法",前后两部分之间用冒号":"分隔,格式如下:

×:×:×:×:×:×:d.d.d.d (其中,×表示一个 4 位的十六进制数,而 d 表示一个三位的十进制数)

有以下两种内嵌 IPv4 地址的 IPv6 地址表示方法:

(1) IPv4 兼容 IPv6 地址。例如,0:0:0:0:0:0:172.16.33.115 或::172.16.33.115。

(2) IPv4 映射 IPv6 地址。例如,0:0:0:0:0:FFFF:172.16.33.115 或::FFFF:172.16.33.115。这两类地址的格式及应用将在本章随后内容中进行介绍。

2. IPv6 地址的前缀

与 IPv4 中的 CIDR 表示方法一样,IPv6 也用"地址/前缀长度"来表示。其中,IPv6 中的前缀类似于 IPv4 中的"网络 ID",一般用于路由或子网的标识,但有时也表示地址类型,如前缀"FE80::"表示地址是一个链路本地地址(Link-local Address)。IPv6 地址的前缀表示如下:

```
FE80：0：0：2011：：/60
```

3. IPv6 在 URL 中的表示

在 IPv4 中,用"IP 地址+端口号"来表示 URL 中的地址信息,如:

```
http://www.tsinghua.edu.cn/index.asp
http://121.52.160.5:8080/index.htm
```

但在 IPv6 地址中因为自身已包含":",所以为了与 URL 中"端口号"前的":"分开,IPv6 地址在 URL 中用"[ ]"包含起来,如:

```
http://[FE80：0：0：2011：：17C2]：8080/index.asp
```

9.2.2 IPv6 的地址分类

IPv4 中的地址分为单播、组播和广播三种类型,而 IPv6 中不再提供广播地址,用组播地址来完成 IPv4 广播地址的功能。IPv6 中的地址分为单播(unicast)、组播(Multicast)和任播(Anycast)三种类型,如图 9-1 所示。

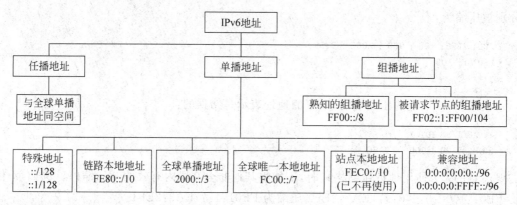

图 9-1 IPv6 地址分类

1. 单播地址

与 IPv4 相同,IPv6 中的单播地址是指只能分配给一个节点的一个接口上的地址。单播地址由"子网前缀+接口地址"组成,其中子网前缀(Subnet Prefix)代表接口所在的网络(子网),接口地址(Interface ID)用于区分同一子网中的不同接口(而非主机,有些主机具有多个接口)。但与 IPv4 不同的是,IPv6 单播地址根据其作用范围的不同,又分为以下多种类型:

1)可聚合全球单播地址

IPv6 中的可聚合全球单播地址类似于 IPv4 中的公网 IP 地址,它的最高位为固定的 001,其结构如图 9-2 所示。

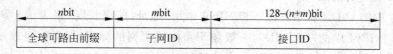

图 9-2 可聚合全球单播地址的结构

其中:全球可路由前缀(Global Routing Prefix)表示由 IANA(互联网数字分配机构)下属的机构分配给 ISP 或其他机构的地址,由于这部分地址用于互联网主干路由器上的路由聚合,所以 IANA 对其进行了严格管理,用于限制路由表中路由条目的数量;子网 ID(Subnet ID)是由 ISP 在获得的全球可路由前缀的地址下,给其他单位(如某一高校或企业等)分配的子网地址;接口 ID 用于唯一地标识同一子网中的不同接口(如计算机的网卡)。根据 RFC 3177 文档中的建议,全球可路由前缀最长为 48 位,子网 ID 固定 16 位,接口 ID 固定 64 位,以满足 EUI-64 标识的长度要求。

2)链路本地地址

链路本地地址只能在连接到同一本地链路的节点之间使用,例如 IPv6 的邻居发现

(ND)协议、动态路由协议中本地链路相邻节点之间的通信等。这里的链路是以路由器为边界的一个或多个局域网段。链路本地地址采用如图9-3所示的固定结构,其中最高10位为固定的1111111010,随后54位为连续的"0",最低的64位提供给网络接口,使用EUI-64地址。当启用了IPv6协议的节点在启动时,接口会自动配置一个前缀为FE80::/64(即最高10位值为1111111010)的链路本地地址。通过这种机制,可以使连接到同一链路的多个IPv6节点之间实现相互通信,而不需要进行任何配置。

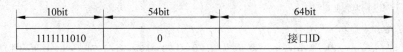

图 9-3 链路本地地址的结构

3) 站点本地地址

站点本地地址类似于IPv4中的私有IP地址,它只能在内部网络中使用,是一个应用范围受限的地址。任何没有申请到可聚合全球单播地址的组织机构都可以使用站点本地地址。站点本地地址的固定前缀为FEC0::/64,其结构如图9-4所示,其中最高10位为固定的1111111011,紧跟其后的38位为连续的"0",16位子网ID用于在内部网络中创建子网,64位接口ID分配给内部主机使用。

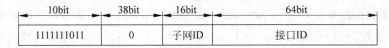

图 9-4 站点本地地址的结构

与链路本地地址不同的是,站点本地地址不是自动生成的。站点本地地址已在RFC 4291文档中被作废,不再使用。

4) 唯一本地地址

唯一本地地址(Unique-local Address)在RFC 4193文档中进行了定义,主要功能有两个:一是取代站点本地地址;二是地址具有唯一性,避免产生像IPv4中的私有IP地址外泄到公网后带来的问题。唯一本地地址的结构如图9-5所示,其中:固定前缀为FC00::/7(即最高7位为1111110);L位表示地址的范围,当该位为"1"时表示在本地范围内使用,当为"0"时暂时未定义其功能;全球ID(Global ID)是随机生成的全球唯一的前缀。

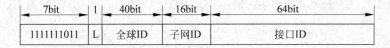

图 9-5 唯一本地地址的结构

唯一本地地址具有以下的特点:

(1) 具有全球唯一前缀。虽然该前缀是自动生成,但发生重复的概率非常低。

(2) 可用于构建虚拟专用网(VPN)。

(3) 具有熟知的前缀,边界路由器可以很容易对其进行过滤。

(4) 在应用上类似于IPv4中的私有地址,不需要申请,但不会与ISP分配的地址冲突。

（5）上层协议将其认为是全球单播地址，简化了上层协议。

（6）使用该地址的 IPv6 数据报一旦外泄到公网上，不会与其他设备的接口地址产生冲突。

5) 全"0"地址

与 IPv4 中的全"0"地址的功能相同，IPv6 中的全"0"地址（即 0:0:0:0:0:0:0:0 或 ::）代表本网络，即未指定地址（Unspecified Address），表示某一个地址不可用。全"0"地址不能用于报文中的目的地址。

6) 环路地址

环路地址（Loopback Address）表示为 0:0:0:0:0:0:0:1 或 ::1，其应用功能类似于 IPv4 中的 127.0.0.1，只在本节点内部有效。当路由器接收到的报文中的目的地址为环路地址时，不能向任何链路转发该报文。

7) 兼容地址

考虑到从 IPv4 到 IPv6 的过渡，IPv6 提供了以下几类兼容 IPv4 的地址（详细内容在 "IPv6 过渡技术"一节中介绍）：

（1）IPv4 兼容地址。可表示为 0:0:0:0:0:0:d.d.d.d 或 ::d.d.d.d，其中 d.d.d.d 代表以"点分十进制"表示的 IPv4 地址，如 2001::172.16.33.119。该类地址用于具有 IPv4 和 IPv6 两种协议的节点使用 IPv6 进行通信。

（2）IPv4 映射地址。可表示为 0:0:0:0:0:FFFF:d.d.d.d 或 ::FFFF:d.d.d.d，是一种内嵌 IPv4 地址的 IPv6 地址，如 2001::FFFF:172.16.33.5。该类地址被 IPv6 网络中的节点用来标识 IPv4 网络中的节点。

另外，还有 6to4 地址、6over4 地址和 ISATAP 地址，将在本章随后的"IPv6 过渡技术"一节中进行介绍。

8) IEEE EUI-64 接口 ID

EUI-64 接口 ID 是由 IEEE（国际电子电气工程师协会）定义的一种 64 位的扩展唯一标识符，它与网络接口的数据链路层地址有关。在以太网中，IPv6 地址所在接口 ID 的数据链路层地址为 MAC 地址，MAC 地址为 48 位。为建立 48 位 MAC 地址与 64 位 EUI-64 接口 ID 地址之间的关系，规定在 MAC 地址的中间位置插入固定的十六进制数 FFFE（二进制表示为 11111111 11111110）。同时，为了确保这个从 MAC 地址转换得到的接口 ID 标识符的唯一性，还要将从高位开始的第 7 位（称为"U/L 位"）设置为 1。最后得到的这组数将作为 EUI-64 接口 ID。如图 9-6 所示的是 MAC 地址 00-50-56-C0-00-01 转换为 EUI-64 接口 ID 的过程。

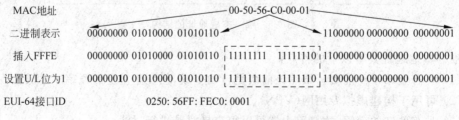

图 9-6 MAC 地址转换为 EUI-64 接口 ID 的过程

2. 组播地址

组播是指一个源节点(站点)发送的单个数据报文转发到多个特定的目的节点,是一种一对多(One-to-Many)的通信方式。在 IPv4 中,组播地址的最高 4 位为 1110。在 IPv6 网络中,组播地址的最高 8 位为 11111111,即 FF::/8。如图 9-7 显示了组播地址的结构。其中,各字段的含义如下:

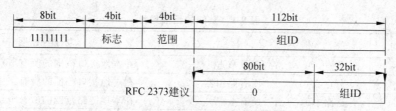

图 9-7 组播地址的结构

(1) 标志(Flags)。该字段共占用 4 位,目前只使用了最后一位(前 3 位都为 0),当这一位为 0 时表示当前的组播地址是由 IANA 所分配的,当这一位为 1 时表示当前的组播地址是临时的。

(2) 范围(Scop)。该字段共占用 4 位,主要用于限制组播数据报文在网络中的转发范围。RFC 2373 文档中对范围字段的定义为:0 表示预留,1 表示节点本地范围,2 表示链路本地范围,5 表示站点本地范围,8 表示组织本地范围,E 表示全球范围,F 表示预留,其他的未进行定义。由定义可知 FF02::5 是一个链路本地范围的组播地址,而 FF05::2 是一个站点本地范围的组播地址。

(3) 组 ID(Group ID)。IPv6 提供了 112 位用于标识组播组,这样最多可提供 2^{112} 个组播组。但在 RFC 2373 文档中并没有将 112 位都用于组播组的定义,而是建议仅使用最低的 32 位作为组 ID,其余 80 位全部设置为 0。

类似于 IPv4 中的实现,IPv6 组播数据链路层的组播地址(MAC 地址)也是将网络层 IPv6 地址的最后 32 位复制下来,然后在前面再加上固定的十六进制的 3333。如图 9-8 所示,IPv6 组播地址为 FF02::1:FF5C:F038,经地址映射后生成的组播 MAC 地址为 3333-FF5C-F038。为此,IPv6 中组播 MAC 地址的形式为 3333-××××-××××,其中 32 位的××××-××××映射自 IPv6"组 ID"的最低 32 位。IPv6 中每个"组 ID"映射一个唯一的以太网组播 MAC 地址。

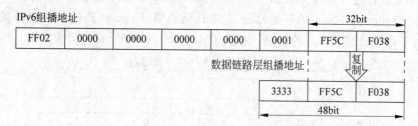

图 9-8 将一个 IPv6 组播地址映射为一个数据链路层地址(MAC 地址)

在 IPv6 的组播地址中还有一类特殊的地址称为"被请求节点组播地址"(Solicited-node Address),主要用于在重复地址检测和获取邻居节点的链路层地址时,代替 IPv4 中使用的广播地址。被请求节点组播地址由前缀 FF02::1:FF00:/104 和单播地址的最后 24 位组成。当在节点或路由器上配置了单播和任播地址时，都会自动启用一个对应的被请求节点组播地址。被请求节点组播地址只能在链路本地使用。

与 IPv4 类似，在 IPv6 中也存在一些熟知（Well-knows）的组播地址，这些地址具有特殊的用途和含义。表 9-1 列出了部分熟知的组播地址。

表 9-1 熟知的组播地址

组播地址	范围	含义	功能说明
FF01::1	节点	所有节点	在本地接口范围的所有节点
FF01::2	节点	所有路由器	在本地接口范围的所有路由器
FF02::1	链路本地	所有节点	在本地链路范围的所有节点
FF02::2	链路本地	所有路由器	在本地链路范围的所有路由器
FF02::5	链路本地	OSPF 路由器	所有 OSPF 路由器组播地址
FF02::6	链路本地	OSPF DR 路由器	所有 OSPF 的 DR 路由器组播地址
FF02::9	本地链路	RIP 路由器	所有 RIP 路由器的组播地址
FF02::13	本地链路	PIM 路由器	所有 PIM 路由器的组播地址
FF05::2	站点	所有路由器	在一个站点范围内的所有路由器

其中，表 9-1 中的"节点"表示任何运行 IPv6 的路由器和主机（如计算机）设备；"路由器"是运行和维护路由协议的设备，除专门的路由器外，还包括三层交换机、运行路由协议的防火墙等；"主机"在 IPv6 中主要指计算机，同时还包括 PDA、智能手机等运行 IPv6 协议的终端设备；"链路"是指以路由器为边界的一个或多个局域网段（也称为"子网"），其中"本地链路"是指与本地设备连接的一条点对点共享链路。

3. 任播地址

任播是 IPv6 中特有的一种操作方式。任播地址用来标识属于不同节点中的一组网络接口，但与组播地址不同的是，路由器将目的地址设置为任播地址的数据报文转发给距本路由器最近的一个网络接口，而不是像组播那种转发给一组网络接口。从工作模式上看，任播是单播与组播的组合，任播的实质是单播，但目的节点是一组中的一个。目前，任播地址只用于目的地址，而且仅分配给路由器使用。

任播地址分配自单播地址空间，地址格式与单播地址相同。为此，节点是无法识别某一地址是单播地址还是任播地址。如图 9-9 所示的是 RFC 4291 文档中定义的一类称为"子网-路由器"(Subnet-Router)的任播地址，其中任播前缀（Unicast Prefix）对应单播地址的子网前缀，用于代表或区别不同的链路。接口 ID(Interface ID)全部设置为"0"。

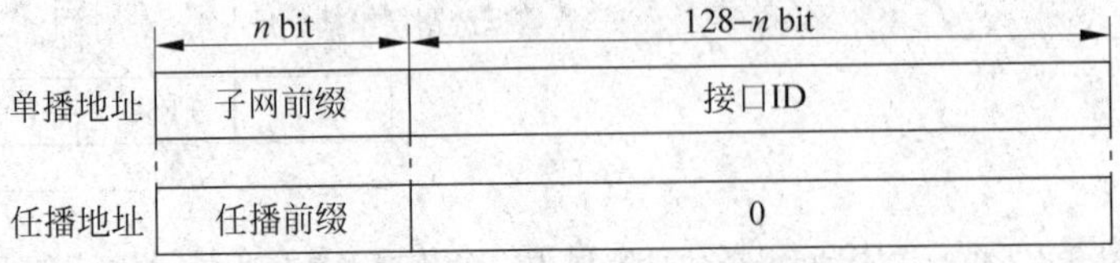

	n bit	$128-n$ bit
单播地址	子网前缀	接口 ID
任播地址	任播前缀	0

图 9-9 任播地址与单播地址之间的对应关系

当一台主机希望与某一链路（子网）中的任一路由器通信时可使用"子网-路由器"任播地址。在支持"子网-路由器"任播的网络中，所有路由器都必须支持"子网-路由器"任播地址。当某一路由器接收到目的地址为"子网-路由器"任播地址时,将根据报文中的"任播前缀",将该报文转发到"任播前缀"所对应的子网链路上的最近的一台路由器上。

9.2.3 IPv6 数据报

与 IPv4 一样,IPv6 数据报代表的是 TCP/IP 参考模型中网络层的协议数据单元(PDU)。IPv6 数据报使用与 IPv4 数据报相同的传输方式,只是两种数据报的结构有所区别。这是因为 IPv6 借鉴了 IPv4 成熟的技术,对数据报结构进行了必要的调整和优化。

需要说明的是:为便于对 IPv6 数据报头部格式的理解,建议读者在阅读以下内容时,先回顾本书第 5 章中"IP 数据报的格式"一节的内容。

1. IPv6 数据报的头部格式

IPv4 数据报由数据报头部(简称"报头")和净载荷(数据)两部分组成。与 IPv4 不同,IPv6 数据报由一个基本头部、一个或多个扩展头部和一个上层协议数据单元(数据)组成,如图 9-10 所示。

其中上层协议数据单元是由上层协议交付的数据,主要有 ICMPv6 报文、TCP 报文段和 UDP 用户数据报。这些上层协议单元被视为净载荷,填充在 IPv6 数据报的"数据"字段中。在 IP 数据报中,"数据"字段是透明的,它由传输层协议头部和传输层"数据"两部分组成,为了表述清楚,图 9-10 在"数据"区域添加了"上层协议数据单元头部",在具体的 TCP/IP 体系的网络层中这一 8 位的字段是看不见的。

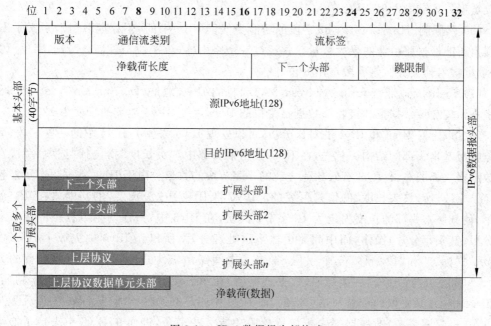

图 9-10 IPv6 数据报头部格式

2. 基本头部

与 IPv4 的 20 字节的固定头部结构相比,IPv6 中 40 字节的基本头部的结构要简单许多,下面分别进行介绍。

(1) 版本(Version)。在 IPv6 中该字段为 6,该字段占用 4 位。

(2) 通信流类别(Traffic Class)。该字段共占 8 位,其功能类似于 IPv4 中的"服务类型",可根据 IPv6 数据报的不同类型来设置不同的优先级,以提供不同的服务质量。

(3) 流标签(Flow Label)。这个 20 位的字段用于标识一个数据流,其目的是让路由器在转发该数据流前,不需要进行深度分析就可以知道内部的数据类型,并以何种方式来处理该数据流。一般情况下,流标签和源 IP 地址、目的 IP 地址一起来标识 IPv6 数据流。流标签能够为路由器提供相关信息(如 TCP、UDP 及端口等),利用这些信息便可以识别数据流的类型,而不再深入分析内部的数据格式,提高了路由器的效率。另外,在加密通道中,TCP/UDP 及端口等信息一般与用户数据一起被加密,如果没有流标签,路由器将无法知道这些信息。

(4) 净载荷长度(Payload Length)。是指除 40 字节基本头部之外的其他部分的长度,以字节为单位。很显然,净载荷长度除包括上层协议数据单元外,还包括可能的扩展头部。

净载荷长度字段总共占用 16 位,所能表示的最大长度为 65 536 字节(2^{16})。如果实际的净载荷长度超过这个值时,该字段的值将设置为"0",而实际净载荷的长度用"逐跳选项"扩展头部中的"超大有效净载荷"选项来表示。有关"逐跳选项"扩展头部将在本章随后介绍。

(5) 下一个头部(Next Header)。该字段扩展了 IPv4 中"协议"字段的功能,有两个主要功能: 一是如果该数据报中存在扩展头部,该字段标明紧跟在基本头部后的第一个扩展头部的类型; 二是如果该数据报中不存在扩展头部,该字段则标明上层协议数据单元中的协议类型。该字段占用 8 位。

(6) 跳限制(Hop Limit)。该字段的功能类似于 IPv4 中的"生存期"字段,定义了 IPv6 数据报所能经过路由器的最大数量。每经过一个路由器,该字段值就减 1,当该字段值为 0 时,数据报将被丢弃。该字段占用 8 位。

(7) 源 IPv6 地址(Source Address,SA)和目的 IPv6 地址(Destination Address,DA)。分别表示发送该数据报和接收该数据报主机的 IPv6 地址,IPv6 地址的长度为 128 位。

通过以上对 IPv6 和 IPv4 的对比分析,可以发现 IPv6 去掉了 IPv4 中的一些字段,简化了数据报基本头部的结构。首先,在 IPv4 数据报头部中,"头长度"指包括"选项"字段在内的数据报头部的总长度,即有效载荷之前的 4 字节块的数量。由于 IPv4 数据报有可能包括"选项"字段,所以"头长度"的值是可变的。IPv6 将 IPv4 中"头长度"的功能放在其扩展头部中,使其基本头部的长度固定为 40 字节; 其次,在 IPv6 中,只在产生数据报的源节点进行分段(其实是分片)操作,而中间路由器不再处理分片,所以在 IPv6 中去掉了 IPv4 中的"标识"、"标志"和"段偏移"三个字段,省去了中间路由器为进行分片操作而耗费的大量 CPU 和内存资源; 还有,在第二层(数据链路层)和第三层(传输层)都提供了校验功能,同时 IPv4 中 UDP 协议的校验和是可选的,而 IPv6 中则是必须的。所以,IPv6 的研究人员认为在第三层(网络层)的数据报中再设置校验功能有些多余,进而在 IPv6 中去掉了原来在 IPv4 中存在的"头校验和"; 最后,IPv6 将原来 IPv4 在"选项"字段中实现的功能放在了扩展头部中,所以在 IPv6 的基本头部中不再需要"选项"字段。

3. 扩展头部

对于大部分 IPv6 数据报的转发,基本头部提供的功能一般足够了。路由器通过查看数据报的基本头部,实现对绝大多数数据报的快速转发,提高了路由器的效率。但是,对于一些需要更多的功能才能保证质量的 IP 通信方式,需要由扩展头部来支持。在 IPv4 中,"选项"字段提供了 IP 数据报转发过程中功能的扩展,但"选项"受限于 40 字段,而 IPv6 扩展头部仅受限于数据报大小。

IPv6 基本头部和扩展头部的"下一个头部"之间存在一个隐形的链接指针。如图 9-11 所示的是不包含扩展头部的 IPv6 数据报的格式,指针建立了基本头部"下一个头部"字段与位于"数据"区域的"上层协议数据单元头部"之间的联系。例如,当基本头部的"下一个头部"字段的值为 6 时,说明上层协议数据单元的类型为 TCP 报文段;当基本头部的"下一个头部"字段的值为 17 时,说明上层协议数据单元的类型为 UDP 数据报等。

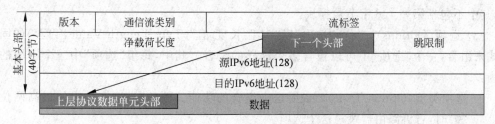

图 9-11　未带扩展头部的 IPv6 数据报格式

如图 9-12 所示的是包含两个扩展头部的 IPv6 数据报格式,通过"下一个头部"及"上层协议数据单元头部"之间的指针链接,明确基本头部、扩展头部及数据之间的关系。扩展头部按照其出现的先后顺序来处理,所以当 IPv6 数据报存在多个扩展头部时,相互之间的排列必须遵循一定的规则。RFC 2460 建议扩展头部按照以下的顺序排列:逐跳选项头部、目的选项头部、路由头部、分段头部、认证头部、封装安全有效载荷头部和目的选项头部。下面介绍几种典型的扩展头部。

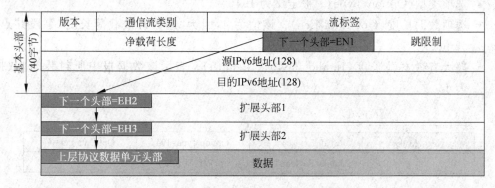

图 9-12　带有两个扩展头部的 IPv6 数据报格式

1) 逐跳选项头部(Hop-by-Hop Options Header)

在 IPv6 数据报收发节点之间的路由器都要查看基本头部中的"下一个头部"字段,当该字段的值为"0"时,说明该数据报包含名为"逐跳选项"扩展头部。这时,路由器除处理基本头部中各字段的功能外,还要处理逐跳选项头部中各字段的功能。如果存在逐跳选项头部,它必须紧跟在基本头部的后面。逐跳选项头部格式有以下三部分内容(如图 9-13 所示):

(1) 下一个头部(Next Header)。如果后面还有扩展头部时,用于指明下一个扩展头部的类型;如果后面紧跟的是"数据",用于指明上层协议数据单元的类型。

图 9-13 逐跳选项头部格式

(2) 头部扩展长度(Hdr Ext Len)。该扩展头部的长度,以 8 字节数据块为单位来计算,其中不包括第一个 8 字节数据块。

(3) 选项(Options)。每个"选项"以"类型-长度-值"(Type-Length-Value,TLV)的固定格式来组合,一个"选项"中可以包含多个这样的组合。其中,每组"选项"中三个字段的含义为:

- 选项类型(Option Type)。说明这一组合的功能。例如,当这 8 位中的最高两位为"0"时,告诉路由器跳过这个选项。
- 选项数据长度(Opt Data Len)。可变长度的"选项数据"字段所占的字节数。
- 选项数据(Option Data)。指与该选项相关的特定数据。

在 IPv6 中,将超过 65 536(2^{16})字节的数据报称为巨包(Jumbo)或超长帧。逐跳选项头部的一个重要功能就是用于支持巨包的转发。在 IPv6 的基本头部中,有效载荷(数据)长度字段占用 16 位,只能提供 65 536 字节大小的上层数据报。但在 MTU 非常大的网络中,有可能需要转发大于 65 536 字节的数据报。超大有效载荷选项可以解决这一问题。如图 9-14 所示的是逐跳选项头部中"超大有效载荷选项"的格式,其中:

- 选项类型(Option Type)。被定义为 194。
- 选项数据长度(Opt Data Len)。该值为 4,因为"超大有效载荷长度"字段共点用 32 位。
- 超大有效载荷长度(Jumbo Payload Length)。表示该数据报中所封装的"数据"大小。

逐跳选项头			
Next Header	Hdr Ext Len	Option Type=194	Opt Data Len=4
Jumbo Payload Length(超大有效载荷长度)			

图 9-14 超大有效载荷选项的格式

如果有效载荷长度超过 65 536 字节,则 IPv6 基本头部中"净载荷长度"字段值设置为"0",数据报的真正有效载荷长度用"超大有效载荷长度"字段来表示。该字段占用 32 位,能够表示的最大字节为 2^{32}。

2) 路由头部(Routing Header)

根据报文交换的原理,每个数据报(报文)独立选择自己的路由进行传输,即从同一源节点发往同一目的节点的多个数据报传输时所使用的路径可能不同。根据应用需要,可以打破这种传统的报文交换方式,使从某一源节点发往某一目标节点的数据报通过指定的路径进行传输。

在 IPv6 中,通过设置路由头部可以使数据报从源节点经过指定的中间路由节点到达目的节点。路由头部的格式如图 9-15 所示,其中"下一个头部"和"头部扩展长度"的定义与"逐跳选项头部"相同,其他字段的含义如下:

位 1 2 3 4 5 6 7 **8** 9 10 11 12 13 14 15 **16** 17 18 19 20 21 22 23 **24** 25 26 27 28 29 30 31 **32**			
下一个头部	头部扩展长度	路由类型	段剩余
特定类型数据(可变长度)			

图 9-15 路由头部格式

(1) 路由类型(Routing Type)。这 8 位字段用于标识特定的路由头部的变量,目前已经定义了两种"路由类型",分别是 RFC 2460 中的"路由类型 0"和 RFC 3775 中的"路由类型 2"。

(2) 段剩余(Segments Left)。这 8 位字段用于说明该数据报在到达目的节点之前还需要经过的中间节点(路由器)的数量。

(3) 特定类型数据(Type-Specific Data)。该字段的格式和长度由"路由类型"确定,其字段长度是可变的,但必须保证完整的"路由头部"为 8 字节长的整数倍。

图 9-16 是由 RFC 2460 文档中定义的一种路由头部格式,其中:

路由头部头			
Next Header	Hdr Ext Len	Routing Type=0	Segments Left
Reserved(全部设置为0)			
Address[1]			
Address[2]			
…			
Address[n]			

图 9-16 RFC 2460 文档中规定的"Routing Type=0"时的路由头结构

(1) 路由类型(Routing Type)。指定为 0。

(2) 段剩余(Segments Left)。该 8 位字段是一个动态的值,其值等于在某一指定的节点上,该数据报在到达目的节点时所经过的中间节点(路由器)数量,再加上数字"1",其中数字"1"表示目的节点。

(3) 保留(Reserved)。该 32 位的字段全部设置为"0",接收节点将忽略该字段的信息。

(4) Address[1]~Address[n]。这一地址列表顺序记录了从源节点的下一节点(记录在 Address[1]字段中)到目的节点(Address[n])所有的地址。

数据报从源节点发送时,"目的 IP 地址"设置为第 1 个中间节点的地址 Address[1],而不是目的节点的地址 Address[n]。当数据报到达其中的某一个中间节点时,将进行以下的操作:

(1) 用路由头部中当前节点的下一个节点 IP 地址,替换基本头部中的"目的 IP 地址"。

(2) "段剩余"字段的减 1。

(3) 数据报以基本头部中新的"目的 IP 地址"作为下一跳的地址进行转发。

当目的节点(主机)接收到该数据报时,通过路由头部中的地址列表可以知道该数据报转发过程中所依次经过的所有中间节点地址。利用该地址列表的逆向列表,目的节点可以向源节点返回应答报文。

如图 9-17 所示,源节点 Host-A 强制数据报经过 Router-A、Router-B 和 Router-C 共三个中间路由器到达目的节点 Host-B,每个中间路由器上基本头部中"源 IP 地址,SA"和"目的 IP 地址,DA"以及"路由头部"中相关字段的值也在发生着变化。

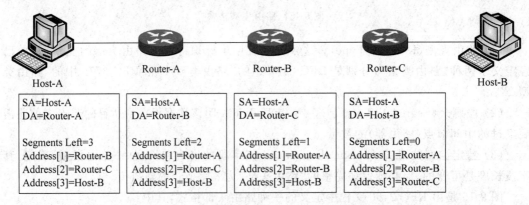

图 9-17 利用"路由头部"实现在指定的路径上转发数据报的过程

需要注意的是:不管是自由选择转发路径的报文交换,还是前面介绍的利用"路由头部"来指定转发路径,数据报中的"源 IP 地址"SA 是不会发生变化的。

9.2.4 ICMPv6

与在 IPv4 中的 ICMP(Internet Control Message Protocol,Internet 控制报文协议)相同,IPv6 中的 ICMPv6 也用于向源节点报告数据报传输过程中可能出现的错误和其他信息。ICMPv6 除提供了 ICMPv4 常用的功能外,还定义了其他一些消息,如邻居发现(ND)、无状态地址配置、路径 MTU 发现等功能。

ICMPv6 的报文格式与 ICMPv4 相似,也由 8 位类型(Type)、8 位代码(Code)、16 位检验和(Checksum)和与类型及代码相关的消息体(Message Body)组成,如图 9-18 所示。ICMPv6 消息分为两类:差错消息(error messages)和信息消息(informational messages),具体在"消息体"中进行定义,可参见 RFC 4443 文档。

图 9-18 ICMPv6 报文格式

ICMPv6 差错消息"类型"字段中的最高位为 0,有效值在 0~127 之间;而 ICMPv6 信息消息"类型"字段中的最高位为 1,有效值在 128~255 之间。

1. 差错消息

ICMPv6 差错消息共分为目标不可达、数据报文超长、超时和参数问题 4 种类型。其中，当数据报文无法被转发到目的节点或上层协议时，路由器或目的节点将发送 ICMPv6 目标不可达差错消息；如果由于接口链路 MTU 小于 IPv6 数据报的长度，而导致数据报无法转发时，路由器将发送 ICMPv6 数据报文超长消息；当路由器接收到一个跳限制（Hop Limit）字段值为"1"的数据报时，会丢弃该数据报，并向源节点发送 ICMPv6 超时消息；当 IPv6 基本头部或扩展头部出现错误，导致数据报不能被节点进一步处理时，节点会丢弃该数据报，并向源节点发送 ICMPv6 参数问题消息报文。

如图 9-19 所示的是 ICMPv6 目标不可达的报文格式，其中"类型"（Type）字段值为 1，"代码"（Code）字段值为 0~4，每一个代码值都有一个具体的含义。其中，0 表示没有到达目的路由，1 表示与目标的通信被管理策略禁止，2 暂时未指定，3 表示地址不可达，4 表示端口不可达。

位 1 2 3 4 5 6 7 **8** 9 10 11 12 13 14 15 **16** 17 18 19 20 21 22 23 **24** 25 26 27 28 29 30 31 **32**
Type=1	Code	Chechsum
Unused
填充(以满足IPv6数据报中最小MTU的要求)

图 9-19 ICMPv6 目标不可达消息格式

另外，ICMPv6 目标不可达报文中的"未使用"（Unused）字段在功能上没有具体定义，在源节点该字段设置为 0，接收节点将忽略该节段的值。所有的 CIMPv6 报文都提供了设置相同的"未使用"字段。

2. 信息消息

ICMPv6 提供的信息消息较多，下面仅介绍经常使用的"回显请求/回显应答"（Echo Request/Echo Reply）。"回显请求/回显应答"这一组合可用来协助发现和处理各种可达性问题，该机制类似于一个简单的诊断工具。

ICMPv6"回显请求/回显应答"由两个既相互独立、又紧密联系的报文组成。其中，"回显请求"消息用于发送到目的节点，以触发目的节点立即返回一个"回显应答"消息；当节点接收到一个"回显请求"消息时，ICMPv6 会用"回显应答"信息进行响应。两种报文的结构相同，如图 9-20 所示。

位 1 2 3 4 5 6 7 **8** 9 10 11 12 13 14 15 **16** 17 18 19 20 21 22 23 **24** 25 26 27 28 29 30 31 **32**
Type=128/129	Code=0	Chechsum
Identifier	Sequence Number
Data……

图 9-20 ICMPv6"回显请求/回显应答"信息报文格式

其中，ICMPv6"回显请求"信息的"类型"（Type）字段值为 128，而"回显应答"信息的"类型"值为 129；两类信息的"代码"（Code）字段值都为 0；在同一组操作中，两类信息中"Identifier"（标识符）和"Sequence Number"（序列号）字段的值相同，都由发送节点设置，用于检查收到的"回显应答"信息与发送的"回显请求"信息是否匹配。"数据"(Data)由 0 或其他任意的 8 字节数组成,在同一组操作中,"回显请求"和"回显应答"信息中"数据"区域的内容相同。

3. ICMPv6 应用举例

ICMPv6 对日常的网络维护非常有帮助,例如网络管理人员经常会使用 Ping 和 Tracert 命令测试网络的连通性和数据报的传输路径,这两个命令就用到了 ICMPv6 的功能。另外,ICMPv6 还可以用于 PMTU(Path MTU,路径最大传输单元)发现,查看从源节点到目的节点之间的路径上的任一链路所能够支持的链路 MTU 的最小值。下面仅介绍 Tracert 命令的使用。

Tracert 命令是一个非常实用的网络诊断工具,它可以让网络管理人员看到 IP 数据报从一个节点传到另一个节点所经过的所有路径。如图 9-21 显示了 Tracert 命令的工作过程。其中:

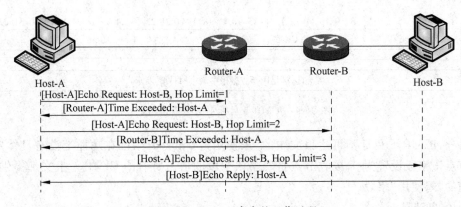

图 9-21　Tracert 命令的工作过程

(1) 主机 Host-A 发送一个"跳限制"(Hop Limit)字段值为 1 的"回显请求"信息,其目的地址为节点 Host-B 的地址。

(2) 路由器 Router-A 在接收到该"回显请求"信息后,将"跳限制"值减 1(即"跳限制"变为 0),并丢弃该信息,并返回一个"超时"(Time Exceeded)信息(格式类似于图 9-19 所示的目标不可达消息格式)给 Host-A。这样,Host-A 知道了路径上的第一个路由器 Router-A 的地址。

(3) 主机 Host-A 发送一个"跳限制"值为 2 的"回显请求"信息给目的主机 Host-B。

(4) 路由器 Router-A 接收到该项信息后,将"跳限制"修改为 1,然后转发给路由器 Router-B。路由器 Router-B 接收到该信息后,将"跳限制"设置为 0,并丢弃该信息,并向 Host-A 返回一个"超时"信息。当 Host-A 接收到该"超时"信息后,就知道了路由器 Router-B 的地址。

(5) 主机 Host-A 不断重复以上的过程,直到"回显请求"信息中"跳限制"值足够到达目的节点 Host-B。这时,主机 Host-B 将返回一个"回显应答"消息给 Host-A。

(6) 主机 Host-A 知道 Host-B 的地址,并停止"回显请求"信息的继续发送。

通过以上过程,主机 Host-A 就得到了 Host-B 的路径信息。

9.3 邻居发现(ND)协议

邻居发现(Neighbor Discovery,ND)协议是 IPv6 中一个非常重要的基础协议,它综合并改进了 IPv4 中的 ARP、ICMP 路由器发现和 ICMP 重定向协议,同时还提供了前缀发现、邻居不可达检测、重复地址检测、地址自动配置等功能。

9.3.1 邻居发现协议概述

邻居发现(ND)协议的功能在 RFC 2461 文档中进行了定义,具体分为以下三个方面:

1. 地址解析

地址解析是一种确定目的节点的数据链路层地址(MAC 地址)的方法。ND 中的地址解决不仅替代了 IPv4 中的 ARP,同时还通过邻居不可达检测(NUD)方法来维护邻居节点之间的可达性状态信息。

2. 无状态地址自动配置

无状态地址自动配置是 ND 协议中的一种地址自动配置方法,包括路由器发现、接口 ID 自动生成、重复地址检测(DAD)、前缀重新编址等功能。通过无状态地址自动配置机制,链路上的节点可以自动获得 IPv6 全球单播地址。

3. 路由器重定向

当在本地链路上存在一个到达目的网络的最佳路由器时,路由器需要通告节点来进行相应配置,以获得最佳的路由信息。

9.3.2 邻居发现协议的报文格式

IPv6 的 ND 协议并不是简单的替代了 IPv4 中的 ARP、ICMP 路由器发现和 ICMP 重定向协议,而是从体系结构上进行了质的改变。在 IPv4 的地址解析中,ARP 报文直接封装在数据链路层的帧中。而 ND 协议本身基于 ICMPv6 实现,ICMPv6 报文封装在网络层的 IPv6 数据报中传输。IPv4 ARP 协议和 IPv6 ND 协议的报文格式如图 9-22 所示。

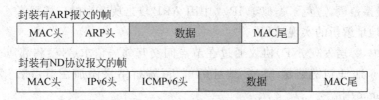

图 9-22 数据链路层封装的 ARP 报文和 ND 协议报文

ND 协议基于 ICMPv6 实现,ICMPv6 封装在 IPv6 数据报中传输。这样,ND 协议可以受益于 IPv6 提供的功能,包括安全性(认证头部)、组播等。这些内容在本章随后的内容中还将进行深入介绍。

ND 协议定义了如表 9-2 所示的 5 种 ICMPv6 报文类型,其中 NS/NA 报文主要用于地址解析,RS/RA 报文主要用于无状态地址自动配置,Redirect(重定向)报文用于路由器重定向。

表 9-2　ND 协议定义的 5 种 ICMPv6 报文类型

ICMPv6 报文类型	消息名称	主要用途
Type=133	RS(Router Solicitation,路由器请求)	地址解析
Type=134	RA(Router Advertisement,路由器公告)	地址解析
Type=135	NS(Neighbor Solicitation,邻居请求)	无状态地址自动配置
Type=136	NA(Neighbor Advertisement,邻居公告)	无状态地址自动配置
Type=137	Redirect(重定向)	路由器重定向

9.3.3　IPv6 地址解析

IPv6 中地址解析的过程与 IPv4 中的 ARP 类似,即在同一链路上通过 IP 地址找到对应的 MAC 地址。IPv6 中的地址解析除包含了 IPv4 中的 ARP 功能外,还提供了邻居可达性状态的维护功能,即邻居不可达测试方法。

1. IPv6 地址解析概述

由图 9-22 可以看出,IPv6 地址解析在 TCP/IP 体系结构的网络层来实现,与数据链路层协议无关。这是 IPv6 协议的一个亮点,它解决了 IPv4 ARP 协议存在的一些致命缺点,具体表现如下:

(1) 加强了地址解析协议与其下层数据链路层协议的独立性。在 IPv6 中,数据链路层协议是唯一的,数据链路层对上层协议数据单元提供统一的服务功能。而不像 IPv4 中那样,需要对 ARP/RARP 提供特殊的数据链路层协议工作模式。

(2) 增强了安全性。在 IPv4 网络中,ARP 欺骗、ARP 攻击导致的管理和安全隐患已成为局域网应用中一个十分棘手的问题,其根源归因于 ARP 协议实现上存在的缺陷。IPv6 在网络层实现地址解析,可以利用三层协议自身的特性及三层标准的安全认证机制来防止 ARP 欺骗和 ARP 攻击。

(3) 减小了报文传播范围。在 IPv4 中,ARP 请求报文需要广播到所在二层网络中的每一个节点上,而 IPv6 的地址解析方式利用数据报的组播方式,限制了报文的传播范围。通过将地址解析请求报文发送到待解析地址所属的被请求节点(Solicited-Node)组播组,减小了报文的传播范围,避免了类似于 IPv4 中因 ARP 攻击所产生的广播风暴。

2. IPv6 地址解析的实现过程

在 IPv6 中,邻居发现(ND)协议通过在节点间交互邻居请求(NS)和邻居公告(NA)报文来实现 IPv6 地址到链路层 MAC 地址的解析,解析结果添加在节点的"邻居缓存表"(Neighbor Cache)中。

邻居缓存表是由最近一段时间发送过数据帧的邻居信息组成的表项,其中记录了每个邻居的 IP 地址、对应的 MAC 地址、可达性状态等信息,类似于 IPv4 中的 ARP 缓存表。邻居缓存表可以根据 RA、NS 和 NA 报文进行动态更新,同时也可以通过命令进行手工配置。

如图 9-23 所示,现约定节点 Host-A 的 IPv6 地址为 2001::1:A/64,其 MAC 地址为 005E-AF01-000A;节点 Host-B 的 IPv6 地址为 2001::2:B/64,其 MAC 地址为 005E-AF01-000B。假设主机 Host-A 要与 Host-B 通信,但却不知道 Host-B 的 MAC 地址,这时可能通过以下的 ND 协议完成从 IPv6 地址到对应 MAC 地址的解析过程:

(1) 主机 Host-A 发送一个 NS 报文到所在的链路(IP 子网)上,该 NS 报文的目的 IPv6

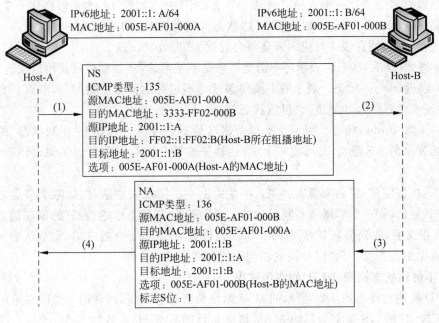

图 9-23　IPv6 地址解析的实现过程

地址为 Host-B 所在的组播地址 FF02::1:FF02:B,该 NS 报文的选项字段中添加了 Host-A 的 MAC 地址 005E-AF01-000A。

(2) 当主机 Host-B 接收到该 NS 报文后,从中得知报文的目的地址 FF02::1:FF02:B 是 Host-B 所在的组播地址,所以 Host-B 会对该 NS 报文进行应答。同时,用从该 NS 报文中得到的 Host-A 的 IPv6 地址和 MAC 地址更新自己的邻居缓存表。

(3) 主机 Host-B 发送一个 NA 报文作为对该 NS 报文的应答,在该 NA 报文中添加自己的 MAC 地址 005E-AF01-000B。

(4) 主机 Host-A 接收到 NA 报文后,根据报文中携带的 Host-B 的 MAC 地址,在邻居缓存表中添加一条有关 Host-B 地址信息的表项。

通过以上交互过程,主机 Host-A 和 Host-B 便获得了对方的 MAC 地址,分别在邻居缓存表中建立了对方地址信息,以实现相互之间的通信。

当一个节点的 MAC 地址发生变化时,该节点将以所在节点组播地址 FF02::1 为目的地址发送一个 NA 报文,通知本子网中的其他节点更新邻居缓存表的相关表项。

3. 邻居不可达检测(NUD)

邻居不可达检测(Neighbor Unreachability Detection,NUD)提供了同一链路上检测节点之间是否彼此连通(可达)的一种机制,具体通过"邻居可达性状态机"来描述。

邻居可达性状态机保存在邻居缓存表中,共有以下 5 种类型:

(1) 未完成(incomplete)状态。表示正在解析地址,被解析对象(邻居)的 MAC 地址还没有确定。当节点第一次发送 NS 报文到邻居节点时,会同时在自己的邻居缓存表中创建一个到该邻居节点的新表项,这时该新建表项的状态就是"未完成"。

(2) 可达(reachable)状态。表示解析成功,该对象可达,可以进行通信。同时在各自节点的邻居缓存表中添加一个表项。当某一节点处于"可达状态"时,会同时启用一个"可达状态计时器"(reachable_time),如果在"可达状态计时器"确定的时间范围内没有再与该节点进行过通信,邻居缓存表中对应的表项将会设置为"失效"状态。

(3) 失效(stale)状态。表示还不清楚邻居是不是可达,还需要通过其他过程进行检测。

(4) 延迟(delay)状态。表示尚不清楚邻居是不是可达。在该状态下,节点只有在收到"可达性证实信息"后,才能进入"可达状态"。

(5) 探测(probe)状态。表示尚不清楚邻居是不是可达。当处于"探测状态"的节点接收到邻居发来的 NS 报文,并回复一个"可达性证实信息"后,对方节点才知道该节点是"可达"的。

"可达性证实信息"的来源有两类:一是由上一层协议来激活,例如两个节点之间正在进行 TCP 通信,则表明邻居节点是可达的;二是来自"邻居不可达检测"的回应信息。节点发送 NS 报文后,收到邻居节点回应的"S"字段设置为"1"的 NA 报文时,则会认为邻居节点可达。有关 NA 报文中的"S"字段的功能设置在随后进行介绍。

4. 不可达状态检测(NUD)的实现过程

NUD 检测过程与图 9-23 所示的 IPv6 地址解析过程类似,两者的主要区别是:

(1) NUD 的 NS 报文的目的 MAC 地址是目的节点 Host-B 的 MAC 地址;目的 IPv6 地址为 Host-B 的单播地址,而不是 Host-B 所在的组播地址。

(2) NUD 的 NA 报文中的"S"标记字段必须设置为"1",表示是可达性确认报文,即这个 NA 报文是专门来应答 NS 报文的。

需要说明的是:NUD 过程中邻居的可达性是单向的,即一个请求和应答的过程仅仅使请求发送节点得到了被请求节点的可达性信息,反之不然。因此,如果要达到"双向"可达,还需要进行反向的 NUD 过程。

5. 地址解析报文格式

如图 9-24 所示的是 NS/NA 报文的格式,其中:

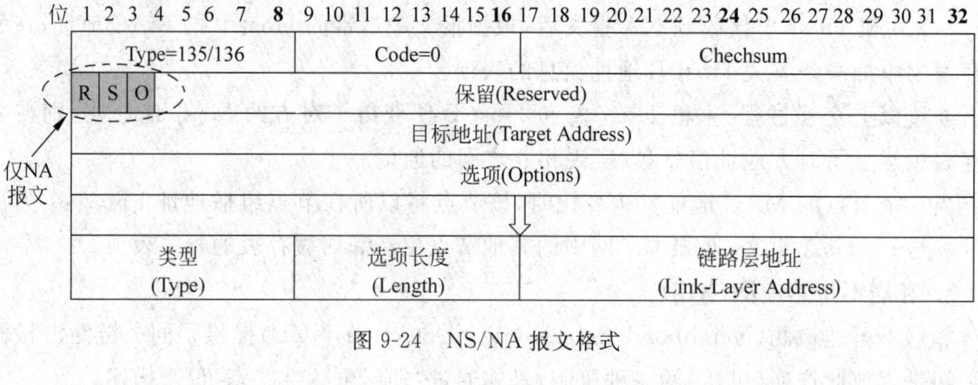

位	1 2 3 4 5 6 7	**8**	9 10 11 12 13 14 15	**16**	17 18 19 20 21 22 23	**24**	25 26 27 28 29 30 31	**32**
	Type=135/136		Code=0			Chechsum		
	R S O			保留(Reserved)				
			目标地址(Target Address)					
			选项(Options)					
	类型(Type)		选项长度(Length)			链路层地址(Link-Layer Address)		

仅NA报文 指向 R S O 字段

图 9-24 NS/NA 报文格式

(1) 类型(Type)。在 NS 报文中该字段值为 135,在 NA 报文中该字段值为 136。

(2) 保留(Reserved)。在 NS 报文全部设置为 0,在 NA 报文中,在前面增添了 R、S 和 O 三个字段,其中:

① R 字段为路由器标记(Router Flag)位,表示 NA 报文发送者的角色,当为"1"时表示发送者是路由器,当为"0"时表示发送者为主机。

② S 字段为请求标记(Solicited Flag)位。当为"1"时表示该 NA 报文是对 NS 报文的响应。

③ O 字段为覆盖标记(Override Flag)位。当为"1"时表示节点可以用 NA 报文中携带的目标链路层地址选项中的 MAC 地址来覆盖原有的邻居缓存表项;当为"0"时表示只有在链路层地址未知时,才能用目标链路层地址选项中的 MAC 地址来更新邻居缓存表项。

(3) 目标地址(Target Address)。待解析的 IPv6 地址,该地址只能是链路本地地址、站点本地地址和全球单播地址,而不能是组播地址。当作为对 NS 报文的响应时,NA 报文中的"目标地址"直接复制自 NS 报文的"目标地址"。

(4) 选项(Options)。地址解析中只使用了"链路层地址"(Link-Layer Address)选项。在 NS 报文中,"链路层地址"只能是发送 NS 报文的节点的链路层地址,具体为:

① 类型(Type)。当该字段值为"1"时,表示链路层地址为源链路层地址(Source Link-Layer Address),用于 NS、RS、Redirect 报文中;当该字段值为"2"时,表示目标链路层地址(Target Link-Layer Address),用于 NS 和 Redirect 报文中。

② 选项长度(Length)。以 8 字节为单位的整个"选项"字段的总长度。

③ 链路层地址(Link-Layer Address)。由不同的链路层来确定,长度可变。在以太网中,该字段长度为 6 字节。

以上所介绍的是 NS 报文中"选项"字段的定义。在 NA 报文中"类型"值为"2",表示被解析节点的链路层地址。其中字段的定义与 NS 报文中相同。

9.3.4 无状态地址自动配置

TCP/IP 网络中参与通信的主机都需要配置一个唯一的 IP 地址。像 IPv4 网络中一样,IPv6 网络中的 IP 地址分配也分为手工配置和自动配置两种方法。无状态地址自动配置是 IPv6 中采用的一种自动配置 IP 地址及相关参数的机制。

1. 无状态地址自动配置概述

IPv6 提供了有状态和无状态两种不同类型的自动地址配置机制。其中,有状态地址自动配置由网络中的 DHCPv6 服务器来实现(本章随后进行介绍),而无状态地址自动配置通过 ND 协议来完成。无状态地址自动配置的实现在 RFC 2462 文档中进行了描述。无状态地址自动配置机制的优点为:

(1) 实现即插即用。当节点连接到没有 DHCP 服务器的网络时,不需要手动配置 IPv6 地址及参数就可以进行通信。

(2) 便于 IP 地址及相关参数的调整。当一个站点的 IPv6 地址发生变化时,主机能够自动完成重新编址,而不影响正常的网络连接。

(3) 地址配置方式选择灵活。网络管理员可根据管理需要决定使用有状态或无状态配置方式,也可以配置成有状态和无状态同时运行。

无状态地址自动配置涉及路由器发现、DAD 检测和前缀重新编址三种机制。

2. 路由器发现

路由器发现是指主机选择本地链路上的路由器,并获得全球单播 IPv6 地址前缀、默认路由及相关参数的过程。主要包括以下三个方面:

(1) 路由器发现(Router Discovery)。主机发现邻居路由器及选择其中一个作为默认路由器(默认网关)的过程。

(2) 前缀发现(Prefix Discovery)。主机发现本地链路上的一组 IPv6 前缀,并生成前缀列表的过程。生成的列表用于主机的地址自动配置和 on-link 判断。其中,"on-link"表示某一 IPv6 地址已经被指定链路上的某个节点使用,而"off-link"表示某一 IPv6 地址未被指定链路上的节点使用。

(3) 参数发现(Parameter Discovery)。主机发现相关操作参数的过程,如链路最大传输单元(MTU)、报文的默认跳数限制(Host Limit)、地址配置方式等。

路由器发现、前缀发现和参数发现这三大功能的实现是通过 ND 协议来完成的,ND 协议通过 RS 和 RA 报文交互来传递配置信息,其中在路由器通告 RA 报文中包含了路由器的相关信息。ND 协议的交互主要分为两种情况:主机请求触发路由器通告和路由器周期性发送路由器通告。

1) 主机请求触发路由器通告

当主机启动时,会自动配置一个前缀为 FE80::/64 的链路本地地址,并向本地链路上的所有路由器发送一个 RS 报文。路由器在接收到该 RS 报文后,返回一个 RA 报文。当主机接收到路由器返回的 RA 报文后,根据 RA 报文中提供的信息自动配置默认路由器(默认网关),建立默认路由器列表、前缀列表和设置相关参数,图 9-25 显示了路由器通告的实现过程。

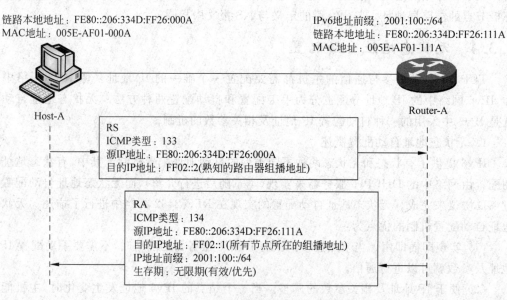

图 9-25 路由器通告的实现过程

其中:主机 Host-A 的 MAC 地址为 005E-AF01-000A,链路本地地址为 FE80::206:334D:FF26:000A;路由器 Router-A 的 MAC 地址为 005E-AF01-111A,链路本地地址为 FE80::206:334D:FF26:111A。当主机 Host-A 启动时,以自己的链路本地地址作为源地址,向所有路由器所在的组播地址 FF02::2 发送一个 RS 报文;路由器 Router-A 在接收到该报文后,用它的链路本地地址作为源 IP 地址,向所有节点所在的组播地址 FF02::1 发送一个 RA 报文,Host-A 在接收到该 RA 报文后,便获得了路由器上的 IP 地址及相关配置参数。

2) 路由器周期性发送路由器通告

路由器会以组播方式周期性地向本地链路上的节点发送 RA 报文,这样主机就可以获得本地链路上的路由器信息,并根据获得的信息来维护默认路由器列表、前缀列表和配置其他参数。

如图 9-25 所示,路由器 Router-A 用它的本地链路地址 FE80::206:334D:FF26:111A 作为源地址,所有节点的组播地址 FF02::1 作为目的地址,周期性(默认值为 200s)地发送 RA 报文,通告自己的 IPv6 地址前缀 2001:100::/64 等配置信息。本地链路上的主机(如 Host-A)根据所接收到的信息便可以配置自己的 IPv6 全球单播地址或站点的本地地址。

3. 重复地址检测(DAD)

重复地址检测(Duplicate Address Detection,DAD)提供了 IPv6 地址唯一性检测的机制。当节点在具体使用一个地址之前,通过 DAD 机制检测该地址是否已经被链路上的其他节点使用。不管是手工配置还是自动配置了单播地址的节点,所有单播地址在具体使用前都要进行重复地址检测操作。

重复地址检测通过 NS 和 NA 报文的交互来实现。例如,当主机 Host-A 在使用某一 IPv6 单播地址前需要发送一个 NS 报文,该报文的源 IP 地址为未指定地址"::",目的 IP 地址为接口配置的 IPv6 地址对应的"被请示节点组播地址",目标地址为待检测的 IP 地址。当 NS 报文发送到链路上之后,如果在规定的时间内没有收到 NA 应答报文,则认为这个单播地址在链路上是唯一的;反之,说明这个单播地址已经被本地链路上的其他节点使用。

4. 前缀重新编址

不同的网络前缀代表不同的网络,当一个网络由于规模扩大或 ISP 变化等原因需要改变网络地址时,前缀重新编址(Prefix Renumbering)提供了这一功能。前缀重新编址提供了新旧网络前缀的替换功能,用户端不需要额外的操作就可以从旧网络前缀升级到新网络前缀。路由器通过 RA 报文中的"优先时间"和"有效时间"两个用于确定生命同期的参数来实现前缀重新编址。

(1) 优先时间。无状态地址自动配置得到的地址保持优先选择状态的时间。

(2) 有效时间。地址保持有效状态的时间。

其中,在具体应用中,对于一个具体的节点地址来说,优先时间小于或等于有效时间。当地址的优先时间到期时,该地址不能被用于建立新连接,但还能够继续保持以前建立的连接,直到有效时间到期为止。

前缀重新编址的工作过程为:在需要进行重新编址时,站点内的路由器在通过 RA 报文通告当前前缀(旧前缀)的同时,开始通告新的前缀,即 RA 报文中同时存在新、旧两个 IPv6 前缀,但旧前缀的优先时间和有效时间要小于新前缀的优先时间和有效时间。当节点接收到路由器发送的 RA 报文时,发现当前使用的网络前缀(旧前缀)的生命周期要小于新前缀的生命同期,于是用新前缀地址替换旧前缀地址,并对得到的新 IPv6 地址进行 DAD 检测。在以上过程中,当旧前缀的有效时间减小到 0 时,旧前缀完全停止使用,此时 RA 报文中只包含有新前缀,整个前缀重新编址过程结束。

5. 无状态地址自动配置的实现过程

利用 ND 协议实现的无状态地址自动配置包括两个阶段：链路本地地址的配置和全球单播地址的配置。其中，当一个接口在开始启用时，接口所在的主机会自动为其生成一个本地链路地址，并对该地址进行 DAD 检测。本地链路地址由前缀 FE80::/64 和 EUI-64 接口标识符组成，该地址的优先时间和有效时间是无限的，不存在时间到期的问题。主机上接口全球单播地址的配置过程如图 9-26 所示，其中：

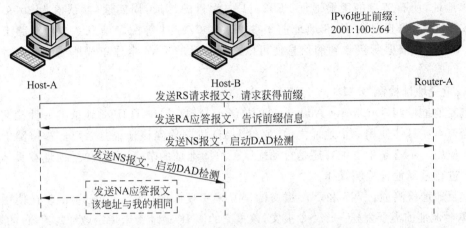

图 9-26　无状态地址自动配置的实现过程

(1) 主机 Host-A 启动后自动配置链路本地地址，并通过发送 RS 报文从路由器请求获得前缀信息。默认情况下，一个节点一次最多只能发送三个 RS 报文。

(2) 当路由器 Router-A 接收到该 RS 报文后会生成并回复一个 RA 应答报文，该应答报文中包含有主机用于无状态地址自动配置的新前缀。路由器也会周期性地以组播方式发送 RA 报文。

(3) 主机 Host-A 在收到该 RA 报文后，利用从中获得的新前缀和配置信息组成一个临时的全球单播地址。同时，启用 DAD 检测，通过发送 NS 报文来确定该临时全球单播地址的唯一性。

(4) 链路上的其他节点在收到 DAD 检测的 NS 报文后，如果自己的地址与待检测的地址不同，则直接丢弃该 NS 报文；反之，以 NA 报文作为对 NS 报文的应答。

(5) 主机 Host-A 如果在规定的时间内没有收到 DAD 检测的 NA 报文，说明该地址是唯一的，并在接口上启用该地址。

地址自动配置结束后，路由器通过使用 NUD 检测，周期性地发送 NS 报文，检测该地址是否可达。

9.3.5　路由器重定向

IPv6 中的路由器重定向功能与 IPv4 中的相同，只是实现细节有所区别。在 IPv6 网络中，当同一个链路上存在多个路由出口时，通过路由器重定向功能来选择最佳的路由出口。

1. 路由器重定向的实现过程

在如图 9-27 所示的 IPv6 网络中的同一条链路上存在 Router-A 和 Router-B 两台路由

器,其中主机 Host-A 初始设置的默认路由器为 Router-A。但是,在主机 Host-A 要发送信息给主机 Host-B 时,当选择路由器 Router-B 时要比选择 Router-A 的跳数少。所以对 Host-A 来说,Router-B 应该是最佳的路由出口。通过路由器重定向机制,将 Host-A 的路由出口从原来默认的 Router-A 重新设置为 Router-B,实现路由出口的最佳化。路由器重定向的具体实现过程如下:

(1) 主机 Host-A 向 Host-B 发送一个数据报报文,其中 Host-A 设置的默认路由为 Router-A。当 Router-A 接收到该报文后,通过查看路由表发现到达 Host-B 的最佳路由出口是 Router-B。而 Router-A 和 Router-B 位于同一条链路,所以 Router-A 知道 Host-A 应该选择 Router-B 作为最佳的路由出口。

(2) Router-A 向 Host-A 发送一个 ICMPv6 重定向报文,报文的"目标地址"(Target Address)中填充的是 Router-B 的 IPv6 地址,报文"选项"(Option)字段中的"目标链路地址"中填充的是 Router-B 的 MAC 地址。

(3) 主机 Host-A 在接收到该 ICMPv6 重定向报文后,便知道 Router-B 应该是最佳的路由出口。于是,Host-A 修改自己的默认路由,当再发送数据给 Host-B 时,便通过 Router-B 进行转发,而不再使用 Router-A。Host-A 完成路由器重定向操作。

报文要进行重定向操作需要具备两个条件:一是经过路由器的数据报文的源地址是链路的邻居,目的地址不能是组播地址。即路由器仅为单播数据报文进行重定向操作,同时重定向报文也只能通过单播方式发送;二是数据报文转发路径上的路由器(主机正在使用的默认路由器)发现对于该报文的转发存在更佳的路由器,且与数据报文的发送主机位于同一链路。

需要注意的是:ICMPv6 重定向报文仅由主机正在使用的默认路由器来发送,其他路由器和主机都不会发送 ICMPv6 重定向报文,其他路由器在接收到该 ICMPv6 重定向报文后,也不会修改自己的路由表。

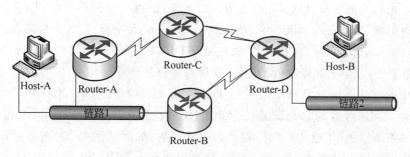

图 9-27 路由器重定向的实现过程

2. 路由器重定向的报文格式

当路由器发现有最佳的路由出口时,通过 ICMPv6 报文来通知数据报文的发送方。ICMPv6 重定向报文的格式如图 9-28 所示,其中"类型"(Type)字段为固定值 137,其他字段的定义如下:

(1) 目标地址(Target Address)。到达目的地址的最佳路由出口的地址,长度为 128 位。如果目标地址所指向的是路由器,该字段必须为路由器的链路本地地址;如果目标地址所指向的是一台主机,则目标地址和目的地址完全相同。

(2) 目的地址(Destination Address)。IPv6 数据报头部的地址,即接收该数据报文的最终节点的地址,长度为 128 位。

(3) 选项(Option)。包含两种选项:一是"目标链路层地址"选项,用于指出最佳路由出口的链路层地址,即重定向后的路由器的接口 MAC 地址;二是"重定向头"选项,用于填充有关触发该路由器重定向操作的数据报文的摘要信息,即说明这个路由器重定向操作是由哪一台主机上发出的哪一个数据报文引起的。

位 1 2 3 4 5 6 7	8 9 10 11 12 13 14 15	16 17 18 19 20 21 22 23	24 25 26 27 28 29 30 31 32
Type=137	Code=0	Checksum	
Reserved			
目标地址(Target Address)			
目的地址(Destination Address)			
选项(Options)			

图 9-28 ICMPv6 重定向报文格式

9.4 DHCPv6 协议

DHCPv6(Dynamic Host Configuration Protocol for IPv6,IPv6 中的动态主机配置协议)是一种有状态地址配置协议。与前文介绍的无状态地址配置协议相比,DHCPv6 提供了更加丰富的功能。与 DHCPv4 相比,DHCPv6 在实现细节上有较大的变化。DHCPv6 在 RFC 3315 文档中进行了描述。

9.4.1 DHCPv6 概述

IPv6 下的网络地址除可以采用手工分配方式外,还可以存在两种自动配置方式:无状态地址自动配置(Stateless Address Autoconfiguration)和有状态地址自动配置(Stateful Address Autoconfiguration)。其中,主机在没有 DHCP 的情况下,可以利用无状态地址配置方式获得地址,方便了管理,减轻了网络管理人员的工作量。

IPv6 中的有状态地址自动配置是由 DHCPv4 发展而来。DHCPv4 协议实现了主机 IP 地址及相关网络参数的自动配置。一个 DHCPv4 服务器拥有一个 IP 地址池,主机从 DHCPv4 服务器租用 IP 地址并获得相关的配置参数(如默认网关、DNS 服务器地址等),实现了网络地址的自动配置与管理。DHCPv6 在继承了 DHCPv4 的基础上,对其功能进行了扩展和改进。例如,DHCPv6 重新定义了消息类型和消息处理方式,并加强了安全性。

虽然无状态地址自动配置具有很好的应用优势,但有状态地址自动配置具有更大的可扩展性,提供了更加强大的功能,满足了特定环境下网络地址及相关参数配置与管理的需求。例如,当需要动态指定 DNS 服务器时,当不希望将 MAC 地址作为 IPv6 地址的组成部分时,当需要对地址自动配置功能进行扩展时,DHCPv6 发挥了其应用优势。

DHCPv6 基于客户机/服务器(Client/Server)工作模式。DHCPv6 客户端和服务器使用 UDP 进行 DHCP 消息交换。客户端使用链路本地地址或通过其他方法获得的地址来收发 DHCP 消息。DHCP 服务器通过使用一个熟知的链路范围的组播地址来接收消息。客户端发送消息到这个组播地址，所以客户端不需要配置 DHCP 服务器的地址。如果 DHCPv6 客户端和服务器在不同链路中，就需要一个与客户端位于同一链路的 DHCP 中继代理来中转 DHCP 消息，中继代理的操作对于客户端来说是透明的。

由于 IPv6 取消了原来在 IPv4 中使用的广播方式，所以 DHCPv6 消息的发送采用组播方式。在消息交互过程中，客户端使用 UDP 的 546 端口来接收 DHCP 消息，而服务器和中继代理使用 UDP 的 547 端口来接收 DHCP 消息。当客户端获取地址后，不同于 DHCPv4 中使用的链路层 ARP 封装方式，而是采用 ND 协议中的 DAD 机制进行地址唯一性检测。DHCPv6 使用"请求"(Solicit)消息和"通告"(Advertise)消息取代了 DHCPv4 中的"发现"(Discover)消息和"提供"(Offer)消息，使用"应答"(Reply)消息对各种请求消息进行答复。另外，DHCPv6 报文的头部结构非常简单，绝大多数信息都放置在"选项"中，提高了处理效率。

9.4.2 DHCPv6 的工作过程

与 DHCPv4 的工作原理类似，DHCPv6 也通过一系列消息的交互来实现客户端地址配置及相关参数的配置操作。如图 9-29 所示的是一个典型的采用 DHCPv6 自动配置地址的网络结构，其中 DHCP 客户端与服务器之间的交互过程主要分为以下 4 个过程：

（1）DHCP 客户端以组播方式发送 DHCP Solicit 消息，从网络中发现 DHCP 服务器。其中，DHCP Solicit 消息的目的 IP 地址为所有 DHCP 服务器和中继代理的组播地址 FF02::1:2，源 IP 地址为客户端的链路本地地址。DHCP Solicit 消息中还可以包含一些客户端希望得到的参数。

（2）所有的 DHCP 服务器在接收到该 DHCP Solicit 消息后，会给客户端回复一个 DHCP Advertise 消息，表示自己的可用性。

（3）由于网络中存在的 DHCP 服务器可能不止一台，所以客户端可能会接收到多个 DHCP Advertise 消息，但一个客户端只能选择其中的一台 DHCP 服务器为自己提供服务。这时，客户端通过分析所有接收到的 DHCP Advertise 消息，从中选择一台最合适的，然后用组播方式发送一个 DHCP Request 消息，将已选择的 DHCP 服务器告诉给所有的 DHCP 服务器，并请求已选择的 DHCP 服务器为其分配地址及相关参数。

（4）客户端选择的 DHCP 服务器返回一个 DHCP Reply 消息，告诉它所需要的地址及相关参数。

在某些特殊的情况下，客户端与服务器之间不需要完整的 4 个交互过程，而只需要两个交互消息就可以实现快速的地址配置。例如，当服务器已经保存有客户端的 IP 地址和其他配置参数，或当客户端并不需要获得 IP 地址，而只需要获得 DNS 服务器地址、默认网关地址等参数时，客户端和服务器之间只需要交互两个消息，便可以进行快速的地址和参数配置。

假设在如图 9-29 所在的网络中，DHCPv6 服务器已经为 DHCPv6 客户端分配了 IPv6 地址及相关参数。当 DHCPv6 服务器收到 DHCPv6 客户端发送的 DHCP Solicit 消息，并且在该消息包含的"选项"字段中已表明 DHCPv6 客户端想要接收一个快速应答消息。这时，DHCPv6 服务器不必发送 DHCP Advertise 消息，而是直接发送 DHCP Reply 消息作为

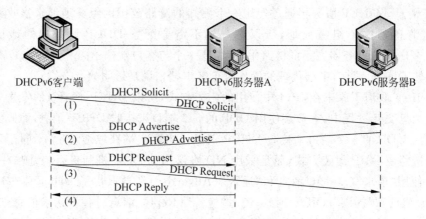

图 9-29　DHCPv6 的工作过程

应答。应答消息中包括了 DHCPv6 客户端所需要的地址和配置信息。

　　DHCPv6 中的消息交互可以分为客户端发起的交互过程和服务器发起的重配置过程两种类型。其中,客户端发起的交互过程除客户端用于获取地址外,还可以通过其他的一些交互消息来实现地址延期、地址释放等功能。例如,当客户端获取的 IPv6 地址即将到期时,客户端将通过发送 Renew/Rebind(更新/重新绑定)消息来续用已使用的地址;当客户端通过 DAD 检测,发现 DHCP 服务器分配给自己的 IP 地址已经被其他节点使用时,客户端将发送一个 Decline(拒绝)消息给 DHCP 服务器,告诉该 IP 地址不可用,DHCP 服务器通过 Reply 消息对客户端重新分配 IP 地址等。

　　服务器发起的重配置过程主要用于当网络中增加新的 DHCPv6 服务器或部署新应用时,DHCPv6 服务器通过发送 Reconfigure(重新配置)消息,告诉所有客户端更新地址或相关参数,从而提高了网络管理的灵活性。

9.4.3　DHCPv6 中继代理

　　当 DHCP 客户机和 DHCP 服务器位于不同的网段时,需要通过 DHCP 中继代理,建立 DHCP 客户端与服务器之间的联系。对于 DHCP 客户端和服务器来说,DHCP 中继代理是透明的。DHCP 中继代理可以转发 DHCP 客户端和其他 DHCP 中继代理发来的消息。当 DHCP 中继代理接收到需要转发的消息时,它会重新构造一个 Relay-forward(中继-转发)消息,将接收到的数据报文的源 IP 地址填写在 Relay-forward 消息的 Peer-address 字段中,将收到的 DHCP 消息内容放在 Relay Message 选项中。

　　DHCP 中继代理在向 DHCP 服务器发送 DHCP 消息时,所使用的目的 IPv6 地址为所有 DHCP 服务器组播地址 FF05::1:3。

　　如图 9-30 所示的是一个典型的 DHCP 中继代理的信息交互过程。首先,DHCP 客户端发送一个消息 Message1,这个消息被 DHCP 中继代理 A 使用 Relay-forward 消息转发给 DHCP 中继代理 B,然后再由 DHCP 中继代理 B 转发给 DHCP 服务器;DHCP 服务器生成一个应答信息 Message2,并放置在 Relay-reply 消息中,按照相反的路径传输,最后给 DHCP 客户端。具体实现过程在图中进行了描述。

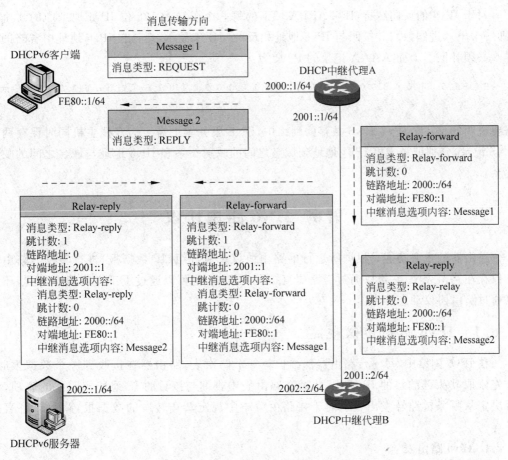

图 9-30 DHCPv6 中继代理的消息交互过程

9.5 IPv6 中的 DNS 协议

在 IPv4 中,DNS 负责在域名与 IP 地址之间建立映射关系,IPv6 中的 DNS 功能与 IPv4 网络中类似。由于 IPv6 地址长度远远超过 IPv4,所以如果选择使用 IP 地址来访问网络,在 IPv6 中将变得非常困难。为此,DNS 在 IPv6 网络中显得更加重要。

IETF 为 IPv6 网络中的 DNS 定义了两种新的资源记录(Resource Record,RR)类型,分别是"AAAA 记录类型"和"A6 记录类型"。其中,A6 记录类型目前仅在实验环境中使用,本章不再赘述。

由于在 IPv4 中,用 A 记录来存储 DNS 中的 IP 地址。因为 IPv6 的地址长度是 IPv4 的 4 倍,所以在 IPv6 网络的 DNS 中将存储 IPv6 地址的记录称为"AAAA 记录"。AAAA 记录类型的值为 28。一台主机可以拥有多个 IPv6 地址,这时每一个 IPv6 地址分别对应一个 AAAA 记录。

AAAA 记录对应的反向解析(Reverse Lookup)域为 IP6.ARPA,反向解析记录是类型为 12 的 PTR 记录。下面是一个 AAAA 记录:

```
w3.jsnj.edu.cn    IN    AAAA    2001:100:1:2:3:4:5:FFAB
```

对于 IPv6 的反向解析，IP6.ARPA 域下的每一个子域为 128 位 IPv6 地址中的 4 个位（即一个十六进制数），并按照与 IPv6 地址相反的顺序来显示，而且在 IPv6 地址中省略的前导 0 必须补回。上面 AAAA 记录的 PTR 为：

```
B.A.F.F.5.0.0.0.4.0.0.0.3.0.0.0.2.0.0.0.1.0.0.0.0.1.0.1.0.0.2.IP6.APPA.IN PTR w3.jsnj.edu.cn
```

需要说明的是：在 IPv4/IPv6 共存的网络中，DNS 服务器上需要为双栈主机同时保存两条 DNS 记录，分别记录主机 IPv4 地址到域名之间的映射关系和 IPv6 地址与域名之间的映射关系。

9.6 IPv6 路由协议

路由器的主要功能是根据所运行的路由协议来对分组（IP 数据报）进行转发。路由信息保存在路由表中，它可以通过链路层直接发现生成，也可以通过手工方式静态配置，还可以通过路由协议动态产生。

9.6.1 IPv6 路由协议概述

在 IPv6 网络中，每一台路由器都维护着一个路由表，路由器在接收到一个数据报时，首先读取其头部的目的 IP 地址，然后在路由表中查询与该目的 IP 地址相匹配的表项，最后决定从哪条链路转发出去。对于在路由策略中规定禁止转发的数据报，路由器将直接丢弃。

1. IPv6 路由表

下面是 IPv6 路由表中的一条表项，包括了 6 条主要信息：

```
Destination  : ::1/128      Protocol    : Direct
NextHop      : ::1          Preference  : 0
Interface    : Eth0/1       Cost        : 0
```

其中：

（1）Destination（目的地址）。显示了目的 IPv6 地址和对应的前缀长度，用来和接收数据报的目的 IP 地址进行匹配。

（2）NextHop（下一跳）。在到达目的地址的路径上的下一个 IPv6 地址。路由器认为，将数据报转发到 NextHop 所指定的接口，就可以到达目的节点。

（3）Interface（接口）。到达下一跳的路由器上的本地接口名称。

（4）Protocol（协议）。表示该路由是通过哪一种方式生成的，即是由链路层直接发现的，还是通过静态配置或动态产生的。

（5）Preference（优先级）。标识生成本条路由表项的协议的优先级。其值越小，优先级越高。其中，由链路层直接发现的"直连路由"的优先级最高，值为 0；手工配置的"静态路由"的优先级为 60；而由路由协议动态生成的"动态路由"，每一种动态路由对应一个不同的优先级。

（6）Cost（开销）。从本路由器开始到达目的节点所需要的路径开销。不同的路由协议衡量路由开销的标准不同，它们之间不存在可比性。其中，直连路由和静态路由的开销都为 0。

2. IPv6 路由分类

与 IPv4 一样，IPv6 路由表也通过三种方式生成，分别是直连路由、静态路由和动态路由。

(1) 直连路由。主要是指路由器自身接口的主机路由和所属前缀的路由，在路由表中直连路由的 Preference 值为 0，具有最大的优先级，其 Protocol 标识为 Direct 路由。

(2) 静态路由。由网络管理人员手工添加的路由。

(3) 动态路由。由动态路由协议生成的路由。根据作用范围的不同，动态路由协议可以分为两类：内部网关协议（Interior Gateway Protocol，IGP）和外部网关协议（Exterior Gateway Protocol，EGP）。其中，内部网关协议是在一个自治系统（autonomous system，AS）内部运行的路由协议，常见的有 RIPng、OSPFv3 等；外部网关协议是运行在不同自治系统之间的路由协议，如 BGP4+。

另外，根据所使用的算法的不同，动态路由协议也可以分为距离矢量协议（Distance-Vector）和链路状态协议（Link-State）两类，其中 RIPng 和 BGP4+ 属于距离矢量协议，OSPFv3 属于链路状态协议。

9.6.2 RIPng

RIPng（RIP next generation，下一代 RIP）是在 IPv6 网络中使用的基于距离矢量算法的路由协议。RIPng 使用 UDP 的 521 端口收发路由信息，使用 FF02::9 作为链路本地范围内的组播地址，使用链路本地地址 FE80::/10 作为源地址发送 RIPng 路由信息更新报文。在 RFC 2080 文档中对 RIPng 进行全面描述。

1. RIPng 概述

RIPng 是在 RIPv2 的基础上，针对 IPv6 网络进行改进后的一个路由协议，其工作原理与 RIPv2 类似。作为典型的距离矢量算法，与 RIPv2 一样，RIPng 也使用跳数来计算两个节点之间的路由距离。其中，一台路由器到与其直连网络的跳数为 0，通过其直连网络到达另一个相邻网络的跳数为 1，以此类推。当跳数等于或大于 16 时，被认为目的网络或主机不可达，相应的 RIPng 路由信息更新报文将被丢弃，并返回源节点一个目的网络或主机不可达的 ICMPv6 报文。

默认状态下，RIPng 通过 UDP 的 521 端口，每隔 30s 发送一次路由更新报文。如果一台路由器在 180s 内没有收到邻居路由器的路由更新信息，路由器便将从该邻居路由器学习到的所有路由表项标识为不可达。如果再过 120s 还没有收到该邻居路由器的路由更新报文，RIPng 将从路由表中删除已作标识的表项。每个运行 RIPng 路由协议的路由器都维护一个路由数据库，该路由数据库中存储着到所有可达目的网络的路由表项，每条路由表项主要包含以下的内容：

(1) 目的地址。目的主机或网络的 IPv6 地址。

(2) 下一跳地址。在到达目的主机或网络的路径上，需要经过的相邻路由器的接口 IPv6 地址。

(3) 出接口。路由器转发 IPv6 数据报时所使用的接口。

(4)度量值。本路由器到达目的主机或网络的开销,在 RIPng 中以跳数表示。

(5)路由时间。当前时间与路由表项最后一次被更新的时间差。路由器上运行着一个记录路由表项更新时间的计数器,当路由表项被更新时,该计数器重置为 0。

(6)路由标签(Route Tag)。用于标识外部路由,以便在路由策略中根据标签(tag)对路由进行控制。

由于 RIPng 过多地继承了 RIPv2 的工作机制,所以 RIPv2 中存在的一些不足在 RIPng 中仍然存在。例如,RIPng 网络规定,目的网络的跳数只能小于 16,所以在运行 RIPng 路由协议的网络中,路由路径上的路由器(而非网络中的路由器)不能超过 15 台;RIPng 以组播形式定期发送路由更新报文,协议的收敛时间较长;RIPng 仅仅以跳数来计算到达目的主机或网络的距离,并未考虑链路的带宽,所以实际使用的路由并非最佳路由。这些缺点,决定了 RIPng 只能在对路由协议要求不高的中小型网络中使用。

2. RIPng 报文格式

RIPng 属于应用层协议,封装在 UDP 数据报中传输。RIPng 报文的基本格式与 RIPv2 类似,也由报文头部(Header)和若干条路由表项(Route Table Entry,RTE)组成。其中,RIPng 报文头部由命令、版本和保留三个字段组成,如图 9-31 所示。其中:

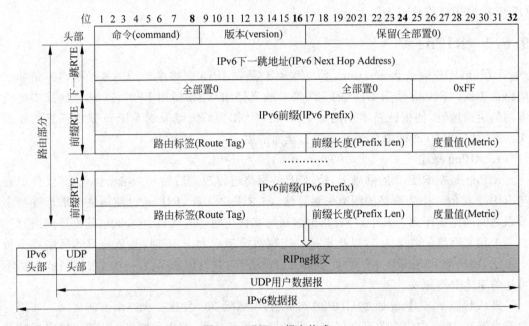

图 9-31 RIPng 报文格式

(1)命令(command)。定义 RIPng 报文的类型,其中 0x01 表示请求(Request)报文,0x02 表示响应(Response)报文。

(2)版本(version)。RIPng 的版本号,目前仅有一个版本号,其值为 0x01。

(3)保留。与 RIPv2 相同,该字段全部置 0。

(4)路由表项(RTE)。每个路由表项代表一条路由信息。与 RIPv2 相同,RIPng 中每个路由表项的长度也为 20 字节。一个 RIPng 报文中所携带的 RTE 的数量只受限于发送接口的 MTU 值,而 RIPv2 中每个报文最多只能携带 25 条 RTE。

在 RIPng 中，RTE 分为"下一跳 RTE"和"前缀 RTE"两种类型。其中，下一跳 RTE 中携带的是下一跳 IPv6 的地址信息，而前缀 RTE 用来描述 RIPng 路由表项中的目的 IPv6 地址前缀(IPv6 Prefix)、路由标签(Route Tag)、前缀长度(Prefix Len)、度量值(Metric)等路由属性。

需要注意的是：在 RIPng 报文中，下一跳 RTE 和前缀 RTE 的前后位置是有要求的，下一跳 RTE 位于一组具有相同下一跳的 IPv6 前缀 RTE 的前面。如果一个 RIPng 报文中存在多组具有相同下一跳的 IPv6 前缀 RTE，则每组具有相同下一跳的前缀 RTE 前面都有一个下一跳 RTE 表项。

3. RIPng 报文的处理方式

RIPng 报文分为"请求报文"和"响应报文"两种类型。在承载 RIPng 报文的 IPv6 数据报中，IPv6 头部的"跳限制"字段值设置为 255。当路由器接收到 RIPng 报文时会检查"跳限制"字段，如果其值不是 255 则认为是非法报文。通过这种机制，运行 RIPng 协议的路由器认为 RIPng 报文是从邻居路由器发来的，以此增强 RIPng 协议的安全性。

1) 请求报文

当运行 RIPng 协议的路由器加电启动后或主动要求更新路由表项时，通常以组播方式向邻居发送 RIPng 请求报文，希望从邻居得到路由信息。收到 RIPng 请求报文的 RIPng 路由器会对其中的 RTE 进行处理，并以 RIPng 响应报文作为应答。根据不同的应用需求，RIPng 请求报文又分为"通用请求报文"和"指定请求报文"两种类型。其中，通用请求报文通常在路由器加电启动后需要快速获得网络中的路由信息时使用，而指定请求报文则在网络管理软件需要获得指定路由器上的全部或部分路由信息等特殊情况下使用。

需要说明的是：路由器在接收到 RIPng 请求报文时，只以 RIPng 响应报文作出应答，但不对本路由表进行更新。

2) 响应报文

RIPng 响应报文通常用于路由器对接收到的 RIPng 请求报文的应答，但路由器在特定情况下也会主动发送响应报文。在作为对请求报文进行应答的响应报文中，响应报文的目的地址是请求报文的源地址，报文中包含了全部路由信息或请求报文中指定的路由信息。

运行 RIPng 协议的路由器在以下两种情况下会主动发送响应报文：一是作为路由更新报文，根据设置时间周期性地发出；二是在路由发生变化时主动发出，此时响应报文的目的地址为组播地址 FF02::9。

路由器在接收到响应报文后，通过必要的有效性检查(如源 IPv6 地址是否是链路本地地址、端口号是否正确等)后，便用响应报文中携带的路由信息来更新自己的路由表项，包括添加新的前缀到自己的路由表中、重新计算度量值、更新下一跳、重置路由计数器等。

9.6.3 OSPFv3

OSPF(Open Shortest Path First，开放最短路径优先)协议是建立在链路状态(Link State)算法和最短路径优先(SPF)算法基础上，在单个自治系统(AS)中路由器之间分发路由选择信息的内部网关协议(IGP)。1999 年，IETF 制定了适用于 IPv6 网络运行要求的 OSPFv3 协议，OSPFv3 在保留了 OSPFv2 许多优点的基础上，能够很好地运行在 IPv6 网络中。OSPFv3 分别在 RFC 2770 和 RFC 5340 文档中进行了描述。

1. OSPFv3 概述

OSPFv3 继承了 OSPFv2 的协议架构,其网络类型、邻居发现、协议状态机、协议报文类型与 OSPFv2 基本一致。OSPFv3 与 OSPFv2 主要在以下几点存在着区别:

(1) OSPFv2 基于子网运行,而 OSPFv3 基于链路运行。在 OSPFv2 中,路由器之间形成邻居关系的条件之一是两端接口使用同一网段的 IP 地址。在 IPv6 中同一条链路上可以有多个 IPv6 子网,OSPFv3 用链路代替了 OSPFv2 中网段和子网的概念,所以 OSPFv3 不受网段或子网的限制,两个具有不同 IPv6 前缀的路由节点可以在同一条链路上建立邻居关系。

(2) OSPFv2 的接口必须配置一个全局 IPv4 地址,而 OSPFv3 的接口使用链路本地地址。OSPFv2 利用路由器上每个接口的全局 IPv4 地址来建立路由表,而在 OSPFv3 中路由器在启动时,每个接口都会自动分配一个链路本地地址,链路本地地址只会在本地链路上发布,不会传播到其他链路上。OSPFv3 使用了链路本地地址作为协议报文的源地址,所以路由器都会学习到本地链路上其他路由器的链路本地地址,并将其作为路由的下一跳。为此,网络中负责转发 IPv6 数据报的路由器只需要配置链路本地地址,而不需要配置全局 IPv6 地址。OSPFv3 的这种机制,一方面节约了 IPv6 地址资源,另一方面便于路由器的配置与管理。

(3) OSPFv3 在单链路上支持多个实例。OSPFv3 在协议报文中增加了一个称为"实例 ID"(Instance ID)的字段,通过建立实例 ID 与 AS 之间的对应关系来标识不同的实例。当路由器接收到一个报文时,首先读取其中的实例 ID 字段值,如果报文中的实例 ID 值与接口配置的实例 ID 值相同时才接收该报文,否则直接丢弃。这样,一条链路上可以运行多个 OSPF 实例,且各实例独立运行,相互之间互不影响。

如图 9-32 所示,路由器 Router-A 和 Router-B 属于自治系统 AS100,而 Router-C 和 Router-D 属于 AS200,4 台路由器位于同一条链路上。现在,将 Router-A 和 Router-B 接口的 OSPF 实例 ID 设置为 100,而将 Router-C 和 Router-D 接口的 OSPF 实例 ID 设置为 200。此时,Router-A 和 Router-B 只会接收实例 ID 为 100 的报文,Router-C 和 Router-D 只会接收实例 ID 为 200 的报文。

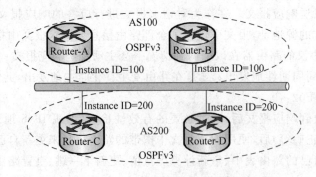

图 9-32　OSPFv3 在单链路上同时支持多个实例

另外,OSPFv3 通过对 LSA(Link-State Advertisement,链路状态通告)的改进,使协议具有更好的适应性。同时,OSPFv3 取消了 OSPFv2 报文中的"鉴别"字段,将鉴别功能放在 IPv6 数据报的扩展头部中,在一定程度上优化了 OSPFv3 协议的性能。

2. OSPFv3 协议的报文格式

OSPFv3 运行机制的改进和功能扩展主要通过对协议报文和 LSA 的格式优化来实现。

与 OSPFv2 相同,OSPFv3 也是一个应用层协议,它必须封装在 IPv6 数据报中在网络中转发。OSPFv3 的协议号为 89,对应 IPv6 数据报的"下一个头部"(Next Header)的字段值为 0x59。除虚连接(利用虚拟接口建立的连接通道)使用全球地址或站点本地地址作为协议报文的源地址外,OSPFv3 协议报文的源 IPv6 地址全部使用链路本地地址。

如图 9-33 所示的是 OSPFv2 与 OSPFv3 报文头部之间的对比。由对比可知,OSPFv3 取消了 OSPFv2 中的"鉴别"字段,同时增加了一个 8bit 长度的"Instance ID"字段,用于区分同一链路上的不同 OSPF 实例。另外,OSPFv3 的"版本"(version)字段值为 3,而 OSPFv2 的"版本"字段值为 2。其他字段的功能定义与 OSPFv2 中相同。

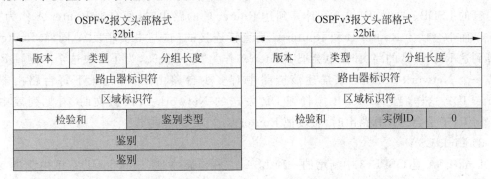

图 9-33　OSPFv3 与 OSPFv2 报文头部格式的对比

3. OSPFv3 的 LSDB

OSPF 使用 LSA 来描述网络拓扑结构,路由器将收到的 LSA 都存储在一个数据库中,这个数据库就是 LSDB(Link-State Database,链路状态数据库)。LSDB 非常重要,运行最短路由算法、构建路由表都要依赖于 LSDB。

LSA 用于描述所有的链路、接口和邻居的链路状态信息,OSPF 协议对所有路由信息的描述都集中在 LSA 中。当链路状态发生变化以后,检测到该变化的路由器便创建 LSA,通过使用组播地址传送给所有的邻居路由器,然后每个路由器复制一份 LSA,更新自己的 LSDB,接着再转发该 LSA 给其他的邻居路由器。LSA 的这种泛洪(flooding)机制保证了所有的路由器都能够及时地更新自己的 LSDB,确保所维护的网络拓扑是最新、最可靠的。OSPFv3 中定义了 9 个不同的 LSA,下面介绍其中的几个:

1) Router-LSA

每一台运行了 OSPF 的路由器都会产生一个 Router-LSA,Router-LSA 只在本区域(Area)内部泛洪。Router-LSA 中不再包含地址前缀信息,仅仅描述路由器周围的拓扑连接情况。Router-LSA 主要包含路由器连接的链路及相应开销(Cost)。例如,区域 Area 0 中的路由器 Router-A,它产生 Router-A 的 Router-LSA,当 Area 0 内的其他路由器接收 Router-A 的 Router-LSA 报文时,就能知道 Router-A 连接了哪些链路,以及如何到达这些链路及所需要的开销。

2) Network-LSA

Network-LSA 由 DR(Designated Router,指定路由器)产生,它只在本区域(Area)内部泛洪。Network-LSA 记录了 DR 所在的链路上有多少台运行 OSPF 协议的路由器,以及这些路由器的 Router ID。Network-LSA 的作用是让任意两台非 DR 路由器之间计算路由的时候,把彼此当做"下一跳"。

使用 Network-LSA 的目的是简化 LSA 数据库的管理。在同一条链路上可能同时连接了多台 OSPFv3 路由器,如果要让每一台路由器都知道彼此的存在,就需要在每一台路由器上建立并同步数据库。这时,任意两台路由器之间都去建立联系,将会增加网络以及路由器的额外负担。因此,同一区域内的多台路由器可以选出一台作为"代言人",该"代言人"便是 DR。之后,每台路由器都与 DR 建立联系,通过 DR 同步数据库。

DR 在解决了数据库同步问题的同时,又产生了一个新的问题:例如,Router-A 是被选举出的 DR,Router-B 和 Router-C 都不是 DR,Router-B 和 Router-C 都通过 Router-A 来同步自己的 LSDB。这时,Router-B 计算到达 Router-C 的路由时,便会把 Router-A 作为"下一跳",而不会认为 Router-B 和 Router-C 是直接连接的(这与事实相反);同样,Router-C 计算到达 Router-B 的路由时,也会把 Router-A 作为"下一跳"。为了解决这个问题,DR 会生成一个 Network-LSA,用以描述该链路中有多少台路由器,并记录下每台路由器的 Router ID。这样,当 Router-B 接收到 DR 发送的 Network-LSA 报文时,看见列表中有 Router-C,于是会在计算路由时,直接把 Router-C 作为"下一跳"。

3) Link-LSA

Link-LSA 是 OSPFv3 中新增的一种 LSA,它在链路本地(Link-local)范围内泛洪。路由器通过 Link-LSA 向链路上的其他路由器通知自己的链路本地地址,作为它们选择路由时的"下一跳"地址。Link-LSA 还会通告本地链路上的所有 IPv6 前缀。

4. OSPFv3 路由表的建立与维护

路由器在完成 LSDB 同步操作之后,就可以开始运行 SPF(最短路径优先)算法生成 OSPF 路由表。OSPFv3 路由表的生成步骤与 OSPFv2 类似,但实现细节有所不同。如图 9-34 所示,在一个由两个区域(Area 0 和 Area 1)组成的 OSPFv3 网络中,路由器上路由表的生成需要 3 个过程:区域内路由表的生成、区域间路由表的生成和外部路由表的生成。

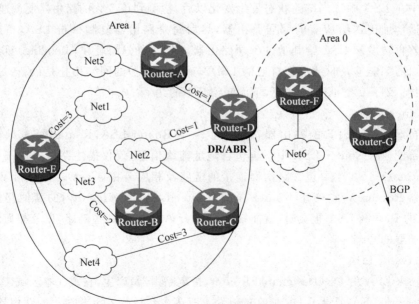

图 9-34　一个由两个区域(Area 0 和 Area 1)组成的 OSPFv3 网络

1) 区域内路由表的生成过程

以 Area 0 为例,其中 Router-D 为该区域内路由器选择出的 DR。首先,Area 0 中的每一台路由器分别发送 Router-LSA 报文,之后由 DR 向 Area 0 内的所有路由器发布 Network-LSA 报文。这样,Area 0 中的所有路由器都会更新自己的路由表,形成完全相同的网络拓扑结构。

得到区域内的网络拓扑结构后,每台路由器便以自己为根,结合各路径上的开销值进行 SPF 计算,得出到达区域内各节点的最短路径树。最短路径树的节点由路由器和连接路由器的链路组成,不同的路由器通过 Router ID 进行标识。

需要说明的是:由于 Router-LSA 和 Network-LSA 不包含地址前缀信息,所以此时只能得到到达 Area 0 内任意一台路由器的最短路径,而无法得到具体的地址信息。Area 0 中以 Router-A 为根生成的最短路径树如图 9-35 所示。

OSPFv3 区域内的 IPv6 地址信息保存在 Link-LSA 和 Intra-Area-Prefix-LSA(用于描述其他区域的地址前缀信息)中。通过计算得到最短路径树后,由 Link-LSA 将本地链路地址前缀信息添加到最短路径树上,而由 Intra-Area-Prefix-LSA 将其他区域的地址前缀信息添加到最短路径树上。图 9-36 是 Router-A 计算得到的 Area 1 内的路径信息(图中只标出了 Net1 和 Net2 的地址前缀)。

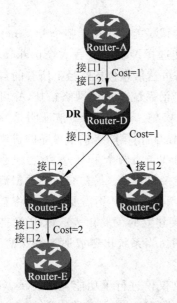

图 9-35 以 Router-A 为根的最短路径树

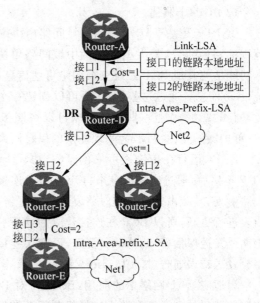

图 9-36 Router-A 计算得到的 Area 1 内的路由

通过以上过程,区域内到达任何一个节点的最短路径和地址便被确定了。

2) 区域间路由表的生成过程

区域间路由表的生成由 ABR(Area Border Router,区域边界路由器)产生。位于其中一个区域内的路由器可以通过 ABR 得到到达另一个区域的路径。ABR 必须能够同时连接多个区域,如图 9-34 中的 Router-D 便是一台 ABR。

当区域内的路由生成以后,本区域内的 ABR 便向其他区域通告本区域的路由,其中包括该 ABR 的 Router ID。这样,其他区域的路由器就会学习到本区域的地址前缀信息,并将其添加到最短路径树上,生成相应的路由。由此可以看出,到达其他区域的最短路径必须经过 ABR。

3) 外部路由表的生成过程

ABR 在不同区域之间通告路由信息,而不同自治系统(AS)之间通告路由信息时需要使用 ASBR(Autonomous System Border Router,自治系统边界路由器)。ASBR 负责从其他 AS 中接收地址前缀信息,并保存在 AS-External-LSA 中,然后在本 AS 内部通告。AS-External-LSA 会在整个 AS 内部泛洪,AS 中每个区域内的路由器都会接收到 AS-External-LSA,并将其包含的地址信息添加到最短路径树的节点上。由此可以看出,到达其他 AS 的最短路径必然经过 ASBR。

9.6.4 BGP4+

BGP-4(Border Gateway Protocol version 4,边界网关协议版本 4)协议是为了实现承载 IPv4 路由选择信息而制定的协议规范,具体在 RFC 1771/1772/1773/1774 文档中进行了描述。为了使 BGP-4 协议能够支持 IPv6、IPX 等多种网络层协议,IETF 对 BGP-4 协议进行了扩展,提出了 BGP4+(Multiprotocol Extension for BGP-4,BGP-4 多协议扩展),并在 RFC 2283/2858 等文档中进行了描述。

1. BGP4+概述

BGP4+是基于 IPv6 网络的域间路由协议。BGP 协议是能够应用于整个 Internet 网络范围的路由协议,是大型广域网中域间路由协议的最佳选择。BGP 发言人(Speaker)的基本功能是与其他 BGP 系统交换网络可达信息,这些网络可达信息包括路径上所有的自治系统(AS)信息。通过这些信息,便可以创建一个由不同自治系统组成的网络拓扑,并可以避免环路的产生,而且一些路由策略可以在该拓扑上得以实施。BGP4 已经被证明是一个稳定、可扩展的路由协议,为实现复杂的以自治系统为单元的路由策略提供了可靠的机制。

BGP4 运行在传输层可靠的 TCP 协议上,端口为 179。当两个 BGP 系统之间建立了 TCP 连接后,通过交换消息来打开(Open)连接并确认连接的参数。最初交换的数据流是整个路由表,当路由表有变化时将发送新的更新(Update)消息。BGP 不需要定期地将整个路由表进行更新,所以 BGP 在连接建立后将保持着它连接建立时的路由表。BGP 发言人将定期地发送保活(KeepAlive)消息,以确认连接是活跃的。当系统出错或遇到特殊情况时,将会发送错误通告(Notification)消息。

为适应 IPv6 网络中的应用,BGP4+对 BGP-4 协议仅仅进行了功能上的扩展,GBP-4 原有的消息处理机制和路由选择机制都没有发生变化。BGP4+协议的路由器在建立 BGP 连接、发布 IPv6 路由之前,首先需要通过发送 Open 消息进行 BGP 能力协商。

通过在 Open 报文的"可选参数"(Optional Parameter)选项中新增"能力通告"(Capabilities Advertisement)来实现 BGP 能力协商功能。

能力通告使用如图 9-37 所示的 CLV(Code、Length 和 Value)格式,具体在 RFC 3392 文档中进行了描述。其中,"Capability Code"(能力代码)用于表明 BGP 通告者所支持的能力,当值为 1 时表示 BGP4+;"Capability Length"(能力长度)用于说明"Capability Value"字段的长度;

| Capability Code(8bit) |
| Capability Length(8bit) |
| Capability Value(可变) |

图 9-37 Capabilities Advertisement 格式

"Capability Value"用来具体说明所支持的能力。

BGP 发言人通过交互 Open 消息完成能力协商,并通过 KeepAlive 消息确认连接后,BGP 便建立成功。之后,BGP 发言人通过 Update 消息通告路由。

2. BGP4+属性扩展

由于 BGP4+的消息处理机制与 BGP-4 相同,只是对 IPv6 地址信息的处理与 BGP-4 不同。所以,只需要简单地对 BGP-4 涉及地址信息的字段属性进行扩展,就可以使 BGP4+支持对 IPv6 地址信息的管理。在 BGP-4 中,只有以下三部分与 IPv4 地址相关:NLRI(Network Layer Reachable Information,网络层可达信息)、Next-Hop(下一跳)以及 Aggregator 和 Open 消息中的"BGP 标识"(BGP Identifier)。

由于在 BGP4+中的"BGP 标识"仍然使用 32 位的 IPv4 地址格式,所以在 BGP4+中对 Aggregator 属性和 Open 消息格式都不需要修改。仅仅是对 NLRI 及 Next-Hop 属性进行扩充和修改,使其能够支持 IPv6。

9.7 IPv6 过渡技术

IPv6 全面取代 IPv4 只是时间的问题。然而,在今后相当长的一段过渡期内,IPv4 和 IPv6 还需要共存。本节介绍 IPv4 与 IPv6 之间的过渡技术。

9.7.1 IPv6 过渡技术概述

从 IPv4 过渡到 IPv6 需要经过三个阶段:第一个阶段是网络主干仍然是 IPv4,主要采用隧道技术(tunnel)互联为数不多的 IPv6 网络;第二阶段是网络主干出现了 IPv6,同时在整个互联网上出现了大量的基于 IPv6 的网络应用,这期间可通过隧道或协议转换技术实现 IPv4 与 IPv6 网络之间的互联;第三个阶段是 IPv6 已经取代了 IPv4,但网络中还存在部分 IPv4 网络,这时可利用隧道技术来互联为数不多的 IPv4 网络。

为了实现 IPv4 网络向 IPv6 网络的过渡,IETF 成立了专门的工作组来研究相关的问题,目前已经取得了一定的成果。这些成果大体分为三大类:双栈(双协议栈)技术、隧道技术和网络地址转换/协议转换技术。

1. 双栈技术

双栈技术,即在同一台设备上同时启用 IPv4 和 IPv6 协议栈。IPv6 并非一个完全独立的协议栈,IPv6 只是对原有 IPv4 体系结构中部分层的功能扩展。如图 9-38 所示,当同一台主机同时启用 IPv4 和 IPv6 两种协议时,应用层的 IPv4 和 IPv6 两类应用,在传输层和网络接口层分别共享相同的协议。这时,同一台主机既可以使用 IPv4 协议与另一台主机通信,也可以使用 IPv6 协议与另一台主机通信。

IPv4/IPv6应用	应用层(不同)
TCP/UDP	传输层(相同)
IPv4 | IPv6	网际层(不同)
网络接口	网络接口层(相同)

图 9-38 TCP/IP 的双栈结构

2. 隧道技术

隧道(tunnel)是指将一种协议报文封装在另一种协议报文(具体为该报文的"数据"字段)中,由新协议负责传输的一项通信技术。隧道技术具有两个明显的通信特点:一是透明性,即在新的数据报文中,原数据报文被视为静载荷透明地传输;二是承载性,即新协议承载着原数据报文来传输。

隧道一般由三个基本部分组成：隧道开通器、有路由功能的公共网络和隧道终止器。其中，隧道开通器（TI）用于在公共网络中创建一条隧道；隧道终止器（TT）用于终止隧道，使隧道不继续向前延伸；而有路由功能的网络用于连接隧道开通器和隧道终止器，并在两者之间形成一条隧道。隧道作为一项重要的通信技术，除应用于下面将要介绍的 IPv6 网络与 IPv4 网络之间互联外，还在 VPN（虚拟专用网）、GPRS（通用分组无线服务）等网络中得到广泛的应用。

如图 9-39 所示，两个 IPv6 网络通过一个在 IPv4 网络中创建的隧道进行互联，这样 IPv6 协议报文就可以穿越 IPv4 网络来传输。在隧道的入口处，隧道开通器将 IPv6 数据报文封装在 IPv4 报文中，IPv4 报文的源地址为隧道开通器的 IPv4 地址，IPv4 报文的目的地址为隧道出口处隧道终止器的 IPv4 地址，承载 IPv6 数据报文的 IPv4 报文在 IPv4 网络中传输。在隧道出口处，隧道终止器再将 IPv6 数据报文从 IPv4 报文中取出来，并送入 IPv6 网络中继续向前转发。

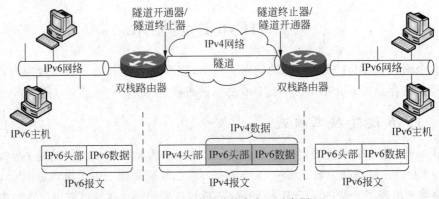

图 9-39　IPv6 隧道技术实现示意图

很显然，在如图 9-39 所示的 IPv6 隧道中，隧道开通器和隧道终止器都必须支持双栈技术，而对网络中的其他设备没有具有的要求。

3. 网络地址转换技术

IPv6 过渡技术中使用的网络地址转换称为 NAT-PT（Network Address Translation-Protocol Translation，网络地址转换-协议转换），即通过修改协议报文头来转换网络地址，使用不同协议的两个网络之间可以互联。如图 9-40 所示，NAT-PT 网关设备连接了 IPv4 和 IPv6 两个网络。

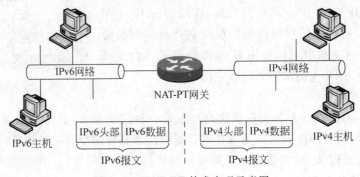

图 9-40　NAT-PT 技术实现示意图

在从 IPv4 向 IPv6 过渡的具体网络部署中,所涉及的情况可分为两类:IPv6 网络通过 IPv4 网络互联和 IPv6 与 IPv4 网络之间互联。

9.7.2 利用 IPv4 网络互联 IPv6 网络

在 IPv6 网络的发展初期,大量分散在不同地址位置的 IPv6 网络之间需要借助 IPv4 主干网络进行互联。目前,IPv6 网络通过 IPv4 网络互联的主要方法包括 IPv6 in IPv4 GRE 隧道(简称"GRE 隧道")、IPv6 in IPv4 手动隧道(简称"IPv6 手动隧道")、IPv4 兼容 IPv6 自动隧道(简称"自动隧道")、6to4 隧道、ISATAP 隧道、6PE、6over4、Teredo 和隧道代理(Tunnel Broker)。下面对其中几类应用较为广泛的互联技术进行介绍,其他内容读者可参阅相关资料。

1. GRE 隧道

GRE(通用路由协议封装)是由 Cisco 等公司于 1994 年提交给 IETF 的一个隧道技术,具体在 RFC 1701 和 RFC 1702 文档中进行了描述。目前大多数厂商的网络设备都支持 GRE 隧道协议。

GRE 隧道是两点之间的链路,而且每条链路都是一条独立的隧道。在 GRE 隧道中,IPv6 地址是在隧道(Tunnel)接口上配置,隧道的起点和终点地址分别是隧道的源 IPv4 地址和目的 IPv4 地址。如图 9-41 所示,两个 IPv6 网络之间通过位于双栈路由器 Router-A 和 Router-B 之间的 IPv4 网络互联,其中 Router-A 隧道接口(Tunnel 0)的 IPv6 地址为 2001::1/64,Router-B 隧道接口(Tunnel 0)的 IPv6 地址为 2002::1/64。同时,位于 Router-A 上的隧道起点的 IPv4 地址为 192.168.0.1,位于 Router-B 上的隧道终点的 IPv4 地址为 192.168.1.1。

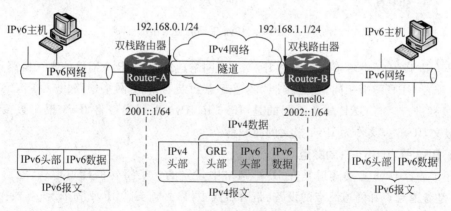

图 9-41　GRE 隧道工作示意图

现在,假设 IPv6 报文通过 Router-A 转发到 Router-B,GRE 隧道的工作原理为:Router-A 首先根据路由表得知目的地址为 2002::1,然后将报文送到隧道接口并根据 GRE 格式进行封装。封装时,原来的 IPv6 报文首先封装为 GRE 报文,然后再封装为 IPv4 报文,IPv4 报文中的源地址为隧道的起点 IPv4 地址 192.168.0.1,目的地址为隧道的终点 IPv4 地址 192.168.1.1。之后,这个 IPv4 报文被 Router-A 从隧道口发送出去,再在 IPv4 网络中被路由到目的地 192.168.1.1,即 Router-B。Router-B 收到该 IPv4 报文后,进行解封装,把其中的 IPv6 报文取出。因为 Router-A 和 Router-B 都是双栈设备,所以 Router-B 再根据 IPv6 报文中的目的地址信息进行路由,最终送到目的主机。另一个方向 IPv6 报文的转发也是按照"隧道起点封装→IPv4 网络中路由→隧道终点解封装"这一过程来进行。

GRE 隧道基于成熟的 GRE 技术来封装报文,具有更广泛的应用性。例如,在同一个 GRE 隧道上除可以在 IPv4 网络上传输 IPv6 报文外,还可以传输 IPv4、IPX、Appletalk 等其他类型的报文。但 GRE 隧道是一种手动隧道,当网络中站点数量较多时,手工配置隧道的工作量和复杂性将会上升。

2. IPv6 in IPv4 手动隧道

IPv6 in IPv4 手动隧道也称为"IPv6 手动隧道",它是一种应用最早、使用最简单、技术最成熟的 IPv6 过渡技术。通过手工配置方式,在隧道起点将 IPv6 报文直接封装在 IPv4 分组中,形成的 IPv4 报文在 IPv4 网络中路由,在隧道终点将 IPv6 报文从 IPv4 报文中取出,再根据 IPv6 报文中的目的地址,将其送到目的主机,具体工作过程如图 9-42 所示。

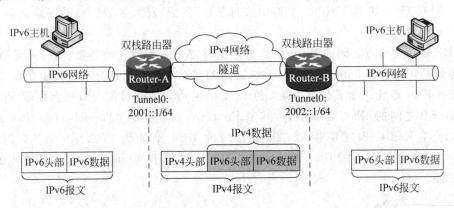

图 9-42　IPv6 in IPv4 手动隧道工作示意图

IPv6 in IPv4 手动隧道也是通过 IPv4 主干网络连接两个 IPv6 网络的永久链路,其配置机制与配置 GRE 隧道相同,也是按照"隧道起点封装→IPv4 网络中路由→隧道终点解封装"的过程进行。与 GRE 隧道不同的是,IPv6 in IPv4 手动隧道将 IPv6 报文直接封装到 IPv4 报文,IPv6 报文作为 IPv4 报文的净载荷。

3. IPv4 兼容 IPv6 自动隧道

IPv4 兼容 IPv6 自动隧道是在 IPv4 网络中建立的一类特殊的隧道形式,它有三个特点:一是隧道起点和隧道终点的设备(路由器或主机)必须支持 IPv4 和 IPv6 双栈操作;二是在隧道中仅仅需要告诉隧道的起点,隧道终点由设备自动生成;三是隧道需要使用如图 9-43 所示的"IPv4 兼容 IPv6 地址",其中,前缀是 0:0:0:0:0:0,最后的 32 位嵌入的是 IPv4 地址,中间的 16 位地址用于组织内部划分不同的子网。IPv4 兼容 IPv6 自动隧道在 RFC 2893 文档中进行了详细描述。

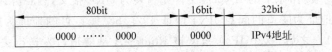

图 9-43　IPv4 兼容 IPv6 地址的结构

如图 9-44 所示,在路由器 Router-A 与 Router-B 之间形成的隧道中,IPv6 报文的源地址是隧道起点的隧道接口地址::1.1.1.1(假设 IPv6 报文从 Router-A 处进入隧道),目的地址是对端隧道接口的地址::2.2.2.2。IPv6 报文通过查找路由表得知:凡是目的地址为::2.2.2.2 的报文需要通过隧道传输。为此,该 IPv6 报文将被送到 Router-A 上的隧道起点进行封装,将其封装为 IPv4 报文。封装时,原有的 IPv6 报文直接放入 IPv4 的数据区域,IPv4 报文头部的源地址为隧道起点地址 1.1.1.1,而目的地址直接从"IPv4 兼容 IPv6 地址"的后 32 位复制,即 2.2.2.2。该 IPv4 报文进入隧道后,在 IPv4 网络中被路由到目的地 Router-B,即 2.2.2.2。Router-B 对从隧道终点接收到的 IPv4 报文进行解封装,把其中的 IPv6 报文取出,送给 IPv6 协议栈进行处理。从 Router-B 返回 Router-A 的报文按照相同的规则来进行,只是源地址和目的地址发生了变化。

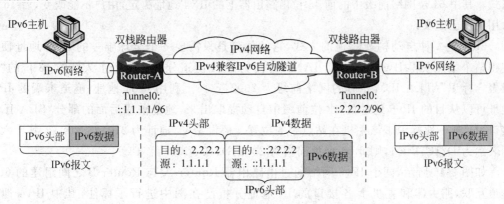

图 9-44　IPv4 兼容 IPv6 自动隧道工作示意图

根据以上工作过程可知,IPv4 兼容 IPv6 自动隧道是根据具体报文建立的隧道,而不是固定的。通过同一个隧道起点可以与多个对端设备建立多个隧道,路由器的配置管理相对简单。但是,IPv4 兼容 IPv6 自动隧道在应用中存在一定的局限性。例如,IPv6 地址必须是特殊的"IPv4 兼容 IPv6 地址",IPv6 报文中的地址前缀只能是 0:0:0:0:0:0,这将使所有节点处于同一个 IPv6 网段中。IPv4 兼容 IPv6 自动隧道的局限性在"6to4 隧道"中得到了解决。

4. 6to4 隧道

6to4 隧道可以将多个相互独立的 IPv6 网络通过 IPv4 网络互联起来,具体在 RFC 3056 文档中进行了描述。与 IPv4 兼容 IPv6 自动隧道类似,6to4 隧道也使用了一类特殊的 IPv6 地址,即"6to4 地址",具体结构如图 9-45 所示,其中:

(1) FP(Format Prefix,格式前缀)。该字段值为"001",标识一个可聚合全局单播地址,类型于 IPv4 中的公用地址。

(2) TLA(Top Level Aggregator,顶级聚合)。该字段值为"0x0002",占用 13 位。TLA 的值由 IANA 管理,分配给 ISP(Internet 服务提供商)使用。

将 FP 和 TLA 字段组合后组成的值为固定的 2002。

(3) V4 ADDR。表示内嵌在 IPv6 地址中的 IPv4 地址,可用来查找 6to4 隧道的其他终点。这 32 位的 IPv4 地址必须是全局单播地址,而不能是私有地址。

(4) SLA ID(Site Level Aggregator Identifier,站点级聚合标识符)。该字段占用 16

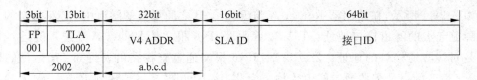

图 9-45　6to4 地址格式

位,用于在站点内部创建子网。例如,当某一 ISP 在向 IANA 申请到一个可聚合全局单播地址时,可以在该站点(网段)内部再创建 2^{16} 个不同的子网。

(5) 接口 ID。标识网络中设备的接口。

6to4 地址可以表示为 2002:a.b.c.d:××××:××××:××××:××××:×××× 格式。其中 64 位网络前缀中的前 48 位由路由器上的 IPv4 地址决定,用户不能改变,后 16 位由用户自己定义。

6to4 是一种自动构造隧道的方式,它的优势是只需要一个全球唯一的 IPv4 地址便可使得整个站点获得 IPv6 的连接。IANA 专门为 6to4 隧道分配了一个永久性的 13 位的"顶级聚合标识"(TLA ID),相应的网络前缀为 2002::/16。利用 6to4 地址,隧道末端的 IPv4 地址可以从目的 IPv6 地址的 48 位前缀中自动提取出来,地址前缀后面的部分"SLA ID＋接口 ID"唯一地标识了该主机在站点中的位置。假设 IPv4 地址为 210.28.208.1,其十六进制表示为 D21C:D001,则 6to4 地址前缀为 2002:D21C:D001::/48。

如图 9-46 所示,两个 IPv6 网络通过由路由器 Router-A 与 Router-B 之间组建的 6to4 隧道互联,路由器和主机上各接口的 IP 地址分析已在图中进行了标注,其中 IPv4 地址 210.28.209.1 对应的十六进制表示为 D21C:D101。

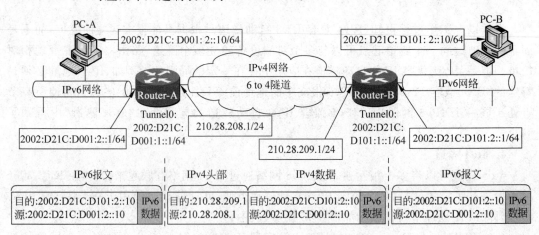

图 9-46　6to4 隧道工作示意图

下面,按照以"PC-A→Router-A→Router-B→PC-B"的顺序,介绍报文从 PC-A 到 PC-B 的转发过程:

(1) 主机 PC-A 发送报文。主机 PC-A 生成报文,报文的目的地址为主机 PC-B 的 IPv6 地址 2002:D21C:D101:2::10/64,源地址为自己的 IPv6 地址 2002:D21C:D001:2::10/64。该报文被送到路由器 Router-A。

(2) 路由器 Router-A 将报文送入隧道。路由器 Router-A 接收到 IPv6 报文后,通过查看路由表找到有一条 2002::/16 的路由表项,且该表项的下一跳地址指向了隧道 tunnel0 接口。于是,Router-A 将该 IPv6 报文送入 tunnel0 接口,并进行隧道数据的封装。

封装时,源地址是 IPv4 地址 210.28.208.1,目的地址是 IPv4 地址 210.28.209.1。其中,210.28.209.1 这一地址是从 IPv6 报文的目的地址 2002:D21C:D101:2::10/64 中的 "V4 ADDR"字段(D21C:D101)中复制而来。

在隧道 tunnel0 的入口处封装后的 IPv4 报文被送入 IPv4 网络,经 IPv4 网络路由后到达隧道另一端的路由器 Router-B。

(3) 路由器 Router-B 从隧道接收报文。路由器 Router-B 从隧道口接收到 IPv4 报文后进行解封装操作,从 IPv4 报文中取出 IPv6 报文,根据报文中的目的地址将此报文送给主机 PC-B。

(4) 主机 PC-B 接收报文。主机 PC-B 接收此 IPv6 报文,并对主机 PB-A 进行回复。回复过程按"PC-B→Router-B→Router-A→PC-A"的顺序进行。

通过以上介绍可以看出,6to4 隧道的组建和维护都较为方便,而且克服了"IPv4 兼容 IPv6 自动隧道"无法连接不同 IPv6 网络的缺点,是一种非常有效的隧道应用技术。但是,6to4 隧道的实现必须使用 6to4 地址。

6to4 隧道所连接的网络必须使用 2002::/16 前缀,否则就需要使用"6to4 中继"。如图 9-47 所示,将连接 6to4 IPv6 网络的路由器称为"6to4 边缘路由器",将连接非 6to4 IPv6 网络的路由器称为"6to4 中继路由器"。6to4 中继路由器负责在 6to4 IPv6 网络与非 6to4 IPv6 网络之间转发报文。为了实现转发报文的功能,6to4 中继路由器需要把相应的 6to4 网络中的以 2002::/16 为前缀的 IPv6 路由信息通告到非 6to4 IPv6 网络中。

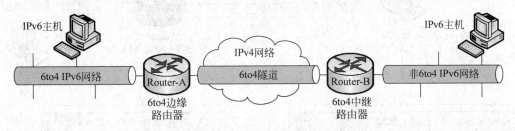

图 9-47 6to4 IPv6 中继网络工作示意图

在如图 9-47 所示的 6to4 IPv6 中继网络中,6to4 边缘路由器的配置与图 9-46 中的配置方法完全相同,其下一跳地址同样指向隧道对端路由器接口的 6to4 地址,该 6to4 地址同样内嵌一个全局的 IPv4 地址。这样,所有发往非 6to4 IPv6 网络的报文都会按照 6to4 边缘路由器上路由表所指的下一跳转到 6to4 中继路由器。6to4 中继路由器在接收到报文后,再将 IPv6 报文转发到非 6to4 IPv6 网络中。当从非 6to4 IPv6 网络向 6to4 IPv6 网络发送报文时,6to4 中继路由器根据报文的目的地址(6to4 地址)进行 IPv4 报文封装,在 IPv4 网络路由后,到达 6to4 网络中。

5. ISATAP 隧道

ISATAP(Intra-Site Automatic Tunnel Addressing Protocol,站间自动隧道寻址协议)是一种可以进行地址自动配置的自动隧道技术,具体在 RFC 5214 文档中进行了描述。ISATAP 将 IPv4 网络看作一个 NMBA(非广播多点访问)线路,实现 IPv4 网络中孤立的

IPv6 节点之间互联。其中，IPv4 既可以使用私有地址，也可以使用全局公有地址；IPv6 地址格式既可以使用本地链路地址前缀，也可以使用全局单播 IPv6 前缀，从而支持局域或全局的 IPv6 路由。同时，在 ISATAP 隧道的两端设备之间可以运行 ND 协议。ISATAP 隧道的地址也使用特定的格式，其中"接口 ID"格式为：

::0:5EFE:a.b.c.d

其中，0:5EFE 需要向 IANA 申请注册；a.b.c.d 是内嵌在 IPv6 地址的最低 32 位中的单播 IPv4 地址。ISATAP 地址的 64 位前缀是通过向 ISATAP 路由器发送请求后，由 ISATAP 路由器自动分配而得的。在隧道建立过程中，ISATAP 与 6to4 类似，也是根据内嵌的 IPv4 地址来进行工作的。

如图 9-48 所示，分散的主机 PC-A 通过 ISATAP 隧道与 IPv6 网络连接，其中双栈主机 PC-A 作为一台 ISATAP 主机，IPv4 地址为 172.16.10.2/24，由 ISATAP 路由器 Router-A 自动分配的 IPv6 地址为 1::5EFE:AC10:A02/64（其中十六进制数 AC10:A02 由十进制数 172.16.10.2 转换而来）。路由器 Router-A 上与 IPv4 网络连接的接口地址为 10.10.10.10/24，并在该接口上指定隧道 Tunnel0，Tunnel0 接口的 IPv6 地址为 1::5EFE:A0A:A0A/64（其中十六进制数 A0A:A0A 由十进制数 10.10.10.10 转换而来）。Router-A 上与 IPv6 网络连接的接口 IPv6 地址为 2::1/64，IPv6 主机 PC-B 的 IPv6 地址为 2::2/64。

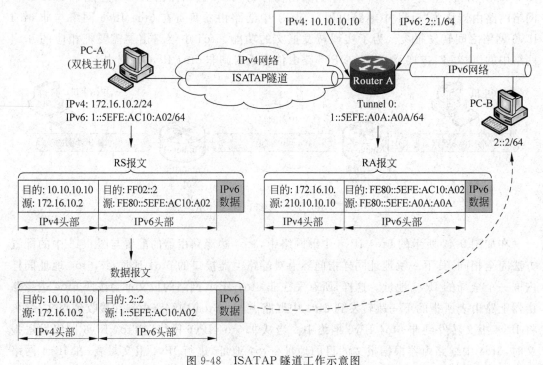

图 9-48 ISATAP 隧道工作示意图

ISATAP 隧道的工作过程如下：

（1）主机 PC-A 获得 Link-local ISATAP IPv6 地址。默认情况下，当 PC-A 主机启用 IPv6 协议后，会自动生成一个 Link-local ISATAP IPv6 地址。生成该地址的规则为：先根据所设置的 IPv4 地址 172.16.10.2 生成::0:5EFE:172.16.10.2 的"接口 ID"，然后加上一

个前缀FE80,生成的Link-local ISATAP IPv6地址为FE80::5EFE:AC10:A02。这样,PC-A就成为一台双栈主机。

(2) 主机PC-A发送RS报文。此过程由ND协议来完成。按照ND协议的规定,主机PC-A需要向ISATAP路由器Router-A发起路由请求(Router Solicitation,RS),等待Router-A的应答。但是,与在IPv6网络中不同,PC-A与Router-A之间是IPv4网络,所以需要将IPv6报文封装在IPv4报文中后再在IPv4网络中进行转发。

按照RS报文的生成规则,将本接口的Link-local ISATAP地址FE80::5EFE:AC10:A02作为源IPv6地址,目的IPv6地址使用路由器的组播地址FF02::2。在进行报文封装时,将本机接口的IPv4地址172.16.10.2作为源IPv4地址,目的IPv4地址是ISATAP路由器的地址10.10.10.10。此IPv4报文在IPv4网络中进行路由,并到达ISATAP路由器Router-A。

(3) ISATAP路由器Router-A回复RA报文。当ISATAP路由器接收到主机PC-A发送的RS报文后,需要回复一个路由器公告(Router Advertisement,RA)报文给主机PC-A。按照RA报文的生成规则,RA报文的源IPv6地址为ISATAP路由器Router-A的Link-local ISATAP地址FE80::5EFE:A0A:A0A,目的IPv6地址为发送RS报文的主机PC-A的地址FE80::5EFE:AC10:A02。同理,也需要对IPv6报文进行封装,封装时,源IPv4地址为10.10.10.10,目的IPv4地址是从目的IPv6地址中提取出来的地址172.16.10.2(对应的十六进制数为AC10:A02)。此IPv6报文在IPv4网络中进行路由,并到达主机PC-A。

(4) 主机PC-A获得全局IPv6地址。主机PC-A在接收到ISATAP路由器Router-A回复的RA报文后,从中得知主机前缀为1::。于是主机PC-A将此前缀加上"接口ID"的值::0:5EFE:172.16.10.2后,便得到一个全局IPv6地址1::5EFE:AC10:A02。

(5) PC-A主机与PC-B主机通信。当主机PC-A要发送报文给PC-B时,IPv6报文的源地址为全局地址1::5EFE:AC10:A02,目的IPv6地址为主机PC-B的地址2::2。这时,主机PC-A发现主机PC-B与自己属于不同的网段,所以主机PC-A将此报文转发给默认网关,即ISATAP路由器Router-A上地址为10.10.10.10的接口。于是PC-A对此IPv6报文进行封装,封装后的IPv4报文通过IPv4网络转发后到达Router-A。

ISATAP路由器Router-A接收到IPv4报文后进行解封装,然后根据IPv6报文中的地址信息进行报文转发,最终到达主机PC-B。主机PC-B对此报文进行应答,应答报文的转发过程与前面的介绍相似,不再赘述。

ISATAP隧道的最大特点是利用了ND协议,并且ND协议通过IPv4网络来承载,从而实现跨IPv4网络的IPv6地址的自动配置。分散在IPv4网络中的双栈主机可以通过ISATAP技术自动获得全局IPv6地址,并实现互联(此时,可以将图9-48中的"IPv6网络"看作一台IPv6主机)。同时,ISATAP隧道不要求隧道两端的节点必须具有全球唯一的全局IPv4地址,因此可以实现内部私有网络中各双栈主机之间的IPv6通信。

9.7.3 IPv6网络与IPv4网络之间的互联互通

通过隧道技术,可以利用IPv4网络实现IPv6网络或IPv6主机之间的互联,但却无法实现IPv6网络与IPv4网络之间的互联互通,即无法实现IPv6网络和IPv4网络之间的直接通信。实现IPv6网络与IPv4网络之间的互联互通,可以采用的技术有:双栈技术、SIIT(Stateless IP/ICMP Translation,无状态IP/ICMP转换)、NAT-PT、DSTM(Dual Stack

Transition Mechanism，双栈过渡机制)、Socks-based IPv6/IPv4 Gateway、传输层中继(TRT)、BIS(Bump in the Stack)、BIA(Bump in the API)等。本节介绍目前网络中较常使用的几种技术。

1. 双栈技术

双栈即网络以及网络中所有节点同时支持 IPv4/v6 协议栈，使得网络或节点能处理两种类型的协议。有关双栈技术在本章前面已经进行了介绍，本节将结合具体应用作进一步的分析。

如果要实现 IPv6 主机与 IPv4 主机之间的直接通信，双栈是最简单的一种实现技术。因为，同时运行 IPv4/v6 协议的双栈主机既可以收发 IPv4 报文，也可以收发 IPv6 报文，节点之间既可以使用 IPv4 协议进行通信，也可以使用 IPv6 协议进行通信。

1) 双栈节点的地址配置方法

当一个节点同时运行 IPv4 和 IPv6 两种协议时，一般有两种配置方法。一种是在节点上同时启用 IPv4 和 IPv6 两个协议，而且两者之间没有关联；另一种是采用类似"ISATAP 隧道"的地址自动配置方式，使节点利用 IPv4 地址自动获得 IPv6 地址，即建立 IPv4 地址与 IPv6 地址之间的映射关系。

2) 通过 DNS 解析不同的地址

对于网络层提供的服务来说，一般有两种访问方式：一种是直接使用 IP 地址，另一种是使用名字解析方式，如 DNS。因此，针对相同的服务内容(如 Web 站点)，可以定义两种类型的 DNS 解析。对于 IPv4 地址，可以定义 IPv4 A 记录；对于 IPv6 地址，可以定义 IPv6 A6/AAAA 类型的记录。这样，只要 DNS 能够同时提供对 IPv4 A 记录和 IPv6 A6/AAAA 类型记录的解析，就可以使 IPv4/v6 双栈节点直接与 IPv4 和 IPv6 节点通信。

在实际应用中，仅仅具备同时支持 IPv4/v6 的 DNS 解析还不够。应用层的协议还需要同时支持 IPv4/v6 两种地址类型，即不管 DNS 解析后返回给应用层的是 IPv4 地址还是 IPv6 地址，应用层的协议必须能够正确识别，并给予响应。

双栈技术的优点是实现原理简单，且互通性好。其缺点是每个节点都需要配置和维护 IPv4/v6 两个协议栈，需要双路由基础设施的支持，增加了网络的复杂性，同时对缓解 IPv4 地址的耗尽没有任何帮助。

2. SIIT

SIIT(Stateless IP/ICMP Translation，无状态 IP/ICMP 转换)技术是一种无状态的 IP 和 ICMP 报文转换算法，具体在 RFC 2765 文档中进行了描述。

在 SIIT 网络中，IPv6 节点使用 IPv4 转换地址(IPv4-Translatable Address)，该类地址的形式为：

::FFFF:0:a.b.c.d

其中，该类地址的低 32 位 a.b.c.d 是内嵌在 IPv6 地址中的 IPv4 地址，而且该地址必须位于 SIIT 所定义的地址池中。当 IPv6 节点需要访问 IPv4 节点时，则使用格式如::FFFF:a.b.c.d 的 IPv4 映射地址(IPv4-Mapped Address)。

1) IPv4 到 IPv6 的地址头转换

如图 9-49 所示，SIIT 设备连接 IPv4 网络与 IPv6 网络。现假设位于 IPv4 网络中的主机 PC-A 的 IPv4 地址为 172.16.1.2,位于 IPv6 网络中的主机 PC-B 的 IPv6 地址为 ::FFFF:0:10.10.10.2,该地址属于 IPv4 转换地址,其中低 32 位是 SIIT 地址池中定义的 IPv4 地址 10.10.10.2。SIIT 地址池中定义的 IPv4 地址范围为 10.10.10.1~10.10.10.200。

现在,主机 PC-A 要访问 PC-B,具体方法为:当 PC-A 发送的目的地址为 10.10.10.2 的 IPv4 报文到达 SIIT 设备时,SIIT 从其 IPv4 地址池中找到了该地址,所以 SIIT 进行 IPv4 报文到 IPv6 报文协议头部的转换。具体转换规则为:把源 IPv4 地址 172.16.1.2 转换为 IPv4 映射地址::FFFF:172.16.1.2,目的地址 10.10.10.2 转换为 IPv4 转换地址 ::FFFF:0:10.10.10.2。然后,再将转换后的此 IPv6 报文转发给主机 PC-B。

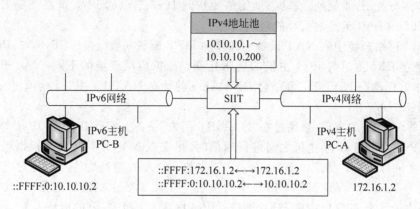

图 9-49　SIIT 工作过程示意图

2) IPv6 到 IPv4 的地址头转换

如图 9-49,当 IPv6 主机 PC-B 访问 IPv4 主机 PC-A 时,主机 PC-B 发送的 IPv6 报文的源地址是自己的转换地址::FFFF:0:10.10.10.2,目的地址是主机 PC-A 的映射地址::FFFF:172.16.1.2。当该 IPv6 报文到达 SIIT 设备时,SIIT 发现目的地址是 IPv4 映射地址,因此对该报文进行 IPv6 报文到 IPv4 报文协议头部的转换。转换结果是:源地址为 10.10.10.2,目的地址为 172.16.1.2。最后,将转换后的 IPv4 报文转发给主机 PC-A。

SIIT 技术使用特定的地址空间和协议转换方式来实现 IPv4 报文与 IPv6 报文头部的转换。在具体实现过程中,在 SIIT 上维护着一个 IPv4 地址池,利用该地址池来给与 IPv4 节点通信的 IPv6 节点分配地址。因为 SIIT 中的地址无法进行复用,所以 SIIT 中 IPv4 地址池的大小(即地址池中 IPv4 地址的数量)决定着参与通信的 IPv6 节点数量。在通信过程中,当 IPv4 地址池中的地址全部分配完后,如果有新的 IPv4 节点需要与 IPv6 节点间进行通信时,就会因为没有可用的 IPv4 地址空间而使 SIIT 设备无法进行报文协议头部的转换,导致本次通信失败。同时,协议地址转换是一项非常耗费系统资源的操作,SIIT 设备硬件资源配置得高低在很大程度上决定着地址转换的效率。

另外,由于 IPv6 报文与 IPv4 报文在结构和一些字段的功能定义上存在差异,所以 SIIT 无法对报文中的一些字段(如 IPv4 报文中的"选项"、IPv6 中的"路由头部"等)进行转换。同时,IPv4 组播地址无法转换成为一个 IPv6 组播地址。例如,D 类地址 224.1.1.2 是一个 IPv4 的组播地址,按照转换规则,通过 SIIT 转换后的映射地址为::FFFF:224.1.1.2,但是该地址不是一个合法的 IPv6 组播地址。

需要说明的是:由于 SIIT 仅仅定义了 IPv6 和 IPv4 的报文头部进行转换的方法,并没有完整地定义 IPv6 和 IPv4 报文如何路由、何时需要转换等具体细节。因此,SIIT 经常需要与 NAT 等机制结合使用,从而实现纯 IPv6 节点(未限制地址类型的 IPv6 节点)与纯 IPv4 节点之间的通信。

3. NAT-PT

NAT-PT(Network Address Translation-Protocol Translation,网络地址转换-协议转换)是结合了 SIIT 协议转换技术与 IPv4 网络中的动态地址转换(NAT)技术的一项综合应用技术。具体来讲:NAT-PT 利用了 SIIT 的协议转换机制,实现 IPv4 报文与 IPv6 报文协议头部之间的转换;利用传统的 IPv4 网络中的 NAT 技术,来动态地给需要访问 IPv4 节点的 IPv6 节点分配 IPv4 地址,或动态地给需要访问 IPv6 节点的 IPv4 节点分配 IPv6 地址,不再受 SIIT 中 IPv4 地址池大小的限制。

像 IPv4 网络环境中的 NAT 设备一样,NAT-PT 设备一般也位于 IPv6 与 IPv4 网络的交界处,建立 IPv6 主机与 IPv4 主机的透明互联。根据应用环境的不同,NAT-PT 可分为静态 NAT-PT、动态 NAT-PT 和结合 DNS ALG 的动态 NAT-PT 共三种类型。

1) 静态 NAT-PT

静态 NAT-PT 的实现,是通过在"NAT-PT 网关"设备上配置 IPv6 和 IPv4 静态地址映射表,当 IPv4 主机与 IPv6 主机之间进行通信时,报文在 NAT-PT 网关上根据已配置的地址映射关系进行转换。如图 9-50 所示,IPv6 主机 PC-A 的地址为 1::2,与它进行映射的 IPv4 地址为 1.1.1.2,即当 IPv4 网络中的主机与 1.1.1.2 主机进行通信时,实际上是与 IPv6 网络中地址为 1::2 的主机 PC-A 通信。IPv4 网络中主机 PC-B 的地址为 10.10.10.2,与它进行映射的 IPv6 地址为 2::2。

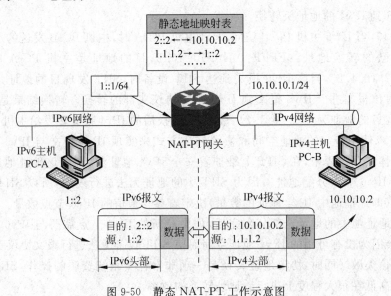

图 9-50 静态 NAT-PT 工作示意图

当主机 PC-A 发送报文给 PC-B 时,其源地址为 1::2,目的地址是 2::2。当该报文到达路由器(NAT-PT 网关)时,路由器查看其目的地址的前缀 2::/64,发现与路由器上已配置的前缀"nat-pt prefix 2::"一致,所以路由器便查看"静态地址映射表",将源地址转换为1.1.1.2,将目的地址转换为 10.10.10.2。转换后生成的 IPv4 报文到达 PC-B 后,PC-B 的应答报文到达路由器时,路由器根据"静态地址映射表"进行相应转换。

静态 NAT-PT 的实现原理简单,但由于需要在路由器上进行 IPv6 地址与 IPv4 地址之间的一一映射操作,所以路由器的配置和日常维护较为复杂,且所使用的 IPv4 地址数量较大,不利于节约 IPv4 地址。

2) 动态 NAT-PT

动态 NAT-PT 通过使用内嵌在 IPv6 地址中的 IPv4 地址,实现 IPv6 网络与 IPv4 网络之间的互联。在动态 NAT-PT 中,路由器(NAT-PT 网关)会向 IPv6 网络发布一个 96 位的地址前缀,并用该 96 位前缀加上 32 位 IPv4 地址作为对 IPv4 网络中主机的标识。在具体配置时,该 96 位地址前缀只要求能够在本网络内部路由,具体使用什么地址由网络管理员选择设定。这样,当 IPv6 网络中的主机发送报文给 IPv4 网络中的主机时,其目的地址的前缀与 NAT-PT 网关发布的前缀相同。该 IPv6 报文被转发到 NAT-PT 网关时,NAT-PT 网关对报文进行两步操作:一是复制 IPv6 地址的低 32 位,作为 IPv4 报文的目的地址;二是从地址池中取出一个地址(IPv4 地址)来映射到 IPv6 报文中的源地址。通过这两步操作,便完成了 IPv6 地址到 IPv4 地址的转换。

如图 9-51 所示,NAT-PT 网关向 IPv6 网络发布的 96 位地址前缀为 2::/96,这样当 IPv6 网络中的主机与 IPv4 网络的主机 PC-B 进行通信时,PC-B 的 IPv6 地址则为 2::10.10.10.2。现在,假设主机 PC-A 发送报文给 PC-B,主机 PC-A 产生的 IPv6 报文的源地址为 1::2,目的地址为 2::10.10.10.2。当该报文到达 NAT-PT 网关时,NAT-PT 网关发现目的地址的前缀为 2::,这与 NAT-PT 网关发布的前缀相同,所以便对此报文进行地址转换。具体的转换规则为:从"IPv4 地址池"中选取一个地址(假如为 10.10.1.2)来替换 IPv6 的源地址 1::2,即建立 10.10.1.2 与 1::2 之间的映射关系,并记录此映射关系(也称为"会话信息");从目的地址 2::10.10.10.2 中复制出低 32 位的 IPv4 地址 10.10.10.2,用来替换 IPv6 的目的地址。经此转换操作后,形成的 IPv4 报文的源地址为 10.10.1.2,目的地址为 10.10.10.2。被转换后的 IPv4 报文到达 PC-B,PC-B 的应答报文在到达 NAT-PT 网关时,NAT-PT 网关通过查看"会话信息"再进行逆向转换。该会话信息会保持一段时间,保持时间的长短可根据需要进行设置。不过,一旦已建立的会话信息因过期或其他原因被清除时,返回的应答报文将无法到达。

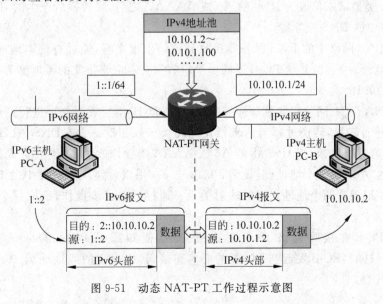

图 9-51 动态 NAT-PT 工作过程示意图

因为在动态 NAT-PT 技术中,"IPv4 地址池"中的地址是可以复用的,即通过采用上层协议映射方法使多个 IPv6 地址转换后对应一个或几个有限的 IPv4 地址,这样只需要少量的 IPv4 地址便可以支持 IPv6 到 IPv4 地址的转换。不过,在由动态 NAT-PT 组成的网络中,只能由 IPv6 网络中的主机向 IPv4 网络中的主机发起通信连接。当 IPv6 中的主机发起通信连接后,NAT-PT 从"IPv4 地址池"中选取一个地址作为 IPv4 报文的源地址,这样才能使 IPv6 网络中的主机知道使用哪一个 IPv4 地址来标识 IPv6 主机。如果通信是由 IPv4 网络中的主机发起,则因为 IPv4 主机并不知道 IPv6 主机的 IPv4 地址,所以无法建立通信连接。

3) 结合 DNS ALG 的动态 NAT-PT

对于像 DNS、FTP 等在报文"数据"区域包含有 IP 地址信息的应用,只能通过 ALG (Application Level Gateway,应用层网关)对"数据"区域中的 IP 地址进行格式转换。结合 DNS ALG 的动态 NAT-PT 技术,不但实现了 IPv4 与 IPv6 网络中的任何一方都可以发起通信连接,避免了动态 NAT-PT 存在的不足,而且实现了基于 DNS 的名称访问,使 IPv6 和 IPv4 网络中的主机都可以访问对方网络中的主机。

如图 9-52 所示的是典型的结合 DNS ALG 的动态 NAT-PT 的网络结构及工作方式。其中,在 IPv4 和 IPv6 网络中都有 DNS 服务器,NAT-PT 网关向 IPv6 网络中发布的 96 位地址前缀为 2::/96,PC-B 用一个值为 2.2.2.3 的 IPv4 地址来标识 IPv6 网络中的 DNS 服务器 1::3(由静态 NAT-PT 配置)。现在,假设 PC-B 要发起与 PC-A 之间的通信,具体实现过程如下:

(1) 主机 PC-B 向 IPv6 网络中的 DNS 服务器发出请求,希望得到对 PC-A 的名字解析。该请求报文的源地址为 10.10.10.2,目的地址为 2.2.2.3。报文中包含类型为 A 的查询报文,该查询报文包含需要解析的名字 PC-A。

(2) 由主机 PC-B 发出的请求报文到达 NAT-PT 网关后,NAT-PT 网关对该报文进行以下两步操作:一是对 IPv4 报文头部进行转换,转换规则为:将源地址 10.10.10.2 转换为 2::10.10.10.2,将目的地址 2.2.2.3 转换为 1::3;二是 DNS ALG 对报文内容进行修改,把 IPv4 的 A 类型请求修改为 IPv6 的 A6 或 AAAA。之后,将转换后产生的 IPv6 报文转发给 IPv6 网络中的 DNS 服务器。

(3) 当 IPv6 网络中的 DNS 服务器接收到该请求报文时,通过查询本地的记录表解析出 PC-A 的地址为 1::2,并给 PC-B 返回一个应答报文。应答报文的源地址为 1::3,目的地址为 2::10.10.10.2。

(4) 当 NAT-PT 网关接收到该应答报文后,对该 IPv6 应答报文要进行三步操作:一是对报文头部进行转换,转换过程与请求报文的转换正好相反;二是 DNS ALG 将报文中的 DNS 应答内容进行修改,把 IPv6 中的 A6 或 AAAA 类型修改为 IPv4 中的 A 类型;三是从"IPv4 地址池"中取出一个地址(假设为 10.10.1.2),用以替换应答报文中的 PC-A 的 IPv6 地址 1::2,并记录这两个地址之间的映射关系。通过以上三步操作,形成一个相应的 IPv4 应答报文。

(5) 当 PC-B 在接收到该 IPv4 应答报文后,便知道了 PC-A 的标识 IPv4 地址为 10.10.1.2。这时,PC-B 发起与 PC-A 的通信连接,其中报文的源地址为 10.10.10.2,目的地址为 10.10.1.2。

(6) 当报文到达 NAT-PT 网关时,因为在 NAT-PT 上已经保存有 10.10.1.2 与 1::2 之间的映射记录,所以可以按照该记录信息对地址进行转换。转换后的 IPv6 报文的源地址为 2::10.10.10.2,目的地址为 1::2。

(7) 当主机 PC-A 接收到该报文后对其进行应答,应答报文的源地址为 1::2,目的地址为 2::10.10.10.2。

(8) 当 NAT-PT 网关在接收到该应答报文时,再根据已保存的记录信息对报文进行转换,转换后报文的源地址为 10.10.1.2,目的地址为 10.10.10.2。转换后的 IPv4 报文最后到达 PC-B。

通过以上的工作过程可以看出,结合 DNS ALG 的动态 NAT-PT 不但可以对报文的头部协议进行转换,而且可以修改报文中"数据"区域的内容,进而实现 IPv6 与 IPv4 网络之间的相互通信。但是,该技术的实现过程相对复杂,对 NAT-PT 网关性能的要求较高,在大型网络中 NAT-PT 网关容易形成系统瓶颈。

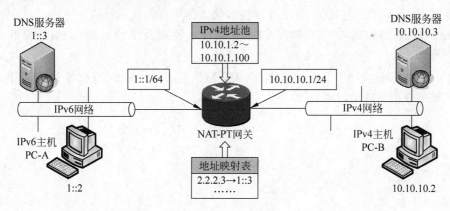

图 9-52　结合 DNS ALG 的动态 NAT-PT 的网络工作方式示意图

习　　题

9-1　与 IPv4 相比,IPv6 有哪些新特征?

9-2　针对 IPv4 编址方案,描述 IPv6 地址的格式及 IPv6 编址方案的特点。

9-3　与 IPv4 中的地址类型相比,IPv6 中的地址分类有什么不同?

9-4　对比分析 IPv4 和 IPv6 数据报的格式,分析 IPv6 数据报的结构特点及应用优势。

9-5　在 IPv6 中,当要发送的上层协议数据单元(数据)的大小超过 65 536 个字节时,IPv6 数据报是如何进行处理的?

9-6　在 IPv6 中,如何才能按确定的路径实现两个节点之间的数据传输?

9-7　结合 ICMPv4 报文特点,分析 ICMPv6 报文的格式及主要字段的功能。并以 tracert 命令的使用为例,介绍 ICMPv6 的应用特点。

9-8　结合 IPv4 ARP 协议的工作特点及在应用中存在的问题,分析 ND 协议的组成及应用优势。

9-9　结合图 9-23,详述 IPv6 地址的解析过程。

9-10　在 IPv6 中无状态地址自动配置与有状态地址自动配置是如何实现的?并与

IPv4 中的 DHCP 比较，分析其特点。

9-11 对比分析 IPv4 和 IPv6 网络中路由器重定向的实现过程及特点。

9-12 结合 DHCPv4 的工作原理，介绍 DHCPv6 的实现原理，并对比分析 DHCPv6 与 DHCPv4 之间的异同。

9-13 什么是"AAAA 记录"，它与 IPv4 中的"A 记录"之间存在什么联系？

9-14 从工作原理、报文格式等方面，对比分析 RIPv2 和 RIPng 之间的异同及应用特点。

9-15 试分析 OSPFv2 与 OSPFv3 之间的异同，并说明 OSPFv3 为适应 IPv6 网络做了哪些改进。

9-16 联系当前 Internet 应用实际，分析 IPv4 过渡到 IPv6 过程中需要经历的阶段，以及每个阶段的网络结构特点。

9-17 什么是隧道技术？对比分析 GRE 隧道、IPv6 手动隧道、IPv4 兼容 IPv6 自动隧道、6to4 隧道、ISATAP 隧道等 IPv6 过渡技术的工作原理及应用特点。

9-18 分别介绍双栈、SIIT 和 NAT-PT 的技术原理及实现过程，并对比分析其应用特点。

9-19 描述静态 NAT-PT、动态 NAT-PT 与结合 DNS ALG 的动态 NAT-PT 的实现原理，并对比分析其应用特点。

第 10 章 网 络 安 全

如果说以 Internet 为代表的互联网络能够取得今天的成功,在很大程度上取决于其开放性、易扩展性和易用性,那么今天互联网应用中存在的安全问题和隐患从本质上也归咎于其自身在设计上的开放性、易扩展性和易用性。自计算机网络产生以来,应用与安全之间的博弈就一直没有停止过,几乎一旦有新的应用出现,随之便会产生相关的安全问题。本章并不对计算机网络的安全问题进行深层次的分析,而是在了解计算机网络安全概念的基础上,对主要的安全技术和应用进行介绍。

10.1 信息与网络安全

在介绍计算机网络安全的相关知识时,一些文献中将信息安全与网络安全混为一谈,认为信息安全就是网络安全,其实这种定义或认识是错误的,至少是不准确的。

10.1.1 信息安全与网络安全的概念

英语"information"一词的原意为"说明、叙述",是"消息"的同义词。长期以来,"消息"这个概念用得不多,并没有被赋予严格的科学定义。自 20 世纪中后期以来,随着各类通信技术的应用和发展,人们开始将英语"information"对应为汉语"信息"。但从应用功能来看,一般所指的"消息"不具有可复制性,而"信息"具有可复制性。

1. 信息安全的概念

信息安全是对信息及信息系统的安全属性及功能、效率进行保障的过程,具体涉及人、技术和管理等综合因素,以保证信息内容、计算环境、边界与连接、网络基础设施的可用性、完整性、机密性、可控性、可审查性等安全属性,从而保障应用服务的效率和效益,以促进信息化的可持续发展。

从该定义可以看出,信息安全具有的三个基本要素为人、技术和管理,其中:

(1) 人。这里的人专指实现信息安全的整个过程中所涉及的人员,如单位信息安全制度的制定者与实施者,业务系统的设计者、开发者、维护者与管理者,业务系统的合法用户,可能存在的网络入侵者,信息安全事件的报告者、分析者、处理者,信息安全领域的法律工作者等。

(2) 技术。这里的技术是指提供信息安全服务和实现信息安全保障过程中所采取的行之有效的技术措施和所采用的安全产品,具体包括信息安全体系结构和标准,信息安全策略,信息安全原则(如身份认证、PKI 等),信息安全产品(如防火墙、杀病毒软件、IDS、IPS 等),系统安全风险评估等。

(3) 管理。这里的管理一般是指对实现信息安全的具体目标负有责任的有关人员所制定的管理职责,具体包括制定和实施符合实际需求的安全策略,安全管理,账号和密钥管理,数据和系统的备份与恢复等。

在人、技术和管理这三要素中,一方面三者相辅相成,缺一不可;另一方面,在将人的重要性放在第一位的同时,坚持"三分技术,七分管理"这一基本原则。

信息安全中定义的5个基本安全属性分别为可用性、完整性、机密性、可控性、可审查性,其中:

(1) 机密性。确保信息不暴露给未经授权的人或应用进程。

(2) 完整性。只有得到允许的人或应用进程才能修改数据,并且能够判别出数据是否已被更改。

(3) 可用性。只有得到授权的用户在需要时才可以访问数据,即使在网络被攻击时也不能阻碍授权用户对网络的使用。

(4) 可控性。能够对授权范围内的信息流向和行为方式进行控制。

(5) 可审查性。当网络出现安全问题时,能够提供调查的依据和手段。可审查性也称为"不可否认性"。

2. 网络安全的概念

国际标准化组织(ISO)对计算机系统安全的定义是:为数据处理系统建立和采用的技术和管理的安全保护,保护计算机硬件、软件和数据不因偶然和恶意的原因遭到破坏、更改和泄露。由此可以将计算机网络的安全理解为:通过采用各种技术和管理措施,使网络系统正常运行,从而确保网络数据的可用性、完整性、机密性、可控性和可审查性。所以,建立网络安全保护措施的目的是确保经过网络传输和交换的数据不会增加、修改、丢失和泄露等。

3. 网络安全的范畴

根据网络安全概念的定义,可将现代计算机网络安全的范畴分为通信安全和计算机安全两个方面。其中,通信安全是对通信系统中所传输、处理和存储的信息的安全性进行保护,确保信息的可用性、完整性、机密性、可控性和可审查性;计算机安全则是对计算机系统中存储和正在处理的信息的安全性进行保护,又包括操作系统的安全和数据库的安全两个方面。

10.1.2 信息安全与网络安全之间的关系

从本质上来讲,网络安全就是通过采取相应的技术和管理制度,确保网络上信息的安全。从广义角度来看,凡是涉及网络上信息的可用性、完整性、机密性、可控性和可审查性的相关技术、理论和制度都是网络安全所要研究的领域。由此可以看出,信息安全和网络安全在宏观范畴内是相同的。但是,从狭义的定义来看,信息安全与网络安全之间是有区别的。主要表现为:

(1) 涉及的对象不同。一是信息安全中的信息所涉及的内容非常广泛,既包括计算机网络中的信息,又包括非计算机网络中的信息。而网络安全所涉及的范围专指计算机网络,所涉及的对象很具体。

(2) 理解方式不同。从理解方式来看,信息安全较为抽象,而网络安全较为具体。

(3) 服务方式不同。在服务方式上,网络安全的实现目标就是确保网络中信息的安全,其中信息是服务的主体,而网络则是服务的载体。

由于在计算机网络安全这一章中,不再考虑信息的获取和处理等技术细节,而是在网络环境中来讨论信息的安全性。为此,在没有特别说明的情况下,可以将信息安全等同于网络安全。

10.2 网络安全威胁与控制

网络安全威胁与网络安全控制之间的关系是"矛"与"盾"之间的关系,分析网络安全威胁的目的是掌握相应的安全控制方法,有针对性地探讨安全控制技术,可以最大限度地解决安全问题、防范安全隐患。

10.2.1 网络安全威胁的主要类型

网络安全威胁指网络中对存在缺陷的潜在利用,这些缺陷可能导致信息泄露、系统资源耗尽、非法访问、资源被盗、系统或数据被破坏等。针对网络安全的威胁来自许多方面,并且会随着技术的发展不断变化。从应用的安全性分析,网络所涉及的威胁主要包括以下几个方面。

1. 物理威胁

物理安全是一个非常简单的概念,即不要让别人拿到或看到你的东西。目前,计算机和网络中所涉及的物理威胁主要有以下几个方面:

(1) 窃取。包括窃取设备、信息和服务等。

(2) 废物搜寻。是指从已报废的设备(如废弃的硬盘、软盘、光盘及移动存储设备等)中搜寻可利用的信息。

(3) 间谍行为。是指采取不道德或非法的手段来获取有价值的信息的行为。

(4) 假冒。指一个实体假扮成另一个实体后,在网络中从事非法操作的行为。这种行为对网络数据构成了巨大的威胁。

另外,像电磁辐射或线路干扰也属于物理威胁的范围。

2. 系统漏洞威胁

系统漏洞是指系统在方法、管理或技术中存在的缺点(通常称为 bug),而这个缺点可以使系统的安全性降低或直接带来安全问题。目前,系统漏洞主要包括提供商造成的漏洞、开发者造成的漏洞、错误的配置、策略的违背所引发的漏洞等。因此漏洞是方法、管理、技术上存在缺陷所造成的。目前,由系统漏洞所造成的威胁主要表现在以下几个方面:

(1) 不安全服务。指绕过设备的安全系统所提供的服务。由于这种服务不在系统的安全管理范围内,所以会对系统的安全造成威胁。主要有网络蠕虫等。

(2) 配置和初始化错误。指在系统启动时,其安全策略没有正确初始化,从而留下了安全漏洞。例如,在木马程序修改了系统的安全配置文件时就会发生此威胁。

3. 身份鉴别威胁

所谓身份鉴别是指对网络访问者的身份(主要有用户名和对应的密码等)真伪进行鉴别。目前,身份鉴别威胁主要包括以下几个方面:

(1) 口令圈套。常用的口令圈套是通过一个编译代码模块实现的。该模块是专门针对某一些系统的登录界面和过程而设计的,运行后与系统的真正的登录界面完全相同。该模块一般会插入到正常的登录界面之前,所以用户先后会看到两个完全相同的登录界面。一般情况下,当用户进行第一次登录时系统会提示登录失败,然后要求重新登录。其实,第一次登录的用户名和密码并未出错(除非真的输入有误),而是一个圈套,它会将正确的登录数据写入到窃取者的数据文件中。

(2) 口令破解。这是最常用的一种通过非法手段获得合法用户名和密码的方法。

(3) 算法考虑不周。密码输入过程必须在满足一定的条件下才能正常工作,这个过程通过某些算法来实现。在一些攻击入侵方法中,入侵者采用超长的字符串来破坏密码算法,从而成功地进入系统。

(4) 编辑口令。编辑口令需要依靠操作系统的漏洞,如果部门内部的人员建立一个虚设的账户,或修改一个隐含账户的密码,这样任何知道这个账户(指用户名和对应的密码)的人员便可以访问该系统。

4. 线缆连接威胁

线缆连接威胁主要指借助网络传输介质(线缆)对系统造成的威胁,主要包括以下几个方面:

(1) 窃听。是使用专用的工具或设备,直接或间接截获网络上的特定数据包并进行分析,进而获取所需的信息的过程。窃听一般要将窃听设备连接到通信线缆上,通过检测从线缆上发射出来的电磁波来获得所需要的信号。解决数据被窃听的有效手段是对数据进行加密。

(2) 拨号进入。指利用调制解调器等设备,通过拨号方式远程登录并访问网络。当攻击者已经拥有目标网络的用户账户时,就会对网络造成很大的威胁。

(3) 冒名顶替。指通过使用别人的用户账户和密码获得对网络及其数据、程序的使用能力。由于别人的用户账户和密码不易获得,所以这种方法实现起来并不容易。

5. 有害程序威胁

计算机和网络中的有害程序是有相对性的,例如有些有害程序并不是出于恶意目的,但却被恶意利用。有害程序造成的威胁主要包括以下几个方面:

(1) 病毒。计算机病毒是一个程序,是一段可执行的代码。就像生物病毒一样,计算机病毒有独特的复制能力。计算机病毒可以很快地蔓延,又常常难以根除。它们能把自身附着在各种类型的文件上。当文件被复制或从一个用户传送到另一个用户时,它们就随同文件一起蔓延开来。

(2) 逻辑炸弹。逻辑炸弹是嵌入在某个合法程序里面的一段代码,被设置成当满足某个特定条件时就会发作。逻辑炸弹具有病毒的潜伏性。一旦条件成熟导致逻辑炸弹爆发,就会改变或删除数据或文件,引起计算机关机或完成某种特定的破坏性操作。

(3) 特洛伊木马。特洛伊木马是一个包含在一个合法程序中的非法的程序。该非法程序被用户在不知情的情况下执行。一般的木马都有客户端和服务器端两个执行程序,其中客户端程序是攻击者进行远程控制的程序,而服务器端程序即是木马程序。攻击者如果要通过木马攻击某个系统,其先决条件是要把木马的服务器端程序植入到要控制的计算机中。

(4) 间谍软件。是一种新的安全威胁,它可能在浏览网页或者安装软件时,在不知情的情况下被安装到计算机上。间谍软件一旦安装就会监视计算机的运行,窃取计算机上的重要信息或者记录计算机的软件、硬件设置,严重危害到计算机中的数据和个人隐私。

(5) 蠕虫。蠕虫(Worm)是通过分布式网络来扩散特定的信息,进而造成正常的网络服务遭到拒绝并发生死锁的程序。在网络环境下,蠕虫可以按指数增长模式进行传染。蠕虫侵入计算机网络,可以导致计算机网络效率急剧下降、系统资源遭到严重破坏,短时间内造成网络系统的瘫痪。在网络环境中,蠕虫具有一些新的特性,如传播速度快、清除难度大、破坏性强等。

10.2.2 网络安全控制措施

针对以上所提到的网络威胁,保护网络信息的安全可靠,在运用法律和管理手段的同时,还需要依靠相应的技术来加强对网络的安全管理。

1. 防火墙技术

防火墙是指设置在不同网络(如可信任的企业内部网络和不可信任的公共网络)或网络安全域之间的一系列部件的组合。它是不同网络或网络安全域之间信息的唯一出入口,能根据内部网络的安全策略控制(允许、拒绝、监测)出入网络的信息流,且本身具有较强的抗攻击能力。防火墙是提供信息安全服务,实现网络和信息安全的基础设施。

在逻辑上,防火墙是一个分离器、限制器、分析器,能有效地监控内部网络与外部网络(如 Internet)之间的任何活动,保证了内部网络的安全。

2. 加密技术

数据加密的基本过程就是对原来为明文的文件或数据按某种算法进行处理,使其成为不可读的一段代码(通常称为"密文"),对于密文只能在输入相应的密钥之后才能显示出本来的内容。加密的逆过程为解密,即将该编码信息(密文)转化为其原来数据(明文)的过程。

加密技术是网络信息安全主动的、开放型的防范手段,对于敏感数据应采用加密处理,并且在数据传输时采用加密传输。

3. 用户识别技术

用户识别和验证也是一种基本的安全技术。其技术核心是识别访问者是否属于系统的合法用户,目的是防止非法用户进入系统。目前一般采用基于高强度的密码技术进行身份认证。另外,如指纹识别、虹膜识别等生物识别技术也得到了应用。

4. 网络反病毒技术

当计算机病毒于 1983 年 11 月在美国计算机专家的实验室里诞生的时候,计算机网络还只是在科学界使用。直到 1994 年,计算机网络才真正在美国实现商业化的运作。在此之前,计算机病毒的传播载体其实主要是软盘。到了 1998 年,计算机病毒才真正在网络上进行传播,例如 1998 年底出现的 Happy99 病毒就是今天网络中流行的蠕虫病毒的始祖。此后,计算机病毒的传播越来越依靠网络。网络成为计算机病毒传播的最主要载体,这里面有两层含义:

一是计算机病毒的传播被动地利用了网络。例如 CIH 病毒完全是一款传统的病毒,但是它依附在其他程序上面并通过网络进行传播。

二是计算机病毒主动利用网络传播。像 FunLove 病毒、尼姆达病毒,这些病毒直接利用了网络特征,如果没有网络这些病毒完全无用武之地。

对于网络来说,单机版的反病毒软件不能满足要求,需要能够真正将病毒挡在内网之外的防病毒系统。

5. 访问控制技术

访问控制是网络安全防范和保护的主要策略,它的主要任务是保证网络资源不被非法使用和访问。它是保证网络安全最重要的核心策略之一。访问控制涉及的技术也比较广,包括入网访问控制、网络权限控制、目录级控制以及属性控制等多种手段。

6. 漏洞扫描技术

漏洞扫描主要通过两种方法来检查目标主机是否存在漏洞。第一种方法是在端口扫描后得知目标主机开启的端口以及端口上的网络服务,并将这些相关信息与网络漏洞扫描系统提供的漏洞库进行匹配,查看是否有满足匹配条件的漏洞存在;第二种方法是通过模拟黑客的攻击手法,对目标主机系统进行攻击性的安全漏洞扫描,如测试弱势口令等。如果模拟攻击成功,则表明目标主机系统存在安全漏洞。

漏洞扫描技术可以预知网络受攻击的可能性和具体地指证将要发生的行为和产生的后果。该技术的应用可以帮助分析资源被攻击的可能指数,了解系统本身的脆弱性,评估所存在的安全风险。

7. 入侵检测技术

入侵检测(Intrusion Detection,ID)是近十多年发展起来的新一代安全防范技术,具体的产品称为入侵检测系统(IDS)。IDS通过对计算机网络或系统中的若干关键点收集信息并对其进行分析,从中发现是否有违反安全策略的行为和被攻击的迹象。这是一种集检测、记录、报警、响应的动态安全技术,不仅能检测来自外部的入侵行为,同时也能够监督内部用户的未授权活动。

入侵检测技术是为保证计算机系统的安全而设计与配置的一种能够及时发现并报告系统中未授权或异常现象的技术,是一种用于检测计算机网络中违反安全策略行为的技术。违反安全策略的行为有入侵和滥用,其中入侵是指非法用户的违规行为,而滥用则指用户的违规行为。

利用审计记录,入侵检测系统能够识别出任何不希望有的活动,从而达到限制这些活动并保护系统安全的目的。入侵检测系统的应用,可以在入侵者对系统发生危害时检测到攻击,并利用报警与防护系统驱逐入侵攻击。另外,在入侵攻击的过程中,能够减少入侵攻击所造成的损失。如果系统遭到了攻击,入侵检测系统会自动收集相关的信息,并添加到入侵检测系统的知识库中,以增强系统的防范能力。

8. 入侵保护技术

近年来,入侵检测系统(IDS)的应用逐渐普及,但IDS所带来的问题也越来越明显。其中主要有IDS的误报率太高,在每天发出的大量报警信息中,真正有价值的信息不多。另外,许多用户希望IDS能够增加主动阻断攻击的能力,在危害出现时能够直接将其阻断,而不是让其进入网络。在此情况下,产生了入侵保护(Intrusion Prevention,IP)技术,也出现了具体的产品入侵保护系统(IPS)。

从技术上看,IPS和IDS之间有着必然联系,IPS可以被看做是增加了主动阻断功能的IDS,同时IPS在性能和数据包的分析能力方面都比IDS有了质的提升。例如,一些流量对于某些用户来说可能是恶意的,而对于另外的用户来说可能是正常流量,而IPS能够针对用户的特定需求提供灵活而易用的策略。另外,绝大多数IDS系统都是被动的,在攻击实际发生之前,IDS往往无法预先发出警报,而IPS则倾向于提供主动性的防护,其设计旨在预先对入侵活动和攻击性网络流量进行拦截,避免其造成任何损失,而不是简单地在恶意流量传送时或传送后才发出警报。入侵保护技术正在发展之中。

10.3 防火墙技术

防火墙一般是指在内部网络与外部网络之间执行一定安全策略的系统。一个有效的防火墙应该能够确保所有从外部网络流入或流向外部网络的信息全部经过防火墙,同时所有流经防火墙的信息都应接受检查。根据防火墙所采用的技术不同,我们可以将防火墙分为4种基本类型:包过滤防火墙、代理防火墙、状态检测防火墙和分布式防火墙。

10.3.1 包过滤防火墙

包过滤防火墙是最早使用的一种防火墙技术,它在网络的进出口处对通过的数据包进行检查,并根据已设置的安全策略决定数据包是否允许通过。

包过滤(Packet Filter)是在网络层中根据事先设置的安全访问策略(过滤规则),检查每一个数据包的源 IP 地址、目的 IP 地址以及 IP 分组头部的其他各种标志信息(如协议、服务类型等),确定是否允许该数据包通过防火墙。其实,从早期的包过滤防火墙开始,防火墙除能够根据 IP 分组的头部信息进行数据包的检查外,还能够检查 TCP 和 UDP 协议及使用的端口,并将其作为数据包的过滤规则。为此,包过滤防火墙同时工作在网络参考模型的网络层和传输层。

包过滤防火墙中的安全访问策略(过滤规则)是网络管理员事先设置好的,主要通过对进入防火墙的数据包的源 IP 地址、目的 IP 地址、协议及端口进行设置,决定是否允许数据包通过防火墙。

如图 10-1 所示,当网络管理员在防火墙上设置了过滤规则后,在防火墙中会形成一个过滤规则表。当数据包进入防火墙时,防火墙会将 IP 分组的头部信息与过滤规则表进行逐条比对,根据比对结果决定是否允许数据包通过。

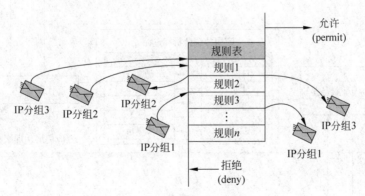

图 10-1 包过滤防火墙工作示意图

包过滤防火墙是一种技术非常成熟、应用非常广泛的防火墙技术,具有以下的主要特点:
(1) 过滤规则表需要事先进行人工设置,规则表中的条目根据用户的安全要求来配置。
(2) 防火墙在进行检查时,首先从过滤规则表中的第一个条目开始逐条进行,所以过滤规则表中条目的先后顺序非常重要。当网络管理员要添加新的过滤规则时,不能简单地添加在规则表的最前面或最后面,而是要视具体规则的应用特点来确定其位置。

(3) 由于包过滤防火墙工作在网络参考模型的网络层和传输层,所以包过滤防火墙对通过的数据包的速度影响不大,实现成本较低。但包过滤防火墙无法识别基于应用层的恶意入侵,例如恶意 Java 小程序、携带在电子邮件中的病毒等。另外,包过滤防火墙不能识别 IP 地址的欺骗,内部非授权的用户可以通过伪装成为合法 IP 地址的使用者来访问外部网络,同样外部被限制的主机也可以通过使用合法的 IP 地址来欺骗防火墙进入内部网络。

10.3.2 代理防火墙

代理防火墙也称为应用层网关防火墙。这里的代理(proxy)类似于今天社会上的中介公司或经纪人,即真正参与交流的双方必须借助于第三方(即代理)来完成,否则他们之间是完全隔离的。

代理防火墙具有传统的代理服务器和防火墙的双重功能。如图 10-2 所示,代理服务器位于客户机与服务器之间,完全阻挡了二者间的数据交流。从客户机端来看,代理服务器相当于一台真正的服务器;而从服务器端来看,代理服务器仅是一台客户机。代理防火墙的工作原理是将每一个从内部网络到外部网络的连接请求划分为两个组成部分:首先,代理服务器根据安全过滤规则决定是否允许这个连接,如果允许则代理服务器就代替客户机向外部网络中的服务器发出请求;当代理服务器接收到外部网络中的服务器发送回来的响应数据包时,同样要根据安全过滤规则决定是否让该数据包进入内部网络,如果允许这个数据包进入,代理服务器便将其转发给内部网络中发起请求的客户机。

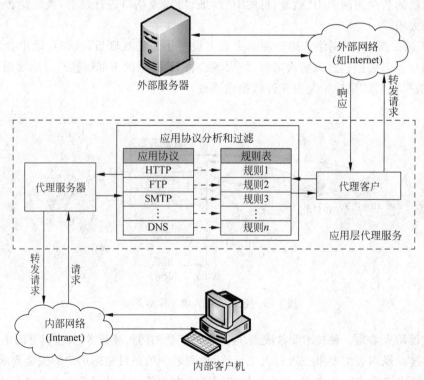

图 10-2 代理防火墙的工作方式

代理防火墙具有以下的主要特点:

(1) 代理防火墙可以针对应用层进行检测和扫描,可有效地防止应用层的恶意入侵和病毒。

(2) 代理防火墙具有较高的安全性。由于每一个内外网络之间的连接都要通过代理服务器的介入和转换,而且在代理防火墙上会针对每一种网络应用(如 HTTP)使用特定的应用程序来处理。当一个数据包到达代理防火墙时,代理防火墙首先检查是否有针对该数据包的应用层协议,如果没有则直接丢弃。

(3) 代理服务器通常拥有高速缓存,缓存中保存了用户最近访问过的站点内容。当下一个用户要访问同样的站点时,代理服务器就直接利用缓存中的内容,而不需要再次建立与远程服务器之间的连接,节约了时间和网络资源,在一定程度上提高了内部用户访问外部服务器的速度。

(4) 代理防火墙的缺点是对系统的整体性能有较大的影响,系统的处理效率会有所下降,因为代理防火墙对数据包进行内部结构的分析和处理,这会导致数据包的吞吐能力降低(低于包过滤防火墙)。

10.3.3 状态检测防火墙

状态检测防火墙又称动态包过滤防火墙,是在传统包过滤防火墙的基础上发展起来的。因此,将传统的包过滤防火墙称为静态包过滤防火墙,而将状态检测防火墙称为动态包过滤防火墙。

状态检测防火墙的工作过程如图 10-3 所示。在状态检测防火墙中有一个状态检测表,它由规则表和连接状态表两部分组成。状态检测防火墙的工作过程是:首先利用规则表进行数据包的过滤,此过程与静态包过滤防火墙基本相同。如果某一个数据包(如"IP 分组 B1")在进入防火墙时,规则表拒绝它通过,则防火墙直接丢弃该数据包,与该数据包相关的后续数据包(如"IP 分组 B2"、"IP 分组 B3"等)同样会被拒绝通过。

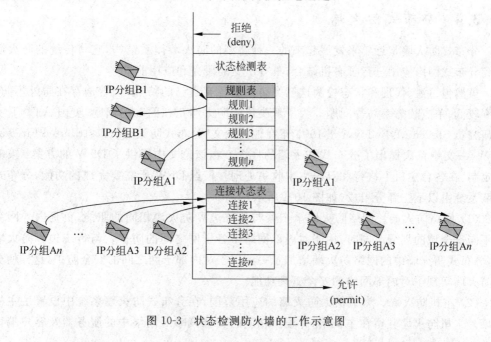

图 10-3 状态检测防火墙的工作示意图

如果某一个数据包(如"IP 分组 A1")在进入防火墙时,与该规则表中的某一条规则(如"规则 3")相匹配,则允许其通过。此时,状态检测防火墙会分析已通过的数据包("IP 分组 A1")的相关信息,并在连接状态表中为这一次通信过程建立一个连接(如"连接 1")。之后,当同一通信过程中的后续数据包(如"IP 分组 A2"、"IP 分组 A3"、……、"IP 分组 An")进入防火墙时,状态检测防火墙不再进行规则表的匹配,而是直接与连接状态表进行匹配,由于后续的数据包与已允许通过防火墙的数据包"IP 分组 A1"具有相同的连接信息,所以会直接允许其通过。

状态检测防火墙综合应用了静态包过滤防火墙的成熟技术,并对其功能进行了扩展,可在网络参考模型的多个层次对数据包进行跟踪检查,其实用性得到了加强。状态检测防火墙具有以下的主要特点:

(1) 与静态包过滤防火墙相比,状态检测防火墙通过对数据包的跟踪检测技术,解决了静态包过滤防火墙中某些应用需要使用动态端口时存在的安全隐患,解决了静态包过滤防火墙存在的一些缺陷。

(2) 与代理防火墙相比,状态检测防火墙不需要中断直接参与通信的两台主机之间的连接,对网络速度的影响较小。

(3) 状态检测防火墙具有新型的分布式防火墙的特征。状态检测防火墙产品还可以使用分布式探测器,这些探测器安置在各种应用服务器和其他网络设备上。所以,状态检测防火墙不但可以对外部网络的攻击进行检测,同时可以对内部网络的恶意破坏进行防范。这使状态检测防火墙已超出了对防火墙的传统定义。

(4) 状态检测防火墙的不足主要表现为:对防火墙 CPU、内存等硬件要求较高、安全性主要依赖于防火墙操作系统的安全性,安全性不如代理防火墙。其实,状态检测防火墙提供了比代理防火墙更强的网络吞吐能力和比静态包过滤防火墙更高的安全性,在网络的安全性和数据处理效率这两个相互矛盾的因素之间进行了较好的平衡。

10.3.4　分布式防火墙

分布式防火墙是近年来发展起来的一种新型的防火墙体系结构,它将传统的防火墙技术和分布式网络应用进行了有机结合,具有广泛的研究和应用前景。

虽然包过滤、代理和状态检测这三类防火墙各有自己的特点,但普遍存在防外不防内、效率较低、单点故障率高等问题。为了解决传统防火墙正在面临的问题,美国 AT&T 实验室研究员 Steven M. Bellovin 于 1999 年在他的论文"分布式防火墙"(Distributed Firewalls,DFW)一文中首次提出了分布式防火墙的概念。在该论文中提供了 DFW 的方案:策略集中定制、在各台主机上执行和日志集中收集处理。根据 DFW 所需要完成的功能,分布式防火墙系统由以下三部分组成(如图 10-4 所示):

(1) 网络防火墙。网络防火墙承担着与传统边界防火墙相同的职能,负责内外网络之间不同安全域的划分。同时,用于对内部网络中各子网之间的防护。与传统边界防火墙相比,分布式防火墙中的网络防火墙增加了一种用于对内部子网之间的安全防护,这样使分布式防火墙实现了对内部网络的安全管理功能。

(2) 主机防火墙。为了扩大防火墙的应用范围,在分布式防火墙系统中设置了主机防火墙。主机防火墙驻留在主机中,并根据相应的安全策略对网络中的服务器及客户端计算机进行安全保护。

(3) 中心管理服务器。中心管理服务器是整个分布式防火墙的管理核心,负责安全策略的制定、分发及日志收集和分析等操作。

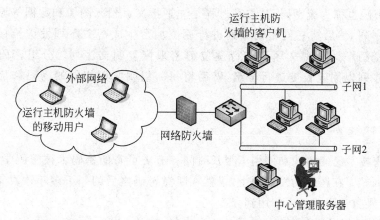

图 10-4　分布式防火墙的工作模式

分布式防火墙的应用优势主要表现为:一是增加了针对主机的入侵检测和防护功能,加强了对来自内部网络的攻击防范,可以实施全方位的安全策略;二是提高了系统性能,克服了结构性瓶颈问题;三是与网络的物理拓扑结构无关,支持 VPN 和移动计算等应用,应用更加广泛。

10.4　数据加密技术及应用

随着网络技术的飞速发展,其安全问题表现得越来越重要。其中,密码技术是对计算机信息进行保护的最实用和最可靠的方法,也是网络安全技术中的核心技术。Internet 是一个面向大众的开放系统,对于信息的保密措施和系统的安全性考虑得并不完善,由此引起的网络安全问题也日益突出。为此,计算机网络信息的保密问题显得越来越重要。

10.4.1　数据加密的概念

加密的目的是防止机密信息的泄露,同时还可以用于证实信息源的真实性、验证所接收到的数据的完整性。加密系统是指对信息进行编码和解码所使用的过程、算法和方法的统称。加密通常需要使用隐蔽的转换,这个转换需要使用密钥进行加密,并使用相反的过程进行解密。

通常,将加密前的原始数据或消息称为明文(plaintext),而将加密后的数据称为密文(ciphertext),在加密中使用并且只有收发双方才知道的信息称为密钥(key)。通过使用密钥将明文转换成密文的过程称为加密,其反向过程(将密文转换为原来的明文)称为解密。需要说明的是:解密主要针对合法的接收者,而非法接收者在截获密文后试图从中分析出明文的过程称为"破译"。

对于有些加密方法,同一个密钥可同时用做信息的加密和解密,这种加密方法称为对称加密,也称作单密钥加密。另一种加密方法则在一个过程中使用两个密钥,一个用于加密,另一个用于解密,这种加密方法称为非对称加密,也称为公钥加密,因为其中的一个密钥是公开的(另一个则需要保密)。

根据密码算法对明文处理方式的标准不同,可以将密码系统分为序列密码和分组密码两类。序列密码也称为流密码,其加密过程是先把报文、语音、图像和数据等原始明文转换成明文数据序列,然后将它同密钥序列进行逐位加密生成密文序列发送给接收者。接收者用相同的密钥序列对密文序列进行逐位解密来恢复明文序列。分组密码的加密方式是先将明文序列以固定长度进行分组,然后将每一组明文用相同的密码和加密函数进行运算。

10.4.2 对称加密

对称加密技术已经出现和使用了很长时间。有史可查的密码术被密码学家们称为"凯撒(kaiser)密码"。在密码的发展史上,虽然在凯撒密码之后的一千多年才真正出现了密码破解技术,但凯撒密码却一直使用到今。

1. 凯撒密码与对称加密

凯撒密码使用的密钥是"3",也就是每个字母在字母表中的位置都向后移动了三位,即
$$a=d, b=e, c=f, \cdots, x=a, y=b, z=c$$

这样,明文 shot 就可以利用凯撒密码表示为密文 vkrw。如果对方知道密钥是 3,就可以将密文 vkrw 解密为原来的 shot。

凯撒密码是对称加密方式的典型例子。如图 10-5 所示,在对称加密系统中,数据(消息)的发送方和接收方使用相同的密钥,即 Key1 与 Key2 相同。发送方用该密钥对明文进行加密,然后将密文传输到接收方。接收方使用相同的密钥对接收到的密文进行解密。由于凯撒密码系统中仅使用了 26 个英文字母,其加密算法为"将小写英文字母替换为排列在其后面的第 K 个字母",在凯撒密码中 $K=3$。对称加密的数学表达式可以表示为如下的形式:

加密过程(密文): $E=(M+K)\bmod(26)$

解密过程(明文): $M=(E-K)\bmod(26)$

其中,M 表示小写英文字母从 0~25 的排列序号,E 表示加密后的序号,mod 的意思为取模。

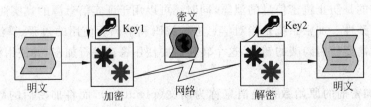

图 10-5 数据(消息)的加密和解密过程

2. 数据加密标准(DES)

数据加密标准(Data Encryption Standard,DES)是 1977 年由美国国家标准局颁布的一种分组密码加密算法。它主要用于民用敏感信息的加密,后来被 ISO 作为国际标准。

DES 主要采用替换和移位的方法加密。它用 56 位密钥对 64 位二进制数据块进行加

密,每次加密可对64位的输入数据进行16轮编码,经一系列替换和移位后,输入的64位原始数据转换成完全不同的64位输出数据。

DES算法仅使用最大为64位的标准算术和逻辑运算,运算速度快,密钥生产容易,适合于在当前大多数计算机上用软件方法实现,同时也适合在专用芯片上实现。DES算法的弱点是不能提供足够的安全性,因为其密钥容量只有56位。

3. 三重数据加密标准(3DES)

为了克服DES存在的不足,美国政府于1985年推出了一种称为三重DES(triple DES)的加密标准,三重DES常写作3DES。3DES使用两个密钥,并执行三次DES算法。使用两个密钥的原因是考虑到密钥长度对系统的开销,两个DES密钥加起来的长度为112位,这对于商业应用已经足够了,如果使用三个密钥其长度将会达到168位,对系统的要求将会提高。3DES加密和解密过程分别如图10-6(a)和图10-6(b)所示,加密时为"加密—解密—加密",解密时为"解密—加密—解密"。

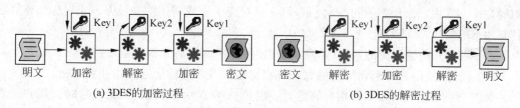

(a) 3DES的加密过程　　　　　　　　(b) 3DES的解密过程

图10-6　3DES的加密和解密过程

3DES的加密过程为什么使用"加密—解密—加密",而不使用"加密—加密—加密"呢?这是考虑到了3DES与DES的向后兼容。当Key1＝Key2时,3DES的效果与DES完全相同。

4. 国际数据加密算法(IDEA)

DES加密标准的出现在密码学上具有划时代的意义,但比DES更安全的加密算法也在不断出现,除3DES外,另一个对称加密系统是国际数据加密算法(International Data Encryption Algorithm,IDEA)。

IDEA也是一种典型的分组密码加密算法,其明文和密文都是64位,但密钥长度为128位,因而更加安全。IDEA和DES相似,也是先将明文划分为一个个64位的数据块,然后经过8轮编码和一次变换,得出64位的密文。同时,对于每一轮的编码,每一个输出比特都与每一个输入比特有关。IDEA比DES的加密性好,加密和解密的运算速度很快,无论是软件还是硬件,实现起来都比较容易。

5. 对称加密的特点

在对称加密技术中,对信息的加密和解密都使用相同的密钥,也就是说一把钥匙开一把锁。这种加密方法可简化加密处理过程,信息交换双方都不必彼此研究和交换专用的加密算法。如果在交换阶段私有密钥未曾泄露,那么机密性和报文完整性就可以得以保证。对称加密技术也存在一些不足,如果交换一方有N个交换对象,那么就要维护N个私有密钥,对称加密存在的另一个问题是双方共享一把私有密钥,交换双方的任何信息都是通过这把密钥加密后传送给对方。

10.4.3 非对称加密

在对称加密系统中,加密和解密的双方使用的是相同的密钥。在实际应用中,怎样才能实现加密和解密的密钥一致呢?一般有两种方式:事先约定和用信使来传送。如果加密和解密的双方对密钥进行了事先约定,就会给密钥的管理和更换带来极大的不便;如果使用信使来传送密钥,很显然是不安全的。另一种可行的办法是通过密钥分配中心(Key Distribution Center,KDC)来管理密钥,这种方法虽然安全性较高,但所需要的成本也会增大。而非对称加密可以解决此问题。

1. 非对称加密的工作过程

在非对称加密体系中,密钥被分解为一对(即公开密钥和私有密钥)。这对密钥中的任何一把都可以作为公开密钥(加密密钥)通过非保密方式向他人公开,而另一把作为私有密钥(解密密钥)加以保存。公开密钥用于加密,私有密钥用于解密。私有密钥只能由生成密钥的交换方掌握,公开密钥可广泛公布,但它只对应于生成密钥的交换方。非对称加密算法具有如下的特点:

(1)用公开密钥加密的数据(消息)只有使用相应的私有密钥才能解密。

(2)同样,使用私有密钥加密的数据(消息)也只有相应的公开密钥才能解密。

如图 10-7 所示,如果某一用户要给另一用户 A 发送一个数据(消息),这时该用户会在公开的密钥中找到与 A 所拥有的私有密钥对应的一个公开密钥,然后用此公开密钥对数据(消息)进行加密后在网络中传输。A 在接收到密文后便通过自己的私有密钥进行解密,因为数据(消息)的发送方使用接收方的公开密钥来加密数据(消息),所以只有 A 才能够读懂该密文。

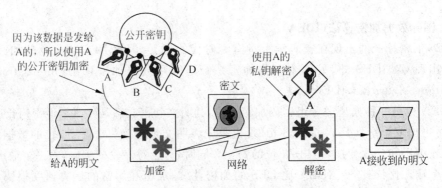

图 10-7 非对称密钥的加密和解密过程

非对称加密方式可以使通信双方无须事先交换密钥就可以建立安全通信,广泛应用于身份认证、数字签名等信息交换领域。非对称加密体系一般是建立在某些已知的数学模型上,是计算机复杂性理论发展的必然结果。目前最具有代表性的非对称密码算法是 RSA。

2. 非对称加密 RSA

RSA 算法是 Rivest、Shamir 和 Adleman 于 1977 年提出的第一个完善的非对称密码算法,其安全性是基于分解大整数的困难性。在 RSA 算法中使用了这样一个基本事实:到目前为止,无法找到一个有效的算法来分解两个大质数之积。RSA 非对称加密算法的原理如

下所示:
(1) 选择两个互异的大质数 p 和 q(p 和 q 必须保密,一般取 1024 位);
(2) 计算出 $n=pq, z=(p-1)(q-1)$;
(3) 选择一个比 n 小且与 z 互质(没有公因子)的数 e;
(4) 找出一个 d,使得 $ed-1$ 能够被 z 整除;
(5) 于是,因为 RSA 是一种分组密码系统,所以公开密钥=(n,e),私有密钥=(n,d)。

将以上的过程进一步描述为:
- 公开密钥:$n=pq$(p、q 分别为两个互异的大素数,p、q 必须保密),e 与 $(p-1)(q-1)$ 互质。
- 私有密钥:$d=e^{-1}\{\mod(p-1)(q-1)\}$。
- 加密:$c=m^e(\mod n)$,其中 m 为明文,c 为密文。
- 解密:$m=c^d(\mod n)$。

下面举一个例子。为了对字母表中的第 M 个字母加密,加密算法为 $C=m^e(\mod n)$,第 C 个字母即为加密后的字母。对应的解密算法为 $M=C^d(\mod n)$。下面以一个简单的例子进行计算:

(1) 设:$p=5, q=7$;
(2) 所以 $n=pq=35, z=(5-1)(7-1)=24$;
(3) 选择 $e=5$(因为 5 与 24 互质);
(4) 选择 $d=29$($ed-1=144$,可以被 24 整除);
(5) 所以公开密钥为(35,5),私有密钥为(35,29)。

如果被加密的是 26 个字母中的第 12 个字母(L),则它的密文为:
$$C = 12^5(\mod 35) = 17$$

第 17 个字母为 Q,解密得到的明文为:
$$M = 17^{29}(\mod 35) = 12$$

通过以上的计算可以看出,当两个互质数 p 和 q 取得足够大时,RSA 的加密是非常安全的。

10.4.4 数字签名

多少年来,人们一直在根据亲笔签名或印章来鉴别书信或文件的真实性。但随着基于计算机网络所支持的电子商务、网上办公等平台的广泛应用,原始的亲笔签名和印章方式已无法满足应用需要,数字签名技术应运而生。

1. 数字签名的概念和要求

非对称加密的产生主要有两个原因:一是解决对称加密中的密钥分配和管理问题;二是数字签名的需要。数字签名必须同时满足以下的要求:
(1) 发送者事后不能否认对报文的签名。
(2) 接收者能够核实发送者发送的报文签名。
(3) 接收者不能伪造发送者的报文签名。
(4) 接收者不能对发送者的报文进行部分篡改。
(5) 网络中的其他用户不能冒充成为报文的接收者或发送者。

数字签名(digital signature)是附加在报文(数据或消息)上并随报文一起传送的一串代码,与传统的亲笔签名和印章一样,目的是让接收方相信报文的真实性,必要时还可以对真实性进行鉴别。现在已有多种数字签名的实现方法,但采用较多的还是技术上非常成熟的数据加密技术,其中采用非对称加密比对称加密更容易实现和管理。

2. 数字签名的实现方法

数字签名应同时解决两个问题:签名和保密。利用非对称加密方式实现数字签名,主要是基于在加密和解密过程中 $D(E(P))=P$ 和 $E(D(P))=P$ 两种方式的同时实现,其中前面介绍的 RSA 算法就具有此功能。

具体实现过程如图 10-8 所示,首先发送方利用自己的私有密钥对消息进行加密(这次加密的目的是实现签名),接着对经过签名的消息利用接收方的公开密钥再进行加密(这次加密的目的是保证消息传送的安全性)。这样,经过双重加密后的消息(密文)通过网络传送到接收方。接收方在接收到密文后,首先利用接收方的私有密钥进行第一次解密(保证数据的完全性),接着再用发送方的公开密钥进行第二次解密(鉴别签名的真实性),最后得到明文。

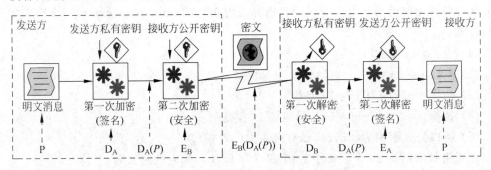

图 10-8 具有保密功能的数字签名实现过程

现在,假设发送方否认自己给接收方发送过消息 P。这时,接收方只需要同时提供 P 和 $D_A(P)$。第三方可对接收方提供的 $D_A(P)$ 利用 E_A 进行解密,即 $E_A(D_A(P))$。由于 $D_A(P)$ 是由发送方使用自己的私有密钥签名的,而 E_A 是发送方的公开密钥,第三方很容易得到且不需要发送方的许可。如果 $E_A(D_A(P))=P$,则说明该消息肯定是发送方发送的,因为只有发送方才有签名密钥 D_A。

10.4.5 报文鉴别

报文鉴别(message authentication)也称为报文认证,是在信息领域防止各种主动攻击(如信息的篡改与伪造)的有效方法。报文鉴别要求报文的接收方能够验证所收到的报文的真实性,包括发送者姓名、发送时间、发送内容等。

1. 报文鉴别的实现方法

报文鉴别的实现需要加密技术。目前,在报文鉴别中多使用报文摘要(Message Digest,MD)算法来实现。具体实现过程为:

(1) 发送方和接收方首先要确定一个固定长度的报文摘要 $H(m)$。

(2) 发送方通过散列函数(hash function)将要发送的报文 m "嚼碎"为报文摘要 $H(m)$。

(3) 发送方对报文摘要 $H(m)$ 进行加密,得到密文 $E_k[H(m)]$。

(4) 发送方将 $E_k[H(m)]$ 追加到报文 m 后面发送给接收方。

(5) 接收方在成功接收到 $E_k[H(m)]$ 和报文 m 后,先给 $E_k[H(m)]$ 进行解密得到 $H(m)$,然后再对报文 m 进行同样的报文摘要运行得到报文摘要 $H'(m)$。

(6) 接收方对 $H(m)$ 和 $H'(m)$ 进行比较,如果结果是 $H(m)=H'(m)$,可以断定收到的报文 m 是真实的。否则报文 m 在传送中被进行了篡改或伪造。

由以上的实现过程可以看出,不管传输的报文 m 有多大,但其报文摘要 $H(m)$ 是不变的。同时,系统仅对报文摘要 $H(m)$ 进行加密和解密操作,报文 m 是以明文方式传送。另外,报文摘要算法的特点也很简单:两个不同的报文 m 不可能产生同一个报文摘要 $H(m)$。所以,这种鉴别方式对系统的要求较低,很适合 Internet 的应用。

2. 报文摘要 MD5

在 RFC 1321 中规定的报文摘要 MD5 算法已经得到了广泛应用。MD5 算法的特点是可以对任意长度的报文进行运算,得到的报文摘要长度均为 128 位。MD5 算法的实现过程主要如下:

(1) 先将报文按模 2^{64} 计算其余数(64 位),并将结果追加到报文的后面。

(2) 为使数据的总长度为 512 的整数倍,可以在报文和余数之间填充 1~512 位,但填充比特的首位应是 1,后面都是 0。

(3) 将追加和填充后的报文分割为一个个 512 位的数据块,每一个 512 位的数据块又分成 4 个 128 位的小数据块,然后依次送到不同的散列函数进行 4 轮计算。每一轮又都按 32 位的更小数据块进行复杂的运算。最后得到 MD5 报文摘要。

3. 安全散列算法(SHA)

MD5 目前的应用已经很广泛。另一个应用较为广泛的标准是由美国国家标准和技术协议(NIST)提出的安全散列算法(Secure Hash Algorithm,SHA)。SHA 与 MD5 在总体实现思路上很相似,也是以任意长度的报文作为输入,并按 512 位长度的数据块进行处理。SHA 与 MD5 主要区别如下:

(1) SHA 产生的报文摘要长度为 160 位,而 MD5 为 128 位。

(2) SHA 每轮有 20 步操作运算,而 MD5 仅有 4 轮。

(3) 所使用的运算函数不同。

SHA 比 MD5 更安全,但 SHA 对系统的要求较高。目前较新的版本为 SHA-1。

4. Hash 函数

Hash 函数是一种能够将任意长度的消息压缩到某一固定长度的消息摘要(Message Digest)的函数。Hash 函数的基本思想是把其函数值看成输入报文的报文摘要,当输入中的任何一个二进制位发生变化时都将引起 Hash 函数值的变化,其目的就是要产生文件、消息或其他数据块的"指纹"。密码学上的 Hash 函数能够接受任意长的消息为输入,并产生定长的输出。为了满足报文鉴别的数据完整性需要,Hash 函数 $H(x)$ 必须满足以下特点:

(1) 效率。对于任意给定的输入 x,计算 $y=H(x)$ 要相对容易。并且,随着输入 x 长度的增加,虽然计算 $y=H(x)$ 的工作量会增加,但增加的量不会太快。

(2) 压缩。对于任意给定的输入 x,都会输出固定长度的 $y=H(x)$,且 y 要比 x 小得多。

(3) 单向性。对于给定的任意值 y,寻找一个 x,且使得 $H(x)=y$ 在计算上不可行。

(4) 弱抗碰撞。对于任意给定的 x 和 $H(x)$，寻找 y，且 $y \neq x$，使得 $H(x) = H(y)$ 在计算上不可行。

10.4.6 密钥的管理

在加密技术中，加密算法是公开的，而产生的密钥却要进行安全管理。密钥管理包括密钥的产生、分配、使用和验证等环节，其中密钥的分配和维护是非常重要的。

1. 对称加密系统中的密钥管理

对称加密的一个缺点是密钥分配和管理非常复杂。对于每个加密设备，都需要使用单独的密钥，这时如果这个加密设备有多个联系对象，每个联系对象都必须拥有一个密钥。这时，就需要采取一定的方法将密钥分配给每一个联系对象。很显然，不管是采取人工方式还是网络分发（如通过加密的电子邮件进行群发）方式，所涉及的安全问题都是很明显的。

美国麻省理工学院（Massachusettes Institute of Technology，MIT）开发了著名的密钥分配协议 Kerberos。Kerberos 协议通过使用密钥管理中心（Key Distribution Center，KDC）来分配和管理密钥。如图 10-9 所示的是利用 KDC 进行密钥管理的一种实施方案，用户 A 和 B 都是 KDC 的注册用户，注册密钥分别为 K_a 和 K_b，密钥分配需要三个步骤（图中分别用①、②和③表示）。

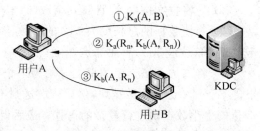

图 10-9 利用 KDC 管理密钥的一种方案

① 用户 A 向 KDC 发送用自己的注册密钥 K_a 加密的报文 $K_a(A,B)$，告诉 KDC 希望与用户 B 建立通信关系。

② KDC 随机地产生一个临时密钥 R_n，供用户 A 和 B 在本次通信中使用。然后向 A 发送应答报文，报文中包括 KDC 分配的临时密钥 R_n 和 KDC 请 A 转给 B 的报文 $K_b(A,R_n)$。此报文再用 A 自己的注册密钥 K_a 进行加密（因为是对称加密）。需要说明的是，虽然 KDC 向 A 发送了用 B 的注册密钥加密的报文 $K_b(A,R_n)$，但由于 A 并没有 B 的注册密钥，所以 A 根本无法知道明文的内容。

③ 用户 B 收到 A 转来的报文 $K_b(A,R_n)$ 时，一方面知道 A 要与自己通信，另一方面知道本次通信中使用的密钥是 R_n。

此后，用户 A 与 B 之间就可以利用密钥 R_n 进行通信了。由此可以看出，KDC 每次分配给用户的对称密钥是随机的，所以保密性较高。另外，KDC 分配给每个注册用户的密钥（如 K_a、K_b 等）都可以定期更新，以增加系统的安全性。

2. 非对称加密系统中的密钥管理

在非对称加密系统中，如果某一用户知道其他用户的公开密钥就可以实现安全通信。在非对称加密系统中为了实现对密钥的管理，一般可通过一个值得依赖的第三方来完成，这个第三方机构称为认证中心（Certification Authority，CA）。CA 负责证明所有成员的身份，每个实体（人或设备）都可以通过一定的方式在 CA 中申请证书（certificate），该证书里面包含以下的内容：

（1）实体（公开密钥拥有者，如人或设备）的身份。包括：名称、序列号、IP 地址、单位的名称等，以及其他用户识别单个用户或网络设备（如主机、交换机、防火墙、路由器等）的信息。

(2) 该实体的公开密钥。

(3) 签发该证书的 CA 的数字签名和身份。

(4) 证书的有效期。

(5) 证书的级别(证书可以分为多个级别,较高的级别需要注册者提供更详细的身份证明)。

(6) 证书 ID 号。

目前使用的证书标准为 ITU 制订的 X.5093。目前有许多政府机关和公司在从事 CA 证书的分配和管理工作。对于学校或企业用户来说,也可以在内部网络中创建自己的 CA。例如,Windows 2003 Server 等操作系统就提供了 CA 功能。

10.5 其他网络安全技术介绍

防火墙和数字加密在计算机网络安全领域占据着主导地位,同时也在各种网络中得到了广泛应用。计算机网络技术的发展日新月异,其中安全技术更是层出不穷。下面简要介绍一些目前影响较大、使用较广的网络安全技术和标准。

10.5.1 公开密钥基础设备(PKI)体系结构

为解决 Internet 的安全问题,世界各国对其进行了多年的研究,初步形成了一套完整的 Internet 安全解决方案,即目前被广泛采用的公开密钥基础设施(Public Key Infrastructure,PKI)体系结构。PKI 体系结构采用证书来管理公开密钥,通过第三方的可信机构 CA,把用户的公开密钥和用户的其他标识信息(如名称、电子邮箱、身份证号等)进行绑定(binding),在 Internet 上验证用户的身份。PKI 体系结构把非对称加密和对称加密结合起来,在 Internet 上实现密钥的自动管理,保证网上数据的机密性和完整性。

从广义上讲,所有提供非对称加密和数字签名服务的系统,都可叫做 PKI 系统。PKI 的主要目的是通过自动管理密钥和证书,可以为用户建立起一个安全的网络运行环境,使用户可以在多种应用环境下方便地使用加密和数字签名技术,从而保证网上数据的机密性、完整性和有效性。一个有效的 PKI 系统必须是安全的和透明的,用户在获得加密和数字签名服务时,不需要详细地了解 PKI 是怎样管理证书和密钥的,一个典型、完整、有效的 PKI 应用系统至少应具有以下部分:

(1) 公开密钥证书管理。

(2) 黑名单的发布和管理。

(3) 密钥的备份和恢复。

(4) 自动更新密钥。

(5) 自动管理历史密钥。

(6) 支持交叉认证。

由于 PKI 体系结构是目前比较成熟、完善的 Internet 安全解决方案,像 IBM 公司等国外的一些大的网络安全公司纷纷推出一系列的基于 PKI 的网络安全产品,为电子商务的发展提供了安全保证,同时为电子商务、办公网提供了完整的网络安全解决方案。

10.5.2 授权管理基础设施(PMI)体系结构

授权管理基础设施(Privilege Management Infrastructure,PMI)是国家信息安全基础设施的一个重要组成部分,目标是向用户和应用程序提供授权管理服务,提供用户身份到应用授权的映射功能,提供与实际应用处理模式相对应的、与具体应用系统开发和管理无关的授权和访问控制机制,简化具体应用系统的开发和维护。

PMI 是在 PKI 发展的过程中为了将用户权限的管理与其公钥的管理分离,由 IETF 提出的一种标准。PKI 以公钥证书为基础,实现用户身份的统一管理,而 PMI 以 2000 年推出的 X.509 v4 标准中提出的属性证书为基础,实现用户权限的统一管理。

在过去的几年里,PKI 已成为电子商务、电子政务等网络应用中不可缺的安全支撑系统。PKI 通过方便灵活的密钥和证书管理方式,提供了在线身份认证的有效手段,为访问控制、抗抵赖、保密性等安全机制在系统中的实施奠定了基础。随着网络应用的扩展和深入,仅仅能确定"他是谁"已经不能满足需要,安全系统要求提供一种手段能够进一步确定"他能做什么"。为了解决这个问题,PMI 应运而生。就像现实生活中一样,网络世界中的每个用户也有各种属性,属性决定了用户的权限。PMI 的最终目标就是提供一种有效的体系结构来管理用户的属性。这包括两个方面的含义:首先,PMI 系统保证用户获取他们有权获取的信息、在他们的权限范围内进行相关操作;其次,PMI 应能提供跨应用、跨系统、跨企业、跨安全域的用户属性的管理和交互手段。

概括地讲:PMI 以资源管理为核心,对资源的访问控制权统一交由授权机构统一处理。同 PKI 相比,两者主要区别在于 PKI 证明用户是谁,而 PMI 证明这个用户有什么权限、能干什么。PMI 需要 PKI 为其提供身份认证。PMI 实际提出了一个新的信息保护基础设施,能够与 PKI 紧密地集成,并系统地建立起对认可用户的特定授权,对权限管理进行系统的定义和描述,完整地提供授权服务所需过程。

PMI 主要由属性权威(Attribute Authority, AA)、属性证书(Attribute Certification, AC)和属性证书库三部分组成。

10.5.3 安全电子交易(SET)协议

随着 Internet 技术的飞速发展,各种基于 Internet 的应用需求不断涌现,其中电子商务就是其中一个典型的应用。Internet 在为电子商务提供了便利的同时,也因为其自身的不安全因素为交易的安全性提出了新的要求。

在网上购物或网络银行环境中,持卡人希望在交易中对自己的账户等信息进行保密,以防别人盗用;另外,商家则希望客户的订单不可抵赖,并且在交易过程中,交易各方都希望验明对方的身份,以防止交易欺诈。针对这种情况,由美国 Visa 和 MasterCard 两大信用卡组织联合国际上多家科技机构,共同制订了应用于 Internet 上的以银行卡为基础进行在线交易的安全标准,即安全电子交易(Secure Electronic Transaction,SET)协议。SET 采用非对称加密体制和 X.509 数字证书标准,主要应用于保障网上购物信息的安全性。

SET 协议本身比较复杂,设计比较严格,安全性高,它能保证信息传输的机密性、真实性、完整性和不可否认性。SET 协议是 PKI 框架下的一个典型实现,同时也在不断升级和完善,如 SET 2.0 将支持借记卡电子交易。

由于 SET 提供了消费者、商家和银行之间的认证，确保了交易数据的安全性、完整性、可靠性和交易的不可否认性，特别是保证不将消费者银行卡的账号暴露给商家等优点，因此它成为目前公认的信用卡、借记卡的网上交易的国际安全标准。

10.5.4 安全套接层(SSL)协议

安全套接层(Secure Socket Layer,SSL)是一种安全协议，它为网络(如 Internet)提供安全通信，可使应用程序在通信时不必担心被窃听和篡改。

SSL 实际上是两个协同工作的协议：SSL 记录协议(SSL Record Protocol)和 SSL 握手协议(SSL Handshake Protocol)。其中，SSL 记录协议的级别要比 SSL 握手协议的低，SSL 记录协议对可变长的数据进行加密和解密，SSL 握手协议则处理应用程序凭证的交换和验证。

当客户机上的一个应用程序想和服务器上的另一个应用程序通信时，客户机将打开一个与服务器相连接的套接字连接。然后，客户机和服务器对安全连接进行协商。一旦完成了认证并建立了安全连接，则两个应用程序就可以安全地进行通信。按照惯例，把发起该通信的对等机看做客户机，另一个对等机则看做服务器，而不管连接之后它们各充当什么角色。

SSL 协议主要是使用非对称加密技术和 X.509 数字证书技术保护信息传输的机密性和完整性，它不能保证信息的不可抵赖性，主要适用于点对点之间的信息传输，常用 Web Server 方式。SSL 是网景(netscape)公司提出的基于 Web 应用的安全协议，它包括以下的内容：

(1) 服务器认证。
(2) 客户认证(可选)。
(3) SSL 链路上的数据完整性。
(4) SSL 链路上的数据保密性。

对于电子商务应用来说，使用 SSL 可保证信息的真实性、完整性和保密性。但由于 SSL 不对应用层的消息进行数字签名，因此不能提供交易的不可否认性，这是 SSL 一个缺点。鉴于此，网景公司在从 Communicator 4.04 版开始的所有浏览器中引入了一种被称为"表单签名(form signing)"的功能，在电子商务中可利用这一功能来对包含购买者的订购信息和付款指令的表单进行数字签名，从而保证交易信息的不可否认性。

10.5.5 网络层安全协议栈 IPSec

IPSec(Internet Protocol Security)是 IP 层的安全协议栈。在 OSI 参考模型中，网络层(TCP/IP 体系结构的网际层)的安全可以通过对 IP 数据报中的所有数据进行加密来实现。另外，网络层还应提供源站点鉴别(source authentication)功能，也就是说当目的站点接收到一个数据报时，它能够确认该数据报是从源站点(根据数据报中的 IP 地址)发送过来的。

在 IPSec 中有两个主要组成部分：鉴别首部(Authentication Header,AH)和封装安全负载(Encapsulation Security Payload,ESP)。其中，AH 提供源站点鉴别和数据的完整性，但不对数据进行加密；而 ESP 提供源站点鉴别、数据完整性和加密。ESP 的结构要比 AH 复杂，ESP 具有加密功能。

在 IPSec 中，在使用 AH 或 ESP 之前，先要在源站点与目的站点之间建立一条网络层的逻辑连接，此逻辑连接称为安全关联（Security Association，SA）。这样，IPSec 就将原来 Internet 中不可靠的面向非连接的网络层服务转换为安全的具有逻辑连接的服务。需要说明的是，SA 是单向的，即只能提供从站点 A 到 B 的逻辑连接。如果要进行双向的安全通信，就需要在站点 A 和 B 之间建立两个 SA。一个 SA 由三个基本元素组成：

（1）安全协议的标识符，此安全协议可以是 AH，也可以是 ESP。

（2）该单向连接的源站点的 IP 地址。

（3）一个 32 位的连接标识符。对于一个已经建立的 SA，每一个 IPSec 数据报都有一个存放连接标识符的字段，通过该 SA 的所有数据报都使用同样的连接标识符。

10.5.6 虚拟专用网（VPN）

虚拟专用网（Virtual Private Network，VPN）被定义为通过一个公用网络（通常是 Internet）来建立一个临时的、安全的连接，是一条穿过"混乱"的公用网络的安全的、稳定的通道。虚拟专用网是对单位内部网的扩展。

1. VPN 的特点

VPN 是利用 Internet 等公共网络的基础设施，通过隧道技术，为用户提供一条与专用网络具有相同通信功能的安全数据通道，实现不同网络之间以及用户与网络之间的相互连接。IETF 草案对基于 IP 网络的 VPN 的定义为：使用 IP 机制仿真出一个私有的广域网。

从 VPN 的定义来看，其中"虚拟"是指用户不需要建立自己专用的物理线路，而是利用 Internet 等公共网络资源和设备建立一条逻辑上的专用数据通道，并实现与专用数据通道相同的通信功能；"专用网络"是指这一虚拟出来的网络并不是任何连接在公共网络上的用户都能够使用的，而是只有经过授权的用户才可以使用。同时，该通道内传输的数据经过了加密和认证，从而保证了传输内容的完整性和机密性。由此可以看出，VPN 不是一个物理意义上的专用网络，但它却具有与物理专用网络相同的功能。

从实现方法来看，VPN 是指依靠 ISP（Internet Service Provider，Internet 服务提供商）和 NSP（Network Service Provider，网络服务提供商）的网络基础设施，在公共网络中建立专用的数据通信通道。在 VPN 中，任意两个节点之间的连接并没有传统的专用网络所需的端到端的物理链路。只是在两个专用网络之间或移动用户与专用网络之间，利用 ISP 和 NSP 提供的网络服务，通过专用 VPN 设备和软件，根据需求构建永久的或临时的专用通道。如图 10-10（a）所示的是 VPN 的物理拓扑，其功能等价于如图 10-10（b）所示的逻辑拓扑。

虚拟专用网至少应能提供如下功能：

（1）数据加密。以保证通过公用网络传输的信息即使被他人截获也不会泄露。

（2）信息认证和身份认证。保证信息的完整性、合法性，并能鉴别用户的身份。

（3）提供访问控制。不同的用户拥有不同的访问权限。

2. VPN 的隧道协议

隧道（Tunneling）技术是 VPN 的核心技术，它是利用 Internet 等公共网络已有的数据通信方式，在隧道的一端将数据进行封装，然后通过已建立的虚拟通道（隧道）进行传输。在隧道的另一端，进行解封装操作，将得到的原始数据交给对端设备。

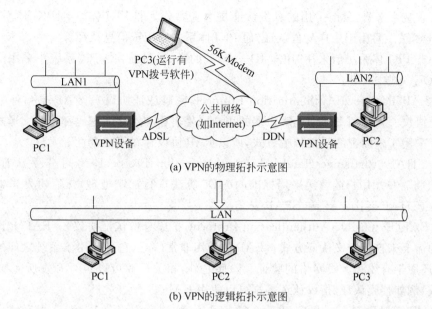

图 10-10　VPN 组成示意图

在进行数据封装时,根据在 OSI 参考模型中位置的不同,可以分为第二层隧道技术和第三层隧道技术两种类型。其中,第二层隧道技术是在数据链路层使用隧道协议对数据进行封装,然后再把封装后的数据作为数据链路层的原始数据,并通过数据链路层的协议进行传输。第二层隧道协议主要有:

(1) L2F(Layer 2 Forwarding,主要在 RFC 2341 文档中进行了定义)。
(2) PPTP(Point-to-Point Tunneling Protocol,主要在 RFC 2637 文档中进行了定义)。
(3) L2TP(Layer 2 Tunneling Protocol,主要在 RFC 2661 文档中进行了定义)。

第三层隧道技术是在网络层进行数据封装,即利用网络层的隧道协议将数据进行封装,封装后的数据再通过网络层的协议(如 IP)进行传输。第三层隧道协议主要有:

(1) IPSec(IP Security,主要在 RFC 2401 文档中进行了定义)。
(2) GRE(Generic Routing Encapsulation,主要在 RFC 2784 文档中进行了定义)。

有关隧道技术的详细内容读者可参阅相关的技术文档。

3. VPN 的加密技术

通过 Internet 等公共网络传输的重要数据必须经过加密处理,以确保网络上其他未授权的实体无法读取该信息。目前在网络通信领域中常用的信息加密体制主要包括对称加密体制和非对称加密体制两类。实际应用时一般是将对称加密体制和非对称加密体制混合使用,利用非对称加密技术进行密钥的协商和交换,而采用对称加密技术进行用户数据的加密。

在 VPN 解决方案中最普遍使用的对称加密算法主要有 DES、3DES、AES、RC4、RC5、IDEA 等。使用的非对称加密算法主要有 RSA、Diffie-Hellman、椭圆曲线等。

4. VPN 的身份认证技术

VPN 系统中的身份认证技术包括用户身份认证和信息认证两个方面。其中,用户身份认证用于鉴别用户身份的真伪,而信息认证用于保证通信双方的不可抵赖性和信息的完整性。从实现技术来看,目前采用的身份认证技术主要分为非 PKI 体系和 PKI 体系两类,其中非 PKI 体系主要用于用户身份认证,而 PKI 体系主要用于信息认证。

其中非 PKI 体系一般采用"用户 ID+密码"的模式,目前在 VPN 系统中采用的非 PKI 体系的认证方式主要有:

(1) PAP(Password Authentication Protocol,密码认证协议)。PAP 是一种不安全的身份验证协议。当使用 PAP 时,客户端的用户账号名称和对应的密码都以明文形式进行传输。由于采用了未加密的明文传输方式,所以 PAP 协议存在不安全性。

(2) CHAP(Challenge-Handshake Authentication Protocol,询问握手认证协议)。CHAP 会将客户端用户的密码采用标准的 MD5 算法进行加密处理,然后再发送给服务器端。所以,CHAP 要比 PAP 和 SPAP 安全。

(3) EAP(Extensible Authentication Protocol,扩展身份认证协议)。EAP 允许用户根据自己的需要来自行定义认证方式。EAP 的使用非常广泛,它不仅用于系统之间的身份认证,而且还用于有线和无线网络的验证。除此之外,相关厂商可以自行开发所需要的 EAP 认证方式,例如虹膜认证、指纹认证等都可以使用 EAP。

(4) MS-CHAP(Microsoft Challenge Handshake Authentication Protocol,微软询问握手认证协议)。MS-CHAP 是微软公司针对 Windows 系统来设计的,它是采用 MPPE(Microsoft Point-to-Point Encryption)加密方法将用户的密码和数据同时进行加密后再发送。

(5) SPAP(Shiva Password Authentication Protocol,Shiva 密码认证协议)。SPAP 是针对 PAP 的不足而设计的,当采用 SPAP 进行身份认证时,SPAP 会加密从客户端发送给服务器端的密码,所以 SPAP 比 PSP 安全。

(6) RADIUS(Remote Authentication Dial In User Service,远程用户认证拨号系统)。RADIUS 一般与 IEEE 802.1x 协议进行配合,实现对用户身份的认证。

PKI 体系主要通过 CA,采用数字签名和 hash 函数保证信息的可靠性和完整性。例如,目前用户普遍关注的 SSL VPN 就是利用 PKI 支持的 SSL 协议实现应用层的 VPN 安全通信。

习　　题

10-1　简述信息安全和网络安全的概念,并对比分析两者之间的异同。

10-2　简述信息安全中人、技术和管理三要素的功能定义及之间的关系。

10-3　目前的网络安全威胁涉及哪些方面?分别有何特点?

10-4　目前主要采用的网络安全措施包括哪几个方面?各有什么功能?

10-5　防火墙的功能是什么?根据功能不同可分为哪几类?分别有何特点?

10-6　对称加密和非对称加密分别有何特点?

10-7　什么是数字签名?分析其实现过程和应用特点。

10-8　针对对称加密和非对称加密的工作特点,分别介绍其密钥管理方法。

10-9　名词解释:PKI、SET、SSL、IPSec、VPN。

10-10　VPN 技术的实现同时涉及数据加密、认证(信息认证和身份认证)和访问控制三个方面,试分析三者之间的关系。

参 考 文 献

[1] [美] Andrew S Tanenbaum 著.计算机网络.第 4 版[M].潘爱民译.北京:清华大学出版社,2004.
[2] [美]William Stallings 著.数据与计算机通信.第 7 版[M].王海等译.北京:电子工业出版社,2006.
[3] [美]Mattbew S Gast 著.802.11 无线网络权威指南.第 2 版[M].O'Reilly Taiwan 公司译.南京:东南大学出版社,2007.
[4] [美] Andrew S Tanenbaum 著.Computer Networks(Fourth Edition)[M].北京:清华大学出版社,2008.
[5] 吴功宜编著.计算机网络.第 2 版[M].北京:清华大学出版社,2007.
[6] 谢希仁编著.计算机网络.第 5 版[M].北京:电子工业出版社,2007.
[7] 杭州华三通信技术有限公司编著.IPv6 技术[M].北京:清华大学出版社,2010.
[8] 王群编著.计算机网络管理技术[M].北京:清华大学出版社,2008.
[9] 王群编著.计算机网络安全技术[M].北京:清华大学出版社,2008.
[10] http://www.ietf.org.
[11] http://www3.isi.edu.
[12] http://www.ieee.org.

21 世纪高等学校数字媒体专业规划教材

ISBN	书名	定价(元)
9787302224877	数字动画编导制作	29.50
9787302222651	数字图像处理技术	35.00
9787302218562	动态网页设计与制作	35.00
9787302222644	J2ME 手机游戏开发技术与实践	36.00
9787302217343	Flash 多媒体课件制作教程	29.50
9787302208037	Photoshop CS4 中文版上机必做练习	99.00
9787302210399	数字音视频资源的设计与制作	25.00
9787302201076	Flash 动画设计与制作	29.50
9787302174530	网页设计与制作	29.50
9787302185406	网页设计与制作实践教程	35.00
9787302180319	非线性编辑原理与技术	25.00
9787302168119	数字媒体技术导论	32.00
9787302155188	多媒体技术与应用	25.00
9787302235118	虚拟现实技术	35.00
9787302234111	多媒体 CAI 课件制作技术及应用	35.00
9787302238133	影视技术导论	29.00
9787302224921	网络视频技术	35.00
9787302232865	计算机动画制作与技术	39.50

以上教材样书可以免费赠送给授课教师,如果需要,请发电子邮件与我们联系。

教学资源支持

敬爱的教师:

感谢您一直以来对清华版计算机教材的支持和爱护。为了配合本课程的教学需要,本教材配有配套的电子教案(素材),有需求的教师可以与我们联系,我们将向使用本教材进行教学的教师免费赠送电子教案(素材),希望有助于教学活动的开展。

相关信息请拨打电话 010-62776969 或发送电子邮件至 weijj@tup.tsinghua.edu.cn 咨询,也可以到清华大学出版社主页(http://www.tup.com.cn 或 http://www.tup.tsinghua.edu.cn)上查询和下载。

如果您在使用本教材的过程中遇到了什么问题,或者有相关教材出版计划,也请您发邮件或来信告诉我们,以便我们更好地为您服务。

地址: 北京市海淀区双清路学研大厦 A 座 707 室　　计算机与信息分社魏江江　收
邮编: 100084　　　　　　　　　　　　　　　　　　电子邮件: weijj@tup.tsinghua.edu.cn
电话: 010-62770175-4604　　　　　　　　　　　　邮购电话: 010-62786544

《网页设计与制作(第 2 版)》目录

ISBN 978-7-302-25413-3   梁 芳 主编

图书简介：

　　Dreamweaver CS3、Fireworks CS3 和 Flash CS3 是 Macromedia 公司为网页制作人员研制的新一代网页设计软件，被称为网页制作"三剑客"。它们在专业网页制作、网页图形处理、矢量动画以及 Web 编程等领域中占有十分重要的地位。

　　本书共 11 章，从基础网络知识出发，从网站规划开始，重点介绍了使用"网页三剑客"制作网页的方法。内容包括了网页设计基础、HTML 语言基础、使用 Dreamweaver CS3 管理站点和制作网页、使用 Fireworks CS3 处理网页图像、使用 Flash CS3 制作动画和动态交互式网页，以及网站制作的综合应用。

　　本书遵循循序渐进的原则，通过实例结合基础知识讲解的方法介绍了网页设计与制作的基础知识和基本操作技能，在每章的后面都提供了配套的习题。

　　为了方便教学和读者上机操作练习，作者还编写了《网页设计与制作实践教程》一书，作为与本书配套的实验教材。另外，还有与本书配套的电子课件，供教师教学参考。

　　本书可作为高等院校本、专科网页设计课程的教材，也可作为高职高专院校相关课程的教材或培训教材。

目　　录：

第 1 章　网页设计基础
　1.1　Internet 的基础知识
　1.2　IP 地址和 Internet 域名
　1.3　网页浏览原理
　1.4　网站规划与网页设计
　习题
第 2 章　网页设计语言基础
　2.1　HTML 语言简介
　2.2　基本页面布局
　2.3　文本修饰
　2.4　超链接
　2.5　图像处理
　2.6　表格
　2.7　多窗口页面
　习题
第 3 章　初识 Dreamweaver
　3.1　Dreamweaver 窗口的基本结构
　3.2　建立站点
　3.3　编辑一个简单的主页
　习题
第 4 章　文档创建与设置
　4.1　插入文本和媒体对象
　4.2　在网页中使用超链接
　4.3　制作一个简单的网页
　习题
第 5 章　表格与框架
　5.1　表格的基本知识
　5.2　框架的使用
　习题
第 6 章　CSS 样式表
　6.1　CSS 入门
　6.2　CSS 样式详解
　6.3　创建 CSS 样式
　习题
第 7 章　网页布局
　7.1　网页布局类型
　7.2　用表格进行网页布局
　7.3　框架
　7.4　用 CSS 进行网页布局
　习题
第 8 章　Flash 动画制作
　8.1　Flash CS3 工作界面
　8.2　Flash 基本操作
　8.3　绘图基础
　8.4　文本的使用
　8.5　图层和场景
　8.6　元件、实例和库资源
　8.7　创建动画
　8.8　动作脚本基础
　习题
第 9 章　Fireworks 图像处理
　9.1　Fireworks 工作界面
　9.2　编辑区
　9.3　绘图工具
　9.4　文本工具
　9.5　蒙版的应用
　9.6　滤镜的应用
　9.7　网页元素的应用
　9.8　GIF 动画
　习题
第 10 章　表单及 ASP 动态网页的制作
　10.1　ASP 编程语言
　10.2　安装和配置 Web 服务器
　10.3　制作表单
　10.4　网站数据库
　10.5　Dreamweaver＋ASP 制作动态网页
　习题
第 11 章　三剑客综合实例
　11.1　在 Fireworks 中制作网页图形
　11.2　切割网页图形
　11.3　在 Dreamweaver 中编辑网页
　11.4　在 Flash 中制作动画
　11.5　在 Dreamweaver 中完善网页